"十二五"职业教育国家规划教材
经全国职业教育教材审定委员会审定

国家级精品课程教材

化妆品质量检验技术

第二版

- 高瑞英 主 编
- 葛 虹 副主编
- 王培义 主 审

U0196460

化学工业出版社
·北京·

《化妆品卫生规范（2007年版）》颁布以后，大多数化妆品产品标准和检验标准也随之更新，本书紧密围绕化妆品生产企业及相关监管部门的工作实际，参考最新的技术标准和岗位技能需求，对各类化妆品原料、半成品和成品的质量检验技术思路、操作要点、设备的使用等作重点阐述。

　　本书共分为七篇二十四章。第一篇和第二篇主要介绍化妆品检验基本知识与技能，第三至第五篇介绍化妆品原料、生产过程及成品的检验与质量控制，第六篇介绍化妆品禁限用成分的检验；第七篇介绍化妆品的企业产品质量跟踪和政府监管。

　　本书可作为日用化学品、工业分析与检验、商检技术和精细化工等相关专业本科及高职高专教材使用，也可供从事化妆品及原料生产、检验及监管等工作的技术人员参考。

图书在版编目（CIP）数据

化妆品质量检验技术/高瑞英主编 . —2 版 . —北京：化学工业出版社，2015.4（2024.1 重印）

"十二五"职业教育国家规划教材

ISBN 978-7-122-23141-3

Ⅰ.①化…　Ⅱ.①高…　Ⅲ.①化妆品-质量检验-高等职业教育-教材　Ⅳ.①TQ658

中国版本图书馆 CIP 数据核字（2015）第 039143 号

责任编辑：旷英姿　郎红旗　　　　　　　　　装帧设计：史利平
责任校对：宋　玮

出版发行：化学工业出版社（北京市东城区青年湖南街 13 号　邮政编码 100011）
印　　装：涿州市般润文化传播有限公司
787mm×1092mm　1/16　印张 24¼　字数 637 千字　2024 年 1 月北京第 2 版第 8 次印刷

购书咨询：010-64518888　　　　　　　　　售后服务：010-64518899
网　　址：http://www.cip.com.cn
凡购买本书，如有缺损质量问题，本社销售中心负责调换。

定　　价：48.00 元

前　言

化妆品行业是我国国民经济中发展较快的行业之一。随着社会的进步和人民生活水平的不断提高，化妆品已成为美化生活的日常消费必需品。据统计，近10年间，我国化妆品市场规模年增长率平均达到10.8%，成为全球增长较快市场之一。中国也成为全球最大化妆品市场之一，化妆品年销售额达2000多亿元，约占全球化妆品市场的8.8%，仅次于美国。

近年来，伴随着化妆品行业的发展和繁荣，也出现了一些突出的化妆品质量安全事件，引起社会关注。规范化妆品管理、保证产品质量安全，提升行业整体水平，成为企业和政府监管部门迫在眉睫的任务。随着化妆品行业的活跃和其在GDP中分量的上升，政府对化妆品质量会越来越关注。从2004年开始，中国政府已经加强了生产许可证、产品批号（尤其是特殊化妆品批号）的审批。

《化妆品卫生规范（2007年版）》颁布以后，大量的化妆品产品标准和检验标准也随之更新。本书紧密围绕化妆品生产企业及相关监管部门的工作实际，参考最新的技术标准和岗位技能需求，对各类化妆品原料、半成品和成品的质量检验技术思路、操作要点、设备的使用等作重点阐述。本书可作为日用化学品、工业分析与检验、商检技术和精细化工等相关专业本科及高职高专教材使用，也可供从事化妆品及原料生产、检验及监管等工作的技术人员参考。此次修订对上一版本的部分内容进行了更新，并在每一章节后面增加思考题，以方便学生在课后的思考与学习。本次修订还更新了化妆品行业新颁布的相关标准。本书也是国家精品资源共享课——《化妆品质量检验技术》的建设配套图书。

本书共分为七篇二十四章。第一篇和第二篇主要介绍化妆品检验基本知识与技能，第三至第五篇介绍化妆品原料、生产过程及成品的检验与质量控制，第六篇介绍化妆品禁限用成分的检验；第七篇介绍化妆品的企业产品质量跟踪和政府监管。

本书由广东食品药品职业学院高瑞英主编并统稿，葛虹副主编，郑州轻工业学院王培义教授主审。具体编写分工如下：高瑞英编写第一、第八、第十五、第二十三章，广东食品药品职业学院周伟明编写第二、第三、第六及第七章，葛虹编写第四、第五、第十六章，刘纲勇编写第九、第十、第十七、第十八章，傅中编写第十一至第十四章，张秀宇编写第十九至第二十二、第二十四章。为方便教学，本书配有电子课件。

宝洁（中国）有限公司研究开发部红梅、广州澳大生物科技有限公司（白大夫）吴湘波厂长也参加了本书的部分编写和再版工作并提出有效建议，在此一并致谢。

其他相关教学资料可参阅精品课程网址（国家级精品课程）：

申报网站：http://www.jpkc-gdyzy.cn/C50/

课程网站：http://www.jpkc-gdyzy.cn/C50/course

由于编者水平有限，疏漏之处在所难免，请读者不吝指正。

编者

2015年2月

第一版前言

化妆品行业是我国国民经济中发展较快的行业之一。随着社会的进步和人民生活水平的不断提高，化妆品已成为美化生活的日常消费必需品。据中国香精香料化妆品工业协会统计，2009 年我国化妆品工业生产销售额达 1400 多亿元，居亚洲第二位，世界排名第八位。

近年来，伴随着化妆品行业的发展和繁荣，也出现了一些突出的化妆品质量安全事件，引起社会关注。规范化妆品管理、保证产品质量安全，提升行业整体水平，成为企业和政府监管部门迫在眉睫的任务。

《化妆品卫生规范》（2007 年版）颁布以后，大量的化妆品产品标准和检验标准也随之更新。本书紧密围绕化妆品生产企业及相关监管部门的工作实际，参考最新的技术标准和岗位技能需求，对各类化妆品原料、半成品和成品的质量检验技术思路、操作要点、设备的使用等作重点阐述。本书可作为高职高专日用化学品、工业分析与检验、商检技术和精细化工等相关专业教材及本科相关专业教材；也可供从事化妆品及原料生产、检验及监管等工作的技术人员参考。

本书共分为七篇二十四章。第一篇和第二篇主要介绍化妆品检验基本知识及分析方法；第三至第五篇介绍化妆品原料、生产过程质量及成品的检验与质量控制；第六篇介绍化妆品禁限用物质的检验；第七篇介绍化妆品产品质量跟踪及政府监管。

本书由高瑞英主编、葛虹副主编，郑州轻工业学院王培义教授主审。高瑞英负责第一、第八、第十五、第二十三章的编写并统稿，葛虹负责第四、第五、第十六章的编写，周伟明负责第二、第三、第六、第七章的编写，刘纲勇负责第九、第十、第十七、第十八章的编写，傅中负责第十一至十四章的编写，张秀宇负责第十九至二十二章、第二十四章的编写。

宝洁（中国）有限公司研究开发部红梅、广东省化妆品标准与检测中心郑伟东主任也参加了本书的部分编写工作并提出有效建议；江南大学化学与材料工程学院曹光群教授对本书也提出了宝贵的意见和建议，在此一并致谢。

由于时间仓促，编者水平有限，疏漏之处在所难免，请读者不吝指正。

编者
2011 年 3 月

目　录

第七篇　化妆品产品质量跟踪及政府监管

第一篇　化妆品检验基本知识

第一章　化妆品技术法规及行业标准

第一节　化妆品基本概念

一、化妆品的管理定义

我国对化妆品有三种管理定义，如表 1-1 所示。

表 1-1　我国化妆品的三种管理定义

法规名称	《化妆品卫生监督条例》(1989年)	《消费品使用说明　化妆品通用标签》(GB 5296.3—2008)	《化妆品卫生规范》(2007年版)
颁布单位	国务院批准、卫生部颁布	原国家技术监督局	国家卫生部
颁布日期	1989 年 9 月 26 日	2008 年 6 月 17 日	2007 年 1 月 4 日
执行日期	1990 年 1 月 1 日	2009 年 10 月 1 日	2007 年 7 月 1 日
对化妆品的定义	以涂擦、喷洒或者其他类似的方法，散布于人体表面任何部位（皮肤、毛发、指甲、口唇等），以达到清洁、消除不良气味、护肤、美容和修饰目的的日用化学工业产品	以涂抹、喷洒或其他类类似方式，施于人体表面任何部位（皮肤、毛发、指甲、口唇等），以达到清洁、芳香、改变外观、修正人体气味、保养、保持良好状态目的的产品	以涂擦、喷洒或者其他类似的方法，散布于人体表面任何部位（皮肤、毛发、指甲、口唇等），以达到清洁、消除不良气味、护肤、美容和修饰目的的日用化学工业产品

三种管理定义有以下共性。

（1）核心部分是直接接触人体皮肤表面。不直接接触人体皮肤表面的产品，虽然它的名称与化妆品产品相近，不属于化妆品管理范畴。如"香熏类产品"、"空气清新剂"以及"洗洁精"、"洗衣粉"、"洗衣液"、"衣物柔顺剂"、"玻璃清洁剂"等均不属于化妆品管理范畴。

（2）明确表述了我国化妆品产品的功能中有清洁作用。如"香波"、"浴液"、"洗手液"等直接接触人体皮肤，起清洁人体皮肤表面或毛皮作用的产品，属于化妆品产品的管理范畴。

（3）表明了化妆品适用于人体的途径。规定了通过"涂擦、喷洒或类似的方法"散布于人体表面任何部位（皮肤、毛发、指甲、口唇等），起保养、美化、消除不良气味、清洁等规定作用的产品，属于化妆品的管理范畴。那些通过注射等其他方式，进入或作用人体皮肤的产品，如美容医疗机构使用的一些产品"肉毒杆菌"、"填充式丰乳水凝胶"等，不是化妆品法规适用的范围。

二、化妆品的管理分类

化妆品种类繁多，其分类方法也五花八门。如按剂型、成分、使用部位和使用目的的分类，按使用年龄、性别分类等。在此，仅介绍我国的化妆品管理分类。

1. 我国《化妆品卫生监督条例》对化妆品的分类

《化妆品卫生监督条例》将化妆品分为普通"化妆品"和"特殊用途化妆品"两大类。

卫生部门对"特殊用途的化妆品"实施不同于其他类化妆品的产品审批及管理。特殊化妆品共有九类，如表1-2所示。

表1-2　卫生许可特殊用途化妆品的分类

序号	类　别	化妆品举例	序号	类　别	化妆品举例
1	防晒类化妆品	如防晒霜(蜜)、防晒油、防晒水、防晒凝胶等	5	丰乳类化妆品	丰乳膏霜等
2	除臭类化妆品	如香体露等	6	育发类化妆品	如育发香波、育发乳液、育发水等
3	祛斑类化妆品	如祛斑霜(乳液)、祛斑洗面奶等	7	染发类化妆品	如染发香波、染发膏霜、染发摩丝、彩色焗油膏等
4	健美类化妆品	如健美膏霜、瘦脸膏霜、减肥霜、瘦腿膏等	8	烫发类化妆品	如烫发水、冷烫液、冷烫乳等
			9	脱毛类化妆品	如四肢脱毛膏霜(露、乳液)、腋下脱毛膏霜(露、乳液)等

2. 我国化妆品生产许可证规定的分类

质监部门对化妆品生产许可的范围见表1-3。

表1-3　生产许可化妆品分类

产品类别	产品单元		产　品　品　种
化妆品	一般液态单元（不需乳化）	护发清洁类	洗发液、洗发膏、发露、发油(不含推进剂)、摩丝(不含推进剂)、梳理剂、洗面奶、液体面膜等
		护肤水类	护肤水、紧肤水、化妆水、收敛水、卸妆水、眼部清洁液、按摩液、护唇液等
		染烫发类	染发剂、烫发剂等
		啫喱类	啫喱水、啫喱膏、美目胶等
	膏霜乳液单元（需经乳化）	护肤清洁类	膏、霜、蜜、香脂、奶液、洗面奶、无纺布面膜等
		发用类	发乳、焗油膏、染发膏、护发素等
	粉单元	散粉类	香粉、爽身粉、痱子粉、定妆粉、面膜(粉)、浴盐、洗发粉、染发粉等
		块状粉类	胭脂、眼影、粉饼等
	气雾剂及有机溶剂单元	气雾剂类	摩丝、发胶、彩喷等
		有机溶剂类	香水、花露水、指甲油等
	蜡基单元		唇膏、眉笔、唇线笔、发蜡、睫毛膏、唇彩、液体唇膏等
	其他单元		目前暂无属于此单元的产品。如遇不能归属前五个单元的产品，直接由化妆品审查部受理
牙膏	牙膏		牙膏

3. 我国国家标准对化妆品的分类

《化妆品分类标准》(GB/T 18670—2002)（见表1-4），结合化妆品的功能和使用部位进行分类，比较清晰明了。

表 1-4 《化妆品分类标准》（GB/T 18670—2002）

部位＼功能	清洁类化妆品	护理类化妆品	美容/修饰类化妆品
皮肤	洗面奶 卸妆水（乳） 清洁霜（蜜） 面膜 花露水 痱子水 爽身粉 浴液	护肤膏霜、乳液 化妆水	粉饼 胭脂 眼影 眼线笔（液） 眉笔 香水 古龙水
毛发	洗发液 洗发膏 剃须膏	护发素 发乳 发油/发蜡 焗油膏	定型摩丝/发胶 染发剂 烫发剂 睫毛液（膏） 生发剂 脱毛剂
指甲	洗甲液	护甲水（霜） 指甲硬化剂	指甲油
口唇	唇部卸妆液	润唇膏	唇膏 唇彩 唇线笔

第二节 我国目前的化妆品管理体系

一、我国化妆品管理体系的主要特点

我国化妆品管理体系的主要特点是"行政许可，政府监管"（多部门协同监管）。国家对化妆品行业实行卫生许可和生产许可准入制度，只有获得两证的企业，方可从事生产经营。生产特殊用途化妆品或进口化妆品，还需获得特殊用途化妆品卫生许可批件或进口化妆品卫生许可批件。

在化妆品质量安全性的管理上，则主要包括对化妆品原料的要求，化妆品生产过程的要求，化妆品中重金属、卫生化学指标和微生物含量的要求以及对化妆品标签功效性宣传进行限制等。

我国化妆品管理机构主要包括国家食品药品监督管理局及地方局（隶属卫生部）、国家质量监督检验总局及地方局、工商总局、商务部等。各级政府部门统一协调，共同管理化妆品工业。其中上市前监管主要由国家食品药品监督管理局及地方局、国家质量监督检验总局及地方局两大政府部门负责。

知识拓展 **化妆品监管的各个环节**

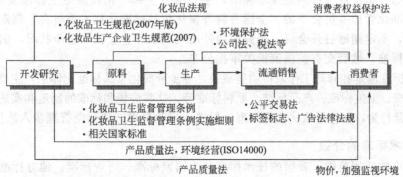

二、我国化妆品行业存在的主要问题

由于历史的原因，我国目前的化妆品管理体制带有明显的多头管理的特点，批准手续也比较繁琐。近十几年来，我国化妆品行业得到了飞速发展，同时也暴露出一些问题亟待改进，化妆品的质量和安全迫切需要从源头抓起，国家和行业的管理水平也亟待提高。如图1-1所示。

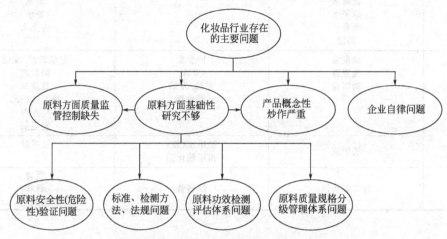

图 1-1　化妆品行业存在的主要问题分析

随着世界经济一体化的发展和中国经济的快速成长，以及我国化妆品管理体制的进一步完善，化妆品行业将欣欣向荣，迎来更高速的发展期。

第三节　化妆品技术法规与标准

一、技术法规与技术标准

所谓技术法规，是指强制执行的涉及产品的特性、加工程序、生产方法，包括可以适用的管理性规定的文件。当适用于某一产品、工艺和生产方法时，技术法规也可以包括或仅仅涉及术语、符号、包装、标志或标签要求。而标准则是由公认机构批准、反复地或不断使用的，并非强制性执行的技术文件。

《中华人民共和国标准化法》针对我国标准的体制，从法的角度将标准分为强制性和推荐性两种属性的标准。强制性标准实际上发挥着技术法规的作用，然而强制性标准毕竟不同于技术法规。严格意义上说，标准本身并不存在强制的问题，强制性是法律赋予的。

化妆品的技术法规（特别是技术标准）主要由卫生部"化妆品卫生标准委员会"，质检总局国家标准化管理委员会下的"全国香料香精化妆品标准化技术委员会"制定。他们根据各自的章程，不定期地召开会议，研究国内外法规现状和企业技术进步状况，制定和修改相应的规范或标准，然后交有关国家机关审批公布。

化妆品标准制定和修订工作取得明显成效，逐步形成化妆品标准化体系，主要包括基础标准、方法标准、卫生标准、产品标准、原料标准等。这些法规和标准的制定和实施，规范了企业的生产经营行为，强化了依法监督管理，促进了行业自律，使行业管理步入法治轨道。

二、技术标准的分级

按照标准的适用范围，我国的技术标准分为国家标准、行业标准、地方标准和企业标准四个等级，见图1-2。

1. 国家标准

由国家技术监督局审查批准和颁发，代号为 GB，在全国范围内执行。凡是带有 GB/T 代号的为国家推荐性执行标准，而只有 GB 代号的为国家强制性执行标准。

国家标准的编号由国家标准的代号，国家标准发布的顺序号和国家标准发布的年号构成。如推荐性国家标准编号 GB/T 24800.1—2009 中，

☐ 国家标准　　GB、GB/T
☐ 行业标准　　QB、HG、SN
☐ 地方标准　　DB22、DB22/T(吉2200)
☐ 企业标准　　Q/×××

方法选择的权威性依次为：国家强制性标准、行业强制性标准、推荐性标准、国际标准。

图 1-2　技术标准的分级

GB/T 为国家标准的代号，24800.1 为国家标准发布的顺序号，2009 为国家标准发布的年号。

2. 行业标准

由国家各主管部门审查批准和颁发。如化工行业标准为 HG；中国进出口商品检验行业标准为 SN；轻工行业标准为 QB。行业标准在各行业部门内执行。

行业标准的编号由各行业标准的代号、标准顺序号和标准年号组成。与国家标准的区别就在代号上。如轻工业标准编号 QB/T 1685—2006 中，QB/T 为轻工业标准代号，1685 为标准顺序号，2006 为标准年号。

3. 地方标准

由地方各级人民政府审查批准，在该地区内执行。强制性地方标准的代号（见表 1-5）由"DB"加上省、自治区、直辖市行政区划代码前两位数再加斜线组成，再加"T"则组成推荐性地方标准的代号。例如，广东省的代号 440000，所以以广东省强制性地方标准代号为 DB44/、推荐性地方标准代号为 DB44/T。

表 1-5　化妆品地方标准代码（省、自治区、直辖市）

名　　称	代　　码	名　　称	代　　码
北京市	110000	湖北省	420000
天津市	120000	湖南省	430000
河北省	130000	广东省	440000
山西省	140000	广西壮族自治区	450000
内蒙古自治区	150000	海南省	460000
辽宁省	210000	重庆市	500000
吉林省	220000	四川省	510000
黑龙江省	230000	贵州省	520000
上海市	310000	云南省	530000
江苏省	320000	西藏	540000
浙江省	330000	陕西省	610000
安徽省	340000	甘肃省	620000
福建省	350000	青海省	630000
江西省	360000	宁夏回族自治区	640000
山东省	370000	新疆维吾尔自治区	650000
河南省	410000	台湾省	710000
香港特别行政区	810000	澳门特别行政区	820000

地方标准的编号由地方标准的代号、地方标准的顺序号和年号三部分组成。

例：DB44/T 496—2008，灵芝中三萜类物质的含量测定。

4. 企业标准

由生产企业负责人审查批准，在企业内部执行。企业标准代号为"Q"，某企业的企业标准代号由企业标准代号 Q 加斜线再加企业代号组成，即 Q/×××。

企业标准的编号由该企业的企业标准的代号、顺序号和年号组成。

三、技术标准的分类

我国技术标准分为方法标准，基础标准，产品标准，安全、卫生与环境保护标准等几类，如图 1-3 所示。

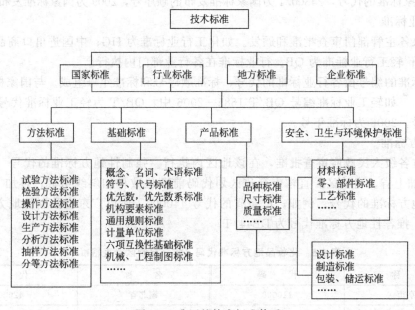

图 1-3　我国的技术标准体系

四、近年来我国化妆品技术标准制定取得的成绩

随着化妆品工业的发展和人们对化妆品使用安全的关注，卫生部加大了化妆品的卫生管理，先后修订了《化妆品卫生规范》（2007 年版）（《化妆品卫生规范》的修订历程见表 1-6)、《化妆品生产企业卫生规范》（2007 年版）；发布《中国已使用化妆品成分名单（2003 年版)》《国际命名化妆品原料（INCI）英汉对照名称》（2003 年版）、《国际化妆品原料标准中文名称目录》（2010 年版）。此外卫生部还发文规范了氢醌、吡啶硫铜锌、果酸、酮康唑、红高粱、籽瓜取液提、二甲基-共-二乙基亚苄基丙二酸酯等成分在化妆品中的使用。

表 1-6　《化妆品卫生规范》的修订历程

项目	禁用物质/种	限用物质/种	防腐剂/种	防晒剂/种	着色剂/种	染发剂/种
1987 年版标准	359	57	66	36	67	—
1999 年版规范	494	67	55	22	157	—
2002 年版规范	496	67	55	24	157	—
2007 年版规范	1286	73	56	28	156	93

我国化妆品卫生化学检验方法标准修订进程见图 1-4。

正在进行的化妆品标准制定和修订项目 52 项，包括《化妆品卫生标准》和《化妆品皮

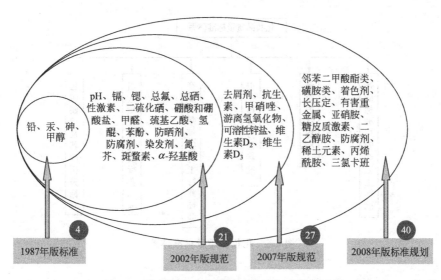

图 1-4　化妆品卫生化学检验方法标准修订进程

肤病诊断标准和处理原则》修订，化妆品中抗生素、维生素 D_2 和 D_3、所含中药成分、有害重金属、有毒挥发性有机溶剂的测定，化妆品中亚硫酸盐还原菌的测定，化妆品中潜在过敏接触性皮炎的鼠局部淋巴结评价方法、光毒实验和眼刺激实验替代方法，脱毛、除臭、健美、美乳、育发、祛斑等类化妆品的功效性评价方法等。

五、化妆品卫生标准体系

化妆品卫生标准体系（见图 1-5）主要由卫生部"化妆品卫生标准委员会"负责组织制定。

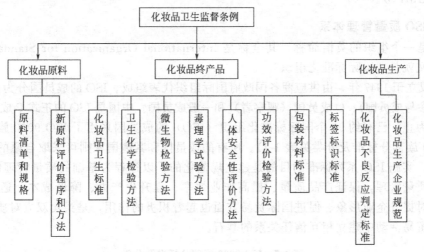

图 1-5　化妆品卫生标准体系

六、化妆品质量标准体系

化妆品质量标准体系（见图 1-6）主要由质检总局国家标准化管理委员会下的"全国香料香精化妆品标准化技术委员会"负责组织制定。

七、我国现行的化妆品标准目录

我国现行的化妆品标准（产品标准除外）目录见附录二；化妆品产品标准目录见第十五章第一节。

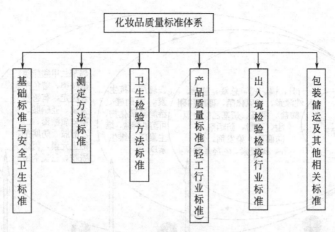

图 1-6　化妆品质量标准体系

第四节　化妆品质量管理体系

化妆品产品的质量与生产管理和质量管理密不可分。随着全球经济一体化进程的加快，国际市场竞争日益激烈，化妆品企业必须高度重视和积极开展国际认证工作，尽快与国际惯例接轨，建立健全质量管理体系和环境管理体系，从而增强企业的国际竞争力。目前，我国化妆品企业在管理过程中主要推行 ISO 9000 族质量管理体系、ISO 14000 族环境管理体系和职业健康安全管理体系（OHSAS）等，并正在逐步推行良好的化妆品生产规范（GMPC）。

一、ISO 质量管理体系

ISO 是一个组织的英语简称，其全称是 International Organization for Standardization，翻译成中文就是"国际标准化组织"。

ISO 成立于 1947 年，由供应商各国政府国际组织代表组成。ISO 的成员国分为三个级：P 成员国（参与成员国）、O 成员国（观察者）和一般成员国。中国是 ISO 的正式 P 成员国。

迄今为止，已有约 90 个国际标准化组织（ISO）的成员国采用了 ISO 9000 族国际标准（ISO 9000 族部分标准及分类见表 1-7）。所有的成员国和其他国家则可采取自愿的方式采用这些标准。实施 ISO 系列标准的目的是建立规范化的，以过程为基础的质量管理体系模式，实行全面质量管理，保证产品质量、提高作业效率、提升生产力、降低成本。通过 ISO 的系列认证对提升企业形象、促进国际贸易方面也起着积极的作用，是买卖双方对质量的一种认可，是贸易活动中建立相互信任关系的基石。

表 1-7　ISO 9000 族部分标准及分类

核心标准		
ISO 标准号	国家标准号	内　容
ISO 9000	GB/T 19000—2008	质量管理体系　基础和术语
ISO 9001	GB/T 19001—2008	质量管理体系　要求
ISO 9004	GB/T 19004—2008	质量管理体系　业绩改进指南
ISO 9011	GB/T 19011—2003	质量和（或）环境管理体系审核指南

续表

	支持性标准和文件	
ISO 标准号	国家标准号	内　　容
ISO/TR10006	GB/T 19016—2005	质量管理　项目管理质量指南
ISO/TR10007	GB/T 19017—2008	质量管理　技术状态质量指南
ISO/TR10013	GB/T 19023—2003	质量管理体系文件指南
ISO/TR10014	GB/T 19024—2008	质量管理　实现财务和经济效益的指南
ISO/TR10015	GB/T 19025—2001	质量管理　培训指南
ISO/TR10017	GB/Z 19027—2005	统计技术指南

ISO 9000 族标准包括质量管理和质量保证两个方面的系列标准，在全球具有广泛深刻的影响，目前已被 80 多个国家等同或等效采用。我国对 ISO 已正式颁布的 ISO 9000 族 19 项国际标准，已全部等同转化为国家标准。

ISO 14000 族标准则是针对"环境管理体系"的一系列标准，此外尚有其他族系列标准，此处不赘述。

以过程为基础的质量管理体系模式见图 1-7。

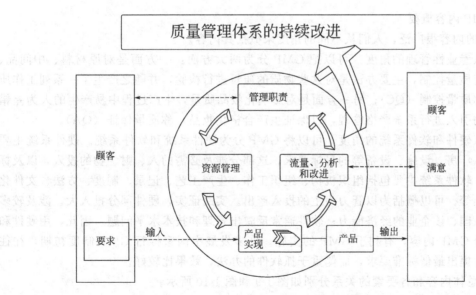

图 1-7　以过程为基础的质量管理体系模式
——→ 增值活动；-----→ 信息流

图 1-8 为质量管理的发展阶段。

二、GMP

GMP 是英文 Good Manufacturing Practice 的缩写，即"良好生产操作规范"，是特别注重在生产过程中对产品质量与卫生安全所实施的一种管理制度。GMP 的产生来源于药品的生产，并较多应用于制药工业。现在许多国家已将其用于食品工业，是一套适用于制药、食品等行业的强制性标准。目前在化妆品行业尚属自愿实施。

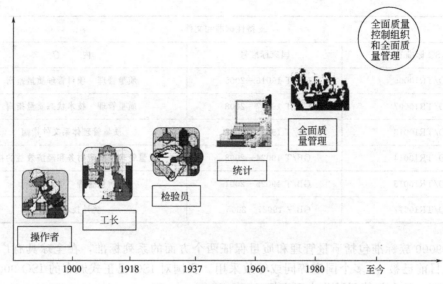

图1-8 质量管理的发展阶段

在化妆品生产中引入GMP标准，形成一套可操作的作业规范，可以帮助企业改善卫生环境，及时发现生产过程中存在的问题，并加以改善；可以达到提高产品市场竞争力的目的。

1. GMP内容概要

GMP的内容很广泛，人们从不同的角度来概括其内容。

（1）从专业性管理的角度 可以把GMP分为两大方面：一方面是对原材料、中间品、产品的系统质量控制，主要办法是对这些物质的质量进行检验，并随之产生了一系列工作质量管理，称质量控制（QC）；另一方面是对影响化妆品质量，生产过程中易产生的人为差错和污物异物引入进行系统严格管理，以保证生产合格化妆品，称质量保证（QA）。

（2）从硬件和软件系统的角度 可以将GMP分为硬件系统和软件系统。硬件系统主要包括人员、厂房、设施、设备等的目标要求，这部分涉及必需的人、财、物的投入，以及标准化管理。软件系统主要包括组织机构、组织工作、生产工艺、记录、制度、方法、文件化程序、培训等。可以概括为以智力为主的投入产出。实践证实，硬件部分投入大，涉及较多的经费及该国、该企业的经济能力；软件通常反映出管理和技术水平问题。因此，用硬件和软件来划分GMP内容，有利于GMP的实施。许多发展中国家推行GMP制度初期，往往采用对硬件提出最低标准要求，而侧重于抓软件的办法，效果比较好。

GMP总体内容和各要素的关系分别如图1-9和图1-10所示。

质量管理关系如图1-11所示。

2. 实施GMP的主要作用

GMP的主要作用有以下三项：

（1）降低产品制造过程中人为的错误；

（2）防止产品在制造过程中污染或质量劣变；

（3）建立健全的自主性质量保证体系。

3. GMPC

我国化妆品企业GMP规范的实施尚处于摸索阶段，国家制定的GMPC标准（Guideline for Good Manufacture Practice of Cosmetic Products，化妆品良好生产规范）尚未出台。目前我

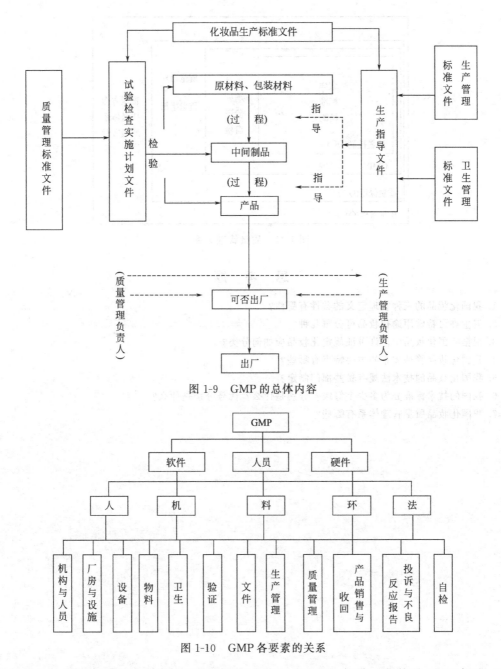

图 1-9 GMP 的总体内容

图 1-10 GMP 各要素的关系

国化妆品企业主要参照美国化妆品 GMP 标准（FDA-GMPC）与欧盟化妆品 GMP 标准（EU-GMPC）标准，结合我国药品 GMP 与食品 HACCP（危害分析和关键控制点）标准而建立 GMPC 质量管理体系。

化妆品良好生产规范 GMPC 包括五部分：质量体系、采购、生产、分包生产和质量管理。GMPC 的重点是确保化妆品生产过程的安全与卫生，防止异物、化学物、微生物污染产品。

由于我国化妆品企业大多数已经存在 ISO 9001 质量管理体系，建立和实施 GMPC 实际上是在原来 ISO 9001 质量管理体系中整合进 GMPC。由此，GMPC 是建立在 ISO 9001 的基础上的，GMPC 只是把化妆品的要求具体化、规范化。

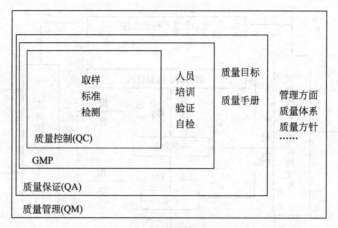

图 1-11   质量管理关系

思 考 题

1. 我国化妆品的三种管理定义的共性有哪些？
2. 卫生许可特殊用途化妆品可分哪几种？
3. 根据我国化妆品生产许可证规定化妆品应如何分类？
4. 我国化妆品管理体系的主要特点有哪些？
5. 我国化妆品的技术法规有哪些部门制定？
6. 我国的技术标准分为多少个等级？分别是什么？代号分别是什么？
7. 我国化妆品质量管理体系有哪些？

第二章 化妆品质量检验概述

第一节 化妆品的质量特性与安全现状

一、合格化妆品的质量特性

化妆品是与人体皮肤直接接触的日用工业品,直接影响人们的生活与健康。合格的化妆品能清洁、保护皮肤和头发,修饰改善人的精神面貌,带给人以美的享受。但不合格的化妆品,如配方不当,添加了禁用化学物质,或超量使用限用物质,则可能使消费者发生皮肤不良反应,严重的甚至造成不可逆转的损伤,对消费者身心健康构成威胁。

合格的化妆品应包含以下几个质量特性:即安全性、稳定性、使用性和有效性,见表2-1。

表 2-1 合格化妆品的质量特性

质 量 特 性		具 体 表 现
安全性		无皮肤刺激、无过敏现象;无经口毒性、无异物混入、无破损
稳定性		无变质、无变色、无变臭、无微生物污染
使用性	使用感	与皮肤的融合度、潮湿度、润滑度等
	易使用性	形态、大小、重量、结构、功能性、携带性等
	嗜好性	香味、颜色、外观等
有效性		保湿效果、防晒效果、清洁效果、色彩效果等

 知识拓展　　**影响化妆品质量安全的主要因素**

二、不合格化妆品对人体造成的损害

不合格化妆品会给人体造成的常见损害主要是皮肤病。使用化妆品引起的皮肤病,是指人们在日常生活中使用化妆品引起的皮肤及其附属器官的病变,是一组有不同临床表现、不

同诊断和处理原则的临床综合征。发病前要有明确的化妆品接触史，并且皮肤损害的原发部位是使用该化妆品的部位，还必须排除非化妆品因素引起的皮肤病。

根据国家发布的《化妆品皮肤病诊断标准及处理原则》，化妆品皮肤病有 6 种。

(1) 化妆品接触性皮炎　是指接触化妆品而引起刺激性接触性皮炎和变应性接触性皮炎。这是化妆品皮肤病最多见的类型，多发生在面、颈部。一般来说，使用频率较高的普通护肤品常常引起变应性接触性皮炎；而特殊用途化妆品，如除臭、祛斑、脱毛类等，则常在接触部位引起刺激性接触性皮炎。

(2) 化妆品光感性皮炎　是指使用化妆品后，又经过光照而引起的皮肤炎症性改变，是化妆品中的光感物质引起皮肤黏膜的光毒性反应或光变态反应。化妆品中的光感物质可见于防腐剂、染料、香料以及唇膏中的荧光物质等成分中。防晒化妆品中的遮光剂，如氨苯甲酸及其脂类化合物，也有可能引起光感性皮炎。

(3) 化妆品皮肤色素异常　是指接触化妆品的局部或其邻近部位发生的慢性色素异常改变（色素沉着和色素脱失）。以色素沉着较为多见，多发生于面颈部，可以单独发生，也可以和皮肤炎症同时存在，或者发生在接触性皮炎、光感性皮炎之后。

(4) 化妆品痤疮　是指由化妆品引起的面部痤疮样皮疹。多由于化妆品对毛囊口的机械性堵塞引起，如不恰当地使用粉底霜、遮瑕霜、磨砂膏等产品，引起黑头、粉刺或加重已存在的痤疮，也可能造成毛囊炎症。

(5) 化妆品毛发损害　是指应用化妆品后引起的毛发损害。化妆品损害毛发机理多为物理及化学性损伤，可以是化妆品的直接损害，也可能是化妆品中某些成分对毛发本身和毛囊的正常结构和功能的破坏。临床上可表现为发质的改变和断裂、分叉和脱色、质地变脆、失去光泽等，也可以发生程度不等的脱发。

(6) 化妆品指甲损害　是指应用指甲化妆品所致的指甲本身及指甲周围组织的病变。指甲化妆品大致分为三类：修护用品，如表皮去除剂、磨光剂等；涂彩用品，如各种颜色的指甲油；还有卸除用品，如洗甲水。这些化妆品成分中多含有有机溶剂、合成树脂、有机染料、色素及某些限用化合物，如丙酮、氢氧化钾、硝化纤维等。它们多数有一定的毒性，对指甲和皮肤有刺激性，并有致敏性。如原发性刺激性皮炎可由甲板清洁剂、表皮去除剂当中的某些成分引起，变应性接触性皮炎可由指甲油中的树脂类、指甲硬化剂中的甲醛等成分诱发，光感性皮炎可由指甲油中的多种荧光物质引起等。

三、我国化妆品的安全现状

随着人们生活水平的提高，市场上的化妆品琳琅满目。近年来，由化妆品导致的损害消费者健康的事件已屡见不鲜。

2005 年卫生部对北京、天津、山西、吉林、上海、江苏、浙江、福建和广东 9 省份生产企业、美容美发店、药店及化妆品批发市场等生产经营的宣称"祛痘、除螨及除皱"等功能的化妆品违法添加糖皮质激素、雌激素等禁用物质情况进行了专项监督抽检，结果显示，宣传祛痘、除螨类化妆品中，抗生素的检出率为 25.4%，宣传具有除皱功能化妆品中激素检出率为 3.2%。

与之对应的是卫生部通报的化妆品不良反应监测情况，使用化妆品引起的不良反应有增多趋势：2005～2008 年，我国监测发现化妆品不良反应均以化妆品接触性皮炎最常见，分别为 939 例、1210 例、1352 例和 1571 例。

化妆品不良反应的产生和分布具有一定的共性和普遍性，均以女性为主，平均年龄在 20～30 岁之间。发病部位以面部最常见，其中接触性变应性皮炎最为常见，全身性反应较少。眼部化妆品、染发剂和面部化妆品最常引起不良反应，芳香剂和防腐剂是最常引起过敏反应的化妆品成分。芳香剂是化妆品中最常见的过敏原，存在于清洁剂、口腔卫生护理品、洗涤用品等多种化妆品中，由 $10\sim300$ 种成分组成，在由化妆品引起的变应性接触性皮炎中占 30% 以上。

搜索驿站　　　　　　　**近年发生的化妆品安全质量事件**

- SK Ⅱ—重金属
- 精装葡萄籽—糖皮质激素
- 迪豆—氯霉素
- 一洗黑
- 牙膏—二甘醇、三氯生
- 滑石粉中的石棉
- 唇膏中的苏丹红
- 洗发、沐浴产品中的二噁烷

第二节　化妆品中常见的有害物质

一、按有害物质的种类分

根据有害物的种类分，化妆品中常见的有害物质主要有有机物、重金属、有害微生物。

1. 化妆品中的有机物

化妆品中使用的色素、防腐剂、香料等大多为有机合成物，如煤焦油类合成香料、醛类系列合成香料等。这些物质对皮肤有刺激作用，引起皮肤色素沉着，并引起变应性接触性皮炎，有些还有致癌作用。

染发剂大都为养护染料，由对苯二胺为主要原料与双氧水混合而成。此染料可进入毛干并沉积于毛干的皮质，形成大分子聚合物，使头发变黑。对苯二胺可与头发中的蛋白质形成完全抗原，易发生过敏性皮炎。虽然未有确切证据证明染发剂有致癌作用，但其安全性应引起足够重视。

许多漂白霜、祛斑霜中违法加入氢醌，能抑制上皮黑素细胞产生黑色素。氢醌是从石油或煤焦油中提炼制得的一种强还原剂，对皮肤有较强的刺激作用，常会引起皮肤过敏。氢醌会渗入真皮引起胶原纤维增粗，长期使用和暴露于阳光的联合作用会引发片状色素再沉和皮肤肿块，这叫获得性赫黄病，目前尚无好的治疗方法。

曲酸主要用作食品添加剂，可起到保鲜、防腐、防氧化等作用。添加到化妆品中可有效消除雀斑、老人斑、色素沉着、粉刺等，因此为世界各国所使用。近年来的科学研究表明，曲酸具有致癌性。日本官方已禁止将曲酸作为食品添加剂使用，禁止进口和生产含有曲酸的化妆品。

三氯甲烷可以迅速溶解脂肪、油脂，但其具有毒性和致癌性。研究发现，水中加氯后普遍存在三氯甲烷的问题，故牙膏中可能存在三氯甲烷的残留。三氯甲烷属于牙膏中的禁用物质。

四环素类抗生素具有杀菌、抑菌效果，有些消炎杀菌的化妆品中会添加。但由于毒性较大，我国将其列入化妆品禁用物质，但并没有作为常规检测对象。

有些抗炎祛痘类化妆品中违规加入糖皮质激素、雌激素、雄激素、孕激素等禁用激素。这些药用成分在没有作为药物监管长期使用时，皮肤会对激素产生依赖，而且很难摆脱。长期使用后则会发生皮肤变薄、毛细血管扩张、毛囊萎缩，一旦停用，皮肤就会发红、发痒，出现红斑、丘疹、脱屑等。我国《化妆品卫生规范》规定此类物质为禁用成分。

2. 化妆品中的重金属

化妆品中含有许多微量元素，如铜、铁、硅、硒、碘、铬和锗等。这些微量元素往往形成与蛋白质、氨基酸、核糖核酸的络合物，具有生物可利用性，可以使产品更具有调理性和润湿性，更易被皮肤、头发和指甲吸收和利用。但是，如果化妆品中含有铅、汞、砷等有害重金属元素，则会对人体产生伤害。

化妆品中的铅、汞、砷含量超标，可引起皮肤瘙痒和中毒等症状。化妆品中颜料，很多是含有重金属成分的，如铅、铬、铝、汞、砷等，它们之中有不少是对人体有害的。美国、澳大利亚有报道，曾有婴儿舔食了母亲面部的脂粉引起急慢性中毒，死于脑病的事实。又如增白剂中的氯化汞会干扰皮肤中黑色素的正常酶转化。

3. 化妆品中的有害微生物

由于微生物种类繁多、生命力强、繁殖快、易分布，而化妆品中含有脂肪、蛋白质、无机盐等营养成分，是微生物生存的良好场所。化妆品中可能存在的有害微生物有病源细菌和致病真菌，会不同程度引起对人体的损害、致病和中毒。另外，化妆品易受到霉菌的污染，常见的霉菌有青霉菌、曲霉菌、根霉菌、毛霉菌等。不少雪花膏、奶液中检测出大肠杆菌，存在肠道寄生虫卵、致病菌等。粉类、护肤类、发用类、浴液类化妆品细菌污染时有发生。

二、按不同化妆品中容易出现有害物质的情况分

1. 清洁用化妆品中常见的有害物质

一般这类化妆品中对人体有害的物质并不多，最常见的不良反应是对皮肤和黏膜的刺激。含碱较多的硬皂、香皂和碱性大的清洁剂对皮肤的刺激性都较大。此外，用于皮肤的清洁霜或清洁剂也是有机化合物和氢氧化钠或氢氧化钾化合而成的。如使用不当，这些碱性物质除洗净皮肤上的污垢外，还会破坏对皮肤表面具有润泽保护作用的皮脂膜，使皮肤变得干燥、脱屑，甚至皲裂。中性浴液对皮肤的刺激性相对较小。净肤剂中的添加物对其清洁作用并无帮助，对皮肤一般也没有明显的伤害。

任何肥皂对某些人都有些刺激作用，这是由于他们对其中的特殊成分敏感，而不大可能是对肥皂本身的反应。药皂具有一定的药理作用，但是也可能刺激皮肤甚至致敏，使用时要加以注意。剥脱剂使用过多；磨面膏使用时过于用力摩擦，都会引起皮炎，应该注意适度应用。

对于口腔卫生用品来说，虽然是使用后吐掉，但它毕竟是入口的产品，所以必须防止毒性成分，同时也不能忽视其对口腔黏膜的刺激作用。

2. 护肤类化妆品中常见的有害物质

护肤化妆品种类繁多，成分也极其复杂，但主要是以一定的配比将油性物质、无机粉末、水、乳化剂、香料、染料、表面活性剂、保湿剂、黏附剂、防腐剂、抗氧化剂等混合、粉碎、乳化、成型而成。

化妆品作为一类化工产品，其中所用的某些化学物质会对人体健康带来危害。值得注意的是，某些化妆品原料本身毒性并不大，但它所含有的杂质和中间体却常常会对皮肤产生刺激。另外，化妆品所用的某些表面活性剂、防腐剂、收敛剂、抗氧化剂等也可引起皮肤损害。有些原料本身即是强致敏原，如羊毛脂、丙二醇，可以引起变态反应性接触性皮炎。焦油色素中的苏丹Ⅱ、甲苯胺红，防腐剂中的六氯酚、双硫酚醇以及次氯氟苯脲等都是致敏的主要成分。香料也是常见的致敏原，可引起皮肤瘙痒、湿疹、荨麻疹、光感性皮炎等多种病损。

3. 彩饰类化妆品中常见的有害物质

用于眼部的化妆品要求应高于其他化妆品，必须是无毒、无刺激、无致敏性的。此类化妆品如粉底和化妆粉中无机粉料含量很大，某些有害元素，如铅、汞、砷含量很容易超标。如果缺乏监督管理，将会对消费者健康造成威胁。

眼线化妆品和睫毛油等可能诱发眼部炎症。睫毛油中可能含有的间苯二酚、甲苯二酚以及萘基胺等是引起炎症的主要化学物质。带有光泽或闪色的眼影，常常含有云母、氯氧化铋、金属粉或鱼鳞精等，容易使过敏体质的人引起变态反应或刺激性接触性皮炎。此外，睫毛膏中常发现有茄病镰刀菌污染，可以引起角膜真菌病，严重时造成失明。

腮红所含的红色色素受到光的作用会使皮肤对阳光的敏感性显著增强，引起皮炎后还会造成皮肤色素沉着，进而形成黄褐斑。

口唇的角质层很薄，保护作用不强，且极为敏感。伪劣产品会促进角质增生，令口唇透明度下降，口唇色泽暗淡。口红中的合成色素和香料，可引起唇炎。涂于口唇上的唇用化妆品很容易随饮食进入体内。由于口唇用化妆品的主要成分大都是脂溶性的，极易被消化吸收，其危害不可不防。

彩饰类化妆品对人体危害较大的主要是原料中含有的大量油脂和着色剂等，许多是致敏物质。油脂以羊毛脂致敏的报告为多，色素中如焦油色素、偶氮类有机合成色素，特别是含磺化基、羟基的偶氮色料是皮肤的强致敏物。已知部分口红、胭脂、香粉、底色等常含有类似的色素染料。由于口唇是癌症的好发部位，应加强监管。

对于香精香料，已知精油、肉桂醛、苄基水杨酸、佛手甘油、补骨脂素、5-甲氧基补骨脂、3-甲氧基补骨脂等具有致敏和光敏作用。

【案例回放】

1989 年湖南株洲的"高级双色美容霜"事件就是因为使用了未经检验的香料，使消费者使用后产生了严重的皮肤反应。

保湿剂丙二醇和紫外线吸收剂对氨基苯甲酸致敏的报告也非常多。

眼影中常含有铅、铬、镉等重金属颜料，也有损伤 DNA 作用。虽然用量不大，但在较敏感的眼部周围频繁接触使用，应予足够的重视。另外，醛类香料也有 DNA 损伤作用。

【研究资料】

日本学者曾报告，在黑暗条件下以口红处理大肠杆菌未显示出致突变性，但若在两只 20W 的荧光灯下照射处理，则见约 20% 的口红引起大肠杆菌突变。

有人在分子水平上进一步研究指出，由于和 DNA（脱氧核糖核酸，生物遗传物质）结合的色素吸收了光能，产生光动力学作用，从而使 DNA 链产生损伤。有研究证实吡喃类色素的光动力学作用很强。

指甲油大多含有具苯环结构的芳香化合物，且大都为脂溶性物质，极易溶解在油脂中，有一定的毒性。指甲油中含有的树脂、珠光剂等物质，具有致敏性。以丙酮为主要成分的洗甲水能使指甲脆裂，或使手指产生皮疹。指甲脱膜剂中所含的三乙醇胺，指甲漂白剂中含有的过氧化氢都是具有刺激性的物质。直接接触皮肤可引起甲周炎、甲床角化过度或脱角等。

4. 美发用化妆品中常见的有害物质

美发和护发用品当中大多含有刺激性物质及性质，见表 2-2。

含防腐剂、乳化剂的发用清洁剂、香波和头发调理用品可引起变应（过敏）性接触性皮炎。

喷发胶中的有些物质如虫胶、松香及某些合成树脂对某些人有致敏作用。

表 2-2　美发和护发用品中的含刺激性物质及性质

类　别	所含物质	性　质
洗发剂	烷基苯磺酸钠——去污剂	导致皮肤干燥、粗糙
	间苯二酚(雷琐辛)——防腐剂	对皮肤和黏膜有刺激作用,常引发湿疹和皮炎
护发剂	酒精	对皮肤、黏膜有刺激性
染发剂	对苯二胺	刺激性接触性皮炎
烫发剂	巯基乙酸、巯基乙酸单甘油酯	刺激性接触性皮炎、变态反应

染发剂,特别是持久性染发剂,常含有苯胺类染料,具有一定的毒性和致敏性,且和多种致敏源有交叉反应。染发剂造成的过敏反应表现为局部刺痒、疼痛,出现红斑、水肿、丘疹、水疱,严重的可出现大疱、渗出、糜烂,乃至出现全身性反应。

漂发用的过硫酸盐可引起速发性过敏反应,多见荨麻疹、水肿和呼吸困难。

染发是具有很高致敏危险的过程,对苯二胺和二氢氯化物是最易致敏的物质。合成的有机染料包括偶合剂、过氧化氢、过硫酸铵都常作为漂白剂使用,容易引起过敏性接触性皮炎、湿疹或气喘等。也有指甲花会引起气喘的病例。有些树脂如虫胶、松香及某些合成树脂,也常对某些人有致敏作用。

在使用抗菌药物期间最好不要染发,因为有不少抗菌药物如青霉素、链霉素和磺胺类药物与染发剂可发生交叉致敏反应。

气雾产品中喷发胶的吸入可能引起间质性肺炎,喷射剂(又称抛射剂或推进剂)的吸入可能引起肺沉着病。也有因吸入某些美发用品中所含的挥发性溶剂造成气管、支气管损害的病例。喷发胶中含有大量乙醇,也可能同时夹杂一定量的甲醇,因而产生相应的毒性作用。

染发剂中所含的 2,5-二甲苯胺等可能引起骨髓造血功能抑制和再生障碍贫血等血液疾病。还有文献报告结缔组织病与使用染发剂存在明显联系。

有报道,在护发剂中检出痕量的具有致癌、致突变性的亚硝胺。含有对苯二胺、间苯二胺和氨基苯酚的持久性染发剂也有明显的致突变作用。值得注意的是,许多染发剂中含有去污剂和有机溶剂,在低剂量下可能损伤皮肤,使化学物易于通过皮肤吸收到体内。染发剂中对苯二胺毒性较大,并有致癌风险,但目前尚无更理想的代替原料。

5. 芳香类化妆品中常见的有害物质

芳香化妆品最常见的不良反应是变应性接触性皮炎。某些芳香化妆品具有光毒或光敏作用,其致敏反应有时并不是化妆品本身造成的,而是由于阳光中紫外线的参与所引起的。最容易产生致敏作用的物质有茉莉、肉桂、羟基香茅醛等香料。易产生光敏作用的物质有香柠檬油、橙花油、橙叶、柏木、熏衣草等。香水和科隆水中的香柠檬油可引起光毒性皮炎。香水,特别是花露水等化妆品多半喷洒在手腕、耳后和颈部等暴露的皮肤表面,在强烈的阳光照射下,极易发生光变应性皮炎。香水所含除臭剂也有一定的致敏作用。此外,芳香化妆品当中含有的酒精,对皮肤也有一定的刺激作用。

6. 特殊用途化妆品中常见的有害物质

特殊用途化妆品中常见的有害物质及性质见表 2-3。

表 2-3　特殊用途化妆品中常见的有害物质及性质

类　别	常见有害物质及性质
育发(生发)用化妆品	均有刺激作用,有的产品含有刺激性很强的斑蝥酊,极易引起刺激性或过敏性皮炎
脱毛化妆品	有些配方中含有的巯基乙酸钙和金属硫化物对皮肤的刺激性很强;白降汞、硫醇可引发变应性接触性皮炎

续表

类　别	常见有害物质及性质
除臭化妆品	有些配方中含有的羟基苯磺酸锌、乌洛托品以及甲醛等对皮肤均具有明显的致敏和刺激作用。常见组分季铵化合物容易导致变应性接触性皮炎，六氯苯则是光敏物质
祛斑用化妆品	有些配方中违法添加的氢醌和氢醌单苄醚可致皮肤过敏。所含漂白剂也可能造成皮肤损伤或皮肤色素异常，甚至产生白斑。 违法含汞及苯酚
防晒化妆品	配方中往往含有过多的紫外线吸收剂，在紫外线照射下可生成有刺激性的物质，常引起光毒性可光敏性皮炎。紫外线吸收剂中的安息香酸、桂皮酸、对氨基苯甲酸及其酯类化合物等均为光敏物质 配方中含有的颜料、香精及防腐剂也可能使使用者皮肤局部发生色素沉着。国外曾报告过20例女患者面部因使用含有苯胺染料(橙色11)而致色素沉着
健美化妆品	有些美乳类化妆品中含有激素类药物，可能带来内分泌紊乱或皮肤过敏、色素沉着

第三节　化妆品质量检验概述

一、化妆品质量检验的任务

产品的质量需要通过分析检测提供的数据信息进行确认。化妆品质量检验的任务是利用化学分析、仪器分析、生化分析、物性测试等手段来确定化妆品的卫生指标、理化指标、禁限用物质化学成分与含量、安全性等是否符合国家规定的质量标准。

二、化妆品质量检验的类型

根据检验的目的不同，化妆品质量检验可分为企业自检和政府监管部门监督检验两种类型。企业自检是为了保证和改进产品质量；政府部门监督检验是为了对产品进行行政许可和监管，维护消费者安全。

1. 企业自检

对于化妆品生产厂家而言，进行化妆品质量检验除了保证能够获得上市资格外；同时也可通过检验结果，发现原料采购、生产管理和成品储存等各个方面的问题；还可以解读配方的组成成分及用量。这对配方的模拟和开发具有积极的价值。因此，一般化妆品生产厂家均自行设立质检部门，并且已经上升到全面质量管理的范畴，如图 2-1 所示。

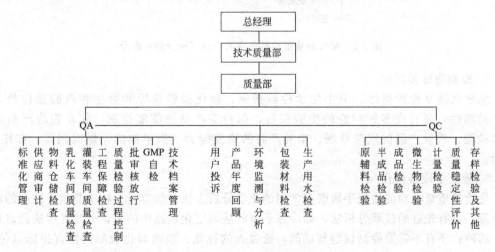

图 2-1　企业 GMP 质量管理机构图

企业化妆品检验一般分为三类。第一类是化妆品生产厂商为保证其原料及产品的质量，在工厂实验室进行的常规检验，对产品进行质量控制与保证；第二类是开发研制新产品时，必须了解化妆品中各种成分的相互作用、样品中有效成分稳定性等带有研究性质的检验；第三类是为保证化妆品的禁用物质、限用物质含量符合国家规范标准要求，保证化妆品卫生安全性的检验。

2. 监督检验

化妆品监督检验在我国主要有三类。第一类是化妆品卫生许可及监督检验；第二类是化妆品生产许可及监督检验；第三类是出入境检验检疫。详见第二十四章。

三、化妆品质量检验的特点

由于化妆品的种类繁多、成分复杂，测定方法多种多样，故化妆品检测的内容很丰富，具有以下特点。

1. 检验对象多样化

化妆品质量检验的对象包括原料（基料和辅料）、半成品、成品、车间环境及人员卫生状况等，涉及种类多、范围广，如图 2-2 所示。

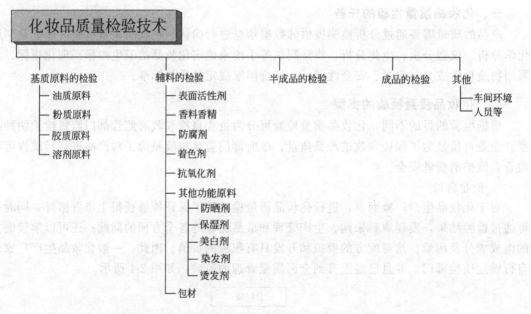

图 2-2　化妆品质量检验包含的内容（按分析对象分）

2. 检验指标多样化

除常规感官检验指标、卫生化学检验指标、理化检验指标和微生物检验指标外，根据产品属性，还有许多针对性的检验项目，如粉类产品的细度检测、化妆粉块产品的疏水性检测、洗发产品的泡沫检测、染发产品的染发能力、指甲油的干燥时间等。如图 2-3 所示。

3. 检测手段多样化

化妆品质量检验的检测手段既有常用的化学分析方法，如容量分析法测定香波中的活性物含量；也有先进的仪器分析法，如冷原子吸收法测定化妆品中的汞，分光光度法测定化妆品中的砷；还有不需要检测仪器与试剂，通过人的视觉、嗅觉对化妆品的感官指标（色泽、香型等）进行检测。见第七章、第八章及相关章节所述。

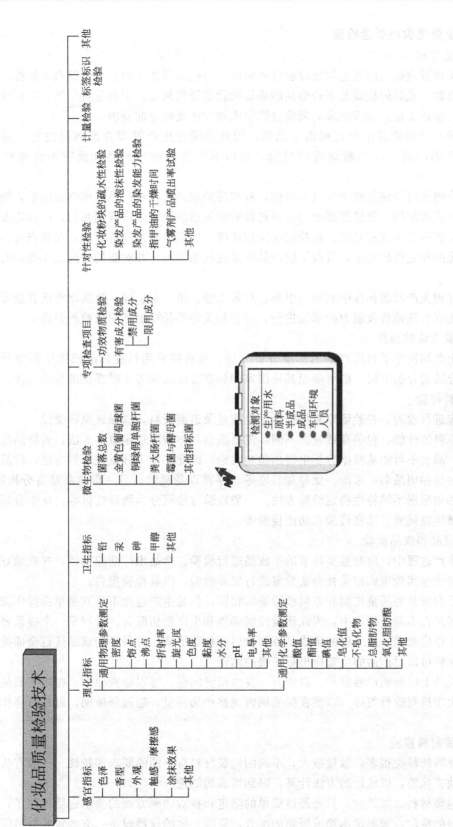

图 2-3 化妆品质量检验包含的内容（按检测指标分）

四、企业化妆品质量检验

1. 检验管理

企业质量管理部门应制定质量检验管理制度，包括原料的检验、包装材料的检验、半成品的质量检验、成品的检验及不合格品的质量检验等管理制度。审查分析结果，以便进一步发现问题、保证质量。分析结果必须符合国家或地方法规规定的要求。

产品的质量是随着生产过程而形成的，因此必须在生产管理方面随时注意。同时应该设立监督部门对产品不断地进行检验，查出不符合标准的产品和预防不合格产品的产生。

质量管理部门应该是完全独立的机构，有权按照原料规格和产品标准做出决定，而不能从属于生产管理部门。质量管理部门必须将检验结果迅速通知生产管理部门，使其能及时指导生产，预防质量事故的发生。检验记录应该详细，这不但是工作的证明，以备查考；同时通过有系统的和完整的记录，可以了解产品质量进展的状况，并对新的研究工作提供有价值的数据。

企业对相关产品的标准中制定的甲醇、对苯二胺、铅、汞、砷、致病菌物质含量等的检测，可委托有合法地位及能力的单位进行，并有相关的委托检测证明及检测报告。

2. 检验方法的选择

一般企业均制定了自己产品的标准分析方法，或直接采用行业标准或国家标准分析方法。如无合适的分析方法，则可参照其他国家的标准方法或参考文献提供的分析方法。

3. 原料检验

原料应进行检验，并验证原料的安全卫生质量及追溯资料，以保证原料受控。

各种原料的性能、包装和数量的不同，需要根据具体情况规定取样方法。若样品没有正确代表性，那么不可能从数据分析中得出检验结论，因此必须十分重视取样方法。样品应分为两份，一份标明品名、来源、批号和日期等，存样以备复验；另一份样品是备分析用的。各种原料必须根据不同特性确定检验方法。一般检验方法可分为物理性试验、化学分析、生物试验、微生物试验、感官检验和功能检验等。

4. 半成品和成品检验

产品生产过程中，应对重要环节的半成品进行检验。产品出厂前应抽样，并在做好可追溯标识后送企业实验室或相关社会实验室进行成品检验，出具检验报告。

半成品和成品的质量控制和原料检验基本相同，但是生产过程不论其是单批操作或是连续操作，都是在不断进行当中，因此质量控制必须和生产密切配合。时间是一个极重要的因素，检验工作应紧随每道工序的半成品直到最后的包装形式。对最后的成品进行全面检验是必要的，这样可以对产品的质量得出更正确的结论。

每件成品上应标明产品批号，以便万一发生质量问题，可以检查原因。每批半成品和成品都要按次序排列进行留样，以便在保质期内观察产品质量，超过保质期，可将留样作适当处理。

5. 包装材料检验

包装材料的种类很多，数量极大，不同的包装材料有不同的要求和特性。一般方法是按比例进行抽查检验，以统计的方法计算，得到可靠的结论。

有些包装材料，如纸盒，只要经过简单的测定和核对印刷方面的要求也就可以了；另一些包装材料的检验，如测定木箱或纸箱的水分，要有一定的仪器设备；有些包装材料需在实验室做小样试验，有时不能得出正确的结果，也可以通过生产上抽样的方法求得更可靠的结果。

6. 灌装试验

在生产过程中，灌装试验较其他工序更为重要。灌装是将半成品装入容器的一个工序，在这一工序以前将半成品和容器进行一次抽查，以防止某些意外事故。容器应该清洁，没有破损；盖子应该和容器相吻合；灌装时应经常检查净重，以避免半成品灌装不足；在灌装过程中发现次品应立即拣出。产品放入真空条件下 4～8h 试验失重，是一种测定容器是否密封的方法。

7. 存样试验

除了日常生产的质量控制之外，定期进行存样检验是十分重要的，它能呈现产品在正常储藏条件下质量变化情况，发现产品的缺点。存样试验不单是对产品进行检验，对容器和包装材料也要进行彻底检验。除了常温条件下的存样检验外，还可将样品放在各种温度较高和较低的地方，干燥和潮湿的地方，直接受到阳光照射等各种不同条件下。这种检验的目的是在模拟各种不同条件下加速试验，得出储藏寿命的参考数据。

8. 市场检验

产品流入市场，它的质量变动情况及消费者的反应，需经常了解和及时掌握，否则盲目生产，往往会造成不良后果和巨大损失。虽然从存样检验可以系统了解和掌握产品质量可能变动的一些情况，从而发现产品缺点而加以改进。但是产品流入市场后，它的接触面积是极广泛的，它可以遭遇到各种不同环境条件，某些条件可能在产品设计时没有估计到。因此，要多了解消费者的反映。当然，要求一种产品受到每一个消费者的欢迎是比较困难的，但至少应该受到绝大多数消费者的欢迎。

市场检验可分为以下三方面。

（1）定期对各地区市场上销售的产品进行抽样检验，及时了解和控制市场上产品的质量情况。

（2）定期访问营业员及征求消费者对产品的质量意见，作为改进产品质量的重要参考，以及对质量控制的某种依据。

（3）检验退货产品。产品退货并非质量问题，这些产品在市场上经过不同程度流动后，再对它的质量保证进行一次严格检验，也可帮助发现产品某些缺点。

五、化妆品质量检验的基本原则

在检验工作中，无论是企业自检还是政府监督检验，均应遵循质量、安全、快速、可操作和经济的原则。

1. 质量原则

要求检验技术保证检测质量，方法成熟、稳定，具有较高的精密度、准确度和良好的选择性，从而确保实验数据和结论的科学性、可信性和重复性。

2. 安全原则

要求化妆品检测技术所使用的方法不应对操作人员造成危害及环境污染或形成安全隐患。

3. 快速原则

化妆品检验对象多为现场检验或大量样品的筛选，这就要求所使用的检验方法反应速率快，检测效率高。

4. 可操作原则

要求所选用的方法其原理可以复杂，但操作必须简单明确，具有基本专业基础的人员经过短期培训都可以理解和掌握。

5. 经济原则

要求化妆品检测方法所要求的条件易于达到，方便普及。

六、检测技术操作的一般要求

检测技术操作的一般要求规定如下。

（1）检验方法中所采用的名词及单位制，均应该符合国家规定的标准要求。

（2）检验方法中所使用试剂均为分析纯，所使用水为纯度能满足分析要求的蒸馏水或软化水或其他相当纯度的水，除非特别声明。

（3）检验中所用计量器具必须按国家规定及规程计量和校正。

（4）称取量取精度要求用数值的有效数位表示。其中准确称取系指用精密天平进行的称量操作；其精度为 $\pm 0.0001g$；吸取系指用移液管、刻度吸量管取液体物质的操作。

（5）检验有关要求如下。

① 检验时必须做空白试验　空白试验是指除不加样品外，采用完全相同的分析步骤、试剂和用量，进行平行操作所得的结果。用于扣除样品中试剂本底和计算检验方法的检出限。

② 检验时必须做平行试验。

（6）检验方法的选择：同一检验项目，如有两个或两个以上检验方法时，可根据不同条件选择使用。但必须以国家标准（GB）方法的第一法为仲裁方法。

（7）采样必须注意样品的生产日期、批号、代表性和均匀性。

（8）一般样品在检验结束后，应保留 1 个月，以备需要时复查。

第四节　化妆品检验规则

本节参照《化妆品检验规则》（QB/T 1684—2006）。主要介绍化妆品检验的术语、检验分类、组批规则和抽样方案、抽样方法和判定规则。适用于各类化妆品的交收检验和型式检验。

涉及的其他标准为：《计数抽样检验程序　第 1 部分——按接收质量限（AQL）检索的逐批检验抽样计划》（GB 2828.1—2003）；《计数序贯抽样检验程序及表》（GB/T 8051—2008）；《化妆品产品包装外观要求》（QB/T 1685—2006）。

一、基本术语

1. 常规检验项目

指每批产品必检的项目，包括感官、理化指标、净含量、包装外观要求和卫生指标中的菌落总数。

2. 非常规检验项目

指每批化妆品对卫生指标中除菌落总数以外的其他指标进行检验的项目。

3. 适当处理

指在不破坏销售包装的前提下，从整批化妆品中剔除个别不符合包装外观要求的挑拣过程。

4. 样本

指每批抽样量的全体。

5. 单位产品

指单件化妆品，以瓶、支、袋、盒为基本单位。

二、检验的分类

1. 交收检验

化妆品出厂前，应由生产企业的检验人员按化妆品产品标准的要求逐批进行检验，符合标准方可出厂。收货方允许以同一日期、品种、规格的交货量为批，按化妆品产品标准的要求进行检验。

交收检验项目为常规检验项目。

2. 型式检验

一般情况下，每年不得少于一次。有下列情形之一时，也应进行型式检验。

（1）当原料、工艺、配方有重大改变时；

（2）化妆品首次投产或停产 6 个月以上恢复生产时；

（3）生产场所改变时；

（4）国家质量监督机构提出进行型式检验要求时。

型式检验的项目包括常规检验项目和非常规检验项目。

三、组批规则和抽样方案

1. 组成批规则

（1）出厂检验应以相同的工艺条件、品种、规格、生产日期的化妆品组成批。对包装外观要求的检验，组成批的时间可以是批的组成过程中，但不能固定时间，也可以在批组成后。

（2）收货方允许以同一生产日期、品种、规格的化妆品交货量组成批。

2. 抽样方案

（1）包装外观要求的检验项目按 GB/T 2828.1 中二次抽样方案随机抽取单位产品。抽样方案中的不合格分类和检验水平及接收质量限（AQL）见表 2-4。

表 2-4 包装外观要求的不合格分类和检验水平及接收质量限

不合格分类	检验水平	接收质量限（AQL）
B 类不合格	一般检验水平 Ⅱ	2.5
C 类不合格	一般检验水平 Ⅱ	10.0

注：接收质量限（AQL）以不合格品百分数或每百单位产品不合格数表示。

（2）包装外观要求的检验项目和不合格分类见表 2-5。

（3）喷液不畅等破坏性检验项目用 GB/T 2828.1 中特殊检验水平 S-3，不合格百分数的接收质量限（AQL）为 2.5 的一次抽样方案。为减少样本量和检验费用，可采用 GB/T 8051 的抽样方案替换。GB/T 2828.1 的抽样方案为仲裁抽样方案。

四、抽样方法

1. 感官、理化指标、净含量、卫生指标的样本

应是从批中随机抽取足够用于各项检验和留样的单位产品。并贴好写明生产日期和保质期或生产批号和限期使用日期、抽样日期、取样人的标签。

2. 包装外观要求检验的样本

应是以能代表批质量的方法抽取的单位产品。当检验批由若干层组成时，应以分层方法抽取单位产品。并允许将检验后完好无损的单位产品放回原批中。

表 2-5　包装外观要求的检验项目和不合格分类

检验项目	B 类不合格瓶	C 类不合格瓶
印刷、标贴	印刷不清晰、易脱落。标贴有错贴、漏贴、倒贴	除 B 类不合格内容以外的外观缺陷，见 QB/T 1685
瓶	冷爆、裂痕、泄漏、毛刺(毛口)、瓶与盖滑牙和松脱	
盖	破碎、裂纹、漏放内盖、铰链断裂	
袋	封口开口、穿孔、漏液、不易开启、胀袋	
软管	封口开口、漏液、盖与软管滑牙和松脱	
盒	毛口、开启松紧不适宜、镜面和内容物与盒粘接脱落、严重瘪听	
喷雾罐	罐体不平整、裂纹	
锭管	管体毛刺(毛口)、松紧不适宜、旋出或推出不灵活	
化妆笔	笔杆开胶、漆膜开裂、笔套配合松紧不适宜	表面不光滑、不清洁
喷头	破损、裂痕、组配零部件不完整	不端正、不清洁
外盒	错装、漏装、倒装	除 B 类不合格内容以外的外观缺陷，见 QB/T 1685

3. 型式检验时

非常规检验项目可以从任一批产品中随机抽取 2～4 单位产品。按产品标准规定的方法检验。常规检验项目应以交收检验结果为准，不再重复抽取样本。

五、判定和复检规则

1. 感官、理化指标、净含量、卫生指标的检验

检验结果按产品标准判定合格与否。如果检验结果中有指标出现不合格项，应允许交收双方共同按前述抽样方法的规定再次抽样，并对该指标进行复检。若复检结果仍不合格，则判该批产品不合格。

2. 包装外观要求的检验

检验结果按 GB/T 2828.1 的判定方法判定合格与否。当出现 B 类不合格的批产品时，允许生产企业经适当处理该批产品后再次提交检验。再次提交检验按加严检验二次抽样方案进行抽样检验。当出现 C 类不合格批产品时，允许生产企业经适当处理该批产品后再次提交检验。再次提交检验按加严检验二次抽样方案进行抽样检验或由交收双方协商处理。

如果交收双方因检验结果不同，不能取得协议时，可申请按产品标准和本标准进行仲裁检验，以仲裁检验的结果为最后判定依据。

六、转移规则

包装外观要求检验的转移规则如图 2-4 所示。

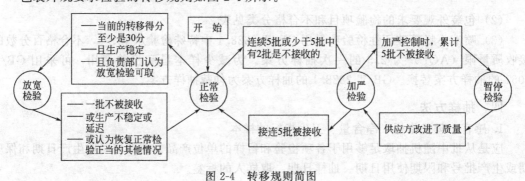

图 2-4　转移规则简图

七、检验的暂停和恢复

包装外观要求检验的暂停和恢复按 GB/T 2828.1 的规定。

思 考 题

1. 合格化妆品的质量特性有哪些？
2. 根据国家发布的《化妆品皮肤病诊断标准及处理原则》，化妆品皮肤病多少种？分别是什么？
3. 化妆品中常见的有害物质有哪些？
4. 化妆品质量检验的任务是什么？
5. 化妆品质量检验的类型有哪些？
6. 化妆品质量检验的特点有哪些？
7. 化妆品质量检验的基本原则有哪些？
8. 检测技术操作一般有什么要求？
9. 化妆品检验分哪几类？

第三章 分析工作的质量保证

化妆品分析所涉及的样品种类繁多，成分复杂，被测组分有时含量甚微等等，种种因素都给准确地分析测定带来一定的困难。例如化妆品分析前往往需要进行样品的消解或萃取等预处理步骤。样品分析步骤的增加，也增加了产生分析误差的机会。此外，实验过程中的分析方法、仪器、试剂以及分析人员的操作技术水平等因素也对检验结果产生影响。而检验的结果往往会决定一批化妆品的命运或一个诉讼的胜负。因此，如何保证分析结果的准确、可靠，成为检验机构和检验人员的首要任务。

第一节　质量保证和质量控制

一、质量保证与质量控制

质量保证（Quality Assurance，QA）是指为保证某一产品、过程或服务质量能满足规定的质量要求所必需的有计划、有系统的全部活动。

根据相关双方的具体对象不同，质量保证可分为内部质量保证和外部质量保证。内部质量保证是指企业或机构内部为满足管理者需要而开展的活动；外部质量保证是为满足社会需要而开展的活动。

在卫生理化检验领域中，质量保证是指为保证检测数据的精密性、准确性、有代表性和完备性而采取的活动的总和。质量保证既是技术措施又是行政手段，它应贯穿于检验工作的全过程。

二、质量保证的主要环节

质量保证主要包括预防、评价、校正三个环节。

在预防环节中，质量保证活动包括：（1）建立质量保证的规范与标准；（2）提供质量保证所需用的材料、指导与技术支持；（3）提出质量保证及评价所需的标准工作程序。

评价环节是对实验室数据质量进行外部核正，包括实地考察以及对检验方法、仪器、操作者作出评价。

校正环节包括对仪器和分析试剂的校准、对分析人员的培训以及改进实验室管理制度等。

三、标准操作程序

标准操作程序（Standard Operation Procedure，SOP）是在机构负责人领导下制定的技术性文件，以保证与实验室工作有关的人员使用同一标准方法进行操作，具有极重要的质量保证作用。它是结合本实验室的条件，为本实验室使用的某一常规工作或测试方法编写的详细步骤，以指导技术人员的操作符合质量保证的要求。

质量保证规划可以直接用 SOP 来监督和审核，也可以将 SOP 作为标准，以对照科技人员的操作是否符合 SOP 的要求。

为了便于 SOP 的使用，SOP 应有一描述性的题目和一代码，最好以活页形式，以便及时修正和补充。SOP 汇总装订为一本，根据研究组或操作类别而分为各个分册，并附上全部 SOP 的目录，成为一套完整的 SOP，并放在做该项操作的实验室内随手可取的地方，以便查找使用。

四、良好的实验室操作规范

GLP 是英文 Good Laboratory Practice 的缩写，中文直译是良好的实验室操作规范或标准实验室规范。GLP 是就实验室实验研究的实施从计划、实验、监督、记录到实验报告等一系列管理而制定的法规性文件，涉及实验室工作的可影响到结果和实验结果解释的所有方面。它主要是针对医药、食品、化妆品等进行的安全性评价实验而制定的规范。

良好的实验室操作规范的内容涉及化妆品安全快速检测实验室的组织、人员、设施、仪器、设备和实验材料等各个方面。GLP 规范的建设、实施和检查的全过程，可以分为软件管理和硬件管理。一般习惯地将人员组织机构、实验方案、实验操作规程、记录档案等归于软件管理；而将实验设施、仪器、设备等列入硬件管理。

第二节 分析方法的评价与选择

分析方法的评价与选择主要从分析结果的质量和分析成本两方面考虑。其中分析结果的质量主要包括：方法的灵敏度、精密度、系统误差、准确度、检出限、选择性和动态范围等因素。

一、方法的检出限和测定限

1. 检出限

检出限是指在给定的置信度内可从样品中检出待测物质的最小浓度或最小量，高于空白值。

（1）仪器检出限　产生的信号比仪器信噪比大 3 倍待测物质的浓度，不同仪器检出限定义有所差别。

（2）方法检出限　指当用一完整的方法，在 99% 置信度内，产生的信号不同于空白中被测物质的浓度。

2. 测定限

测定限（又称定量限）为定量范围的两端，分别为测定上限与测定下限，随精密要求不同而不同。

（1）测定下限　在测定误差达到要求的前提下，能准确地定量测定待测物质的最小浓度或量。

（2）测定上限　在测定误差能满足预定要求的前提下，用特定方法能够准确地定量测量待测物质的最大浓度或量。

检出限和定量适用范围如图 3-1 所示。面对一张检验报告，必须首先了解给出检验数据所用的检验方法的检出限及定量下限，才能做出正确的判断。

二、检验方法的精密度

测量中所测得数值重现性的程度，称为精密度。好的精密度是准确度的基础。

即使技术水平最高的检验人员，使用最好的检验方法和仪器，多次检验结果也不可能完全相同。

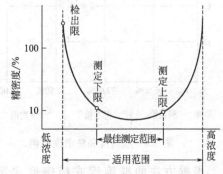

图 3-1　方法的检出限与测定限示意图

所以要注意以下两个方面。

（1）检验人员每次出的检验报告，必须是平行样品测定的结果。切不可以只凭单样的检验结果来判定检样是否合格。

（2）测定结果是在限量附近，应重复进行测定。当三次测定的平均值大于规范规定的限量与方法的标准差之和时，方可判为阳性结果。

> **资料卡**
>
> 　　平行性：是指同一实验室中，当分析人员、分析设备和分析时间都相同时，用同一分析方法对同一样品进行双份或多份平行样测定结果之间的符合程度。
>
> 　　重复性：是指同一实验室中，当分析人员、分析设备和分析时间三因素中至少有一项不相同时，用同一分析方法对同一样品进行两次或两次以上独立测定结果之间的符合程度。
>
> 　　再现性：是指不同实验室（分析人员、分析设备甚至分析时间都不相同），用同一分析方法对同一样品进行多次测定结果之间的符合程度。

三、检验结果的准确度

准确度是评定测定结果与其真实含量之间的接近程度，用误差或相对误差表示。判断检验结果是否正确的方法如下。

（1）与样品分析的同时，分析已具有准确含量的、基体相似的标准物质或质控样品。

（2）采用加标回收法。准确度和精密度的关系如图 3-2 所示，举例如图 3-3 所示，表示方法与计算公式如图 3-4 所示。

　　A　　　　　　　B　　　　　　　C　　　　　　　D

图 3-2　准确度和精密度的关系

A—准确且精密；B—不准确但精密；C—准确但不精密；D—不准确也不精密

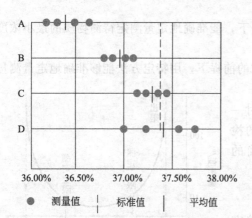

图 3-3　准确度和精密度举例

准确度	精密度	
误差	偏差	
绝对误差	平均偏差	标准偏差（$n>5$）
$\delta = x - \mu$ 或 $\delta = \bar{x} - \mu$	$\bar{d} = \dfrac{\sum\limits_{i=1}^{n}\mid x_i - \bar{x} \mid}{n}$	$S = \sqrt{\dfrac{\sum\limits_{i=1}^{n}(x_i - \bar{x})^2}{n-1}}$
相对误差	相对平均偏差	相对标准偏差
$\dfrac{\delta}{\mu} =$ $\dfrac{x-\mu}{\mu} \times 100\%$	$\dfrac{\bar{d}}{\bar{x}} \times 100\%$	$RSD = \dfrac{S}{\bar{x}} \times 100\%$

图 3-4　准确度与精密度表示方法与计算公式

根据方法的准确度或精密度水平，可将化学测量方法分为 6 个等级，如表 3-1 所示。

表 3-1　化学测量方法等级

等　级	准确度或精密度	名　称
A	<0.01%	最高准确度或精密度方法
B	0.01%~0.1%	高准确度或精密度方法
C	0.1%~1%	中等准确度或精密度方法
D	1%~10%	低准确度或精密度方法
E	10%~35%	半定量方法
F	>35%	定性方法

四、方法的干扰和不足（系统误差）

除少量已被公认的权威方法外，任何方法，包括标准检验方法，都有受到某种特定物质的干扰而产生假阳性或假阴性结果的可能性。在出报告之前，应通过实验排除假阳性或假阴性结果。

最容易出现假阳性结果的是那些单纯基于色谱原理的检验方法（包括气相色谱法、高效液相色谱法）。

色谱法是利用样品中各成分溶解度或吸附性能的不同而被彼此分离，并以此（R_F 值）为依据进行定性。色谱法本身就具有特异性差的特点。

防止假阳性结果的方法（按判别能力递减的顺序排列）：（1）质谱法；（2）取分离的成分进行紫外吸收光谱或荧光光谱分析（如用可给出紫外吸收光谱图或荧光光谱图的检测器的液相色谱仪进行分析）；（3）改变色谱柱的极性或流动相的成分。

分析方法选择因素见图 3-5。

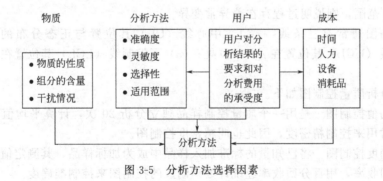

图 3-5　分析方法选择因素

第三节　分析质量的监控与评价

分析质量是从样品进入实验室后，样品制备和取样到分析的全过程，直到结果的计算，各个环节都与质量有关。

一、误差的分类、检验与对策

在一切实验中都有误差存在，整个分析过程是比较复杂的，误差来源很多，并且误差存在于一切实验的全过程。随着现代科学技术水平的提高和人们的经验和专门知识的不断丰富及实验技术的熟练，误差可以被控制在越来越小的范围内，但决不能使其消除为"零"。为此，每个分析工作者都必须了解误差可能产生的原因，对整个分析过程进行质量监控，才能使分析结果准确、可靠。

误差的分类、检验与对策见表 3-2。

表 3-2　误差的分类、检验与对策

误　差	特　点	原　因		检验与对策
系统误差	单向性、重复性、可测性	方法误差	改变或校正方法	对照试验,加样回收试验
		仪器误差	校准仪器	
		试剂误差	提高试剂、水的纯度,空白试验	
		操作误差	加强训练	
偶然误差	服从统计规律	难以控制,无法避免的偶然因素		增加测定次数,对测定数据作统计处理,正确表达结果的精密度

二、质量控制图

1. 概念与作用

产品在制造过程中质量波动是不可避免的,包括异常波动和正常波动。在质量改进中,质量控制图是用来发现过程异常波动的、是对过程质量特性值进行测定、记录、评估并监察过程是否处于统计控制状态的用统计方法设计的图。

绘制控制图的基本设想是考虑到每个方法都存在变异,在整个分析过程中既存在系统误差,也存在随机误差。将实验室内大量分析数据,按正态分布的假设为基础而确立。

2. 原理

当质量特性的随机变量 χ 服从正态分布,χ 落在 $\mu \pm 3SD$（μ 为测量值,SD 为标准偏差）范围的概率是 99.73%,根据小概率事件可"忽略"的原则,可以认为,如果变量 χ 超出了 $\mu \pm 3SD$ 范围,则说明过程存在着异常变异。

一个控制图通常有三条线：（1）中心线（CL）其位置与正态分布的均值 μ 重合；（2）上控制线（UCL）其位置在 $\mu + 3SD$ 处；（3）下控制线（LCL）其位置在 $\mu - 3SD$ 处。

3. 分类

常用的分析质量控制图如下。

（1）平均值控制图　是用一个质量控制样品独立分析 20 次,计算平均值和标准差。这一控制图通常用来控制精密度,因此也叫精密度控制图。

（2）准确度控制图　将已知量的标准加入样品中成为加标样品,其测定值以随机次序与样品相减得回收率,用百分回收率经统计处理制成的控制图来控制准确度。

（3）极差质量控制图　不同类型质控图中各参数的含义见表 3-3。

表 3-3　不同类型质控图中各参数的含义

项　目	平均值质控图	准确度质控图	极差 R 质控图
中心线	平均值 $\overline{X}$	回收率 $\overline{H}$	极差均值 $\overline{R}$
警告线	$\overline{X} \pm 2SD$	$\overline{H} \pm 2SD$	$\overline{R} \pm 2SD$
控制线	$\overline{X} \pm 3SD$	$\overline{H} \pm 3SD$	$\overline{R} \pm 3SD$
辅助线	$\overline{X} \pm SD$	$\overline{H} \pm SD$	$\overline{R} \pm SD$

4. 质量控制图的制作

（1）质量控制样品（核查标准）的选择　在进行内部质量控制的统计计算时,如果对某个实际被测对象进行重复测量,由于实际被测对象的变动性不易掌握,使测量结果的偏差很难分析出是测量过程的变异，还是被测对象的变异造成的。为控制测量系统，必须排除因被测对象变异带来的测量结果的偏差。为此，就需要专门制作一种稳定的、变异很小的样品或其他物品来代表被测对象，这就是核查标准。

对核查标准的要求是：测量范围、准确度等级等指标应接近于被测对象，而稳定性应比实际被测对象好。

（2）质量控制样品的配制

① 质量控制样品中待测组分的浓度应尽量与监测样品相近。

当待测组分的含量很小时其浓度极不稳定，故常将质量控制样先配制成较高浓度的溶液，临用时再按规定方法稀释至要求的浓度。

② 如监测样品中待测组分的浓度波动不大，则可采用一个位于其间的中等浓度的质量控制样品。

（3）数据的积累　在常规样品分析过程中，每分析一批样品插入一个"质控样"，或者在分析大批样品时，每隔 10～20 个样品插入一个"质控样"，其分析方法应与试样完全相同，数据至少积累 20 次或以上。

（4）制作质量控制图

① 以测定结果的平均值为质量控制图的中心线，并计算出测量值的标准偏差 SD。

② 以 $\pm 2SD$ 作为上、下警告限（上警告限，UWL；下警告限，LWL）用虚线表示；$\pm 3SD$ 作为上、下控制限（上控制限，UCL；下控制限，LCL），见图 3-6。

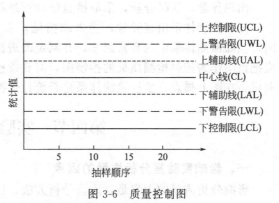

图 3-6　质量控制图

图 3-7 和图 3-8 分别为化妆品中 Hg 和 Pb 的平均值质量控制图。

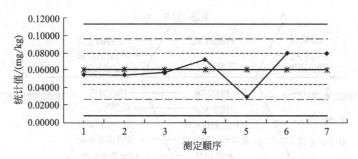

图 3-7　化妆品中 Hg 测定的平均值质量控制图

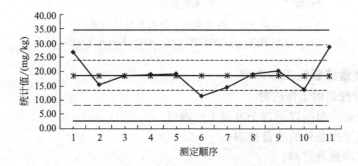

图 3-8　化妆品中 Pb 测定的平均值质量控制图

5. 质量控制图的评价

（1）如果检测点位于中心线附近，上、下警告限之间的区域内，则测定过程处于控制状态。

（2）如果检测点超出上、下警告限，但仍在上、下控制限之间的区域内，则提示分析质量开始变劣，可能存在"失控"倾向，应进行初步检查并采取相应的预防措施。

（3）如果检测点落在上、下控制限之外，则表示测定过程失去控制，应立即检查原因，予以纠正，并重新测定该批全部样品。

（4）如遇有七点连续逐渐下降或上升时，表示测定有失去控制的倾向（系统干扰），应即查明原因，加以纠正。

（5）连续 7 点在中心一侧，判为异常。

（6）数据点屡屡接近控制限应判异常：①连续 3 点中至少有 2 点；②连续 7 点中至少有 3 点；③连续 10 点中至少有 4 点。

6. 出现异常的处理

出现异常，及时分析，采取措施使分析过程逐步趋近并最后达到控制状态。

如果检测体系出现异常，应采取措施，从人、机、样、法、环、溯等方面仔细查找原因，消除检测体系中的异常因素，并制定改进预防措施；如果检测体系处于统计受控状态，应把该图作为控制检测质量的控制图，对日常检测过程进行监控。每批样利用质控样品进行测试，在图上描点，监控检测体系是否统计受控。

第四节　实验室质量控制

一、影响实验室分析质量的因素

影响分析质量的因素是：人、分析方法、仪器设备、原材料（包括水、试剂，以及试样本身的均匀性与稳定性）和环境等，详见图 3-9。因此，分析质量控制应贯穿在从样品采取开始到出具检验报告为止的全过程。

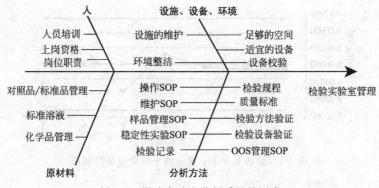

图 3-9　影响实验室分析质量的因素

OOS 管理—不合格调查管理；SOP—标准操作程序

二、分析质量控制的工作内容

1. 分析质量控制的工作内容

分析质量控制应包括以下四个方面工作内容：

（1）实验室工作条件的质量控制；

（2）实验室内质量控制；

（3）实验室间质量控制；

（4）计量认证。

2. 实验室质量控制的具体内容

实验室质量控制的具体内容见图 3-10。

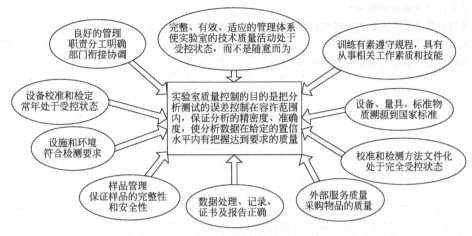

图 3-10　实验室质量控制的具体内容

三、实验室质控流程

监督检验机构实验室的质量管理要求通常较高，基本流程如图 3-11 所示（仅作为参照）。

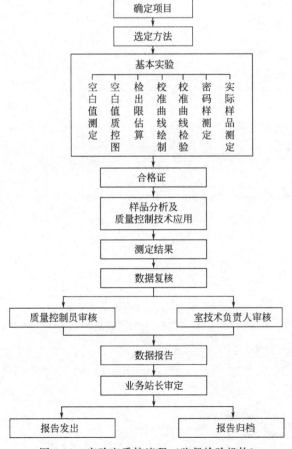

图 3-11　实验室质控流程（监督检验机构）

思　考　题

1. 质量保证是指什么？
2. 质量保证主要包含哪些环节？
3. 分析结果的质量主要包括哪些因素？
4. 影响分析质量的因素有哪些？
5. 分析质量控制应包括哪些工作内容？

第四章 通用物理参数的检测

在化妆品质量检验过程中，涉及对原料和产品各项质量参数的检测。常见的通用物理常数包括物料的密度或相对密度、熔点、凝固点、黏度、色度、电导率、折射率、旋光度等。这些常数作为化妆品原料的特定性质，与其纯度、结构稳定性等质量规格要求密切相关，是生产企业控制原材料质量规格的重要途径，也是保证化妆品产品质量的主要手段。而常见的通用化学常数则包括 pH、酸值、皂化值、碘值、不皂化值、总脂肪物、氧化脂肪酸等等，是化妆品常用油脂性原料质量性能的重要常数，也是化妆品中间物料检测及成品质量控制的主要方面。因此，掌握化妆品及原料通用物理、化学参数的检测方法，熟悉相关仪器装置的测定原理及检测技术，是学习化妆品质量检验技术的必备基础。

第一节 相对密度的测定

密度是物质的一个重要物理常数，尤其是对有机化合物而言，根据其密度值，可以区分化学组成类似的化合物、鉴定液态化合物的纯度，定量分析单一溶质溶液的浓度。

一、密度的定义与分类

在化妆品相关质量测试工作中，经常用来表述和需要测量的有关物质密度的物理量有密度、相对密度和堆积密度三种。

1. 密度

密度，又称为绝对密度，符号为 ρ。定义为物质的质量与体积之比，kg/m^3，分析中常用其分数单位为 g/cm^3，对于液体物质更习惯于表达为 g/mL。其数学表达式为：

$$\rho = \frac{m}{V} \tag{4-1}$$

2. 相对密度

由于在实际工作中直接准确测定物质的绝对密度是比较困难的，因此，在化妆品及原料检测中通常是测定物质的相对密度。

相对密度，符号为 d。定义为物质在温度 t_2 时一定体积的密度与同体积的蒸馏水在温度 t_1 时的密度之比，记为 $d_{t_1}^{t_2}$，称为该物质的相对密度。相对密度没有单位。

根据绝对密度的定义进行相关推导，可知实际上物质的相对密度为该物质与蒸馏水分别在 t_2 和 t_1 时，等体积质量之比，即：

$$d_{t_1}^{t_2} = \frac{m_{t_2}}{m_{t_1}} \tag{4-2}$$

这里 m_{t_2} 是一定体积的物质在温度 t_2 时的质量，而 m_{t_1} 是一定体积的蒸馏水在温度 t_1 时的质量。

在实际工作中，物质的相对密度常采用的为：d_{20}^{20}，d_4^{20} 及 d_{15}^{15} 等。国际标准相对密度采用 d_{20}^{20}，即物质和等体积蒸馏水的测定温度均为 20℃。

　　相对密度是化妆品原料及成品质量常用的物理常数，常见于原料油脂质量的监控。纯净油脂的相对密度与其脂肪酸的组成和结构有关，如油脂分子内氧的质量分数越大，其相对密度越大。因此，随着油脂分子中低分子脂肪酸、不饱和脂肪酸和羟基酸含量的增加，其相对密度增大。油脂的相对密度范围一般在 0.87～0.97 之间。

　　目前部分化妆品产品要求的密度指标见表 4-1。

表 4-1　部分化妆品产品要求的密度指标

产品名称	密度或相对密度	
发油 QB/T 1862—2011	相对密度(20℃/20℃)	单相发油：0.810～0.980
		双相发油：油相 0.810～0.980，水相 0.880～1.100
化妆水 QB/T 2660—2004	相对密度(d_{20}^{20})	规定值±0.02
花露水 QB/T 1858.1—2006	相对密度(d_{20}^{20})	0.84～0.94
芦荟汁 QB/T 2488—2006	相对密度(d_{20}^{20})	1.000～1.200

3. 堆积密度

　　堆积密度是指待测物料的质量除以在规定时间内物料自由下落堆积而成的体积，其数学表达式与密度相同，常用单位为 g/mL。

　　堆积密度这个量一般只用于对物料粒度有规定要求的化工类固体产品，如离子交换树脂、洗衣粉等。

二、相对密度的测定方法

　　化妆品原料及产品相对密度常用的测定方法有密度瓶法、密度计法和韦氏天平法等。密度瓶法和密度计法的测定参照 GB/T 13531.4—1995。

1. 密度计法

　　密度计是一根两头都封闭的玻璃管，中间部分较粗，内有空气，所以放在液体中可以浮起。它的末端是一个玻璃球，球内灌满了铅砂，使密度计直立于液体中。圆球上部较细，管内有刻度标尺，刻度标尺的刻度愈向上愈小。

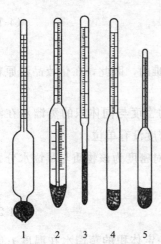

图 4-1　各种密度计
1—糖锤度密度计；2—带温度计的糖锤度密度计；3,4—波美密度计；5—酒精计

　　密度计的测定原理是阿基米德原理。当密度计浸入液体时，受到浮力的大小等于密度计排开的液体质量。当浮力等于密度计自身质量时，密度计处于平衡状态。密度计在平衡状态时浸没于液体的深度取决于液体的密度，液体的相对密度愈大，密度计在液体中漂浮愈高；液体的相对密度愈小，则沉没愈深。

　　密度计种类多，精密度、用途和分类方法各不相同，常用的有标准密度计、实验室用密度计、实验室用酒精计、工作用酒精计、工作用海水密度计、工作用石油密度计和工作用糖度计等。各种密度计如图 4-1 所示。

　　密度计的使用方法及读数示意分别如图 4-2、图 4-3 所示。

　　我们可以由密度计在被测液体中达到平衡状态时所浸没的深度读出该样品如花露水、化妆水等化妆品的相对密度。

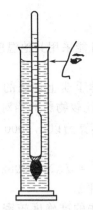

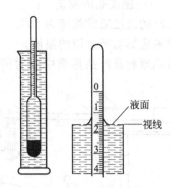

图 4-2 密度计使用方法   图 4-3 密度计读数示意

通常测定温度在 20℃，若测定温度不在 20℃，而为常温 t℃时，可按式(4-3) 计算：

$$\rho_t = \rho_t'[1 + \alpha(20 - t)] \tag{4-3}$$

式中　ρ_t——常温 t 时，试样的密度；

　　　ρ_t'——温度为 t 时，密度计的读数值；

　　　α——密度计的玻璃体胀系数，一般为 0.000025/℃；

　　　t——测定时的温度值。

密度计法是测定液体密度最便捷而又最实用的方法，只是准确度不如密度瓶法。

2. 密度瓶法

密度瓶是测定液体相对密度的专用精密仪器，是容积固定的玻璃称量瓶，其种类和规格有多种。常用的规格分别是 50mL、25mL、10mL、5mL、1mL，形状一般为球形。比较标准的是附有特制温度计、带磨口帽的小支管密度瓶。分别见图 4-4 及图 4-5。

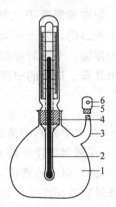

图 4-4 带毛细管的普通密度瓶   图 4-5 附温度计的精密密度瓶

1—密度瓶主体；2—温度计（0.1℃）；3—支管；
4—磨口；5—支管磨口帽；6—出气孔

密度瓶法测定液体密度的原理是：在同一温度下，用蒸馏水标定密度瓶的体积，然后用同体积待测样品的质量，计算其密度。密度瓶法测定相对密度是较精确的方法之一。

$$d_{t_0}^t = \frac{m_2 - m_0}{m_1 - m_0} \tag{4-4}$$

式中　$d_{t_0}^t$——试样在 t℃时相对于 t_0℃时同体积水的相对密度；

　　　m_2——试样和密度瓶的质量之和，g；

m_1——水和密度瓶的质量之和，g；

m_0——密度瓶的质量，g。

测定时的温度通常规定为 20℃，有时由于某种原因，也可能采用其他温度值。若如此，则测定结果应标明所采用的温度。

化妆品原料及产品标准中相对密度多采用的是 d_{20}^{20}，化学手册上记载的相对密度多为 d_4^{20}，为了便于比较物料的相对密度，可以将测得的 d_{20}^{20}，换算为以 1.0000 作标准，按式 (4-5) 计算：

$$d_4^{20} = d_{20}^{20} \times 0.99823 \qquad (4-5)$$

3. 韦氏天平法

韦氏天平法的准确度较密度瓶法差，但测定手续简单快速，其读数精度能达到小数后第四位。

韦氏天平法的测定原理是：在水和被测样中，分别测量"浮锤"的浮力，由游码的读数计算出试样的相对密度。

韦氏天平的结构见图 4-6 所示。

韦氏天平法的操作步骤如下。

（1）将韦氏天平安装好，浮锤通过细铂丝挂在小钩上，旋转调整螺丝，使两个指针对正为止。

（2）向玻璃筒缓慢注入预先煮沸并冷却至 20℃ 的蒸馏水，将浮锤全部浸入水中，不

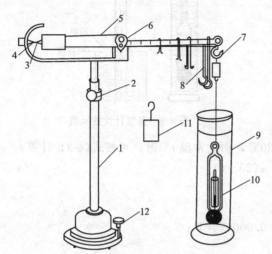

图 4-6 韦氏天平结构图
1—支架；2—升降调节旋钮；3，4—指针；
5—横梁；6—刀口；7—挂钩；8—游码；
9—玻璃圆筒；10—玻锤；
11—砝码；12—调零旋钮

得带入气泡，把玻璃筒置于 (20.0±0.1)℃ 恒温水浴中恒温 20min 以上，待温度一致时，通过调节天平的游码，使天平梁平衡，记录游码总值。

（3）取出浮锤，干燥后在相同温度下，用待测试样同样操作。

（4）结果计算。试样的密度 ρ_{20} 按式(4-6)计算：

$$\rho_{20} = \frac{n_1}{n_2} \rho_{20} \, (H_2O) \qquad (4-6)$$

式中 n_1——在水中游码的读数（游码总值）；

n_2——在被测试样中游码的读数（游码总值）；

$\rho_{20}(H_2O)$——20℃时水的密度，为 0.99220g/cm³。

（5）操作时要特别注意：因韦氏天平所配置的游码的质量是由浮锤体积决定的，所以每台天平都有与自己相应配套浮锤和一套游码，切不可用其他的浮锤或游码相互代替。

第二节 熔点的测定

熔点的测定主要常见于化妆品原料油脂质量检测中，油脂的熔点是指油脂由固态转为液态时的温度。纯净的油脂和脂肪酸有其固定的熔点，但天然油脂的纯度不高，熔点不够明显。

油脂的熔点与其组成和组分的分子结构密切相关。一般组成脂肪酸的碳链愈长熔点愈高；不饱和程度愈大，熔点愈低。双键位置不同熔点也有差异。固体油脂及硬化油等样品，

通常测定熔点目的是用以检验纯度或硬化度。

测定熔点的方法有毛细管法，广口小管法，膨胀法、熔点仪法、显微熔点法等。

一、毛细管法

毛细管法测定熔点的浴热方式有多种，常用的有齐勒管式、双浴式和烧杯式等，见图4-7。

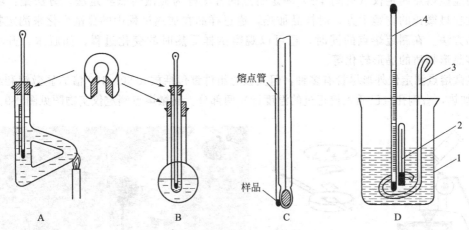

图 4-7　毛细管法熔点测定装置

A—齐勒管式；B—双浴式；C—熔点管的位置；D—烧杯式；
1—烧杯；2—毛细管；3—搅拌器；4—温度计

将样品研成细末，除另有规定外，应参照各样品项下干燥失重的温度干燥。如样品不检查干燥失重，熔点范围低限在135℃以上，受热不分解的样品，可采用105℃干燥；熔点在135℃以下或受热分解的样品，可在五氧化二磷干燥器中干燥过夜，或用其他适宜的干燥方法干燥。

1. 一般样品的测定

将少量干燥研细的样品放入清洁干燥、一端封口的毛细管中。取一高约800mm的干燥玻璃管，直立于瓷板或玻璃板上，将装有样品的毛细管投落5～6次，直至毛细管内样品紧缩至2～3mm高。

将熔点测定装置安装好，装入适量相宜的浴液后，小心加热，使温度缓缓上升到熔点前10℃时，将装有样品的毛细管附着于测量温度计上，使样品层面与温度计的水银球的中部在同一高度（即毛细管的内容物部分应在温度计水银球中部），放入浴液中。继续加热，调节加热器使温度上升速率保持在（1.0±0.1）℃/min。

当样品出现局部液化（出现明显液滴）时的温度即为初熔温度；样品完全熔化时的温度作为终熔温度。

2. 易分解或易脱水样品的测定

测定方法除每分钟升温为2.5～3℃及毛细管装入样品后另一端亦应熔封外，其余与一般样品的测定方法相同。

3. 不易粉碎的样品（如蜡状样品）的测定

熔化无水洁净的样品后，将毛细管一端插入，使样品上升至约10mm，冷却凝固；封闭毛细管一端，将毛细管附着在温度计上，试样与温度计水银球平齐。按一般样品的测定方法，将附着毛细管的温度计放入浴液中，加热至温度上升到熔点前5℃时，调节热源，使温度上升速度保持 0.5℃/min，同时注意观察毛细管内的样品，当样品在毛细管内刚上升时，表示样品在熔化，此时温度计的读数即是样品的熔点。

毛细管法虽然是比较古老的方法，但设备简单，易于操作。目前，在实验室中仍使用广泛。

二、显微熔点测定法

用显微熔点测定仪（见图 4-8）测定熔点的方法称为显微熔点测定法。方法是：将电载物台放在显微镜的物镜下方，对样品加热，通过样品在加热过程中的显微变化来测定物质的熔点的方法。在测定熔点的同时，还可以观察试样受热时的变化过程，如脱水、升华、分解，多晶形物质的晶形转化等。

显微熔点测定仪外形尽管有多种，但其核心组件都包括放大 50～100 倍的显微镜和载物台（由电加热，有侧孔且已插入校正过的温度计）两部分。显微熔点测定仪实物图见图 4-9。

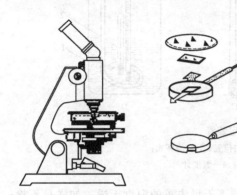

图 4-8　显微熔点测定仪

图 4-9　显微熔点测定仪实物图

三、熔点测定的其他方法

另外，还有数字熔点测定仪（图 4-10）、目视熔点测定仪（图 4-11）。

图 4-10　数字熔点测定仪

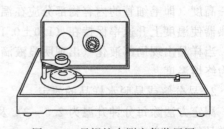

图 4-11　目视熔点测定仪装置图

知识链接　　　　　　　　**熔 点 测 定**

熔点测定实验及原理示意图见图 4-12。

熔点理论上应该是固态和液态共存时的温度。通常纯的固体物质转变为液体时的温度变

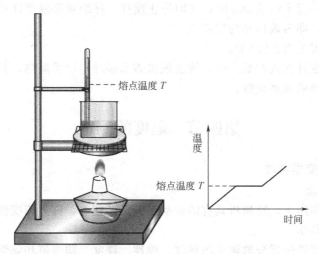

图 4-12 熔点测定实验及原理示意图

化非常敏锐。从初熔到全熔的温度范围常在 1℃ 以内。如果物质中含有少量杂质就会使熔融变化不敏锐，熔点范围显著增大并通常使熔点降低，所以熔点是衡量物质纯度的一个标准。

第三节 凝固点的测定

凝固点也是常见化妆品原料油脂和脂肪酸的重要质量指标之一，在制备膏状产品时，对油脂的配方有重要指导作用。

一、测定原理

熔化的样品如油脂或脂肪酸，缓缓冷却逐渐凝固时，由于凝固放出的潜热而使温度略有回升，回升的最高温度，即是该物质的凝固点，所以熔化和凝固是可逆的平衡现象。纯物质的熔点和凝固点应相同，但通常熔点要比凝固点略低 1~2℃。每种纯物质都有其固定的凝固点。天然的油脂无明显的凝固点。

二、测定装置

测定凝固点的装置见图 4-13。

三、测定步骤

将被测样品装入试管中并装至刻度，温度计的水银球插在样品的中部，其温度读数至少在该样品的凝固点之上 10℃。

置试管于有软木塞的广口瓶中。按下法调整水浴的温度（水平面高于样品平面 1cm）：若待测样品的凝固点不低于 35℃，水温应保持 20℃；凝固点在35℃以下，水温应调到凝固点下 15~20℃。

用套在温度计上的搅拌器作上下 40mm 等速搅拌，每分钟 80~100 次。每隔 15s 读一次数，当温度

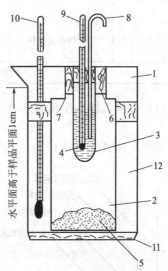

图 4-13 测定凝固点装置图
1—烧杯；2—广口瓶；3—试管；4—试样；
5—重物；6,7—软木塞；8—搅拌器；
9,10—温度计；11—软
木塞；12—水浴

计的水银柱停留在一点上约达 30s 时，立即停止搅拌。仔细观察温度计水银柱的骤然上升现象。上升的最高点，即为该样品的凝固点。

平行测定允许误差为±0.3℃。

注意事项：温度计插入样品之前，用滤纸包着水银球，以手温热，避免玻璃表面温度较低而结一层薄膜，影响观察读数。

第四节 黏度的测定

一、化妆品流变学特性

1. 流变学的概念

在适当外力的作用下，物质所具有的流动和变形的性能，称为流变性。流变学系指研究物体变形和流动的科学。

化妆品流变学特性包括分散体系的黏度、弹性、硬度、塑变值和黏弹性等参数，常常与产品质量、稳定性和功能有密切关系。因此，流变学理论对乳化体、胶体、溶液类等产品的配方组成及调整、质量控制和包装设计等研究具有重要意义。

2. 流体的分类

量度物质流变性最常用的物理量是黏度。流体基本可分为牛顿流体和非牛顿流体两大类，具体分类见表 4-2。

表 4-2 流体的分类

纯黏流体	与时间无关流体	牛顿流体		非牛顿流体
		塑性流体及黏弹性流体		
		无屈服应力	假塑性流体	
			膨胀性流体	
		有屈服应力	宾汉塑性流体	
	与时间有关流体	触变性流体		
		流凝性（负触变性）流体		
黏弹性体				

（1）牛顿流体 牛顿流体表现为切变应力与切变速度成正比，即：

$$F/A = \eta \mathrm{d}v/\mathrm{d}\gamma$$

式中，F/A 为切变应力；$\mathrm{d}v/\mathrm{d}\gamma$ 为切变速度；η 为黏度系数或黏度。

牛顿流体的特征是黏度为一常数，如水、乙醇、甘油、橄榄油、蓖麻油等属于牛顿流体。

（2）非牛顿流体 非牛顿流体不符合切变应力和切变速度成正比的关系，其黏度是随切变应力的变化而变化的。如黄原胶（汉生胶）溶液、瓜尔胶溶液、阿拉伯胶水溶液、角叉（菜）胶、CMC 羧甲基纤维素（钠）、HEC 羟乙基纤维素、丙烯酸类聚合物等高分子胶质原料，还有乳浊液、软膏及一些混悬剂等，均属于非牛顿流体。

非牛顿流体按流动方式的不同，可分为塑性流体、

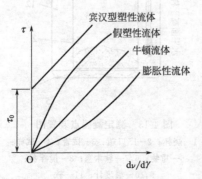

图 4-14 流变曲线

假塑性流体、膨胀性流体、触变流体等。

3. 流变曲线

把切变速度（$D=\mathrm{d}\nu/\mathrm{d}\gamma$）随切变应力（$\tau=F/A$）而变化的规律绘制的曲线称为流变曲线（见图 4-14）。牛顿液体流变曲线是通过原点的直线，可以用一点的黏度绘制流变曲线。非牛流体的流动曲线有的不通过原点，且大部分为曲线，切变速度与对应的切变应力须一一测定后才能绘制出流变曲线。图 4-14 为流变曲线图。

4. 化妆品的流变学性质

不同化妆品的流变学性质见表 4-3。

表 4-3　不同化妆品的流变学性质

分　类	形　状	产　品	流变学性质
油性制品	液状	发油、防晒油、化妆用油	牛顿黏性
	半固体状-固体状	润发脂、发蜡、无水油性膏霜、唇膏、软膏基质	塑性体，油脂结晶的网状结构
水性制品	液状	化妆水、花露水、香水、润发水	牛顿黏性
	半固体状 固体状	果冻状膏霜 面膜	非牛顿黏性，塑性体 流动—黏着—固化—剥离
粉末制品	粉末状	香粉、爽身粉	塑性流动，膨胀，粉体的流动
油性＋水性制品（乳化体）	液状	乳液、发膏、护发素	非牛顿黏性，假塑性，塑性
	半固体状-固体状	膏霜	多为触变性；由于分散液滴和结构成分而造成结构形态和破坏
油性＋粉末	液状	指甲油（粉末＋有机溶剂）	触变性；流动和结构回复，易涂抹
水性＋粉末制品	液状	化妆水粉	塑性流动；静止状态下沉降，振荡下再分散
	半固体状-固体状	面膜 牙膏	触变性凝胶，塑性大 假塑性流动
油性＋水性＋粉末制品	液状	粉底液	塑性流动
	半固体状-固体状	粉底霜	塑性流动
几乎不含水分	固形	粉饼、（固体香粉）眼影粉	粉体流动

流变学在化妆品中的应用列于表 4-4。

表 4-4　流变学在化妆品中的应用

液　体	半固体	固　体	制备工艺
混合	皮肤表面上产品的铺展性和黏附性	压粉或填充散粉时粉体的流动	装量的生产能力
由剪切引起的分散系粒子的粉碎	从瓶或管状容器中产品的挤出	粉末状（片状或颗粒状）固体充填性	操作效率的提高
容器中的液体的流出和流入	与液体能够混合的固体量		
通过管道输送液体的生产过程	产品表面的光洁度		
分散体系的物理稳定性			

二、黏度的定义与分类

黏度是液体流变学性质的其中一个参数。液体流动时的内部摩擦阻力即称黏度，黏度是流体的一个重要物理特性，简单地说，黏度代表的就是流体流动的阻力大小。黏度值愈大，液体愈难流动。

液体的黏度分为绝对黏度和运动黏度。

（1）绝对黏度　又称为动力黏度。使相距 $1cm^2$ 的两层液体以 $1cm/s$ 的速度作相对运动时，如果作用于 $1cm^2$ 面积上的阻力为 $10^{-5}N$，则该液体的绝对黏度为1。绝对黏度用 η 表示，SI 单位为 $Pa \cdot s$，实际应用中多用 $mPa \cdot s$。

（2）运动黏度　是指液体的绝对黏度与其相同温度下的密度之比值。运动黏度以 γ 表示，SI 单位为 $m^2 \cdot s$。

液体的黏度与物质分子的大小有关，分子较大时黏度较大，分子较小时黏度小。同一液体物质的黏度与温度有关，温度增高时黏度减少，温度降低时黏度增大。因此，测得的液体黏度应注明温度条件。

三、化妆品原料及成品黏度的测定

黏度是化妆品液体原料和油脂原料及膏霜乳液类化妆品的重要质量指标之一。黏度虽与化妆品的品质无绝对的关系，但一个好的产品，必须要有好的外观品质。例如，某公司每批上市的乳液或洗发精的稠度都不尽相同，会令消费者产生品质不一的错觉。或者，产品标示为面霜，但黏度却过低如乳液状，也会令人有品质不良或偷工减料的感觉。黏度有时也可以衡量产品的质量好坏，通过黏度的测定可间接控制其他的指标如流动性、浓度、透明度等。

一般相对分子质量低的液体或油脂原料，其黏度的大小，基本上遵循牛顿定律，即剪速度与剪应力成正比的关系，这种流体称之为"牛顿流体"。而化妆品一般为混合物，且广为使用各种高分子胶配合于配方中，其黏度通常偏高，且不遵循牛顿定律，我们视之为"非牛顿流体"。

测定牛顿流体黏度常用的仪器有毛细管黏度计（奥氏和乌氏黏度计）和落球式黏度计，见图 4-15。测定非牛顿性流体黏度的常用仪器为旋转式黏度计。黏度的测定需要在恒温条件下进行。恒温水浴槽装置如图 4-16 所示。

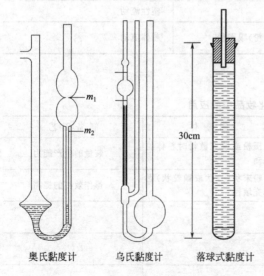

图 4-15　测定牛顿流体常用的黏度计

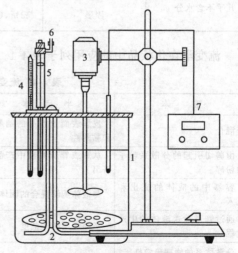

图 4-16　恒温水浴槽装置

1—浴槽；2—加热器；3—搅拌器；4—温度计；
5—感温元件（接触温度计）；6—接温度控制器；
7—接数字贝克曼温度计

四、旋转黏度计工作原理

旋转黏度计在化妆品原料及成品检验中较常使用，其测量的是动力黏度，非常适于黏度范围为 $5\sim5\times10^4\,\mathrm{mPa\cdot s}$ 的产品。

旋转式黏度计工作原理是基于一定转速转动的转筒（或转子）在液体中克服液体的黏滞阻力所需的转矩与液体的黏度成正比关系。NDJ-4 型旋转黏度计的构造及实物见图 4-17 及图 4-18。当同步电机以稳定的速度旋转，连接刻度圆盘，再通过游丝和转轴带动转子旋转。

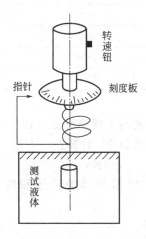

图 4-17　NDJ-4 型旋转黏度计构造图

图 4-18　NDJ-4 型旋转黏度计实物图

如果转子未受到液体的阻力，则游丝、指针与刻度圆盘同速旋转，指针在刻度盘上指出的读数为"0"。

反之，如果转子受到液体的黏滞阻力，则游丝产生扭矩，与黏滞阻力抗衡，最后达到平衡，这时与游丝连接的指针在刻度圆盘上指示一定的读数（即游丝的扭转角）。

NDJ-4 型旋转黏度计转子转速量程表及系数表分别见表 4-5 及表 4-6。

表 4-5　NDJ-4 型旋转黏度计转子转速量程表

选择挡	转子转速 /(r/min)	No. 1	No. 2	No. 3	No. 4
		满量程值(mPa·s)			
H	60	100	500	2000	10000
	30	200	1000	4000	20000
	12	500	2500	10000	50000
	6	1000	5000	20000	100000
	3	2000	10000	40000	200000
L	1.5	4000	20000	80000	400000
	0.6	10000	50000	200000	1000000
	0.3	20000	100000	400000	2000000

注：实际参数见黏度计所附对照表。

表 4-6   NDJ-4 型旋转黏度计转子转速系数表

选择挡	转子转速/(r/min)	系数			
		No. 1	No. 2	No. 3	No. 4
H	60	1	5	20	100
	30	2	10	40	200
	12	5	25	100	500
	6	10	50	200	1000
	3	20	100	400	2000
L	1.5	40	200	800	4000
	0.6	100	500	2000	10000
	0.3	200	1000	4000	20000

注：实际参数见黏度计所附对照表。

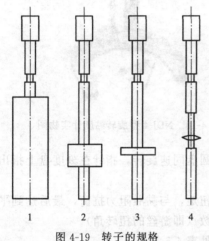

图 4-19   转子的规格

转子编号所对应的转子规格见图 4-19。

样品的黏度 η 按式 (4-7) 计算：

$$\eta = K\alpha \tag{4-7}$$

式中 K——系数，根据所选的转子和转速由仪器给定；

       α——读数值。

五、旋转黏度计法测定步骤

1. 试样的配制

试样的采集和配制过程中应保证试样均匀无气泡。试样量要能满足旋转黏度计测定的需要。

2. 旋转黏度计使用

(1) 同种试样应该选择适宜的相同转子和转速，使读数在刻度盘的 20%～80% 范围内。

(2) 将盛有试样的容器放入恒温水浴中，保持 20min，使试样温度与试验温度平衡，并保持试样温度均匀。

(3) 将转子垂直浸入试样中心部位，并使液面达到转子液位标线（有保护架应装上）。

(4) 开动旋转黏度计，读取旋转时指针在圆盘上不变时的读数。

(5) 每个试样测定 3 次，取 3 次测定中最小读数值。

第五节   色度的测定

一、色度测定的意义

产品的色度是指产品颜色的深浅。物质的颜色是产品重要的外观标志，也是鉴别物质的重要性质之一。

产品的颜色与产品的类别和纯度有关。例如纯净的水在水层浅的时候为无色，深时为浅蓝绿色；水中如含有杂质，则出现一些淡黄色甚至棕黄色。无论是白色固体或无色的液体化工产品，它们的颜色总有不同程度的差别。因此，检验产品的颜色可以鉴定产品的质量并指导和控制产品的生产。

纯净的油脂应是无色无味无臭的。通常，油脂受炼制方法、储存的条件和方法等因素的影响而具有不同的色泽。例如：羊油、牛油、硬化油、猪油、椰子油等为白色至灰白色；豆油、花生油和精炼的棉籽油等为淡黄色至棕黄色；蓖麻油为黄绿色至暗绿色；骨油为棕红色至棕褐色等。某些油脂的色泽列于表4-7。

表 4-7 某些油脂的色泽

油 脂	色 泽	油 脂	色 泽
柏油	白色~灰色	花生油	淡黄色
木油	灰白色~黄色	蓖麻油	黄微绿色
硬化油(60℃)	白色	豆油	黄色
椰子油	白色	牛羊油	白色
漆蜡	灰白色~绿色	猪油	白色
棉籽油	黄色	骨油	黄色
菜籽油	黄绿色	蛹油	深黄色
米糠油	黄绿色	松香	深黄色
茶油	白色	皂用合成脂肪酸	灰白色

原料油脂的色泽会直接影响其产品的色泽。如制皂用的原料油脂一般需脱色精制，因为用色泽较深的油脂生产的肥皂，其色泽液较深。无论是食用、皂用或其他工业用油脂，色泽是油脂质量指标中必不可少的项目。

二、色度测定的方法

色度的测定方法很多，主要有视觉鉴别法、铂-钴色度标准法、加德纳色度标准法和罗维朋比色计法等。

视觉鉴别法仅用于化工产品粗略的经验性的感官检验。铂-钴色度标准法适用于测定透明或稍带接近于参比的铂-钴色号的液体化工产品的颜色，这种颜色特征通常为"棕黄色"，不适用于易炭化的物质的测定。加德纳色度标准法广泛应用于干性油、清漆、脂肪酸、聚合脂肪酸和树脂溶液等色泽较深的液体，在一般化工产品中有时也用此法，但用得不多。罗维朋比色计法则常用于化妆品原料油脂及香料等化工产品的检验。

（一）视觉鉴别法

视觉鉴别法所用仪器为 50mL 烧杯，油脂采样后混合均匀并过滤。再将油样注入烧杯中，使油层高度不小于 50mm，在室温下先向着光线观察，再置于白色幕前，借反射光线观察。记录所得色泽，如柠檬色、淡黄色、黄色、橙黄色、棕黄色、棕色、棕褐色、灰白色、白色等。

（二）铂-钴色度标准法

1. 测定原理

用铂-钴色度标准溶液作为标准色，目测比较确定试样相近的标准色，色度的单位以 Hazen 表示。1Hazen 单位是指每升溶液中含有 1mg 的以氯铂酸（H_2PtCl_6）形式存在的铂和 2mg 氯化钴（$CoCl_2 \cdot 6H_2O$）的铂-钴溶液的色度。铂-钴色度标准法示意见图 4-20。

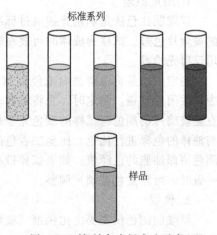

图 4-20 铂-钴色度标准法示意

2. 标准铂-钴标准色列的配制

在 10 个 500mL 及 14 个 250mL 的两组容量瓶中，分别加入表 4-8 所示数量的标准比色母液，用水稀释到刻度。标准比色母液和稀释溶液放入带塞棕色玻璃瓶中，置于暗处密封保存。标准比色母液可以保存 6 个月，稀释溶液可以保存 1 个月。

表 4-8　标准铂-钴标准色列配制

500mL 容量瓶		250mL 容量瓶	
标准比色母液的体积 V/mL	相应颜色，Hazen 铂-钴色号	标准比色母液的体积 V/mL	相应颜色，Hazen 铂-钴色号
5	5	30	60
10	10	35	70
15	15	40	80
20	20	45	90
25	25	50	100
30	30	62.5	125
35	35	75	150
40	40	87.5	175
45	45	100	200
50	50	125	250
		150	300
		175	350
		200	400
		225	450

3. 样品色度的测定。

向一支 50mL 或 100mL 比色管中注入一定量的样品，使注满到刻线处；向另一支比色管中注入具有类似样品颜色的标准铂-钴对比溶液，使注满到刻线处。比较样品与铂-钴对比溶液的颜色。比色时在日光或日光灯照射下正对白色背景，从上往下观察，避免侧面观察，确定接近的颜色。

（三）罗维朋比色计法

参照《动植物油脂罗维朋色泽的测定》(GB/T 22460—2008)。

1. 测定原理

罗维朋比色法是利用光线通过标准颜色的玻璃片及样品槽，用肉眼比出与样品色泽相近的玻璃片色号。试样为液体时可放在玻璃池中，用透射光检验；若为固体粉末则压成块状，用反射光检验。

测定方法是将澄清透明或经过滤的样品注入适当长度的洁净的样品池中，放入比色计中，关闭活动盖。测定时，先将黄色玻璃片固定后开灯，依次配入不同号码的红色玻璃片，直至玻璃片的颜色与试样的颜色完全相同或相近。通过调节黄、红色的标准颜色色阶玻璃片与油样的色泽进行比色，比至二者色泽相当时，分别读取黄、红色玻璃片上的数字作为罗维朋色值即油脂的色泽值。如果试样带有绿色，用黄、红两种玻璃片不能将样品的颜色调配到一致时，可用蓝色玻璃片调整。

2. 仪器

罗维朋测色仪主要由比色槽（玻璃油槽）、反光计、奥司莱灯泡、标准颜色玻璃片、观察管组成。如图 4-21 所示。

玻璃片放在可开动的暗箱中供观察用。在检验油脂的色泽时，蓝玻璃片很少使用，主要是用红色和黄色两种。此两种玻璃片一般标有如下不同深浅颜色的号码，号码愈大，颜色愈深。

黄色：1.0，2.0，3.0，5.0，10.0，15.0，20.0，35.0，50.0，70.0；

红色：0.1，0.2，0.3，0.4，0.5，0.6，0.7，0.8，0.9，1.0，2.0，2.5，3.0，4.0，5.0，6.0，7.0，8.0，9.0，10.0，11.0，12.0，16.0，20.0。

图 4-21　罗维朋测色仪

所有玻璃片，每 9 片分装在一个标尺上，全部标尺同装于一个暗盒中，可以任意拉动标尺调整色泽。碳酸镁反光片将灯光反射入玻璃片和试样上，此片用久后要变色，可取下用小刀刮去一薄层后继续使用。

油槽用无色玻璃制成，有不同长度的数种规格，其长度必须非常准确，常用的是 133.35mm 和 25.4mm 两种，有时也用到 50.8mm 或其他长度的，视试样色泽的深浅而定。在用 133.35mm 的油槽观察时，若红色标准超过 40 时，改用 25.4mm 油槽。在报告测定结果时，应注明所用槽长度尺寸。所有油槽厚度应一致。

3. 测定步骤

将澄清透明或经过滤的油脂样品注入适当长度的洁净油槽中，小心放入比色计内，切勿使手指印等污物黏附在油槽上。关闭活动盖，仅露出玻璃片的标尺及观察管。样品若是固态或在室温下呈不透明状态的液体，应在不超过熔点 10℃ 的水浴上加热，使之熔化后再进行比色。

比色时，先将黄色玻璃片固定后再打开灯，然后依次配入不同号码的红色玻璃片进行比色，直至玻璃片的颜色和样品的颜色完全相同或相近为止。黄色玻璃片可参考使用红色玻璃片的深浅来决定。

例如，棉籽油、花生油：红色在 1.0～35，黄色可用 10.0；红色在 3.5 以上，黄色可用 70.0。牛油及脂肪酸：红色在 1.0～3.5，黄色可用 10.0；红色在 3.5～5.0，黄色可用 35.0；红色高于 5.0，黄色可用 70.0。豆油：红色 1.0～3.5，黄色可用 10；红色高于 3.5，黄色可用 70.0。椰子油及棕榈油：红色 1.0～3.9，黄色可用 6.0；红色高于 3.9，黄色可用 10.0。

如果油脂带有绿色，用红、黄两种玻璃片不能将样品的颜色调配到一致时，可用蓝色玻璃片调整。

4. 测定结果的表达

测定结果以红、黄和蓝色玻璃片的总数表示，注明使用的油槽长度。

5. 注意事项

(1) 配色时若色泽与样品不一致，可取最接近的稍深的色值。

(2) 配色时，使用的玻璃片数应尽可能少。如黄色 35.0，不能以黄 15 和黄 20 的玻璃片配用。

(3) 检测应在光线柔和的环境中进行，尤其是色度计不能面向窗口放置或受阳光直射。如果样品在室温下不完全是液体，可将样品进行加热，使其温度超过熔点 10℃ 左右。玻璃比色皿必须保持洁净干燥。如有必要，测定前可预热玻璃比色皿，防止样品结晶。

（4）为避免眼睛疲劳，每观察比色 30s 后，操作者的眼睛必须移开目镜。

（5）操作者应有良好的颜色识别能力，且不能佩戴有色或光敏的眼镜或隐形眼镜检测。

第六节　折射率的测定

一、折射率测定的意义

折射率（RI）是有机化合物的重要物理常数之一，作为液体化合物纯度的标志，它比沸点更可靠。通过测定溶液的折射率，还可定量分析溶液的浓度。

通常用阿贝折射仪测定液体有机物的折射率，可测定浅色、透明、折射率在 1.3000～1.7000 范围内的化合物。

本节参照《香料　折射率的测定》（GB 14454.4—2008）。

二、折射率的定义

光在两个不同介质中的传播速度是不相同的。当光线从一个介质 A 进入另一个介质 B 时，如果它的传播方向与两个介质的界面不垂直时，则在界面处的传播方向发生改变。这种现象称为光的折射现象，如图 4-22 所示。

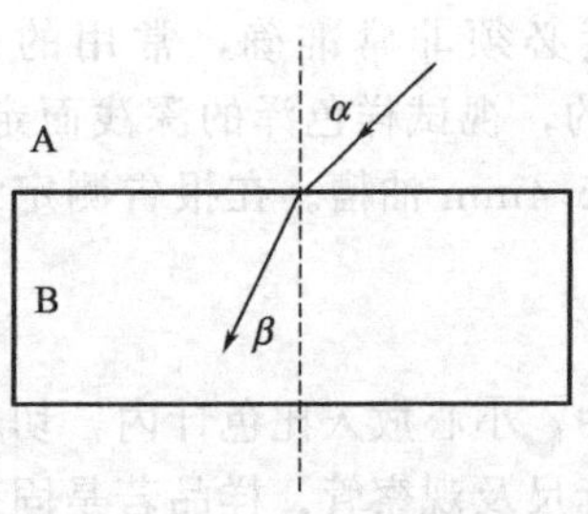

根据折射定律，波长一定的单色光线，在确定的外界条件（如温度、压力等）下，从一个介质 A 进入另一个介质 B 时，入射角 α 和折射角 β（如图 4-22 所示）的正弦之比和这两个介质的折射率 N（介质 A 的）与 n（介质 B 的）成反比，即：

图 4-22　光的折射与反射现象

$$\frac{n}{N} = \frac{\sin\alpha}{\sin\beta}$$

若介质 A 是真空，则 $N=1$，于是

$$n = \frac{\sin\alpha}{\sin\beta}$$

所以一个介质的折射率，是光线从真空进入这个介质时的入射角和折射角的正弦之比。这种折射率称为该介质的绝对折射率，通常测定的折射率，都是以空气作为比较的标准。

物质的折射率与它的结构和光线波长有关，而且也受温度、压力等因素的影响。折射率常用 n_D^t 表示，其中 D 是以钠灯的 D 线（589.3mm）作光源，t 是与折射率相对应的温度。由于通常大气压的变化，对折射率的影响不显著，所以只在很精密的工作中，才考虑压力的影响。

如果介质 A 对于介质 B 是疏物质，即 $n_A < n_B$ 时，则折射角 β 必小于入射角 α，当入射角 α 为 90°时，$\sin\alpha=1$，这时折射角达到最大值，称为临界角，用 β_0 表示。很明显，在一定波长与一定条件下，β_0 也是一个常数，它与折射率的关系是：

$$n = 1/\sin\beta_0$$

可见通过测定临界角 β_0，就可以得到折射率，这就是通常所用阿贝折射仪的基本光学原理。

三、阿贝折射仪的构造与使用方法

测定各种物质折射率的仪器叫折射仪，其原理是利用测定临界角以求得样品溶液的折射率。在折射仪中使用最普遍的是阿贝折射仪，单目、双目阿贝折射仪的结构及外形分别见图 4-23 和图 4-24。

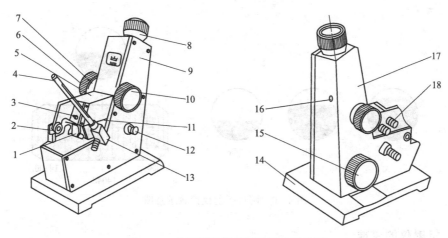

图 4-23　单目阿贝折射仪的结构及外形

1—反射镜；2—转轴；3—遮光板；4—温度计；5—进光棱镜座；6—色散调节手轮；7—色散值刻度
圈；8—目镜；9—盖板；10—手轮；11—折射棱镜座；12—照明刻度盘聚光镜；13—温度计座；
14—底座；15—刻度调节手轮；16—小孔；17—壳体；18—恒温器接头

图 4-25 为单目阿贝折射仪实物图。

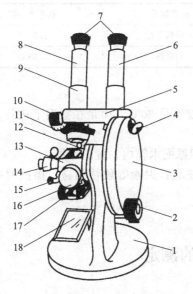

图 4-24　双目阿贝折射仪的结构及外形

1—底座；2—棱镜调节旋钮；3—圆盘组（内有刻度板）；
4—小反光镜；5—支架；6—读数镜筒；7—目镜；
8—观察镜筒；9—分界线调节螺丝；10—消色调
节旋钮；11—色散刻度尺；12—棱镜锁紧扳手；
13—棱镜组；14—温度计插座；15—恒温器
接头；16—保护罩；17—主轴；18—反光镜

图 4-25　单目阿贝折射仪实物图

仪器操作步骤：仪器的安装、加样、对光、粗调、消色散、精调、读数、仪器校正。

四、读数

消色散，调节至视野中出现明显的黑白分界线，并使分界线经过交叉点时方可读数，如
图 4-26 所示。

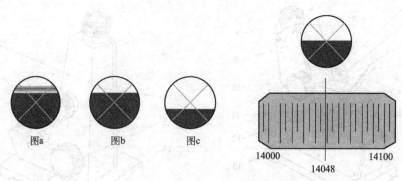

图 4-26　阿贝折射仪读数示意图

五、折射仪的校准

通过测定标准物质的折射率来校准折射仪。有些仪器可按制造商提供的指南直接用玻璃片调节（仪器商提供）。

用于校正折射仪的标准物质见表 4-9。

表 4-9　校正折射仪的标准物质在 20℃ 的折射指数

标准物质	折射率 n_D^{20}	标准物质	折射率 n_D^{20}
蒸馏水	1.3330	苯甲酸苄酯	1.5685
对异丙基甲苯	1.4906	1-溴萘	1.6585

六、注意事项

1. 折射率通常规定在 20℃ 时测定，如果测定温度不是 20℃，而是在室温下进行，应进行温度校正。

2. 折射仪不宜暴露在强烈阳光下。不用时应放回原配木箱内，置阴凉处。

3. 使用时一定要注意保护棱镜组，绝对禁止与玻璃管尖端等硬物相碰；擦拭时必须用镜头纸轻轻擦拭。

4. 不得测定有腐蚀性的液体样品。

第七节　旋光度的测定

一、旋光度测定的意义

旋光性是指手性物质使平面偏振光的振动平面旋转一定角度的性质。这个旋转角度称为旋光度。当有机化合物分子中含有不对称碳原子时，就表现出旋光性，例如蔗糖、葡萄糖等。具有旋光性的有机物多达几万种。使偏光振动向左旋转的为左旋性物质，使偏光振动向右旋转的为右旋性物质。

《香料　旋光度测定》(GB/T 14454.5—2008) 中香料旋光度的定义：在规定的温度条件下，波长为 589.3nm±0.3nm（相当于钠光谱 D 线）的偏振光穿过厚度为 100mm 的香料时，偏振光振动平面发生旋转的角度，用毫弧度或角的度数来表示。若在不同厚度进行测定时，其旋光度应换算为 100mm 厚度的值。

二、旋光仪的构造及测定原理

旋光仪结构示意图如图 4-27 所示，普通旋光计是由两个尼科尔棱镜构成，第一个用于产生偏振光（见图 4-28），称为起偏器；第二个用于检验偏振光振动平面被旋光质旋转的角度，称检偏器。当偏振光振动平面与检偏器光轴成平行时，则偏振光通过检偏器（图 4-29），视野明亮；当偏振光振动平面与检偏器光轴互相垂直时，偏振光不通过检偏器（图 4-29），则视野黑暗。若在光路上放入旋光质，则偏振光振动平面被旋光质旋转了一个角度，与检偏器光轴互成一定角度，结果视野变暗。若把检偏器旋转一角度使视野复明，则所旋角度即为旋光质的旋光度。

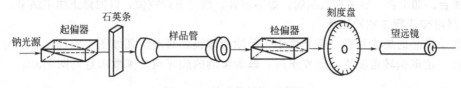

图 4-27　旋光仪结构示意图

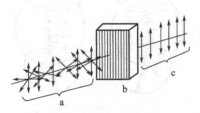

图 4-28　产生偏振光示意图

a—混合光；b—起偏器；c—偏振光

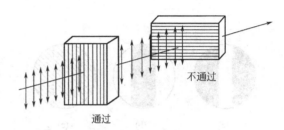

图 4-29　偏振光通过或不通过检偏器示意图

图 4-30 为 WXG-4 型旋光仪。

三、旋光度的表示

旋光度的大小除与物质的结构有关外，还与待测液的浓度、样品管的长度、测定时的温度、光源波长以及溶剂的性质有关。通常用比旋光度表示物质的旋光度，计算公式如下：

$$[\alpha]_D^{20} = \frac{a}{Lc_A} \qquad (4-8)$$

式中，$[\alpha]_D^{20}$ 右上角的"20"表示实验时温度为 20℃，D 是指用钠灯光源 D 线的波长；a 为测得的旋光度（°）；L 为样品管长度（dm）；c_A 为试样浓度（g/mL）。

右旋用（＋）表示，左旋用（－）表示。

四、测定步骤

1. 配制样品溶液

按产品标准的规定取样并配制样品溶液。溶液必须澄清、透明，否则应过滤。液体样品可直接进行测定。

2. 装填旋光管

将干燥清洁的旋光管，一端用光学玻璃片盖好，用螺旋帽旋紧。将管子直

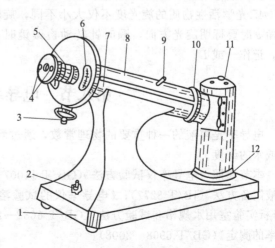

图 4-30　WXG-4 型旋光仪

1—底座；2—电源开关；3—度盘转动手轮；4—读数放大镜；
5—调焦手轮；6—度盘及游标；7—镜筒；8—镜筒盖；
9—镜盖手柄；10—镜盖连接图；11—灯罩；12—灯座

立，用被检液体充满至液面凸出管口，用另一光学玻璃片紧贴管口，平行推进，削平液面，盖严管口，用螺旋帽旋紧。

3. 校准仪器

按仪器说明书的规定调整旋光仪，待仪器稳定后，将装满蒸馏水或纯溶剂的旋光管置于旋光仪中，若目镜视场中如图 4-31(a)、图 4-31（b）所示，表明检偏镜未达到或超过了零点位置。转动检偏镜，直至出现如图 4-31(c) 所示的明暗全等的情况。检查标尺盘与游标尺上的零点是否重合。如重合，表明零点准确；如不重合，则记下读数值，以便修正测定结果。

4. 测定按步骤 3 相同操作

将装满样品的旋光管置于旋光仪中，转动检偏镜，直至出现如图 4-31(c) 所示的明暗全等的情况，读取偏转角度值。经校正后，即为实测的旋光角。读数示意见图 4-32。

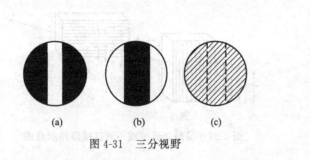

图 4-31　三分视野

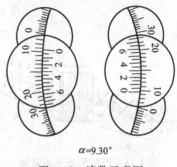

$\alpha=9.30°$

图 4-32　读数示意图

五、注意事项

1. 物质的旋光度与入射光波长和温度有关。通常用钠光谱 D 线（$\lambda=589.3nm$、黄色）为光源。以 $t=20℃$ 或 25℃ 时的测定值表示。

2. 将样品液体或校正用液体装入旋光管时要仔细小心，勿产生气泡。

3. 校正仪器或测定样品时，调整检偏镜、检查亮度、记取读数的操作，一般都需要重复多次，取平均值，经校正后作为结果。

4. 光学活性物质的旋光度不仅大小不同，旋转方向有时也不同。所以，记录测得的旋光角 α 时要标明旋光方向，顺时针转动检偏镜时，称为右旋，记作＋或 R；反之，称为左旋，记作－或 L。

第八节　电导率的测定

电导率是溶液的一种重要的物理常数，通过测定溶液的电导率，可以鉴定溶液的浓度大小或水的纯度。

本节参照《电导率仪试验方法》（GB/T 11007—2008）。同时参考《电导率仪测量用校准溶液制备方法》（JB/T 8277）；《电导率仪的试验溶液　氯化钠溶液制备方法》（JB/T 8278）；《分析实验室用水规格和试验方法》（GB/T 6682—2008）及《锅炉用水和冷却水分析方法电导率的测定》（GB/T 6908—2008）。

一、测定原理

电解质溶液的导电能力通常用电导 G 来表示。电导是电阻的倒数，即：$G=1/R$。电导的单位是西门子 S。

根据欧姆定律，电解质溶液的电阻 R 与测量电极之间的距离 l 成正比，与两个电极的正对截面积 A 成反比，如图 4-33 所示。

$$R = \rho \frac{l}{A}$$

式中，ρ 称为电阻率。

上式如用电导表示，可写为：

$$G = \frac{1}{R} = \frac{1}{\rho} \cdot \frac{A}{l} = \kappa \frac{A}{l}$$

定义 $\frac{1}{\rho} = \kappa$，κ 称为电导率。

则

$$\kappa = \frac{1}{\rho} = G \frac{l}{A} = \frac{1}{R} \cdot \frac{l}{A}$$

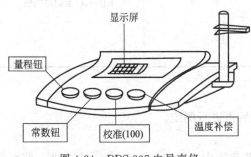

图 4-33　复合电极与待测液
组成的电解池

κ 的单位为 S/m。实际中常用其分数单位 mS/cm 或 μS/cm。

对于某一给定的复合电极而言，l/A 是一定值，称为电极常数，也叫电导池常数。因此，可用电导率的数值表示溶液导电能力的大小。

对于电解质溶液，电导率系指相距 1cm 的两平行电极间充以 1cm^3 溶液所具有的电导。电导率与溶液中的离子含量大致成比例地变化。因此测定电导率，可间接地推测离解物质的总浓度。化妆品生产需要使用纯净的去离子水，水的电导率反映了水中电解质杂质的总含量。因此测水的电导率即可知其纯度。

新蒸馏水电导率为 0.05～0.2mS/m，存放一段时间后，由于空气中的二氧化碳或氨的溶入，电导率可上升至 0.2～0.4mS/m；饮用水电导率在 5～150mS/m 之间；海水电导率大约为 3000mS/m；清洁河水电导率为 10mS/m。电导率随温度变化而变化，温度每升高 1℃，电导率增加约 2%，通常规定 25℃ 为测定电导率的标准温度。

二、仪器装置

电导率仪也叫电导仪，主要由复合电极和电计部分组成。电导率仪中所用的复合电极称为电导电极。实验室中常用的电导率仪型号及规格见表 4-10 所示。图 4-34 为 DDS-307 电导率仪。

图 4-34　DDS-307 电导率仪

显示屏

量程钮

常数钮　校准(100)　温度补偿

表 4-10　常用电导率仪型号及规格

仪器型号	测量范围 /(μS/cm)	电极常数	温度补偿 范围/℃	备　　注
DDS-11C	0～10^5		15～35	指针读数,手动补偿
DDS-11D	0～10^5	0.01,0.1,1 及 10cm^{-1} 四种	15～35	指针读数
DDS-304	0～10^5	0.01,0.1,1 及 10cm^{-1} 四种	10～40	指针读数,线性化交直流两用
DDS-307	0～2×10^4		15～35	数字显示,手动补偿
DDSJ-308A	0～2×10^5		0～50	数字显示,手动补偿,结果可保存、删除、打印、断电保护
MC 126	0～2×10^5		0～40	便携式,防水,防尘
MP 226	0～2×10^5			自动量程,终点判别,串行输出

电导电极的选择，则应依据待测溶液的电导率范围和测量量程而定，见表4-11。

表 4-11　不同量程溶液选用电极一览表

量程	电导率/(μS/cm)	电极常数/cm^{-1}	配用电极
1	0～0.1	0.01	
2	0～0.3	0.01	
3	0～1	0.01	
4	0～3	0.01	双圆筒钛合金电极
5	0～10	0.01	
6	0～30	0.01	
7	0～100	0.01	
8	0～10	1	
9	0～30	1	
10	0～100	1	
11	0～300	1	DJS-1C 型光亮电极
12	0～1000	1	
13	0～3000	1	
14	0～10000	1	
15	0～100	10	
16	0～300	10	
17	0～1000	10	
18	0～3000	10	DJS-10C 型铂黑电极
19	0～10000	10	
20	0～30000	10	
21	0～100000	10	

三、测定步骤

(1) 认真阅读说明书，调试、校正电导率仪后再进行测定。

(2) 选择合适的电极和量程。

① 若测定一级、二级水的电导率，选用电极常数为（0.01～0.1）/cm 的电极，调节温度补偿至 25℃，使测量时水温控制在（25±1）℃。

② 若进行三级水的测定，则可取水样 400mL 于锥形瓶中，插入电极进行测定。

③ 若测定一般天然水、水溶液的电导率，则应先选择较大的量程挡，然后逐挡降低，测得近似电导率范围后，再选配相应的电极，进行精确测定。

(3) 测量完毕，取出电极，用蒸馏水洗干净后放回电极盒内，切断电源，擦干净仪器，放回仪器箱中。

第九节　pH 的测定

pH 是化妆品的重要质量指标。pH 过高或过低都会刺激皮肤，对机体直接造成伤害。测定化妆品的 pH 可以评价和审核企业的产品质量及监督市售产品的质量变化和安全性。因此，pH 的测定是化妆品的一个常规检测项目。

本节参照《化妆品通用检验方法　pH 的测定》(GB/T 13531.1—2008)、《表面活性剂水溶液 pH 的测定　电位法》(GB/T 6368—2008) 及各类化妆品产品标准中关于 pH 指标部分。

一、pH 的定义

pH 是溶液中氢离子浓度的负对数值，公式表示如下：

$$pH = -\lg[H^+]$$

测定 pH 的方法有比色法、电位法（酸度计法）等。比色法就是用 pH 试纸进行比色对照，该法简便易行，但准确度不高，不适用于测定浑浊、有色的样品。在通常的测定中，酸度计法是最简便、实用而又准确的方法。

二、人体皮肤和毛发的 pH

人的皮肤不是中性的，而是呈微酸性的。尽管由于年龄、性别不同，人的皮肤外观上有差异，但是皮肤的 pH 一般都在 4.5～6.5。这是由于皮肤表面分泌有皮脂和汗液，其中含有乳酸、游离氨基酸、尿酸和脂肪酸，因而使得正常情况下皮肤的 pH 为弱酸性。根据人体皮肤的这种生理特点，制成的用于皮肤的膏霜类及乳液类化妆品有不同的 pH，以满足人的生理需要。

毛发是一种蛋白质结构，pH 为 6.0 左右，碱性或酸性较强的溶液对它都能起化学反应，特别是遇到碱性物质容易发生变质和脆化，所以洗发用的洗涤剂只能是微酸性或中性的。

 知识链接

一、人的皮肤 pH

年龄　　　　　性别	男　性	女　性
新生儿	5.5～6.8	6.0～7.0
少年	4.8～6.0	4.8～6.2
成年人	4.8～5.8	5.2～6.5
老年人	5.2～6.6	5.2～6.6

二、按人体部位测得的 pH

人体部位	安得生统计	布兰克统计	
手腕		女	5.30
		男	5.28
手臂	5.04	女	5.53
		男	5.40
手掌	5.25	女	5.51
		男	5.33
面颊	5.28		
腋窝	5.45		
脊背	5.00		
脚趾	5.25		

三、毛发的 pH

毛发是一种蛋白质结构，pH 约为 6.0。碱性和酸性较强的溶液都能与毛发起化学反应，特别是遇到碱性物质，毛发容易发生质变和脆化，因此洗发香波的 pH 应是酸性或中性的。

三、国家标准中对化妆品产品 pH 的限定范围

化妆品的 pH 变动很大，其值不仅取决于原料的品种、来源和配方，而且由于存放时微生物的参与、空气氧化及防腐剂的失效作用，致使有机物腐败而造成 pH 改变。化妆品的 pH 过高或过低，不仅影响化妆品功效的正常发挥，还可造成刺激性皮炎、斑疹、毛发损伤，故一般对化妆品的 pH 范围都有具体限量要求。

国家标准中对化妆品产品 pH 的限定范围如表 4-12 所示。

表 4-12 国家标准中对化妆品产品 pH 的限定范围

种类	名称	pH 范围	测定方法	标准号
	面膜	膏(乳)状面膜：3.5~8.5	稀释法	QB/T 2872—2007
		啫喱面膜：3.5~8.5	稀释法	
		面贴膜：3.5~8.5	将贴膜中的水或黏液挤去,稀释法	
		粉状面膜：5.0~10.0	稀释法	
	香粉、爽身粉、痱子粉	成人型：4.5~10.5	稀释法	QB/T 1859—2004
		儿童型：4.5~9.5	稀释法	
清洁类	花露水	—	—	QB/T 1858.1—2006
	洗面奶(膏)	4.0~8.5(果酸产品除外)	稀释法	GB/T 29680—2013
	洗手液	4.0~10.0	稀释法	QB 2654—2013
	沐浴剂	成人型：4.0~10.0	稀释法(液体或膏体产品1:5,固体产品1:20)	QB 1994—2004
		儿童型：4.0~8.5		
	特种洗手液	4.0~10.0	稀释法	GB 19877.1—2005
	特种沐浴剂	成人型：4.0~10.0	稀释法(液体或膏体产品1:5,固体产品1:20)	GB 19877.2—2005
		儿童型：4.0~8.5		
	特种香皂	—	—	GB 19877.3—2005
	香皂	—	—	QB/T 2485—2008
	透明皂	—	—	QB/T 1913—2004
	浴盐 足浴盐	4.0~8.5	稀释法	QB/T 2744.1—2005
	浴盐 沐浴盐	6.5~9.0	稀释法	QB/T 2744.2—2005
	洗发液(膏)	洗发液：4.0~8.0	稀释法	QB/T 1974—2004
		洗发膏：4.0~10.0		
	牙膏	5.5~10.0	稀释法	GB 8372—2008
	功效型牙膏	5.5~10.0	稀释法	QB/T 2966—2008
	牙粉	5.5~10.0	稀释法(10%悬浮液)	QB/T 2932—2008

续表

种 类	名 称	pH 范围	测定方法	标 准 号
护理类	化妆水	$4.0\sim8.5$(α-,β-羟基酸类产品除外)	直测法	QB/T 2660—2004
	香脂	$5.0\sim8.5$	稀释法	QB/T 1861—1993
	护肤乳液	$4.0\sim8.5$（果酸类产品除外）	稀释法	GB/T 29665—2013
	润肤膏霜	$4.0\sim8.5$(粉质产品、果酸类产品除外)	稀释法	QB/T 1857—2004
	护肤啫喱	$3.5\sim8.5$	稀释法	QB/T 2874—2007
	护发素	$2.5\sim7.0$	稀释法	QB/T 1975—2013
	免洗护发素	$3.0\sim8.0$	直测法	QB/T 2835—2006
	发乳	$4.0\sim8.5$	稀释法	QB/T 2284—2011
	发油	—		QB/T 1862—2011
	发用啫喱	$3.5\sim9.0$	稀释法	QB/T 2873—2007
美容修饰类	香水、古龙水	—		QB/T 1858—2004
	化妆粉块	$6.0\sim9.0$	稀释法	QB/T 1976—2004
	发用摩丝	$3.5\sim9.0$	稀释法	QB 1643—1998
	定型发胶	—		QB 1644—1998
	染发剂	另见表 4-13		QB/T 1978—2004
	发用冷烫液	<9.8	直测法	QB/T 2285—1997
	指甲油	—		QB/T 2287—2011
	唇膏	—		QB/T 1977—2004

染发剂的 pH 要求范围及测定方法见表 4-13。

表 4-13 染发剂的 pH 要求范围及测定方法

项 目		氧化型染发剂					非氧化型染发剂
		单剂型	两剂型		染发水	染发膏	
			粉-粉型	粉-水型			
pH	染剂	$7.0\sim11.5$	$4.0\sim9.0$	$7.0\sim11.0$	$8.0\sim11.0$	$7.0\sim11.0$	$4.5\sim8.0$
	氧化剂		$8.0\sim12.0$		$1.8\sim5.0$		
测定法		粉剂：稀释法(1:100) 水剂：直测法			直测法	稀释法	稀释法

四、pH 计的工作原理与基本结构

pH 的测定是化妆品的一个常规检测项目。测定 pH 的方法有比色法和电位法。比色法简单易行，但准确度较差，不适用于测定浑浊、有色的样品；电位法准确度高。酸度计（pH 计）测定 pH 的方法即属于电位测定法。

1. pH 计工作原理

酸度计可以测量溶液的酸度（pH），还可以测量电池电动势（mV），其基本原理：将玻璃电极作为溶液中 H^+ 活度指示电极，饱和甘汞电极 SCE 作为参比电极，置于待测溶液中组成原电池，当玻璃电极的玻璃膜的两端溶液氢离子活度不同时，产生膜电位，从而使玻璃

电极与甘汞电极间的电动势随着氢离子活度的变化而变化。

（1）原电池组成　玻璃电极｜待测溶液┆┆饱和甘汞电极

（一）Ag｜AgCl(s)，内充液｜玻璃膜｜待测液┆┆KCl(饱和)，$Hg_2Cl_2(s)$｜Hg(＋)

（2）电池电动势　根据能斯特（Nernst）方程式，在25℃时有：

$$E = \varphi_甘 - \varphi_玻 = K + 0.0591 pH \ (25℃)$$

由此可见，在此条件下，电池的电动势 E 与待测液的 pH 呈线性关系。由于由于公式一中 K 是一个不固定的常数，很难通过计算得到，因此普遍采用已知 pH 的标准缓冲溶液在酸度计上进行校正。

（3）两点校正法测 pH　两点校正法采用两种已知 pH 的标准缓冲溶液对 pH 计进行校正，标准曲线如图 4-35 所示。标准缓冲溶液通常为 pH 7、pH 9 和 pH 4（精确至小数点后两位）三种。先用 pH 7 标准缓冲溶液对电计进行定位，再根据待测溶液的酸碱性选择第二种标准缓冲溶液。如果待测溶液呈酸性，则选用 pH 4 标准缓冲溶液；如果待测溶液呈碱性，则选用 pH 9 标准缓冲溶液。经过校正后的酸度计，可直接测溶液的 pH。

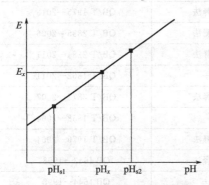

图 4-35　两点校正法测 pH 原理图
pH_{s1} 及 pH_{s2} 为标准缓冲溶液的
pH，pH_x 为待液 pH

若是手动调节的 pH 计，应在两种标准缓冲溶液之间反复操作几次，直至不需再调节其零点和定位（斜率）旋钮，pH 计即可准确显示两种标准缓冲溶液 pH。则校准过程结束。此后，在测量过程中零点和定位旋钮就不应再动。

若是智能式 pH 计，则不需反复调节，因为其内部已储存几种标准缓冲溶液的 pH 可供选择、而且可以自动识别并自动校准。但要注意标准缓冲溶液选择及其配制的准确性。

其次，在校准前应特别注意待测溶液的温度。以便正确选择标准缓冲溶液，并调节电计面板上的温度补偿旋钮，使其与待测溶液的温度一致。不同的温度下，标准缓冲溶液的 pH 是不一样的，如表 4-14 所示。

表 4-14　标准缓冲溶液的 pH 与温度关系对照表

温度/℃	标准缓冲溶液的 pH		
	邻苯二甲酸氢钾	磷酸二氢钾-磷酸氢二钠	硼酸钠
0	4.01	6.98	9.40
5	4.01	6.95	9.39
10	4.00	6.92	9.33
15	4.00	6.90	9.27
20	4.00	6.88	9.22
25	4.01	6.86	9.18
30	4.01	6.85	9.14
35	4.02	6.84	9.10
40	4.03	6.84	9.07

2. pH 计的基本构成

酸度计主要有参比电极（甘汞电极或银-氯化银电极）、测量电极（玻璃电极）和精密电位计三部分组成，目前通常使用复合电极。

复合电极是由玻璃电极和参比电极组合在一起的塑壳可充式电极，把它插入待测溶液即可组成完整原电池，连接上精密电位计可以测定电池电动势。为了省去计算手续，酸度计把测得的电极电势直接用 pH 刻度表示出来，因而从酸度计可以直接读出溶液的 pH。复合电极的结构见图 4-36。

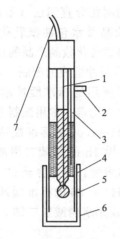

图 4-36　复合电极的结构示意图

1—pH 玻璃电极；2—胶皮帽；3—Ag·AgCl 参比
电极；4—参比电极底部陶瓷芯；5—塑料保护栅；
6—塑料保护帽；7—电极引出端

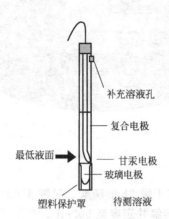

图 4-37　复合电极的液位要求

补充溶液孔

复合电极

最低液面

甘汞电极

玻璃电极

塑料保护罩　　待测溶液

复合电极的液位要求及复合电极的使用和清洁分别见图 4-37 和图 4-38。

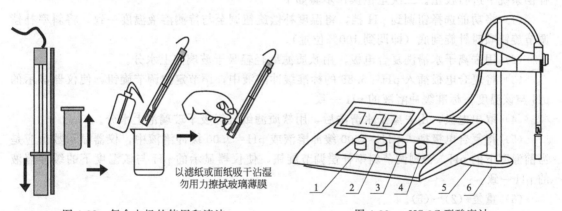

图 4-38　复合电极的使用和清洁

以滤纸或面纸吸干沾湿
勿用力擦拭玻璃薄膜

图 4-39　pHS-3C 型酸度计

1—选择开关旋钮；2—温度补偿旋钮；3—斜率
调节旋钮；4—定位调节旋钮；5—电极
梗插座；6—电极梗

实验室常用的酸度计有雷磁 pHS-25 型、pHS-2 型和 pHS-3 型等，它们基本原理相同，结构略有差别。根据使用的要求还有笔式（迷你型）与便携式 pH 酸度计，可供检测人员带到现场检测使用。使用方法与台式 pH 酸度计基本相同。下面主要介绍雷磁 pHS-3C 型酸度计（见图 4-39）的使用，其他型号可查阅有关的使用说明书。酸度计正面图如图 4-40 所示。

雷磁 pHS-3C 型酸度计的重要调节旋钮：选择开关旋钮（pH、mV）可供选定仪器的测量功能；温度补偿调节旋钮用于补偿由于溶液温度不同时对测量结果产生的影响；斜率补偿调节旋钮用于补偿电极转换系数；定位调节旋钮用于消除电极的不对称电势和液接电势对测量结果所产生的误差。斜率及定位调节旋钮仅在测定 pH 和校正时使用。

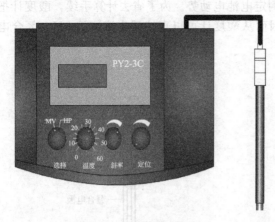

图 4-40　酸度计正面图

五、雷磁 pHS-3C 型酸度计的操作步骤

1. 试样的制备

试样的制备分直测法（不适用于粉类、油膏类化妆品及水包油型乳化体）和稀释法。具体参照各化妆品产品的相关标准。

2. 标准缓冲溶液的配制

酸度计所用的标准缓冲溶液的试剂容易提纯也比较稳定。常用配制方法如下。

（1）pH＝4.00 的标准缓冲溶液　称取在 105℃ 干燥 1h 的邻苯二甲酸氢钾 5.07g 加重蒸馏水溶解，并定容至 500mL。

（2）pH＝6.86 的标准缓冲溶液　称取在 130℃ 干燥 2h 的磷酸二氢钾 3.401g，磷酸氢二钠 8.95g 或无水磷酸氢二钠 3.549g，加重蒸馏水溶解并定容至 500mL。

（3）pH＝9.18 的标准缓冲溶液　称取硼酸钠 3.8144g 或无水硼酸钠 2.02g 加重蒸馏水溶解并定容到 100mL。

3. 校正

按仪器使用说明校正 pH 计，选择两个标准缓冲溶液，在所规定温度下校正，或在温度补偿系统下进行校正。二次定位操作步骤如下。

（1）将功能选择钮调到 pH 挡，将温度补偿旋钮调至与待测溶液温度一致，将斜率补偿调节旋钮顺时针旋到底（即调到 100％ 位置）。

（2）用去离子水清洗复合电极，用软质滤纸轻轻吸干玻璃泡上水分。

（3）将复合电极插入 pH＝6.86 的标准缓冲溶液中，调节定位调节旋钮，使仪器显示的 pH 与该温度下标准缓冲溶液的 pH 一致。

（4）取出电极，用去离子水清洗后，用软质滤纸轻轻吸干玻璃泡上水分。

（5）将复合电极插入 pH＝4.00 缓冲溶液或 pH＝9.00 缓冲溶液中，仪器显示数值应是当前温度下的 pH，否则调节斜率补偿调节旋钮，使仪器显示的 pH 与该温度下的缓冲溶液的 pH 一致。

（6）重复（2）～（5）。

4. 测定

将电极、洗涤用水和标准缓冲溶液的温度调至规定温度，彼此间温度越接近越好，或同时调节至室温校正。

仪器校正后，首先用水洗电极，然后用试样溶液洗。将电极小心插入试样中，使电极浸没，可以用玻璃棒搅拌溶液使溶液均匀，待显示屏上 pH 读数稳定 1min，记录读数，读毕，须彻底清洗电极，浸泡在蒸馏水中待用。

pH 的结果以两次测量的平均值表示，精确度为 0.1。两次测量之差应≤0.1pH 单位。

5. 注意事项

（1）仪器的输入端即电极插口必须保持清洁，不用时用短路插头插入插座，以防止灰尘和水分侵入。在环境湿度较高时，应把电极插口用净布擦干。

（2）测量时，电极的引入线须保持静止，否则会引起测量不稳定。

（3）应避免复合电极下部的玻璃泡与硬物或污物接触，若玻璃泡上发现玷污，可用医用棉花轻擦球泡部分或用 0.1mol/L 盐酸清洗；复合电极使用后应清洗干净，套上保护套，保护套中加少量 3mol/L 氯化钾补充液以保持电极球泡的湿润，切忌浸泡在蒸馏水中。

（4）旋转温度补偿旋钮、斜率及定位调节旋钮时勿用力太大，以防止移动紧固螺丝位置造成误差。

第十节 水分和挥发分的测定

水分是化工产品分析的重要项目之一。化工产品中的水分，以吸附水和化合水两种状态存在。

吸附水分内在水和外在水。附着在物质表面的水称外在水，较易蒸发，一般在常温下，通风干燥一定时间即可以除去。吸附在物质内部毛细孔中的水称内在水，较难蒸发，必须在比水的沸点较高的温度（如 102～105℃）下，干燥一定时间，才能除去。

化合水包括结晶水和结构水。结晶水以 H_2O 分子状态结合于物质的晶格中，但是稳定性较差，当加热至 300℃，即可以分解逸出。结构水则以化合状态的氢氧基存在于物质的晶格中，并结合得十分牢固，必须在 300～1000℃ 的高温，才能分解逸出。

化工产品中水分的测定，通常有干燥法（烘干法、热板法、红外线干燥法）、卡尔·费休法和蒸馏法等。其中干燥法测定的是水分和挥发分的总和，而卡尔·费休法和蒸馏法测定的结果是水的真实含量，其中不含挥发物。

参照《动物植物油脂 水分及挥发物含量的测定》（GB/T 5528—2008）、《动植物油脂 水分和挥发物含量测定》（GB/T 9696—2008）、《油料 水分及挥发物含量测定》（GB/T 14489.1—2008）、《化工产品中水分测定的通用方法 干燥减量法》（GB/T 6284—2006）、《化工产品中水分含量的测定 卡尔·费休法（通用方法）》（GB/T 6283—2008）等。

一、烘干法

烘干法是测定固体化工产品中吸附水含量的通用方法，适用于稳定性好的无机化工产品、化学试剂、化肥等产品中水分含量的测定。

1. 测定原理

在一定的温度下，将试样烘干恒重，然后测定试样减少的质量。

2. 仪器

（1）带盖的称量瓶。

（2）烘箱 灵敏度能控制在 ±2℃，装有温度计，温度计插入烘箱的深度应使水银球与待测定试样在同一水平面上。

（3）干燥器 内装适当的干燥剂（如硅胶、五氧化二磷等）。

3. 测定步骤

（1）试样称取 称取充分混匀、具有代表性的试样，操作中应避免试样中水分的损失或从空气中吸收水分。根据被测试样中水分的含量来确定试样的质量（g），参见表 4-15。称取一定的试样（称准至 0.0001g），置于预先在 105～110℃下于干燥至恒重的称量瓶中。

表 4-15 被测试样用量

水分含量 $w/\%$	试样量 m/g	水分含量 $w/\%$	试样量 m/g
0.01～0.1	不少于 10	1.0～10	5～1
0.1～1.0	10～5	＞10	1

（2）测定　将盛有试样的称量瓶的盖子稍微打开，置于105～110℃的烘箱中，称量瓶应放在温度计水银球的周围。烘干2h之后，将瓶盖盖严，取出称量瓶，置于干燥器内，冷却至室温（不少于30min），称量。再烘干1h，按上述操作，取出称量瓶，冷却相同时间，称量，直至恒重（所谓恒重即两次连续操作其结果之差不大于0.0002g）。取最后一次测量值作为测定结果。

4. 测定结果的表达

用质量分数 $w(H_2O)$ 表示的水分含量，按式(4-9)计算：

$$w(H_2O) = \frac{m_1 - m_2}{m} \times 100\%$$ (4-9)

式中　m——试样的质量，g；

m_1——称量瓶及试样在干燥前的质量，g；

m_2——称量瓶及试样在干燥后的质量，g。

二、热板法

1. 测定原理

热板法测定水分是基于试样沸点高于水的沸点，其方法是采用在电热板上加热油脂，控制温度在130℃以下，试样中的水分和挥发分同时逸去，冷后称其质量，前后之差即是水分和挥发分的质量。因此该法测定的是水分和挥发分的总量。

该法测定速度快，生产上特别适用。一般含水量较高的样品较适用。

2. 仪器

（1）蒸发皿　直径6～8cm，深度2～4cm；

（2）温度计　150℃；

（3）电热板。

3. 测定步骤

预先称出干燥洁净的蒸发皿和温度计的总质量，再称10.00～20.00g的油脂样品，置电热板上。不断搅拌油脂，直到温度升至120℃时，小心控制勿超过130℃，并注意切勿让水蒸发过猛使油脂溅出。加热到油中无气泡为止，冷却称量。

4. 结果计算

样品中水分（含挥发物）的质量分数 $w(H_2O)$ 按式(4-10)计算。

$$w(H_2O) = \frac{m_1 - m_2}{m} \times 100\%$$ (4-10)

式中　m_1——样品、蒸发皿及温度计加热前的总质量，g；

m_2——样品、蒸发皿及温度计加热后的总质量，g；

m——样品质量，g。

三、红外线干燥法

红外线干燥法是一种快速测定水分的方法，它以红外线发热管为热源，通过红外线的辐射热和直接热加热样品，高效迅速地使水分蒸发，根据干燥前后样品的质量差可以得出其水分含量。与采用热传导和对流方式的普通烘箱相比，热渗透至样品中蒸发水分所需的干燥时间能显著缩短至10～25min。但比较起来，其精密度较差，可作为简易法用于测定2～3份样品的大致水分，或快速检验在一定允许偏差范围内的样品水分含量。

现在有很多型号的红外线测定仪，但基本上都是先规定测定条件后再使用，即要使得测定方法与标准法相同，仪器需要进行校正。在操作时，要控制红外线加热的距离，开始时灯管要低，然后升高；调节电压则开始应较高，后来再降低。这样既可防止样品分解、又能缩短干燥时间。此外还要考虑样品的厚度等因素，如黏性、糊状样品要放在铝箔上摊平；还要注意样品不能有燃烧和出现表面结成硬皮的现象。随着电脑技术的发展，红外线水分测定仪的性能得到了很大的提高，在测定精度、速度、操作简易性、数字显示等方面都表现出优越的性能。图 4-41 为简易红外线水分测定仪结构及实物图。

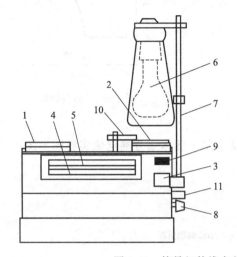

图 4-41　简易红外线水分测定仪结构及实物图

1—砝码盘；2—试样皿；3—平衡指针；4—水分指针；5—水分刻度；6—红外线灯管；7—灯管支架；
8—调节水分指针的旋钮；9—平衡刻度盘；10—温度计；11—调节温度的旋钮

四、卡尔·费休法

卡尔·费休法是一种非水溶液氧化-还原滴定测定水分的化学分析法，是一种迅速而又准确的水分测定法，被广泛应用于多种化工产品的水分测定。

1. 测定原理

存在于样品中的任何水分（吸附水或结晶水）与已知滴定度的卡尔·费休试剂（碘、二氧化硫、吡啶和甲醇组成的溶液）进行定量反应，反应式为：

$$H_2O + I_2 + SO_2 + 3C_5H_5N \longrightarrow 2C_5H_5N \cdot HI + C_5H_5N \cdot SO_3$$

$$C_5H_5N \cdot SO_3 + CH_3OH \longrightarrow C_5H_5N \cdot HSO_4CH_3$$

以合适的溶剂溶解样品（或萃取出样品的水），用卡尔·费休试剂滴定，即可测出样品中的水的含量。

滴定终点用"永停"法或目测法确定。

无色的样品可用目测法确定终点。滴定至终点时，因有过量碘存在，溶液由黄色变为棕黄色。

永停滴定法原理：在浸入溶液中的两铂电极间加一电压，若溶液中有水存在，则阴极极化，两电极之间无电流通过。滴定至终点时，溶液中同时有可逆电对碘及碘化物存在（可逆电对工作原理见图 4-42），阴极去极化，溶液导电，电流突然增加至一最大值并稳定 1min 以上，此时即为终点。滴定曲线如图 4-43 所示。

阳端的铂电极上：

$$2I^- \rightleftharpoons I_2 + 2e$$

阴端的铂电极上：

$$I_2 + 2e \rightleftharpoons 2I^-$$

两极都发生电极反应，电池中有电流通过。

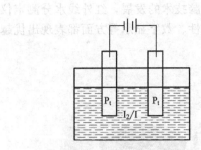

图 4-42 可逆电对工作原理

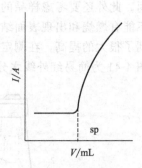

图 4-43 滴定曲线

2. 测定装置

卡尔·费休水分测定仪见图 4-44。全自动卡尔·费休水分测定仪实物图见图 4-45。

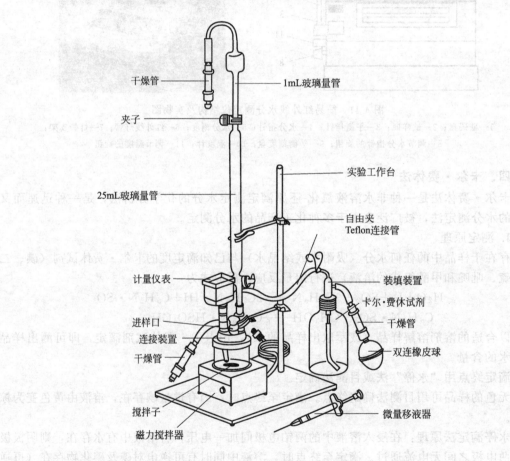

图 4-44 卡尔·费休水分测定仪

3. 测定步骤

(1) 卡尔·费休试剂的标定 在反应瓶中加入一定体积（浸没铂电极）的甲醇，在搅拌下用卡尔·费休试剂滴定至终点。加 5mL 甲醇，滴定至终点并记录卡尔·费休试剂滴定的用量 (V_1)，此为水标准溶液的溶剂空白。加 5mL 水标准溶液，滴定至终点并记录卡尔·费休试剂的用量 (V_2)。卡尔·费休试剂的滴定度按式(4-11) 计算：

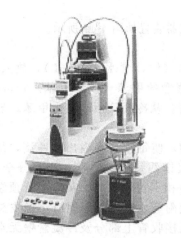

图 4-45　全自动卡尔·费休测定仪实物图

$$T = \frac{m}{V_1 - V_2} \tag{4-11}$$

式中　T——卡尔·费休试剂的滴定度，g/mL；

　　　m——加入水标准溶液中水的质量，g；

　　　V_1——滴定溶剂空白时消耗卡尔·费休试剂的体积，mL；

　　　V_2——滴定标准溶液时消耗卡尔·费休试剂的体积，mL。

（2）样品中水分的测定　在反应瓶中加一定体积（浸没铂电极）的甲醇或产品标准中所规定的样品溶剂，在搅拌下用卡尔·费休试剂滴定至终点。迅速加入产品标准中规定数量的样品，滴定至终点并记录卡尔·费休试剂滴定的用量（V_1）。样品中水的质量分数 $w(H_2O)$ 按式(4-12) 或式(4-13) 计算：

$$w(H_2O) = \frac{V_1 T}{m} \times 100\% \tag{4-12}$$

$$w(H_2O) = \frac{V_1 T}{V_2 \rho} \times 100\% \tag{4-13}$$

式中　V_1——滴定样品时消耗卡尔·费休试剂的体积，mL；

　　　T——卡尔·费休试剂的滴定度，g/mL；

　　　m——加入样品的质量，g；

　　　V_2——加入液体样品的体积，mL；

　　　ρ——液体样品的密度，g/mL。

五、共沸蒸馏法

蒸馏法采用了一种有效热交换方式，水分可被迅速移去，测定速度较快，设备简单经济，管理方便，准确度能满足常规分析的要求。一般含水量低的样品宜选蒸馏法。蒸馏法有多种形式，其中应用最广的是共沸蒸馏法。

1. 测定原理

化工产品中的水分与甲苯或二甲苯共同蒸出，收集馏出液于接收管内，读取水分的体积，即可计算产品中的水分。

2. 试剂

甲苯或二甲苯：取甲苯或二甲苯，先以水饱和后，分去水层，进行蒸馏，收集馏出液备用。

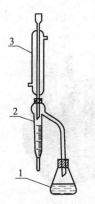

图 4-46 水分蒸馏测定器
1—250mL 锥形瓶；2—水分接收管，
有刻度；3—冷凝管

3. 装置

水分蒸馏测定器装置如图 4-46 所示。

4. 操作步骤

称取适量样品（估计含水 2～5mL），放入 250mL 锥形瓶中，加入新蒸馏的甲苯（或二甲苯）75mL，连接冷凝管与水分接收管，从冷凝管顶端注入甲苯，装满水分接收管。

加热慢慢蒸馏，使每秒钟得馏出液两滴，待大部分水分蒸出后，加速蒸馏约每秒钟 4 滴，当水分全部蒸出后，接收管内的水分体积不再增加时，从冷凝管顶端加入甲苯冲洗。如冷凝管壁附有水滴，可用附有小橡皮头的铜丝擦下，再蒸馏片刻至接收管上部分及冷凝管壁无水滴附着为止，读取接收管水层的容积。

5. 结果计算

按式（4-14）计算水分的含量 $\rho(H_2O)$（mL/g）。

$$\rho(H_2O) = \frac{V}{m} \tag{4-14}$$

式中 V——接收管内水的体积，mL；

m——样品的质量，g。

6. 注意事项

(1) 选用的溶剂必须与水不互溶，20℃时相对密度小于 1，不与样品发生化学反应，水和溶剂混合的共沸点要分别低于水和溶剂的沸点，如苯的沸点为 80.4℃，纯水沸点为 100℃，而苯与水混合溶液共沸点为 69.13℃。

(2) 仪器必须清洁而干燥，安装要求不漏气。

(3) 用标样做对照实验。

第十一节　浊度的测定

一、浊度的概念

由于水中含有悬浮及胶体状态的微粒，使得原来无色透明的水产生浑浊现象，其浑浊的程度称为浑浊度，简称浊度。浊度是一种光学效应，是光线透过水层时受到阻碍的程度，表示水层对于光线散射和吸收的能力。它不仅与悬浮物的含量有关，而且还与水中杂质的成分、颗粒大小、形状及其表面的反射性能有关。对于化妆品中的香水和花露水主要以达到某一规定温度时是否产生浑浊作为浊度的衡量标准。

参照《化妆品通用检验方法 浊度的测定》(GB/T 13531.3—1995)。

二、测定仪器

恒温水浴 温度控制在（20.0±0.1）℃。

温度计 分度值 0.1℃。

玻璃量筒 250～500mL。

玻璃试管 2cm×13cm、3cm×15cm，也可使用磨口凝固点测定管。

烧杯 800mL。

三、测定装置

浊度测定试验装置如图 4-47 所示。

四、测定步骤

（1）在 800mL 烧杯中放入冰块或冰水，或其他低于测定
温度 5℃的适当的冷冻剂。

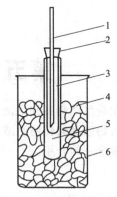

（2）取试样一份，倒入预先烘干的 2cm×13cm 的玻璃试
管中，样品高度为试管长度的 1/3 处。

（3）将串联温度计的塞子塞紧试管口，使温度计的水银
球位于样品中间部分。试管外部套上另一支 3cm×15cm 的试
管，使装有样品的试管位于套管的中间，注意不使两支试管
的底部相触。

图 4-47　浊度测定试验装置
1—温度计；2—软木塞；3—试管；
4—冰块；5—外套试管；6—烧杯

（4）将试管置于加了冷冻剂的烧杯中冷却，使试样温度
逐步下降，每下降 2℃观察一次，当到达规定温度时立即观察试样是否清晰。若试样仍与原
样的清晰程度相等，则该试样在规定温度下的浊度检验结果为清晰，不混浊。

（5）重复测定一次，两次结果应一致。

思　考　题

1. 常见的通用物理常数有哪些？检测通用物理常数有何意义？
2. 化妆品原料及产品相对密度常用的测定方法有哪些？各有什么特点？
3. 测定熔点的方法有哪些？
4. 凝固点测定的原理是什么？
5. 旋转黏度计工作原理是什么？
6. 常见色度的测定方法有哪些？
7. 阿贝折光仪测折光指数的基本步骤有哪些？
8. 旋光仪测旋光度的基本步骤有哪些？
9. 测量电导率的意义是什么？
10. pH 值的定义和测量 pH 值常见方法有哪些？
11. 水分的测定常用的方法有哪些？
12. 卡尔·费休法测定水分的原理是什么？
13. 浊度的概念及意义是什么？

第五章 通用化学参数的检测

化妆品原料特别是油脂中有一些常见的化学参数，如酸值、皂化值、碘值、不皂化物、总脂肪物以及氧化脂肪酸等。这些参数有些是某一种原料独有的，有些是多种原料共有的，在此做统一的介绍。

第一节 酸值和酸度的测定

酸值是油脂品质的重要指标之一，是油脂中游离脂肪酸多少的度量。

油脂中一般都含有游离脂肪酸，其含量多少和油源的品质、提炼方法、水分及杂质含量、储存的条件和时间等因素有关。水分杂质含量高，储存和提炼温度高和时间长，都能导致游离脂肪酸含量增高，促进油脂的水解和氧化等化学反应。

酸值是指中和 1g 样品所需氢氧化钾的质量，单位为 mg/g。酸度是上述测定值用质量分数表示，一般可由酸值推导出来，无需单独测定。

本节参照《香料 酸值或含酸量的测定》(GB/T 14455.5—2008)、《动植物油脂 酸值和酸度的测定》(GB/T 5530—2005)，同时参照《化妆品通用试验方法 滴定分析（容量分析）用标准溶液的制备》(QB/T 2470—2000)。

一、氢氧化钾水溶液法

该法适用于油脂、蜡、羊毛醇、脂肪醇、脂肪酸、香料等试样中酸值的测定。

（一）测定原理

酸值的测定原理就是酸碱中和原理，即

$$RCOOH + KOH \longrightarrow RCOOK + H_2O$$

（二）试剂与仪器

1. 试剂

（1）中性乙醇 于 500mL 95%（体积分数）乙醇中加 6~8 滴酚酞，用 $c = 0.5 mol/L$ 氢氧化钾溶液滴至刚显红色，再以 $c = 0.1 mol/L$ 的盐酸滴至红色刚退为止。

（2）氢氧化钾标准溶液 $c(KOH) = 0.5 mol/L$。

（3）酚酞指示剂 $\varphi(酚酞) = 1\%$ 的乙醇溶液。

2. 仪器

（1）碱式滴定管 50mL。

（2）锥形瓶 150mL。

（3）分析天平。

（三）测定步骤

1. 称样

根据样品的颜色和估计的酸值，按表 5-1 所示称样，装入锥形瓶中。

2. 滴定

将含有 0.5mL 酚酞指示剂的 50mL 乙醇置入锥形瓶中，水浴上加热至沸，并充分搅拌。当温度高于 70℃时，迅速以氢氧化钾标准溶液滴定至呈现粉红色 15s 内不退为止，即为终点。

表 5-1　试样称量要求

估计的酸值/(mgKOH/g)	试样量/g	试样称重的精确度/g
<1	20	0.05
1～4	10	0.02
4～15	2.5	0.01
15～75	0.5	0.001
>75	0.1	0.0002

如果油脂酸败严重，耗用氢氧化钾超过 15mL 时，溶液体积增大，相应的乙醇量降低，有肥皂析出，应补加乙醇和指示剂。补加的量，按氢氧化钾溶液超过 5mL 补加中性乙醇 20mL 计。乙醇不仅能防止肥皂水解，还能保证肥皂在反应介质中溶解，否则反应将在非均相系统中进行，中和脂肪酸困难，观察终点也不准确。

（四）结果计算

1. 酸值 AV

酸值测定结果按式(5-1) 计算：

$$AV = \frac{cVM(KOH)}{m} \tag{5-1}$$

式中　AV——酸值，用中和 1g 样品所需氢氧化钾的质量，mg/g；

　　　c——氢氧化钾标准溶液的实际浓度，mol/L；

　　　V——滴定消耗的体积，mL；

　　　m——样品的质量，g；

$M(KOH)$——氢氧化钾的摩尔质量，56.1g/mol。

2. 酸度 A

根据脂肪酸的类型，酸度 A 以百分数计，按式(5-2) 计算：

$$A = \frac{cVM}{1000m} \times 100\% \tag{5-2}$$

式中　M——脂肪酸的摩尔质量，g/mol；

　　　c——氢氧化钾标准溶液的实际浓度，mol/L；

　　　V——滴定消耗的体积，mL；

　　　m——样品的质量，g。

表示酸度的脂肪酸类型见表 5-2。

表 5-2　表示酸度的脂肪酸类型

油脂的类型	表示酸度的脂肪酸	
	名　　称	摩尔质量/(g/mol)
椰子油、棕榈仁油及类似的油	月桂酸	200
棕榈油	棕榈酸	256
从某些十字花科植物得到的油	芥酸	338
所有其他油脂	油酸	282

注：1. 当样品含有矿物酸时，通常按脂肪酸测定；

2. 如果结果仅以"酸度"表示，没有进一步说明，通常为油酸；

3. 芥酸含量低于 5% 的菜籽油，酸度仍用油酸表示。

（五）注意事项

（1）若油脂颜色较深，可改用 $\rho = 7.5\text{g/L}$ 碱性蓝 6B 乙醇溶液代替酚酞作指示剂。该试剂在酸性介质中显蓝色；在碱性介质中显红色。如果油脂本身带红色，宜用 $\rho = 10\text{g/L}$ 百里酚酞乙醇溶液作指示剂；颜色深的油脂，应先在分液漏斗中用乙醇提取游离脂肪酸，与杂质色素分离后，再以碱性蓝作指示剂，滴定抽出的脂肪酸。此外，若测定的油脂颜色深而且酸值又高，可以加 $\rho = 100\text{g/L}$ 的中性氯化钡溶液，用酚酞作指示剂，以氢氧化钾标准溶液滴定，待溶液澄清时观察水相的颜色以确定终点。其目的是以生成的白色钡盐沉淀作底衬提高对颜色的灵敏度。油脂颜色深时，酸值用电位法测定为佳。

（2）滴定终点的确定：滴定到溶液显红色后保持不退色的时间，必须严格控制在 15s 以内。如时间过长，稍过量的碱将使中性油脂皂化而红色退去，从而多消耗碱。

（3）两次平行测定结果允许误差不大于 0.5。

二、氢氧化钾乙醇溶液法

该法适用于脂肪酸类和山嵛醇。其测定原理、测定步骤、结果计算、注意事项等，与氢氧化钾水溶液法没有多大的区别。主要的区别，就是用 0.1mol/L 氢氧化钾的乙醇标准溶液代替 0.2mol/L 氢氧化钾标准溶液进行中和滴定试验。用乙醇溶液代替水溶液的目的就是为了提高肥皂的溶解度，避免滴定过程中肥皂析出。另外，称样量为 0.5g 左右。

第二节 皂化值的测定

油脂皂化值的定义是：在规定条件下皂化 1g 油脂所需氢氧化钾的质量，单位为 mg/g。

可皂化物一般含游离脂肪酸及脂肪酸甘油酯等。皂化值的大小与油脂中所含甘油酯的化学成分有关，一般油脂的相对分子质量和皂化值的关系是：甘油酯相对分子质量愈小，皂化值愈高。另外，若游离脂肪酸含量增大，皂化值随之增大。

油脂的皂化值是指导肥皂生产的重要数据，可根据皂化值计算皂化所需碱量、油脂内的脂肪酸含量和油脂皂化后生成的理论甘油量三个重要数据。

参照《动植物油脂 皂化值的测定》（GB/T 5534—2008）。

一、测定原理

皂化值是测定油和脂肪酸中游离脂肪酸和甘油酯的含量。在回流条件下将样品和氢氧化钾-乙醇溶液一起煮沸，然后用标定的盐酸溶液滴定过量的氢氧化钾。其反应式如下：

$$(RCOO)_3C_3H_5 + 3KOH \longrightarrow 3RCOOK + C_3H_5(OH)_3$$
$$RCOOH + KOH \longrightarrow RCOOK + H_2O$$
$$KOH + HCl \longrightarrow KCl + H_2O$$

二、试剂与仪器

1. 试剂

使用的试剂均为分析纯，使用水为蒸馏水或与其相当纯度的水。

（1）氢氧化钾-乙醇溶液 大约 0.5mol 氢氧化钾溶解于 1L 95% 的乙醇（体积分数）中。此溶液应为无色或淡黄色，通过下列任一方法可制得稳定的无色溶液。

a 法：将 8g 氢氧化钾和 5g 铝片放在 1L 乙醇中回流 1h 后立刻蒸馏，将需要量（约35g）的氢氧化钾溶液溶解于蒸馏物中。静置数天，然后倾出清亮的上层清液，弃去碳酸钾沉淀。

b 法：加 4g 叔丁醇铝到 1L 乙醇中，静置数天，倾出上层清液，将需要量的氢氧化钾溶解于其中，静置数天，然后倾出清亮的上层清液弃去碳酸钾沉淀。

将此液储存在配有橡皮塞的棕色或黄色玻璃瓶中备用。

(2) 盐酸标准溶液　$c(HCl)=0.5mol/L$。

(3) 酚酞指示剂　（$\rho=0.1g/100mL$）溶于95％乙醇（体积分数）。

(4) 碱性蓝6B溶液　（$\rho=2.5g/100mL$）溶于95％乙醇（体积分数）。

(5) 助沸物。

2. 仪器

(1) 锥形瓶　容量250mL，耐碱玻璃制成，带有磨口。

(2) 回流冷凝管　带有连接锥形瓶的磨砂玻璃接头。

(3) 加热装置（如水浴锅、电热板或其他适合的装置）　不能用明火加热。

(4) 酸式滴定管　容量50mL，最小刻度为0.1mL，或者自动滴定管。

(5) 移液管　容量25mL，或者自动吸管。

(6) 分析天平。

三、测定步骤

1. 称样

于锥形瓶中称量2g试验样品，精确至0.005g。

以皂化值（以KOH计）170～200mg/g，称样量2g为基础，对于不同范围皂化值样品，以称样量约为一半氢氧化钾-乙醇溶液被中和为依据进行改变。推荐取样量见表5-3。

表 5-3　推荐取样量

估计的皂化值（以KOH计）/（mg/g）	取样量/g
150～200	2.2～1.8
200～250	1.7～1.4
250～300	1.3～1.2
＞300	1.1～1.0

2. 测定

(1) 用移液管将25.0mL氢氧化钾-乙醇溶液加到试样中，并加入一些助沸物，连接回流冷凝管与锥形瓶，并将锥形瓶放在加热装置上慢慢煮沸，不时摇动，油脂维持沸腾状态60min，对于高熔点油脂和难于皂化的样品需煮沸2h。

(2) 加0.5～1mL酚酞指示剂于热溶液中，并用盐酸标准溶液滴定到指示剂的粉色刚消失。如果皂化液是深色的，则用0.5～1mL的碱性蓝6B溶液作为指示剂。

(3) 同样条件下做空白试验。

四、结果计算

样品的皂化值SV按式(5-3)计算：

$$SV=\frac{c(V_0-V_1)M(KOH)}{m} \tag{5-3}$$

式中　SV——皂化值（以KOH计），mg/g；

$\quad c$——盐酸标准溶液的实际浓度，mol/L；

$\quad V_0$——空白试验消耗盐酸标准溶液的体积，mL；

$\quad V_1$——试样消耗盐酸标准溶液的体积，mL；

$\quad m$——样品质量，g；

$M(KOH)$——氢氧化钾的摩尔质量，56.1g/mol。

两次平行测定结果允许误差不大于 0.5。

第三节　碘值的测定

碘值是指 100g 油脂所能吸收卤素的质量，单位为 g/100g。

油脂内均含有一定量的不饱和脂肪酸，无论是游离状还是甘油酯，都能在每 1 个双键上加成 1 个卤素分子。这个反应对检验油脂的不饱和程度非常重要。通过碘值可大致判断油脂的属性。例如：碘值大于 130，可认为该油脂属于干性油脂类；小于 100 属于不干性油脂类；在 100～130 则属半干性油脂类。制肥皂用的油脂，其混合油脂的碘值一般要求不大于65。硬化油生产中可根据碘值估计氢化程度和需要氢的量。几种油脂的碘值见表 5-4。

表 5-4　几种油脂的碘值

名　称	亚麻子油	鱼肝油	棉籽油	花生油	猪油	牛油
碘值(g)	175～210	154～170	104～110	85～100	48～64	25～41

测定碘值的方法很多，如碘酊法、氯化碘-乙酸法、溴化碘法等。通常，为避免取代反应的产生，一般不用游离卤素反应，而是采用卤素的化合物。各方法不同点在于加成反应时卤素的结合状态和对卤素采用的溶剂不同。下面介绍氯化碘-乙酸法。

参照《动植物油脂　碘值的测定》（GB/T 5532—2008）；同时参照《油脂试样制备》（GB/T 15687—2008）及《分析实验室用水规格和试验方法》（GB/T 6682—2008）。

一、测定原理

在溶剂中溶解试样，加入韦氏（Wijs）试剂反应一定时间后，加入碘化钾和水，用硫代硫酸钠溶液滴定析出的碘。

用氯化碘与油脂中不饱和脂肪酸起加成反应，然后用硫代硫酸钠滴定过量的氯化碘和碘分子，计算出以油脂中不饱和酸所消耗的氯化碘相当的硫代硫酸钠溶液的体积，再计算出碘值。反应式如下：

加成反应　　　　$R_1CH{=}CHR_2 + ICl(过量) \longrightarrow R_1CHI{-}CHClR_2$

释放 I_2　　　　　　　$ICl + KI \longrightarrow KCl + I_2$

返滴定　　　　　　$I_2 + 2Na_2S_2O_3 \longrightarrow 2NaI + Na_2S_4O_6$

二、试剂与仪器

1. 试剂

（1）碘化钾溶液　100g/L，不含碘酸盐或游离碘。

（2）淀粉溶液　将 5g 可溶性淀粉在 30mL 水中混合，加入 1000mL 沸水，并煮沸3min，然后冷却。

（3）硫代硫酸钠标准溶液　$c(Na_2S_2O_3 \cdot 5H_2O) = 0.1mol/L$，标定后 7d 内使用。

（4）溶剂　将环己烷和冰乙酸等体积混合。

（5）韦氏（Wijs）试剂　含氯化碘的乙酸溶液，配制方法可将氯化碘 25g 溶于 1500mL冰乙酸中。韦氏（Wijs）试剂中 I/Cl 之比应控制在 1.10 ± 0.1 的范围内。韦氏（Wijs）试剂稳定性较差，为使测定结果准确，应做空白样的对照测定。

配制韦氏（Wijs）试剂的冰乙酸应符合质量要求，且不得含有还原物质。

2. 仪器

（1）玻璃称量皿　与试样量配套并可转入锥形瓶中。

（2）具塞锥形瓶　500mL，完全干燥。

（3）分析天平　感量 0.001g。

（4）实验室其他常规仪器。

三、测定步骤

1. 称样

根据样品预估的碘值，称取适量的样品于玻璃称量皿中，精确到 0.001g。推荐的称样量见表 5-5。

表 5-5　试样称取质量

预估碘值/(g/100g)	试样质量/g	溶剂体积/mL
<1.5	15.00	25
1.5～2.5	10.00	25
2.5～5	3.00	20
5～20	1.00	20
20～50	0.40	20
50～100	0.20	20
100～150	0.13	20
150～200	0.10	20

注：试样的质量必须能保证所加入的韦氏试剂过量 50%～60%，即吸收量的 100%～150%。

2. 加成反应

将盛有试样的称量皿放入 500mL 锥形瓶中，根据称样量加入表 5-5 中所示与之相对应的溶剂体积溶解试样，用移液管准确加入 25mL 韦氏（Wijs）试剂，盖好塞子，摇匀后将锥形瓶置于暗处。

对碘值低于 150 的样品，锥形瓶应在暗处放置 1h；对于碘值高于 150、已聚合、含有共轭脂肪酸（如桐油、脱水蓖麻油）、含有任何一种酮类的脂肪酸（如不同程度的氢化蓖麻油），以及氧化到相当程度的样品，应置于暗处 2h。

3. 返滴定

到达规定的反应时间后，加 20mL 碘化钾溶液和 150mL 水。用标定过的硫代硫酸钠标准溶液滴定至碘的黄色接近消失。加几滴淀粉继续滴定，一边滴定一边用力摇动锥形瓶，直到蓝色刚好消失。也可以采用电位滴定法确定终点。

相同条件下做空白试验。

四、结果计算

样品的碘值 IV（用每 100g 样品吸收碘的质量表示，单位为 g/100g）按式（5-4）计算。

$$IV = \frac{c(V_0 - V_1)M(\frac{1}{2}I_2)}{m} \times 10^{-1} = \frac{12.69c(V_0 - V_1)}{m} \tag{5-4}$$

式中　IV——试样的碘值，g/100g；

c——硫代硫酸钠标准溶液的实际浓度，mol/L；

V_0——空白试验消耗硫代硫酸钠的体积，mL；

V_1——样品消耗硫代硫酸钠的体积，mL；

$M(I_2)$——碘的摩尔质量，253.8g/mol；

m——样品质量，g。

测定结果的取值要求见表 5-6。

表 5-6　测定结果的取值要求

$m_1/(\text{g}/100\text{g})$	结果取值到
<20	0.1
20～60	0.5
>60	1

第四节　不皂化物的测定

不皂化物是指油脂中所含的不能与苛性碱起皂化反应而又不溶于水的物质。例如甾醇、高分子醇类、树脂、蛋白质、蜡、色素、维生素 E 以及混入油脂中的矿物油和矿物蜡等物质。天然油脂中常含有不皂化物，但一般不超过 2%。因此，测定油脂的不皂化物，可以了解油脂的纯度。不皂化物含量高的油脂不宜用作制肥皂的原料，特别是对可疑的油脂，必须测定其不皂化物含量。

一、测定原理

油脂和碱皂化为肥皂后不溶于醚类有机溶剂，而不皂化物却能溶于醚类溶剂。根据这一性质，可用醚类提取样品，分离后经处理便得不皂化物的含量。

二、试剂与仪器

1. 试剂

（1）石油醚　沸程 30～60℃。

（2）乙醇溶液　取 100mL 95%（体积分数）的乙醇，加 60mL 水混合。或用普通乙醇加过量碱后重蒸馏出的乙醇 100mL 加水 60mL 混合。

（3）氢氧化钾乙醇溶液　$c(\text{KOH})=2\text{mol/L}$。

（4）无水硫酸钠。

2. 仪器

（1）锥形瓶　150mL、250mL。

（2）分液漏斗　500mL。

（3）脂肪酸抽提器　250mL。

（4）回流冷凝管及实验室其他常规仪器。

三、测定步骤

称取油脂样品 4.40～5.00g 置于锥形瓶中，加入 25mL 氢氧化钾乙醇溶液，接上回流冷凝管，置于水浴中加热回流 1h，使其皂化完全。加入等体积的热水，加热使形成的肥皂溶解，转入分液漏斗中，用少量乙醇溶液洗涤锥形瓶，洗液并入分液漏斗中。冷却，加入 50mL 石油醚，盖紧瓶塞，充分振荡，静置分层，放出肥皂乙醇液置于另一个分液漏斗中，再加 50mL 石油醚进行提取。如此反复萃取肥皂乙醇液 2～4 次，直至提取出的醚层不带黄色后，才弃去肥皂乙醇液。

将几次的醚层液合并于一个分液漏斗中，用含有少量氢氧化钾乙醇溶液洗涤醚层 3 次以除去残余的可皂化物。然后再用乙醇溶液洗涤醚层至不呈碱性反应为止，以除去残留的肥皂。试验方法是：取少量洗出液加少许水稀释，加入酚酞不显红色，即可终止洗涤。

将洗净的醚层经干滤纸过滤于质量已恒定的烧瓶中，滤纸上放少量的无水硫酸钠以助吸水。接上冷凝管，于水浴上回收石油醚。待石油醚几乎完全逸出，取出，擦净烧瓶外壁并让石油醚完全挥发后，置于 100～105℃ 烘箱中干燥 0.5h。冷却，称量，样品再次在烘箱中按同样的条件进行干燥，直至质量恒定。

四、结果计算

样品中不皂化物的质量分数 w 按式(5-5)计算：

$$w=\frac{(m_1-m_0)}{m}\times 100\% \tag{5-5}$$

式中　m_0——空称瓶质量，g；

　　　m_1——称瓶和不皂化物质量，g；

　　　m——样品质量，g。

五、注意事项

(1) 萃取时若醚层出现乳化，可加 5～10mL 乙醇＝95％（体积分数）的乙醇或数滴氢氧化钾乙醇溶液破乳。

(2) 两次平行测定结果允许误差不大于 5％。

第五节　总脂肪物的测定

油脂中的总脂肪物是制皂工业很重要的经济指标之一。其测定方法有直接质量法和非碱金属盐沉淀质量法。其中直接质量法准确度高，是测定总脂肪物的标准方法。若油脂样品中含挥发性脂肪酸较多，则适宜用后一种方法。下面介绍直接质量法。

一、测定原理

利用油脂和碱起皂化反应，形成脂肪酸盐（肥皂），脂肪酸盐与无机酸反应，分解析出不溶于水而溶于乙醚或石油醚的游离脂肪酸，经分离、处理得脂肪酸。油脂中某些非脂肪酸的有机物亦能溶于醚中，故测得的结果称为总脂肪物。

二、试剂与仪器

1. 试剂

(1) 氢氧化钾乙醇溶液　c(KOH)＝0.5mol/L。

(2) 盐酸溶液　取浓盐酸 500mL，加水 400mL，混合。

(3) 甲基橙指示剂　ρ(甲基橙)＝2g/L。

(4) 丙酮、乙醚。

2. 仪器

(1) 锥形瓶　150mL、250mL。

(2) 分液漏斗　500mL。

(3) 回流冷凝管、蒸馏装置、烘箱及实验室其他常规仪器。

三、测定步骤

称取油脂样品 3～5g（准确至 0.0005g）置于锥形瓶中，加氢氧化钾乙醇溶液 50mL，接上回流冷凝管，加热回流 1h，使其皂化完全，再蒸馏回收乙醇。然后加热水 80mL，于水浴上加热，使生成的肥皂完全溶解，加盐酸溶液酸化，以甲基橙作指示剂。待脂肪酸析出，冷却至室温。转入分液漏斗中，用 50mL 乙醚分三次洗涤锥形瓶，洗液并入分液漏斗中，盖上瓶塞，充分振荡、静置，分层后放出水层于另一个分液漏斗中，再用 30～50mL 乙醚分两次抽提水层。如果最后一次抽提的乙醚层还呈现颜色，再用乙醚抽提至不变色为止。

合并醚层于一个分液漏斗中，每次以少量水洗涤醚层，至洗液不呈酸性为止。然后用干滤纸过滤抽提液于质量已恒定的锥形瓶中，再用乙醚洗净分液漏斗并过滤到锥形瓶中。

将锥形瓶接上冷凝管于水浴中回收乙醚。收集乙醚的容器应放入较室温低的环境中，待乙醚将蒸完时，取出锥形瓶，冷却，加入 4～5mL 丙酮，摇匀，再置水浴上蒸去丙酮，以除去残留的乙醚及水分。放入 75℃ 烘箱中烘 1h，取出，放冷后再加 4～5mL 丙酮同样处理。于水浴上完全蒸去丙酮后，擦干净锥形瓶外壁，放入 100～105℃ 烘箱中烘至质量恒定。

四、结果计算

样品中总脂肪物的质量分数 w 按式(5-6)计算：

$$w = \frac{m_1 - m_0}{m} \times 100\% \tag{5-6}$$

式中　m_0——空称量瓶质量，g；

　　　m_1——烘干后称量瓶质量，g；

　　　m——样品质量，g。

五、注意事项

(1) 如果抽提时乙醚层澄清透明，可不必过滤。

(2) 如乙醚或丙酮等有机溶剂未除尽，切勿放入烘箱中，以免发生爆炸事故。

(3) 平行测定结果允许误差不大于 0.3%。

第六节　氧化脂肪酸的测定

氧化脂肪酸的含量标志油脂酸败的程度。油脂发生酸败后其产物主要是醛类。用酸败严重的油脂制成的肥皂，常带恶臭异味，并能使肥皂进一步酸败，色泽变绿。

一、测定原理

测定氧化脂肪酸含量是根据氧化脂肪酸不溶于石油醚而能溶于乙醚的特性。因此，用石油醚及乙醚经分离处理，便可得氧化脂肪酸的含量。

二、试剂与仪器

1. 试剂

(1) 氢氧化钾乙醇溶液　　$c(KOH) = 0.5mol/L$。

(2) 盐酸溶液　取浓盐酸 500mL，加水 400mL，混合。

(3) 石油醚、乙醚。

2. 仪器

(1) 锥形瓶　150mL，250mL。

(2) 分液漏斗　500mL。

(3) 回流冷凝管、蒸馏装置、烘箱及实验室其他常规仪器。

三、测定步骤

按测总脂肪物的测定步骤，使油脂样品皂化完全，回收乙醇后，加水 10mL，摇匀，蒸发至近干。然后加 100mL 热水溶解肥皂，转入分液漏斗中，加入盐酸溶液中和并略过量。冷却，加入 200mL 石油醚，塞上瓶塞，剧烈振荡，静置分层，放去酸水再过滤石油醚层。每次用 25mL 石油醚洗涤分液漏斗 2～3 次，过滤，每次再以 10mL 石油醚多次洗涤滤纸和滤渣，使氧化脂肪酸内夹带的脂肪酸洗去，直至石油醚呈本色为止。

用 100mL 乙醚洗原分液漏斗，然后淋洗有滤渣的滤纸，并放入质量已恒定的烧瓶中，使滤纸上的氧化脂肪酸溶解。每次再以少量乙醚洗涤滤纸多次，以洗去滤纸上附着的氧化脂肪酸。最后用少量丙酮或乙醇洗滤纸 1～2 次，洗下少量乙醚难溶的氧化脂肪酸。置烧瓶于水浴上，安装上冷凝管回收溶剂。擦净烧瓶外壁，于 105℃ 的烘箱中烘至质量恒定。

四、结果计算

样品中氧化脂肪酸的质量分数 w 按式(5-7) 计算：

$$w = \frac{m_1 - m_0}{m} \times 100\% \tag{5-7}$$

式中　m_0——空称量瓶质量，g；

m_1——烘干后称量瓶质量，g；

m——样品质量，g。

五、注意事项

(1) 氧化脂肪酸中可能含有无机盐，如果要求更高的准确度，应将质量恒定后的残渣灰化，测出灰分的质量，从氧化脂肪酸中扣除。

(2) 氧化脂肪酸并非绝对不溶于石油醚，测定时样品称量和试剂用量必须按规定进行，否则重现性差。

(3) 两次平行测定结果允许误差不大于 0.05。

思 考 题

1. 化妆品原料中常见的化学参数有哪些？
2. 酸值的定义与意义是什么？
3. 简述氢氧化钾水溶液法测酸值的原理与如何进行结果计算。
4. 皂化值的定义与意义是什么？
5. 简述皂化值测定的原理与如何进行结果计算。
6. 碘值的定义与意义是什么？
7. 简述碘值的测定原理与如何进行结果计算。
8. 简述不皂化的定义与测定原理。
9. 简述总脂肪物的测定原理。
10. 简述氧化脂肪酸的测定原理。

第二篇　化妆品质量检验的分析方法

第六章　样品的取样和前处理

化妆品完整的分析过程包括样品采集、样品预处理、样品测定、数据分析和结果报告五大步骤，如图 6-1 所示。

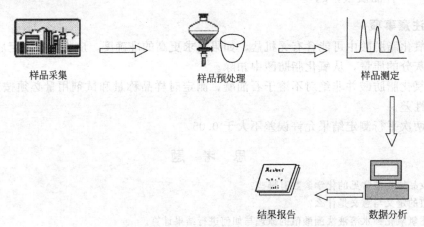

样品采集　　　　　样品预处理　　　　　样品测定

结果报告　　　　　数据分析

图 6-1　分析过程示意图

大多数化妆品样品均以多相非均一态的形式存在。如化妆品有固态、半固态（膏霜类）、乳液、液体和气溶胶。对这样的样品必须经过预处理才能进行分析测定。

样品预处理应达到以下目的：使样品中被测组分以溶液形式存在；消除共存组分对测定的干扰；浓缩被测组分，提高测定的准确度和精密度；去除样品中对分析仪器有害成分。

统计表明：在复杂样品分析过程的各个步骤中，样品预处理所需时间往往是样品分析测试时间的 10 倍左右（见图 6-2）。样品制备在误差来源中也占较大部分的比例，有时高达1/3以上。因此样品预处理非常重要，样品预处理方法与技术的研究一直是分析工作者极其关注的问题。

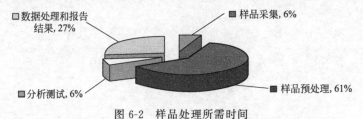

□数据处理和报告
结果, 27%　　　　　■样品采集, 6%

□分析测试, 6%　　　　　■样品预处理, 61%

图 6-2　样品处理所需时间

第一节　采样的目的及基本原则

正确地采样，是精细化学品检验员所必须掌握地基本技能之一。因为技术、商业、法律或安全等方面的各种原因，需要采样检测。采样的基本目的是从被检的总体物料中取得有代表性的样品，通过对样品的检测，得到在容许误差内的数据，从而求得被检物料的某一或某些特性的平均值及其变异性。

采样的基本原则，是采得的样品必须具备充分的代表性。在分析工作中，需要检验的物料常常是大量的，而其组成却极有可能是不均匀的。检验分析时所称取的试样一般只有几克或更少，而分析结果又必须能代表全部物料的平均组成。如果采样方法不正确，即使分析工作做得非常仔细和正确，也是毫无意义的。更有害的是，因提供的无代表性的分析数据，可能把不合格品判定为合格品或者把合格品判定为不合格品，其结果将直接给生产企业、用户和消费者带来难以估计的损失。

本节着重介绍采样的通用方法，抽样的原则参照第二章第四节。

一、采样的一般要求

国家标准《化工产品采样总则》（GB/T 6678—2003）对化工产品的采样有关事宜做了原则上的规定。根据这些规定，进行化工产品采样的一般要求如下。

1. 制定采样方案

在进行化工产品采样前，必须制定采样方案。该方案至少包括的内容如下。

（1）确定总体物料的范围，即批量大小；

（2）确定采样单元，即瓶、桶、箱、罐或是特定的时间间隔（对流动物料）；

（3）确定样品数、样品量和采样部位；

（4）规定采样操作方法和采样工具；

（5）规定样品的制备方法；

（6）规定采样安全措施。

2. 对样品容器和样品保存要求

（1）对盛样容器的要求　具有符合要求的盖、塞或阀门，在使用前必须洗净、干燥。材质必须不与样品物质起化学反应，不能有渗透性。对光敏性物料，盛样容器应是不透光的。

（2）对样品标签的要求　样品盛入容器后，随即在容器壁上贴上标签。标签内容包括：样品名称及样品编号、总体物批号及数量、生产单位、采样部位、样品量、采样日期、采样者等。

（3）对样品保存的要求　产品采样标准或采样操作规程中，都应规定样品的保存量（作为备查样）、保存环境、保存时间等。对剧毒和危险样品的保存撤销，除遵守一般规定外，还必须遵守毒物和危险物的有关规定。

3. 对采样记录的要求

采样时，应记录被采物料的状况和采样操作，如物料的名称、来源、编号、数量、包装情况、保存环境、采样部位、所采的样品数和样品量、采样日期、采样人姓名等。采样记录最好设计成适当的表格，以便记录规整、方便。

4. 采样应注意的事项

（1）化工产品种类繁多，采样条件千变万化。采样时应根据采样的基本原则和一般规定，按照实际情况选择最佳采样方案和采样技术。

（2）采样是一种和检验准确度有关的，技术性很强的工作。采样工作应由受过专门训练的人承担。

（3）采样前应对选用的采样方法和装置进行可行性实验，掌握采样操作技术。

（4）采样过程中应防止被采物料受到环境污染和变质。

（5）采样人员必须熟悉被采产品的特性和安全操作的有关知识和处理方法。

（6）采样时必须采取措施，严防爆炸、中毒、燃烧、腐蚀等事故的发生。

二、采样方法简介

（一）化妆品成品采样方法

在采样分析之前，应首先检查样品封口、包装容器的完整性，并使样品彻底混合。打开包装后，应尽可能快地取出所要测定部分进行分析，如果样品必须保存，容器应该在充惰性气体下密闭保存。取样的方法应根据产品的性质、包装物的形状而采取不同的方法。

参照《进出口化妆品实验室化学分析制样规范》（SN/T 2192—2008）。

1.液体样品的取样

液体样品是指使用瓶子、安瓿或管状容器包装的溶于油类、乙醇和水里的产品，如香水、化妆水、乳液等。

液体产品的取样要求是：取样前剧烈振摇容器，使内容物混匀，打开容器，取出足够重的待分析样品，然后仔细地将取完样的容器严密封闭，留作下一检测项目用。

2.半固态产品的取样

半固态产品是指使用管状、塑料瓶和罐状容器包装的，呈均匀乳化状态的产品，膏、霜类和啫喱状产品。取样要求如下。

（1）细颈容器包装类　将最先挤出的不少于1cm长的样品丢弃，然后挤出足够量的待分析样品，仔细地将取完样的容器严密封闭，待分析下一检测项目用。

（2）广口容器包装类　先刮弃表面层后，取出足够量的待分析样品，然后仔细地将取完样的容器严密封闭，待分析下一检测项目用。

3.固体产品的取样

固体产品是指呈固态的化妆品，如散粉、粉饼、棒状产品。取样要求如下。

（1）散粉类　取样前剧烈振摇容器，使内容物混匀，打开容器，移取足够量的待分析样品，然后仔细地将取完样的容器严密封闭，待分析下一检测项目用。

（2）块状、蜡状类　先刮弃表面层后，取出足够量的待分析样品，然后仔细地将取完样的容器严密封闭，待分析下一检测项目用。

4.气雾剂产品的取样

气雾剂产品的形式是由金属、玻璃或塑料制成的一次性容器，用于盛装压缩气体及在压力下制成的带有或者不带液体、膏状、粉末状的液化或溶解的气体，并且容器带有释放装置允许内装物以固体或液体粒子的形式连同气体喷射出来。

气雾剂样品的采样装置如图6-3至图6-6所示。

采样方法方法是：充分摇匀测试样品后，使用连接装置将气雾剂罐中的部分转移到装有气雾剂阀、不带汲取管的塑套玻璃转移瓶中。转移过程中，应保持阀门向下。分以下四种情况。

① 匀质的气雾剂产品　可直接用于分析。

② 由两种液体组成的气雾剂　在下层相分离转移至另一转移瓶后，每相均可直接分析。转移时，第一个转移瓶阀门向下，这时下层相为不含推进剂的水合物质（如丁烷/水的配方）。

③ 含悬浮粉末的气雾剂　移去粉末后，液相可直接分析。

④ 泡沫状或膏状产品　为防止在脱气操作中生成泡沫，需准确移取5～10g 2-甲氧基乙醇到转移瓶中，在不损失液体的情况下去除推进气体。

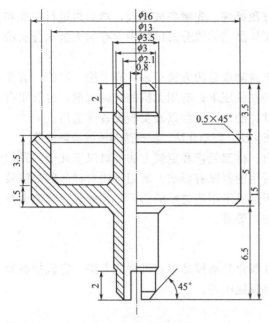

图 6-3　连接装置 P₁

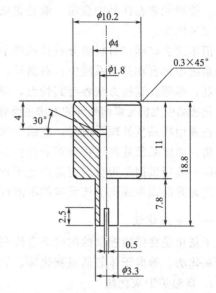

图 6-4　在阴阳阀之间转移液体的连接装置 M

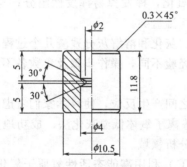

图 6-5　在两个阴性阀之间转移液体的连接装置 M₂

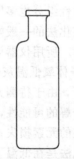

图 6-6　转移瓶

（二）化妆品原料、半成品检验方法

化妆品原料、半成品的采样方法主要参照以下标准：

《工业用化学产品采样安全通则（idt ISO 3165：1976）》（GB/T 3723—1999）；

《工业用化学产品采样词汇（idt ISO 6206：1979）》（GB/T 4650—1998）；

《化工产品采样总则》（GB/T 6678—2003）；

《固体化工产品采样通则》（GB/T 6679—2003）；

《液体化工产品采样通则》（GB/T 6680—2003）；

《气体化工产品采样通则》（GB/T 6681—2003）。

第二节　测定无机成分的样品预处理

可直接分析固体样品的分析手段很少，只有如 X 荧光、中子活化、火花源质谱等，这些方法称为干法分析。除此之外，大多数分析方法均要求把分析试样首先转变成均匀的溶液，如原子吸收光谱法、电化学法、发射光谱法以及比色分析法等，这些方法称为湿法分析。在化妆品检验中，有时一些质地均匀的液体试样（如香水、洗发液），可以不经预处理直接进行测定，但在绝大多数情况下，必须经过预处理。先制备成样液，然后再进行定性和定量。待测元素在样品中含量一般是很低的，而样品基体成分及试样中含有的大量水分会给测试带来困难。

消解除去试样中有机成分或从试样中浸提出待测成分的方法很多。有干法、湿法；有在密闭系统中也有在开放系统中；有高压，也有的在低压下；有用无机的酸碱试剂，也有用有机溶剂，等等。这些方法各有其特点，应根据试样的待测元素以及实验设备等选用。

化妆品中无机元素前处理的方法主要有：干灰化法、湿消化法、浸提法和微波消解法等。

在选用样品预处理手段时，应结合试样性质、待测元素和定量方法等对以下几个问题加以权衡：如样品预处理过程是否安全？是否对所用的器皿有影响？所用方法对样品的分解效果如何？所用试剂是否会对定量产生干扰？是否造成了不能忽略的沾污？预处理方法能否导致待测元素的损失或产生该元素的不溶性化合物，等等。

一、干灰化法

干灰化是在供给能量的前提下直接利用氧以氧化分解样品中有机物的方法。它包括高温炉干灰化法、等离子体氧低温灰化法、氧弹法及氧瓶法等。

1. 高温炉干灰化法

装有样品的器皿放在高温炉内，利用高温 450～850℃ 分解有机物，这是最古老也是最简单的方法。利用高温下空气中氧将有机物碳化和氧化，挥发掉易挥发性组分；与此同时，试样中不挥发性组分也多转变为单体、氧化物或耐高温盐类。

高温炉灰化法的一般操作步骤分为干燥、碳化、灰化和溶解灰分残渣几个过程。由于试样、测定元素、所用仪器设备以及操作者的习惯和经验不同，操作步骤及参数各不相同。

2. 等离子体氧低温灰化法

在高温下，由于待测元素可气化挥发或与器皿之间产生反应，使科学家们考虑将样品在低温下氧化分解的可能性，1962 年 Gleit 首次提出等离子氧体低温灰化法，成功地克服了高温炉灰化存在的元素损失；目前已较广泛用于各个分析领域。

低温灰化法是在低温下（一般为低于 100～300℃）利用高能态活性氧原子氧化有机物。当电场加到低压的氧气中，电场使空间中自由电子运动加速，而低压使分子间相互碰撞概率减少，从而易于获得高动能。高速电子碰撞氧分子，使外层电子电离。这些电离出的电子又被加速，发生连锁反应，产生大量电子。这些高能级的电子与氧分子相撞，使氧分子获得高能量而解离，形成含有化学活性极高的氧原子的氧等离子体。

由于等离子体氧低温灰化是从试样表面进行的，因此为加速氧化过程，试样必须尽量地粉碎，而且应该用底部面积大的试样舟，将试样薄薄地铺在上面以增加表面积。搅拌等操作可以防止表面层的形成，有利于加速氧化速率和深度。增加高频功率能提高炉腔温度也可加速灰化速度，但试样温度同时也上升。

样品灰分含量明显地影响灰化速度，这是因为试样表面生成的灰层妨碍了原子态氧与有机物接触。因此，基本不含无机成分的样品，灰化速度恒定不变，燃烧减量曲线为直线。而含有无机成分的样品随着时间的延长，灰化速度减慢。若加上搅拌装置，可缩短灰化时间。

3. 氧弹法

氧弹法是将氧气压入氧弹，使有机物迅速燃烧灰化，然后用无机酸或其他适宜的溶剂（或熔剂）处理，以使待测元素全部转入溶剂中。它可以灰化已干燥的有机物，但样品量不可大于规定，以免燃烧不完全和爆炸。一般 300mL 容积的氧弹可以灰化 1g 以下的样品。用本法灰化样品，多数元素的回收率在 90% 左右。

本法氧化样品快速，不存在易挥发元素丢失等优点，特别适宜测定含 Hg、Se、I 等元素的样品前处理，但需一定装置，在国内尚少见使用。当分解样品会有大量卤素和硫，需在不锈钢弹体内部加铂内衬以防对弹体腐蚀。

4. 氧瓶法

氧瓶法是试样在充氧的玻璃瓶内燃烧后，用溶剂吸收待测元素的简单快速方法。由于其氧气压力为大气压，瓶内氧量对样品燃烧的温度和时间有影响，本法适于少量有机物中易氧化元素的测定如 Hg、I 等。

牙膏、爽身粉、粉底霜、眼影等化妆品因含有多量 $CaCO_3$、$MgCO_3$、Al_2O_3、TiO_2、Fe_2O_3、$Ca_3(PO_4)_3$ 等成分。用干法灰化后，盐酸（1+1）溶解时 Ca^{2+}、Mg^{2+} 等溶在 HCl 溶液中，2mL 硫脲-抗坏血酸不能完全掩蔽这些金属及碱金属离子的干扰，使测定结果产生误差。因此，这类样品不宜用干灰化法破坏有机物。

口红、染发剂、湿粉底等黏度大不易分解的样品，也不适于干灰化法。因为这类样品不能与灰化辅助剂充分混匀，在灰化时，砷易气化和吸附损失。且这类样品用灰化法往往有机物分解不彻底，砷不易溶解出来，从而使测定结果产生误差。

二、湿式处理法

湿式处理法包括常压下的湿灰化法，高压下的消解法及浸提法等。

1. 湿灰化法

湿灰化法又称湿消解法，此法利用氧化性酸和氧化剂对有机物进行氧化、水解，以分解有机物。

湿消化中最常用的氧化性酸和氧化剂有 H_2SO_4、HNO_3、$HClO_4$ 和 H_2O_2。单一的氧化性酸在操作中，或不易完全将试样分解，或在操作时容易产生危险，在日常工作中多不采用，代之以两种或两种以上氧化剂或氧化性酸的联合使用，以挥发各自的作用，使有机物能够高速而又平稳的消解。

湿灰化和干灰化一样有待测元素被挥发损失的问题，应给予注意。

2. 加压湿消解法

利用压力以提高酸的沸点和加速样品的消解，早在 18 世纪即被应用。加压湿消解法较常用是 HNO_3-$HClO_4$ 或 HNO_3-H_2SO_4 消化休系，优点是省时、设备简单，便于处理大批样品，不爆沸，不需要通风设备等，并可以减除易挥发元素的损失，已日益受到人们的重视。

一般说来，加压湿消解法使有机物未被彻底降解，尤其是具有芳香族结构的组分，因此可能尚不适宜用于后继的定量方法是极谱和色谱方法。

由于加压湿消解法使用装置的不同又分为压热法、封管法、聚四氟乙烯压力罐法和微波消解法。在此仅介绍微波消解法。

微波消解法的原理是：经过硝酸和过氧化氢溶液预处理的样品，在微波电场的作用下，分子高速摩擦和碰撞，微波能转为热能。在加热条件下，由于酸的氧化及活性增加，使样品能够在较短时间内被消解，无机物以离子态存在于试液中。

微波消解技术与经典的消解方法比较，由于具有快速高效（一般 10min 内便可使样品分解），需试剂量少（既减少污染又降低了试剂空白）的优点，目前在卫生化学检验中得到了广泛的应用。

3. 浸提法

浸提法的原理是利用浸提液能解离某些与待测元素结合的键，并对待测元素或含待测元素的组分有良好的溶解力，而从试样中将含有待测元素的部分浸提出来。这是一种比较简单、安全，并且在某种情况下具有特殊意义的样品预处理方法。

浸提法因元素种类、样品基体种类、样品颗粒大小，浸提液种类、浓度，浸提时间及浸提温度等参数的变化而影响浸提的元素形态和量。因此，使用这类方法要结合样品实验目的并经过预试验。

第三节　测定有机成分的样品预处理

有机成分在化妆品中占据重要的地位。不论以质量计或品种计，化妆品中 85%（以干物质计）以上的组分为有机成分。《化妆品卫生规范》（2007 年）中规定的禁用、限用物质名单和暂时允许使用的染发剂中也有 92.5% 为有机物。因此，化妆品中有机成分的分析在化妆品分析中非常重要。

分析有机物的样品处理的目的，是将待测物从基体中分离出，经过分组、分离和富集，以满足后继定量方法的特异性和灵敏度的需要。化妆品涉及的基体类型多样，如气-液气溶胶（头发定型剂），液体（香水），液-固胶体（膏霜），固体（粉饼、唇膏）等；涉及的被测物的理化性质（挥发性、溶解度、吸附、氧化还原性能等）也有很大差异，从而使化妆品中有机成分分析的样品处理变得更为复杂，本节仅就样品处理的主要原则加以阐述。

化妆品中有机成分分析的样品前处理主要包括两步：一是提取，二是纯化或部分分离。提取是指将待测成分与试样的大量基体进行粗分离；纯化或部分分离是指将待测成分与其他干扰测定的成分进行进一步的分离或纯化。

一、提取

将待测有机成分与试样基体分离的方法主要有两种，即溶解抽提和水蒸气蒸馏。

1. 溶解抽提

溶解抽提是利用化妆品各组分理化性质的不同，选用适当溶剂将待测成分溶解从而和基体组分分离。用于溶解抽提的理想溶剂需具有以下条件：对待测成分有极佳的溶解度，对非待测成分及基体成分溶解度极小或不溶；沸点较低，易于蒸除，这种理想的溶剂可以全量地溶解抽提待测物而不溶解待测物以外的组分。

但是，由于化妆品组分极为复杂，多种理化性质相似的有机物常同时存在，实际上不存在所希望的理想溶剂。因此，在考虑溶解抽提时，注重于"全量抽提"，至于同时被抽提溶解的众多其他成分，还要考虑"纯化和分离"。

待测物在不同溶剂中的溶解度很不相同，溶解抽提中选用适宜的溶剂是至关重要的。待测物在各种溶剂中的溶解性能除可查阅化学手册、《Merck Index》等手册性资料外，还可根据待测物的分子结构和有机物溶解遵循的"相似相溶"经验规律来选择适宜的溶剂。

化妆品中禁用、限用物质大都是极性或可极化的化合物，故在溶解抽提步骤中多选用极性溶剂，如用二甲基甲酰胺抽提化妆品中色素，用甲醇或乙醇提取化妆品中防腐剂、激素、5-甲氧基补骨脂素等。但当化妆品的剂型是以石蜡为基体时、如口红，除臭棒、发蜡等，由于待测成分被大量非极性有机物如蜡、脂所包裹，质子溶剂和偶极溶剂不是它们的好溶剂，此时可选用两种性质不同而能互溶的溶剂进行溶解抽提。例如用氯仿-乙醇处理口红和除臭棒。

为了加速全量溶解和抽提，在选用适宜的溶剂后，可以适当提高温度或采用振荡或超声提取来增加溶解效率。最后可用过滤或离心的方法将抽提溶液与样品基体残渣分离。

对于化妆品中的有机成分，超声提取是最常用的提取方法。该方法能在短时间内达到很高的提取效率，从而可以大大缩短检测时间。而在超声提取选择溶剂时，最常用的提取溶剂是甲醇，乙醚、乙醇、丙酮等也被广泛使用。如化妆品中的激素、禁限用物质酞酸醋、苯酚氢酮等多采用甲醇超声提取，限用物质香豆素类多采用丙酮或乙醇提取，一些可溶性的锌盐和巯基乙酸、果酸等多采用纯水超声提取，紫外吸收剂和一些限用防腐剂等多采用流动相超声提取。

 **知识链接**

化妆品有机禁用物和限用物预处理方法：主要采用经典样品分离技术。

表 6-1 为用于化妆品样品的常用预处理方法。

表 6-1 用于化妆品样品的常用预处理方法

预处理方法	原　　理	应　　用
蒸馏/挥发	水液中蒸发溶剂	去除水、乙醇,挥发性硅酮等溶剂
离心/过滤	液固分离/不同相态分离	有机混合物和无机混合物分离
液液萃取	用于两相不互溶溶剂	提取溶液中被测组分
超声提取	不同溶剂中溶解度不同	从固体或半固体样品分离可溶性物质
柱色谱	被吸附组分随溶剂迁移的速度不同	分离化妆品组分,样品处理量大

常用的萃取与过滤操作如图 6-7 至图 6-11 所示。

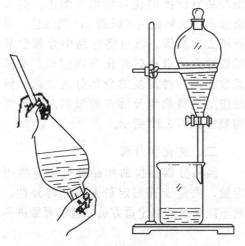

图 6-7　用梨形分液漏斗进行萃取操作

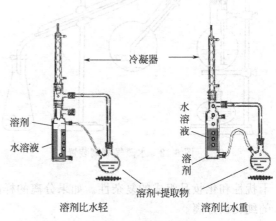

图 6-8　连续萃取装置

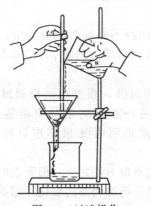

图 6-9　过滤操作

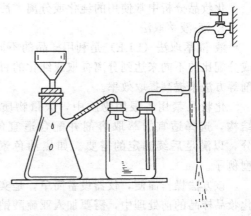

图 6-10　减压过滤操作

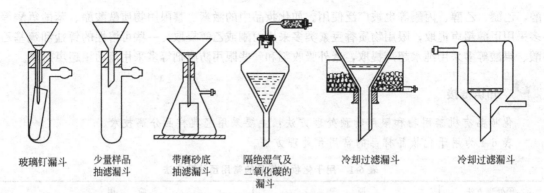

玻璃钉漏斗　　少量样品　　带磨砂底　　隔绝湿气及　　冷却过滤漏斗　　冷却过滤漏斗
　　　　　　　抽滤漏斗　　抽滤漏斗　　二氧化碳的
　　　　　　　　　　　　　　　　　　　漏斗

图 6-11　过滤漏斗

2. 水蒸气蒸馏

相对分子质量较小且有不止一个官能团的有机物，往往可以借助水蒸气蒸馏而与基体分离，并且可通过控制样品的酸碱性与具有不同官能团的化合物分开。如将化妆品样品加入足量的水（250mL）和适量盐酸，使溶液为酸性（甲基红为指示剂），进行蒸馏。此时化妆品

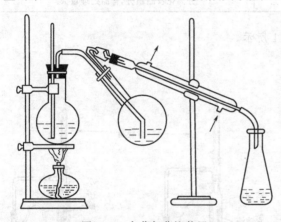

图 6-12　水蒸气蒸馏装置

中的苯甲酸、水杨酸、对羟基苯甲酸、山梨酸、脱氢醋酸、丙酸等含—COOH 或含酚羟基官能团的化合物均可馏出。蒸馏残渣如再用氢氧化钠等碱调 pH 到碱性，再进行第二次蒸馏，就可将样品中含碱性基团的低沸点的有机碱性化合物馏出。水蒸气蒸馏法是一种简便的分部分离方法，但它的应用受待测组分沸点的限制。水蒸气蒸馏装置如图 6-12 所示。

二、纯化和分离

经粗分离抽提的样品液可否直接用于定量，决定于选用定量方法的特异性、抗干扰性和化妆品组成的复杂性。如果分离的样品液不能满足后继定量方法，就需要做进一步的纯化或分离。

（一）传统纯化和分离方法

化妆品分析中常使用的纯化或分离方法有液-液萃取法和柱色谱法。

1. 液-液萃取法

液-液萃取法（LLE）是利用样品的不同组分分配在两种不相混溶的溶剂中，其溶解度或分配比的不同来达到分离提取或纯化的目的。可以通过调节萃取剂的 pH，加入离子对试剂等方法来提高提取效率。

化妆品禁用、限用物质中，大量物质具有弱酸或弱碱性，根据不同待测成分的分子结构，选择适宜的萃取溶剂并配合适宜的 pH，可以进一步分离粗分离溶解抽提的组分，以满足后续测定的需要。如焦油色素的样品处理就是利用液-液萃取进行分离的典型例子。

该方法操作简便，仪器设备简单，是实验室最常用的萃取方法之一。但萃取时间长，在化妆品样品的前处理中，需要加入亚硫酸钠等稳定剂，防止待测物质的氧化；需要使用大量有机溶剂，污染环境；后续的净化过程费时费力。

2. 柱色谱法

柱色谱法是样品负荷量大、价格低廉的一种色谱法，适用于日常工作的样品分离纯化，柱色谱法又分为吸附柱色谱法和分配柱色谱法。

吸附柱色谱法即液-固色谱法。这是发展最早的一种色谱法，以有吸附性能的固体为固定相，以液体为流动相；利用不同溶质分子在吸附剂（固定相）和洗脱剂（流动相）之间的不同吸附、解吸和溶解能力而彼此分离，如图 6-13 所示。

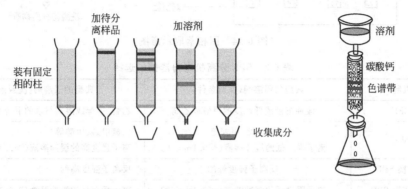

图 6-13 柱色谱法原理图

在化妆品分析中，由于分析的物质一般属于中等或弱极性物质，常用的吸附剂有硅胶和氧化铝。

分配柱色谱法，即液-液色谱法。此法是用能吸留固定相液体的惰性物质作为支持载体，与不互溶溶剂组成固定相-流动相体系。不同溶质在双相间分配比的不同导致迁移速率不同，从而达到分离目的。分配柱色谱法因固定相和流动相的不同而分为一般色谱法（正相色谱法）和反相色谱法。正相色谱是以极性溶剂为固定相，非极性溶剂为流动相；适于分离极性较弱的有机化合物，如着色剂、类固醇、芳胺、生物碱、酚类、芳香剂等。反相色谱是以非极性溶剂为固定相、极性溶剂为流动相；适于分离极性较强的有机化合物，如醇类、芳烃、酮类等。

我国《化妆品卫生规范》（2007 年版）中，用色谱法测定的样品的预处理方法主要是采用蒸馏/挥发法去除溶剂。加入提取液后用超声提取法提取，微孔滤膜法过滤后，处理成分析液。方法较为简单、快速、实用，适用于大多数化妆品的测定。但是对特殊类型样品（如含蜡质量大的样品或膏霜类样品）方法过于简单，提取不完全，回收率较低；另外，测定斑蝥、氮芥的预处理方法，用液液萃取样品时有时样品不分层，很难测定。

因此今后在建立化妆品分析方法时，要关注其他新的预处理技术如固相萃取（SPE）技术、固样微萃取（SPME）技术、膜分离技术、柱前衍生化技术、超临界流体萃取技术、微波萃取技术等在化妆品分析中的应用。

（二）新的预处理技术

1. 固相萃取法

固相萃取法（SPE）基于分配柱色谱法的原理，以颗粒微小的色谱柱填充料作为载体来进行分离。图 6-14 为固相萃取示意图。

目前，固相萃取装置已经商品化，常用的固相萃取填料有键合硅胶、高分子聚合物、吸附型填料、混合型及专用柱系列等。固相萃取分离机制与溶剂选择方法如表 6-2 所示。

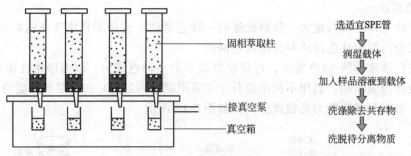

固相萃取柱

接真空泵

真空箱

选适宜SPE管

润湿载体

加入样品溶液到载体

洗涤除去共存物

洗脱待分离物质

图 6-14　固相萃取示意图

表 6-2　SPE 分离机制与溶剂的选择

分离机制	典型的弱溶剂(保留条件)	典型的强溶剂(洗脱条件)
反相 SPE	缓冲溶液或低浓度的甲醇或乙腈	乙腈、甲醇或溶剂与水的混合物
正相 SPE	正己烷、甲苯等 离子强度低的缓冲溶液($<0.1mol/L$)	二氯甲烷、甲醇等 离子强度高的缓冲溶液($>0.1mol/L$)
阳离子交换 SPE	反离子强度低的	反离子强度高的
阴性离子交换 SPE	离子强度低的缓冲溶液($<0.1mol/L$)	离子强度高的缓冲溶液($>0.1mol/L$)

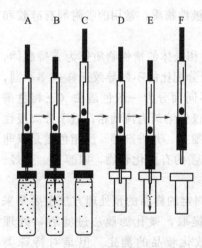

图 6-15　固相微萃取操作示意图

A—萃取器插入样品瓶；B—露出石英纤维
进行萃取；C—石英纤维退入针头，拔出
萃取器；D—萃取器插入 GC 进样口；
E—露出石英纤维进行脱附；F—石
英纤维退入针头，拔出萃取器

在选择合适的萃取条件后，可使样品的萃取、富集、净化一步完成，然后直接进行气相色谱（GC）或高效液相色谱（HPLC）分析。

2. 固相微萃取法

固相微萃取法（SPME）是一种以固相萃取为基础，集进样、萃取、浓缩功能于一体的新型的样品前处理技术。它无需溶剂和复杂的装置，将样品富集与在线进样结合在一起，使分析的灵敏度大大提高。近年来，固相微萃取法日益受到重视，方法上也得到完善，已经有多种有机物的 SPME 方法被列为美国环境署（EPA）的规范方法。图 6-15 为固相微萃取操作示意图。

3. 超临界流体萃取法

超临界流体萃取（SFE）是近年来发展较快的一种新型样品富集技术。SFE 技术因其特殊的物化性质和萃取效率高、传质快等优点，尤其适用于脂溶性、挥发性和热敏性的物质以及生物活性物质的萃取和净化。超临界纯流体的压力-温度图见图 6-16，超临界流体萃取流程见图 6-17。

4. 微波萃取法

波导型微波萃取系统如图 6-18 所示。波导管是用来传送超高频电磁波的金属导管或内敷金属的管子。微波的产生、传输都需要波导，它是微波段传输电磁波能量的主要器件，依靠各种截面形状的波导可以完成微波传输、相互传输耦合以及完成改变传输方向等传输任务。

微波萃取又称微波辅助提取，是指使用适合的溶剂在微波反应器中从天然药用植物、矿物、动物组织中提取各种化学成分的技术和方法，也可用于微波消解。现已广泛应用到香料、调味品、天然色素和化妆品等领域。

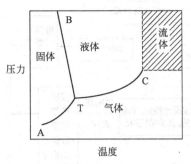

图 6-16　超临界纯流体的压力-温度图

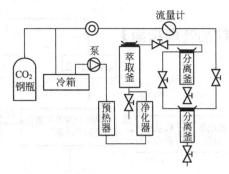

图 6-17　超临界流体萃取流程

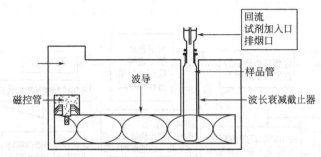

图 6-18　波导型微波萃取系统

部分样品预处理技术的特点汇总于表 6-3。

表 6-3　部分样品预处理技术的特点

名　称	优　点	缺　点
固相萃取	集萃取、浓缩、纯化为一体，处理过程中无液-液萃取乳化现象产生，节省分析时间，提高分析质量，减少背景干扰。由于色谱填料颗粒细微、种类繁多，使得固相萃取法具有柱体积小，洗脱液体积少，操作速度快，选择性和富集能力强等特点，已成为样品前处理的常用方法之一	一般为离线操作，自动化程度低；分离效果受柱子的负载量、洗脱剂、样品体积及待测物质影响大；商品 SPE 柱价格较高。成熟方法只能适用于液态样品，对固体样品处理报道较少。目标化合物的回收率和精密度低于液-液萃取
固相微萃取	样品用量少，不需任何萃取溶剂，使用方法简单，检验费用低，在几分钟内可完成全部过程。并可直接与 GC 或 GC-MS（气相色谱-质谱联用）、HPLC 或 HPLC-MS（高效液相色谱-质谱联用）等大型仪器相连接，具有较好的相关系数和较低的检出限	多适用于挥发性和半挥发性物质，并且需要与气相色谱联机进行分析检测。萃取平衡时间较长，受样品溶液的温度、盐浓度的影响大，不能直接用于固体样品的萃取
超临界流体萃取	在常温条件下分离出不同极性、不同沸点的化合物，且产品纯度与回收率高（特别对相对分子质量大、沸点高、热敏性物质的提取分离尤显优势）。通过改变萃取压力、温度或添加适当的夹带剂，还可改变萃取剂的溶解性和选择性，基本解决了固体样品的前处理问题	实验室应用技术不成熟，仪器价格昂贵，选择和优化实验条件困难，应用范围窄，无法满足极性差异较大的多种成分的同时提取
微波萃取	与传统的样品预处理技术相比，微波萃取具有对萃取物具有高选择性，产率高；萃取快，省时；实验装置简单，溶剂用量少，无污染；后处理方便等优点。可用于固体样品	不适于热敏感物质的提取，还要求被处理的物料有良好的吸水性。存在有机溶剂残留及微波穿透物质内部时的衰减等问题，影响了发展

【样品处理指南】

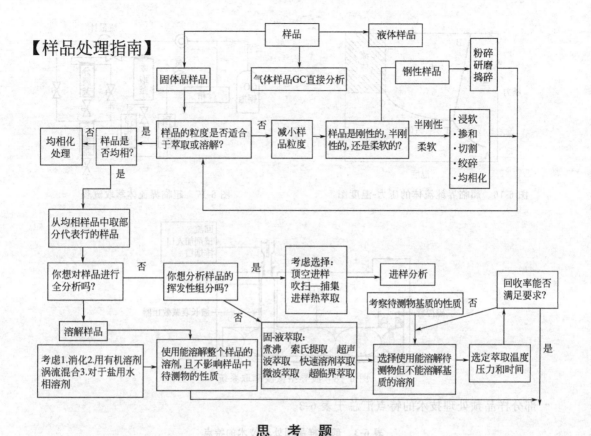

思 考 题

1. 采样的目的及基本原则是什么？
2. 干灰化法包含哪几种？
3. 湿式处理法包含哪几种？
4. 分析有机物的样品处理的目的是什么？

第七章　化学分析法在化妆品质量检验当中的应用

第一节　分析化学的分类及发展历程

一、分析方法的分类

分析化学是人们获得物质化学组成和结构信息的科学，是化学学科的一个重要分支。根据分析任务、分析对象、测定原理、操作方法和具体要求的不同，分析方法可分为许多种类，见表7-1。

表 7-1　分析方法的分类

分类依据	分析方法的分类		分析方法的特点	
分析任务	定性分析		鉴定组成："是什么"	
	定量分析		测定含量："有多少"	
	结构分析		研究结构	
分析对象	无机分析		在无机物分析中，组成无机物的元素种类较多，通常要求鉴定物质的组成和测定各成分的质量分数	
	有机分析		在有机物分析中，组成有机物的元素种类不多，但结构相当复杂，分析的重点是官能团分析和结构分析	
	生化分析		又分为蛋白质、糖类、核酸、激素分析等，主要用于生命科学研究及临床诊断	
分析原理	化学分析	重量分析法	以化学反应为基础的分析方法。设备要求较为简单、方法准确度高、适用于常量分析	
		容量分析法		
	仪器分析	光谱法	依靠物理性质和物理化学性质为基础的分析方法，大多需要价高、复杂、特殊的仪器，特点是：都是比较法，需要标准物质参照；方法灵敏度高、快速、自动化程度高、适用于微量组分的测定	
		色谱法		
		电化学法		
		仪器联用		
		其他		
试样用量	方法		试样质量/mg	试液体积/mL
	常量分析		>100	>10
	半微量分析		10~100	1~10
	微量分析		0.1~10	0.1~1
	超微量分析		<0.1	<0.01
测定组分含量	方法		含量/%	含量/(μg/g)
	常量组分分析		1~100	10^4~10^6
	微量组分分析		0.01~1	10^2~10^4
	痕量组分分析		10^{-4}~0.01	1~10^2
	超微量组分分析		<10^{-4}	<1

续表

分类依据	分析方法的分类	分析方法的特点
分析要求	例行分析	指企业日常生产检验室分析、质量监管、卫生监管、临床及环保部门等的分析等
	仲裁分析	又称裁判分析,当存在分析结果争议时,请权威分析部门用指定方法进行准确分析,以判断原分析结果的准确可靠性
应用领域	食品分析	在不同领域需求,根据法规及相关标准对产品或样品进行检验
	药品分析	
	化妆品分析	
	环境、化工、地质、临床等其他分析	

二、化学分析与仪器分析方法的比较

如上所述,根据分析原理,分析化学可分为化学分析与仪器分析,两者的比较见表 7-2。

表 7-2　化学分析与仪器分析方法比较

项　目	化学分析法(经典分析法)	仪器分析法(现代分析法)
物质性质	化学性质	物理、物理化学性质
测量参数	体积、质量	吸光度、电位、发射强度等
误差	0.1%~0.2%	1%~2%或更高
组分含量	1%~100%	<1%~单分子、单原子
理论基础	化学、物理化学(溶液四大平衡)	化学、物理、数学、电子学、生物等
解决问题	定性、定量	定性、定量、结构、形态、能态、动力学等全面的信息
定量方法	绝对定量(根据样品的量,反应产物的量或所消耗试剂的量及反应的化学计量关系,通过计算得待测组分的量。)	相对定量(标准曲线)
优点	(1)重量分析法不需要标准物质,只要求沉淀的形式与其化学式一致。对于滴定分析,只要指示剂能够正确指出终点,滴定反应的方程式计量关系成立; (2)分析的准确度高(相对误差 0.1%~0.2%)适合于常量组分(被测组分的含量>1%)的分析	(1)灵敏度高,可以进行微量和痕量组分的测定; (2)快速、简便,易于自动化
缺点	(1)灵敏度低,不适于微量组分分析; (2)耗时,不够快速简便	(1)一般准确度 1%~5%; (2)几乎所有的方法都是比较法,需要标准物质作为参照; (3)设备费用高,一次性投入大

三、分析化学的发展历程

20 世纪以来,分析化学经历了三次大变革。第一次是 20 世纪初到 20 世纪 30 年代,随着分析化学基础理论,特别是物理化学中溶液理论的发展,使分析化学从一门技术演变为一门科学。第二次变革是在 40~60 年代,由于物理学和电子学的发展,改变了以化学分析为主的状态,发展了光谱分析、极谱分析等仪器分析方法。目前,分析化学正处在第三次变革时期。随着生命科学、环境科学、材料科学等学科的发展,生物、信息科学、计算机科学的引入,使分析化学进入了一个崭新的时代。分析化学发展的历程如图 7-1 所示。现代分析化

分析化学的发展经历了三次巨大的变革

第一次变革	第二次变革	第三次变革
20世纪初	二次世界大战前	20世纪70年代
物理化学的发展	后20世纪60年代	末至今
一种技术	化学分析	分析化学

分析化学与物理化学结合的时代	化学分析 定性分析 重量法 容量法 溶液反应	分析化学突破以经典化学分析为主的局面	物理学电子学半导体及原子能工业的发展	化学计量学 自动化分析 传感器控制 生物技术等	70年代计算机 80年代智能化 90年代信息化 21世纪仿生化
一门科学		仪器分析的新时代		分析科学 多学科性的综合性学科	

图 7-1 分析化学发展的历程

学的任务已不只限于测定物质的组成和含量，而是要提供物质更全面的信息。从常量到微量及微粒分析，从组成到形态分析、从总体到微区表面及逐层分析，从宏观组分到微观结构分析、从静态到快速反应追踪分析、从破坏试样到无损分析、从离线到在线分析。分析化学广泛地吸取了当代科学技术的最新成就，成为产品质量检验的重要工具。

第二节 化学分析法在化妆品分析中的应用

化学分析法是以物质的化学反应为基础建立起来的分析方法，依据实验测定的质量或体积，用化学计量关系来确定试样中某成分的含量，又称为经典分析法。在化妆品质量检验中，主要针对于化妆品的物理化学指标及部分卫生化学指标进行检测。

化学分析法是当前化妆品质量检验工作中应用最广泛的方法，根据检查目的和被检物质的特性，可进行定性和定量分析。

一、定性分析

定性分析的目的，在于检查某一物质是否存在，即解决是什么的问题。它是根据被检物质的化学性质，经适当分离后，与一定试剂产生化学反应，根据反应所呈现的特殊颜色或特定性状的沉淀来判定其存在与否。

 **知识链接**　　　　　　　　　**常见有机化合物官能团**

化合物类型	官 能 团		化合物类型	官 能 团	
烷烃		无	醛或酮	C＝O	羰基
烯烃	C＝C	双键	羧酸	—COOH	羧基
炔烃	C≡C	三键	腈	—C≡N	氰基
芳烃		芳环	磺酸	—SO₃H	磺酸基
卤代烃	X(F,Cl,Br,I)	卤素	硝基化合物	—NO₂	硝基
醇或酚	—OH	羟基	胺	—NH₂	氨基
醚	C—O—C	醚键	亚胺	—NH	亚氨基

ⅢA	ⅣA	ⅤA	ⅥA	ⅦA	ⅧA

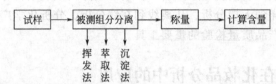

无机元素分类示意图

二、定量分析

定量分析的目的，在于检查某一物质的含量，即解决有多少的问题。可供定量分析的方法颇多，除利用重量分析和容量分析外，如化妆品原料检验当中的酸值、皂化值、碘值等的测定均是采用化学分析的方法，近年来，定量分析的方法正向着快速、准确、微量的仪器分析方向发展，如光学分析、电化学分析、色谱分析等。

1. 重量分析法

本法是将被测成分与样品中的其他成分分离，然后称量该成分的质量，计算出被测物质的含量。它是化学分析中最基本、最直接的定量方法。重量分析法不需要标准物质，尽管操作麻烦、费时，但准确度较高，常作为检验其他方法的基础方法。

重量分析法的基本过程见图7-2。

图 7-2　重量分析法的基本过程

目前，在化妆品质量检验中，仍有一部分项目采用重量分析法，如水分、溶解度、蒸发残渣、灰分等的测定都是重量分析法。由于红外线灯、热天平等近代仪器的使用，使重量分析法操作已向着快速和自动化分析的方向发展。

 知识链接

电子分析天平结构图、称量瓶及操作方法分别见图7-3和图7-4。

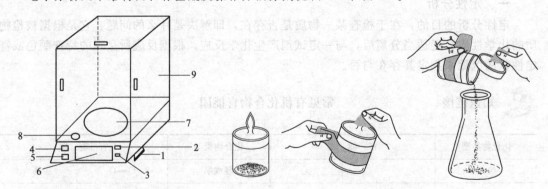

图 7-3　电子分析天平结构图
1—水平调节螺丝；2—"ON"键；3—"OFF"键；
4—"CAL"校正键；5—"TAR"清零键；6—显
示屏；7—称量盘；8—气泡式水平仪；9—侧门

图 7-4　称量瓶及操作方法

根据使用的分离方法不同，重量分析法可分为以下三种。

（1）挥发法　是将被测成分挥发或将被测成分转化为易挥发的成分去掉，称残留物的质量，根据挥发前和挥发后的质量差，计算出被测物质的含量。如测定水分含量。

（2）萃取法　是将被测成分用有机溶媒萃取出来，再将有机溶媒挥去，称残留物的质量，计算出被测物质的含量。如测定食品中脂肪含量。

（3）沉淀法　是在样品溶液中，加一适当过量的沉淀剂，使被测成分形成难溶的化合物沉淀出来，根据沉淀物的质量，计算出该成分的含量。如在化学中经常使用的测定无机成分。

使用沉淀法分析某物质的含量时，存在沉淀形式和称量形式两种状态。往试液中加入适当的沉淀剂，使被测组分沉淀出来，所得的沉淀称为沉淀形式；沉淀经过滤、洗涤、烘干或灼烧之后，得到称量形式，然后再由称量形式的化学组成和质量，便可算出被测组分的含量。沉淀形式与称量形式可以相同，也可以不同，如测定 Cl^- 时，加入沉淀剂 $AgNO_3$ 得到 $AgCl$ 沉淀，此时沉淀形式和称量形式相同，但测定 Mg^{2+} 时，沉淀形式为 $MgNH_4PO_4$，经灼烧后得到的称量形式为 $Mg_2P_2O_7$，则沉淀形式与称量形式不同。

2. 容量分析

是将已知浓度的操作溶液（即标准溶液），由滴定管加到被检溶液中，直到所用试剂与被测物质的量相等时为止。反应的终点，可借指示剂的变色来观察。根据标准溶液的浓度和消耗标准溶液的体积，计算出被测物质的含量。

容量分析又称为滴定分析，根据其反应性质不同可分为酸碱滴定法、氧化还原滴定法、沉淀滴定法和络合滴定法四类。

（1）酸碱滴定法　利用已知浓度的酸溶液来测定碱溶液的浓度，或利用已知浓度的碱溶液来测定酸溶液的浓度。终点的指示是借助于适当的酸、碱指示剂如甲基橙和酚酞等的颜色变化来决定。例如：化妆品原料及产品中酸值、皂化值的测定，即采用此法。

（2）氧化还原滴定法　利用氧化还原反应来测定被检物质中氧化性或还原性物质的含量。

① 碘量法　利用碘的氧化反应来直接测定还原性物质的含量或利用碘离子的还原反应，使与氧化剂作用，然后用已知浓度的硫代硫酸钠滴定析出的碘，间接测定氧化性物质的含量。化妆品原料及产品中碘值的测定即采用此法。

② 高锰酸钾法　利用高锰酸钾的氧化反应来测定样品中还原性物质的含量。用高锰酸钾作滴定剂时，一般在强酸性溶液中进行。

另外，属于氧化还原法的，还有重铬酸钾法和溴酸盐定量法等。

（3）沉淀滴定法　利用形成沉淀的反应来测定其含量的方法。如氯化钠的测定，利用硝酸银标准溶液滴定样品中的氯化钠，生成氯化银沉淀，待全部氯化银沉淀后，多滴加的硝酸银与铬酸钾指示剂生成铬酸银溶液呈橘红色即为终点。由硝酸银标准滴定溶液消耗量计算氯化钠的含量。

（4）络合滴定法　在化妆品质量检验中主要是应用氨羧络合滴定中的乙二胺四乙酸二钠（EDTA）直接滴定法。它是利用金属离子与氨羧络合剂定量地形成金属络合物的性质，在适当的 pH 范围内，以 EDTA 溶液直接滴定，借助于指示剂与金属离子所形成络合物的稳定性较小的性质，在达到当量点时，EDTA 自指示剂络合物中夺取金属离子，而使溶液中呈现游离指示剂的颜色，来指示滴定终点的方法。

 知识链接

图 7-5 至图 7-9 为化学试剂配制及浓度确定的有关操作。

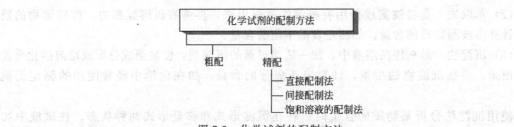

图 7-5　化学试剂的配制方法

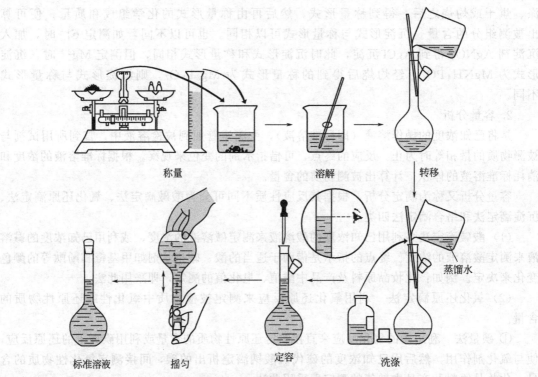

图 7-6　化学试剂的粗配步骤

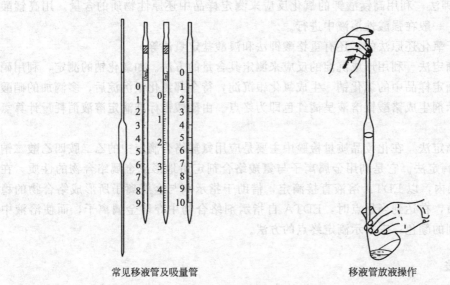

图 7-7　移液管的使用

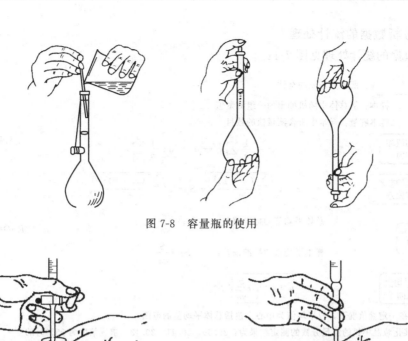

图 7-8　容量瓶的使用

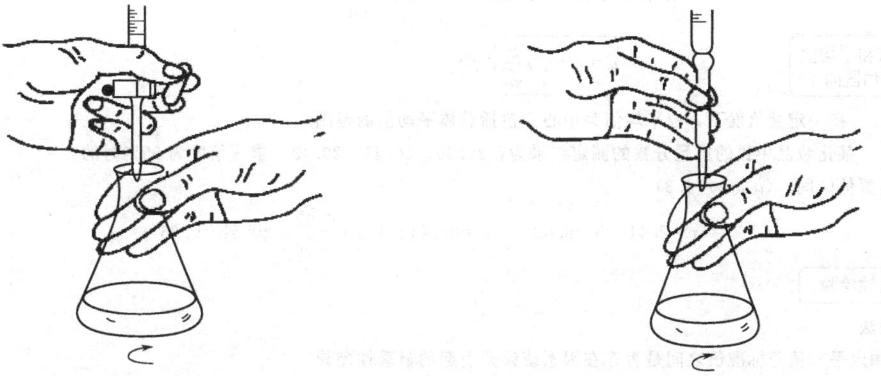

酸式滴定管操作　　　　　　　　　　碱式滴定管操作

图 7-9　滴定操作示意图

三、定量分析的过程

定量分析的过程如图 7-10 所示。

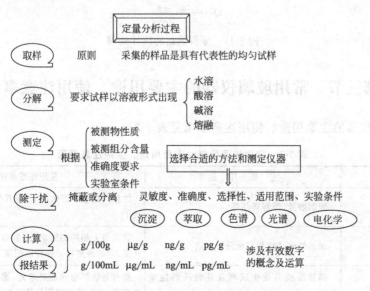

图 7-10　定量分析的过程

四、分析数据的统计处理

分析数据的统计处理见图 7-11。

总体和样本	总体：所考察对象的全体

样本：从总体中随机抽出的一组测量值

样本容量：样本中所含测量值的数目

总体平均值和 样本平均值	$\bar{x} = \dfrac{1}{n} \sum\limits_{i=1}^{n} x_i \rightarrow \mu = \lim\limits_{n \to \infty} \dfrac{1}{n} \sum\limits_{i=1}^{n} x_i$	无系统误差时， $\mu \longrightarrow$ 真值

总体标准偏差和 样本标准偏差	$\sigma = \sqrt{\dfrac{\sum (x_i - \mu)^2}{n}} \rightarrow S = \sqrt{\dfrac{\sum (x_i - \bar{x})^2}{n-1}}$

平均值的 标准偏差	总体平均值的标准偏差：$\sigma_{\bar{x}} = \dfrac{\sigma}{\sqrt{n}}$ 样本平均值的标准偏差：$S_{\bar{x}} = \dfrac{S}{\sqrt{n}}$	$RSD = \dfrac{S}{\overline{X}}$

t 分布和平均值 的置信区间	$\mu = \bar{x} \pm t_{a,f} \dfrac{S}{\sqrt{n}}$

在一定置信度下，以平均值为中心，包括总体平均值的范围

例 某化妆品中铅的质量分数的测定结果为：20.39，20.41，20.43，求置信度为 95% 时的置信区间。($t_{0.05,2} = 4.3$)

$$\bar{x} = 2.41 \quad S = 0.02 \quad \mu = 20.41 \pm 4.3 \times \dfrac{0.02}{1.73} = 20.41 \pm 0.05$$

显著性检验

t 检验法

检验测定平均值与标准值之间是否存在因系统误差引起的显著性差异

$$t = \frac{|\bar{x} - \mu|}{s} \cdot \sqrt{n}$$

F 检验法

判断两组数据的精密度是否有显著性差异 $\qquad F = \dfrac{s_{大}^2}{s_{小}^2}$

异常值的取舍

Q-检验法

$$Q = \frac{|x_{疑} - x_{邻}|}{x_{max} - x_{min}}$$

图 7-11　分析数据的统计处理

第三节　常用玻璃仪器的主要用途、使用注意事项

常用玻璃仪器的主要用途、使用注意事项见表 7-3。

表 7-3　常用玻璃仪器的主要用途、使用注意事项

名　　称	主　要　用　途	使用注意事项
烧杯	配制溶液、溶解样品等	加热时应置于石棉网上，使其受热均匀，一般不可烧干
锥形瓶	加热处理试样和容量分析滴定	除有与上相同的要求外，磨口锥形瓶加热时要打开塞，非标准磨口要保持原配塞
碘瓶	碘量法或其他生成挥发性物质的定量分析	除有与烧杯相同的要求外，磨口锥形瓶加热时要打开塞，非标准磨口要保持原配塞

名　称	主　要　用　途	使用注意事项
圆(平)底烧瓶	加热及蒸馏液体	一般避免直火加热,隔石棉网或各种加热浴加热
圆底蒸馏烧瓶	蒸馏;也可作少量气体发生反应器	一般避免直火加热,隔石棉网或各种加热浴加热
凯氏烧瓶	消解有机物质	置石棉网上加热,瓶口方向勿对向自己及他人
洗瓶	装纯化水洗涤仪器或装洗涤液洗涤沉淀	
量筒、量杯	粗略地量取一定体积的液体用	不能加热,不能在其中配制溶液,不能在烘箱中烘烤,操作时要沿壁加入或倒出溶液
量瓶	配制准确体积的标准溶液或被测溶液	非标准的磨口塞要保持原配;漏水的不能用;不能在烘箱内烘烤,不能用直火加热,可水浴加热
滴定管(25mL、50mL、100mL)	容量分析滴定操作;分酸式、碱式	活塞要原配;漏水的不能使用;不能加热;不能长期存放碱液;碱式管不能放与橡皮作用的滴定液
微量滴定管 1mL、2mL、3mL、4mL、5mL、10mL	微量或半微量分析滴定操作	只有活塞式;其余注意事项同上
自动滴定管	自动滴定;可用于滴定液需隔绝空气的操作	除有与一般的滴定管相同的要求外,注意成套保管,另外,要配打气用双连球
移液管	准确地移取一定量的液体	不能加热;上端和尖端不可磕破
吸量管	准确地取各种不同量的液体	不能加热;上端和尖端不可磕破
称量瓶	矮形用作测定干燥失重或在烘箱中烘干基准物;高形用于称量基准物、样品	不可盖紧磨口塞烘烤,磨口塞要原配
试剂瓶:细口瓶、广口瓶、下口瓶	细口瓶用于存放液体试剂;广口瓶用于装固体试剂;棕色瓶用于存放见光易分解的试剂	不能加热;不能在瓶内配制在操作过程放出大量热量的溶液;磨口塞要保持原配;放碱液的瓶子应使用橡皮塞,以免日久打不开
滴瓶	装需滴加的试剂	不能加热;不能在瓶内配制在操作过程放出大量热量的溶液;磨口塞要保持原配
漏斗	长颈漏斗用于定量分析,过滤沉淀;短颈漏斗用作一般过滤	
分液漏斗:滴液漏斗、球形漏斗、梨形漏斗、筒形漏斗	分开两种互不相溶的液体;用于萃取分离和富集(多用梨形漏斗);制备反应中加液体(多用球形漏斗及滴液漏斗)	磨口旋塞必须原配,漏水的漏斗不能使用
试管:普通试管、离心试管	定性分析检验离子;离心试管可在离心机中借离心作用分离溶液和沉淀	硬质玻璃制的试管可直接在火焰上加热,但不能聚冷;离心试管只能水浴加热
(纳氏)比色管	比色、比浊分析	不可直火加热;非标准磨口塞必须原配;注意保持管壁透明,不可用去污粉刷洗
冷凝管:直形冷凝管、球形冷凝管、蛇形冷凝管、空气冷凝管	用于冷却蒸馏出的液体,蛇形冷凝管适用于冷凝低沸点液体蒸气,空气冷凝管用于冷凝沸点150℃以上的液体蒸气	不可骤冷骤热;注意从下口进冷却水,上口出水
抽滤瓶	抽滤时接受滤液	属于厚壁容器,能耐负压;不可加热
表面皿	盖烧杯及漏斗等	不可直火加热,直径要略大于所盖容器
研钵	研磨固体试剂及试样等用;不能研磨与玻璃作用的物质	不能撞击;不能烘烤
干燥器	保持烘干或灼烧过的物质的干燥;也可干燥少量制备的产品	底部放变色硅胶或其他干燥剂,盖磨口处涂适量凡士林;不可将红热的物体放入,放入热的物体后要时时开盖以免盖子跳起或冷却后打不开盖子
垂熔玻璃漏斗	过滤	必须抽滤;不能骤冷骤热;不能过滤氢氟酸、碱等;用毕立即洗净
垂熔玻璃坩埚	重量分析法中烘干需称量的沉淀	
标准磨口组合仪器	有机化学及有机半微量分析中制备及分离	磨口处无需涂润滑剂;安装时不可受歪斜压力;要按所需装置配齐购置

知识链接

试剂规格和适用范围

等级	名称	英文名称	符号	标签标志	适用范围
一级品	优级醇（保证试剂）	guaranteed reagent	G. R.	绿色	纯度很高,使用于精密分析和科学研究工作
二级品	分析纯（分析试剂）	analytical reagent	A. R.	红色	纯度仅次于一级品,适用于分析和科学研究工作
三级品	化学纯	chemical pure	C. P.	蓝色	纯度较二级品差,适用于一般分析工作
四级品	实验试剂 医用	laboratorial reagent	L. R.	棕色或其他颜色	纯度较低,宜用作实验辅助试剂

思 考 题

1. 化学分析法与仪器分析法的区别表现在哪些方面？
2. 化学分析法在化妆品质量检验中的应用有哪些？
3. 定量分析分为哪几类？

第八章 仪器分析法在化妆品质量检验当中的应用

随着科技的进步，化妆品的配方成分日益复杂化，化妆品检测的手段也在不断进步，仪器分析方法得到了广泛的应用。

仪器分析法是通过测定物质的光、电、热、磁等物理化学性质来确定其化学组成、含量和化学结构的分析方法。

当前化妆品检验工作中，常采用原子发射光谱法、原子吸收光谱法、感应耦合等离子发射光谱法检验护肤品和护发品中的无机元素种类和含量；采用扫描电镜或能谱仪检验唇膏中的无机元素；采用红外光谱法、热分析法或高效液相色谱法分析护肤品、护发品和指甲油中的有机基团的种类及结构；采用紫外吸收光谱法、薄层色谱法等分析唇膏或指甲油中的有机成分等。这些都属于仪器分析方法。

一、仪器分析的特点

（1）灵敏度高，检出限量可降低　样品用量由化学分析的 mL、mg 级降低到 μg、μL级，甚至更低。适合于微量、痕量和超痕量成分的测定。

（2）选择性好　仪器分析方法可以通过选择或调整测定的条件，使共存的组分测定时，相互间不产生干扰。

（3）操作简便，分析速度快，容易实现自动化。

（4）相对误差较大　化学分析一般用于常量和高含量成分分析，准确度较高，误差小于千分之几。多数仪器分析相对误差较大，一般为 5%，不适用于常量和高含量成分分析。

（5）需要价格比较昂贵的专用仪器。

二、仪器分析方法分类

仪器分析方法的分类如图 8-1 所示。

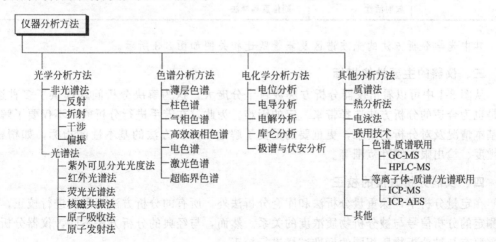

图 8-1　仪器分析方法的分类

文献报道的化妆品检验所用不同仪器分析手段所占比例，如图 8-2 所示。

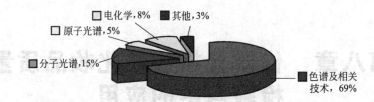

图 8-2　化妆品检验中不同仪器分析方法所占的比例

 知识链接

仪器分析方法及其运用的化学和物理性质见表 8-1。

表 8-1　仪器分析方法及其运用的化学和物理性质

分　　类	特征性质	仪 器 方 法
光分析方法	辐射的发射	原子发射光谱法、原子荧光光谱法、X 荧光光谱法、分子荧光光谱法、分子磷光光谱法、化学发光法、电子能谱、俄歇电子能谱
	辐射的吸收	原子吸收光谱法、紫外-可见分光光度法、红外光谱法、X 射线吸收光谱法、核磁共振波谱法、电子自旋共振波谱法、光声光谱
	辐射的散射	拉曼光谱法、比浊法、散射浊度法
	辐射的折射	折射法、干涉法
	辐射的衍射	X 射线衍射法、电子衍射法
	辐射的转动	旋光色散法、偏振法、圆二向色性法
电分析化学方法	电位	电位法、计时电位法
	电荷	库仑法
	电流	安培法、极谱法
	电阻	电导法
其他仪器分析方法	质-荷比	质谱法
	反应速率	动力学法
	热性质	差热分析法、示差扫描量热法、热重量法、测稳滴定法
	放射活性	同位素稀释法

其中光学分析方法的光波谱区及能量跃迁相关图如图 8-3 所示。

三、仪器的主要性能指标

从图 8-1 中可以看出仪器分析方法数目十分庞大，这为解决分析问题提供了多种途径，但是也为合适的分析方法选择带来一定的困难。为此，在着手进行分析前，不仅要了解试样的基本情况及对分析的要求，更重要的是要了解选用分析方法的基本性能指标，如精密度、灵敏度、检出限、线性范围等。

四、仪器分析方法的校正

在定量分析中，除重量分析法和库仑分析法外，所有的分析方法都需要进行校正，即建立测定的分析信号与被分析物质浓度的关系。然而，与经典的分析方法不同，仪器分析一般都需要有与被分析物质相同的标准试样进行校正。

一般来说，最常用的校正方法有三种：标准曲线法、标准加入法和内标法。在进行定量分析时，选择哪一种方法，必须考虑仪器方法、仪器的响应、试样基质中存在的干扰、被分

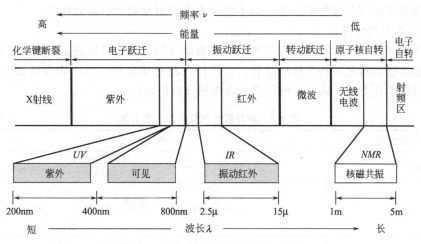

图 8-3 光波谱区及能量跃迁相关图

析试样数量等诸因素，才能得到准确度高的分析数据。

第一节 气相色谱法在化妆品分析中的应用

一、气相色谱法在化妆品分析中的应用

气相色谱法（GC）由于能同时进行分离与鉴定，且分离效能高、分析速度快、灵敏度高和操作简便的特点，因而在化妆品分析中得到较为广泛的应用，尤其是用于鉴定化妆品原料和产品中的烷基烃类化合物如蜡、脂肪醇等。

1. 化妆品禁限物分析检测

气相色谱法在化妆品禁限物分析中的应用，主要用于测定挥发性组分，见表 8-2。

表 8-2 气相色谱法在化妆品禁限物分析中的应用

被测组分	测定方法	文 献
氯仿	二甲基甲酰胺/甲醇提取/内标法(乙氰)/FID	Official and Standardized Methods of Analysis
二氯甲烷/1,1,1 三氯乙烷	内标法(氯仿)/TCD	Official and Standardized Methods of Analysis
巯基乙酸	镉盐沉淀/重氮甲烷衍生化/内标法(正辛酸甲酯)/FID	Official and Standardized Methods of Analysis
氯丁醇	乙醇提取/内标法（2，2，2-三氯乙醇）/FID	Official and Standardized Methods of Analysis
间苯二酚	TLC 分离/内标法(5-甲基间苯二酚)/FID	Official and Standardized Methods of Analysis
甲醇	标准曲线法/FID	《化妆品卫生规范》(2007 年版)
苯酚氢醌	标准曲线法/FID	
斑蝥	单点外标/FID	
氮芥	单点外标/FID	

值得注意的是：国外化妆品标准分析方法在气相色谱定量分析中，主要采用内标法定量，而我国化妆品标准检验方法中尚未见内标法。由于化妆品物态及基体的复杂性，使用内

标法能抵消在样品制备过程中由于萃取不完全或定容不准确所引起的误差。

2. 表面活性剂分析

表面活性剂一般极性较强，挥发性差，不能以气相色谱法直接测定，一般可通过衍生化手段将表面活性剂转化为挥发性衍生物，再进行气相色谱分析。根据表面活性剂结构不同，选择相应的衍生化方法。表 8-3 列有表面活性剂分析衍生化方法。

表 8-3 表面活性剂分析衍生化方法

表面活性剂	衍 生 方 法
烷基硫酸盐	$R-OSO_3Na \xrightarrow{H_2SO_4} R-OH \xrightarrow[三甲基氯硅烷]{六甲基二硅氮烷} R-OSi(CH_3)_3$
烷基季铵盐	$[R-\overset{CH_3}{\underset{CH_3}{N^+}}-CH_3]X^- \xrightarrow{热分解} R-N\overset{CH_3}{\underset{CH_3}{}} + CH_3X$
烷基苯磺酸盐	$R-\langle\bigcirc\rangle-SO_3Na \xrightarrow[\triangle]{H_3PO_4} R-\langle\bigcirc\rangle$

表面活性剂分析衍生化法在其他方向的相关应用如下。

（1）用气相色谱法测定失水山梨醇脂肪酸单脂 将失水山梨醇水解为山梨醇苷和脂肪酸，再将脂肪酸甲酯化，采用气相色谱法测定脂肪酸的分布，并由此计算山梨醇脂肪酸酯的含量。

（2）用气相色谱法测定 N-油酰基肌氨酸钠 水解，甲酯化，测脂肪链含量。

（3）用气相色谱法测定单硬脂酸甘油酯。

（4）烷基多苷的测定 称取少量样品溶于少量的无水吡啶中，向内加六甲基二硅胺烷 0.2mL、三甲基氯硅烷 0.1mL，猛烈震荡约 30s，静置，吸取上层液进行色谱分析。

3. 气相色谱分析特点

由于气相色谱法分析要求样品必须具有一定的挥发性和热稳定性，而化妆品中大多数禁限用物含有羟基、氨基、巯基和羧基等极性较大的基团，极性大、挥发性和热稳定性差，大大限制了气相色谱法在化妆品检验中的应用。

采用衍生化方法，利用化学反应使被测组分中的极性基因转化成弱极性或非极性衍生物，可提高样品的挥发性。因此衍生气相色谱法可拓宽化妆品禁限物分析的应用范围。

例如用烷基化方法可使化妆品中的巯基乙酸变成巯基乙酸甲酯，然而用气相色谱法测定。同样衍生化气相色谱也可测定化妆品中的氧化型染料、激素等。作为相应标准方法（HPLC）的补充。尤其在没有 GC-MS、LC-MS 的情况下。用两种原理不同的方法对同一样品进行检测，可大大提高分析结果的可靠性。

气相色谱法的缺点是对未知物的定性比较困难，这是由于检测器不能按物质的不同给出不同的特征信号，如果没有已知纯物质色谱图对照，很难判断一个色谱峰代表何种物质，发展高选择性的检测器，将气相色谱和质谱联用，可用于化妆品中有机化合物的测定。

二、气相色谱流程图

气相色谱流程如图 8-4 所示。双气路填充气相色谱仪流程图见图 8-5。

气相色谱的分类见图 8-6。色谱图如图 8-7 所示。

关于色谱图的一些基本概念介绍如下：

基线 也称底线。它是柱中仅有载气通过时，检测器响应信号的记录线，即图中 $0'\sim t'$ 线。稳定的基线应该是一条水平直线。

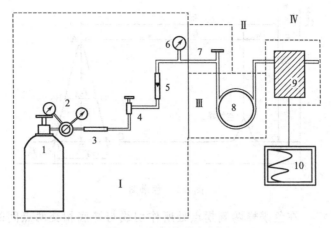

图 8-4　气相色谱流程图

1—高压钢瓶；2—减压阀；3—载气净化干燥管；4—针形阀；5—流量剂；

6—压力表；7—进样器；8—色谱柱；9—检测器；10—记录仪

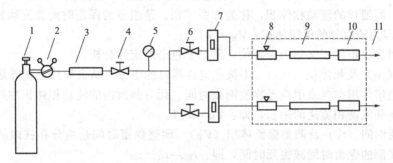

图 8-5　双气路填充气相色谱仪流程图

1—高压气瓶（载气）；2—减压阀（氢气表或氧气表）；3—净化器；4—稳压阀；5—压力表；

6—针阀或稳流阀；7—转子流速计；8—气化室；9—色谱柱；10—检测器；11—恒温箱

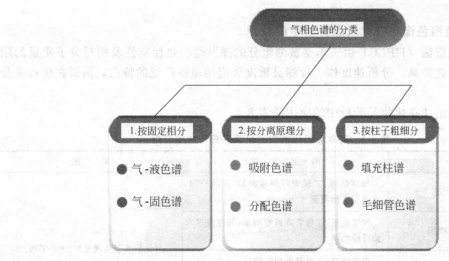

图 8-6　气相色谱的分类

峰高（h）　色谱峰顶点与基线之间的垂直距离。

半峰宽（$Y_{1/2}$）　峰高一半处色谱峰的宽度。

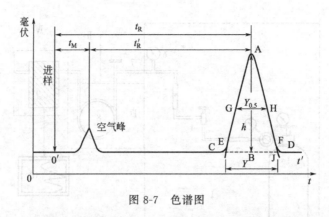

图 8-7　色谱图

峰（底）宽（Y）　在色谱峰两侧拐点处所作切线与峰底相交两点间的距离。峰宽和半峰宽的单位可用时间、距离或体积表示。

峰面积（A）　由峰和峰底之间围成的面积。峰高和峰面积常被用作定量分析的指标。

保留时间（t_R）及保留体积（V_R）　自进样至出现色谱峰最高点所用的时间，称为保留时间，此时，所通过的流动相体积，称为保留体积。某组分的保留时间和流动相的体积流速 F_c 的乘积，即为该组分的保留体积：$V_R = t_R F_c$

保留时间和保留体积又称为保留值，常用于色谱的定性分析。

死时间（t_M）及死体积（V_M）　不被固定相滞留的组分，从进样到出现峰最大值所需的时间。气相色谱常用空气或甲烷等物质测死时间。死时间所需的流动相体积称死体积，死体积等于死时间和流动相流速的乘积，即：$V_M = t_M F_c$

调整保留时间（t_R'）及调整保留体积（V_R'）　调整保留时间是组分在柱内的真实保留时间，它等于实测的保留时间减去死时间，即：$t_{R'} = t_R - t_M$

同样，调整保留体积等于保留体积减去死体积，即：$V_{R'} = V_R - V_M$

第二节　高效液相色谱法在化妆品分析中的应用

一、高效液相色谱法在化妆品分析中的应用

高效液相色谱法（HPLC）由于不受被测组分的挥发性、热稳定性及相对分子质量的限制，并且有分离效能高、分析速度快、检测灵敏度和应用范围广泛的特点，因而在化妆品分析中广泛应用。

高效液相色谱法在化妆品分析中的应用见表 8-4。

表 8-4　高效液相色谱法在化妆品分析中的应用

被测组分	测定方法	文献
7 种性激素	等度洗脱/二极管阵列检测器/紫外检测器或荧光检测器	《化妆品卫生规范》(2007 年版)
15 种紫外线吸收剂	梯度洗脱/二极管阵列检测器/等度洗脱/紫外检测器	
12 种防腐剂	等度洗脱/二极管阵列检测器	
8 种氧化型染料	等度洗脱/二极管阵列检测器	
5 种 α-羟基酸	等度洗脱/二极管阵列检测器	

目前报道用于 HPLC 的检测器主要有紫外、荧光、电化学和化学发光。紫外检测器是最常用的检测器，但灵敏度较低，难以适应化妆品中低含量防腐剂、抗氧化剂和激素检测。因此往往需要对样品进行多次萃取或预先通过固相小柱进行富集后方可进行检测，步骤繁琐费时。荧光检测器对于无荧光发射的化合物的测定则需要进行柱前或柱后衍生，但过量的衍生试剂对测定结果会产生较大的干扰。电化学检测器的电极使用重复性差。

我国目前化妆品检测技术常用等度洗脱及二极管阵列检测器，国外则常用等度洗脱及衍生技术。衍生的目的在于向结构中引入紫外生色基团，提高分析灵敏度。

高效液相色谱化学发光（HPLC-CL）、液相色谱-质谱等联用技术及微流控芯片技术有望在化妆品成分检测领域发挥重要作用。

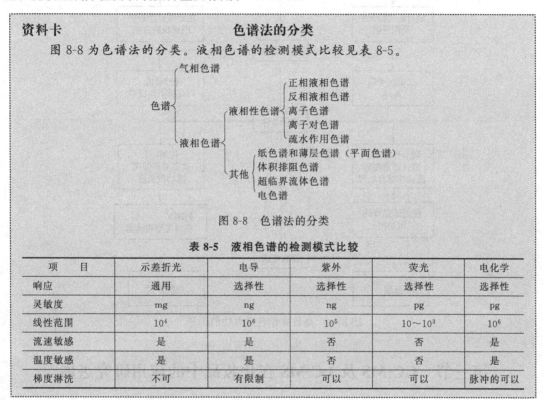

资料卡　　　　　　　　　　　色谱法的分类

　　图 8-8 为色谱法的分类。液相色谱的检测模式比较见表 8-5。

图 8-8　色谱法的分类

表 8-5　液相色谱的检测模式比较

项　　目	示差折光	电导	紫外	荧光	电化学
响应	通用	选择性	选择性	选择性	选择性
灵敏度	mg	ng	ng	pg	pg
线性范围	10^4	10^6	10^5	$10\sim10^3$	10^6
流速敏感	是	是	否	否	是
温度敏感	是	是	否	否	是
梯度淋洗	不可	有限制	可以	可以	脉冲的可以

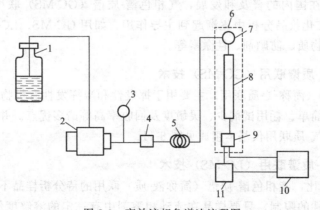

图 8-9　高效液相色谱法流程图

1—流动相储罐；2—泵；3—压力表；4—过滤器；5—脉冲阻尼；6—恒温箱；
7—进样器；8—色谱柱；9—检测器；10—记录仪；11—数据处理器

二、高效液相色谱法流程图

高效液相色谱法流程见图 8-9。

三、高效液相色谱方法的选择

高效液相色谱方法的选择如图 8-10 所示。

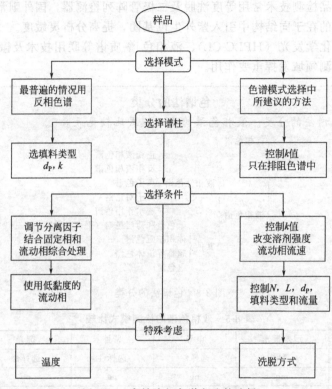

图 8-10　高效液相色谱方法的选择

第三节　GC-MS 及 LC-MS 在化妆品中的应用研究进展

随着质谱联机在国内的普及和发展，气相色谱-质谱（GC-MS）联用及液相色谱-质谱（LC-MS）联用法在化妆品分析中逐渐起到主导作用，如用 GC-MS、LC-MS 分析鉴定祛斑类化妆品中的禁用物质、防晒剂、性激素等。

一、气相色谱-质谱联用（GC-MS）技术

气相色谱-质谱（简称气-质联用）主要用于挥发性和半挥发性有机物的鉴定。具有操作简便、样品前处理简单、耗用试剂少、灵敏度及回收率高等诸多优点。并且可以获得更多的化合物结构信息。气-质联用仪基本组成见图 8-11。

二、液相色谱-质谱联用（LC-MS）技术

与气-质联用相比，液相色谱-质谱（简称液-质）联用的待分析样品不受样品本身的挥发性、极性和热稳定性的限制，只要样品在流动相溶剂中有一定的溶解度便可分析。液-质联用技术具有液相色谱和质谱两种技术各自的优点，色谱分离与质谱鉴定可以同时进行，不仅能够在线提供化合物的相对分子质量和分子断裂的碎片信息，而且还可以显著地缩短分析时

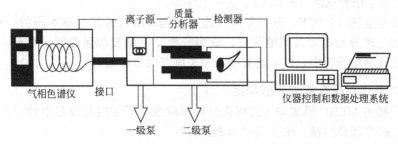

图 8-11　气-质联用仪基本组成

间，提高分析的通量性。

　　液-质联用技术在化妆品成分和结构分析研究中已经得到了广泛的应用，包括对已知成分的定性定量分析，在对未知成分的研究中，结合同类已知结构化合物的裂解规律，或结合其他检测方法，即可对未知成分进行直接分析。液-质联用技术的发展为化妆品质量检验提供了一个高效、可靠的分析方法。

　　图 8-12 为色谱-四极杆质谱仪结构示意图。

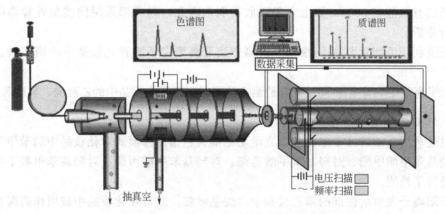

图 8-12　色谱-四极杆质谱仪结构示意图

第四节　HPCE 在化妆品中的应用研究进展

　　毛细管电泳（CE）又称高效毛细管电泳（HPCE），是指离子或带电粒子以毛细管为分离室，以高压直流电场为驱动力，依据样品中各组分之间淌度和分配行为上的差异而实现分离的液相分离分析技术。由于毛细管内径小，表面积和体积的比值大，易于散热，因此毛细管电泳可以减少焦耳热的产生，这是 CE 和传统电泳技术的根本区别。高效毛细管电泳基本组成如图 8-13 所示。

　　高效毛细管电泳有多种分离模式，给样品分离提供了不同的选择机会。根据分离原理可分为：毛细管区带电泳（CZE）、胶束电动毛细管色谱（MEKC）、等电聚焦（CIEF）、等速电泳（CITP）、凝胶电泳（CGE）、毛细管电色谱（CEC）、亲和毛细管电泳（ACE）、免疫毛细管电泳

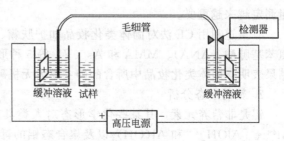

图 8-13　高效毛细管电泳基本组成

（CETA）、非水毛细管电泳（NACE）、芯片电泳等。

高效毛细管电泳（HPCE）是近年来高速发展起来的与液相色谱不同的一种分离技术，由于其超强的分离分析能力及其他优点，成为分析化学发展的新趋势。目前，HPCE 也被应用在化妆品成分的分析中，以下是对部分相关研究的简单概括。

一、美白类化妆品有效成分的测定

有报道，利用 MEKC 模式加入内标化合物同时测定了美白化妆品中的三种有效成分维生素 C、维生素 C 磷酸酯镁、维生素 C 棕榈酸酯。

利用毛细管电泳同时分析了化妆品中的熊果苷、曲酸和对苯二酚，并已成功地用于市售品牌化妆品中熊果苷、曲酸和对苯二酚的含量测定，测定结果准确，在商品标注含量的 99.6%～102.5%范围。

有报道，将流动注射与毛细管电泳联用技术用于美白类化妆品中的三种有效成分（维生素 C、维生素 C 葡萄糖苷和曲酸）的含量测定。

二、化妆品中 α-羟基酸的测定

如前所述，大多数分析物在进行电泳检测时都是采用直接紫外检测，但由于一些相对分子质量低的有机酸在 220nm 以上紫外吸收很弱，因此，通常都采用间接紫外检测的办法对它们进行分析。

有报道利用毛细管电泳-间接紫外检测方法分离测定了五种化妆品中的酒石酸、乙醇酸和乳酸。

采用了高效毛细管电泳-间接紫外检测方法同时测定了化妆品中的乙醇酸、乳酸和柠檬酸。

三、化妆品中防腐剂的测定

有报道利用毛细管区带电泳和微乳电动毛细管色谱两种模式对化妆品中的苯甲酸、山梨酸、对羟基苯甲酸甲酯、对羟基苯甲酸乙酯、对羟基苯甲酸丙酯、对羟基苯甲酸丁酯等六种防腐剂进行了检测。

属于阳离子表面活性剂的苯乙胺和十六烷基吡啶，经常在化妆品中被用作防腐剂。有报道用毛细管电泳的方法分别测定了化妆品和漱口水中的苯乙胺和十六烷基吡啶。

四、化妆品中无机物的形态分析

1. 砷的形态分析

不同形态的砷理化性质不同，毒性各异。一般认为 AsH_3 剧毒，亚砷酸和砷酸的毒性大于一甲基胂酸（MMA）和二甲基胂酸（DMA），而胂甜菜碱（AsB）和胂胆碱（AsC）基本无毒。化妆品中的砷主要来源于制造用水、无机矿物质、植物及海洋生物提取物和防腐剂。化妆品中砷的生物可供给性、环境行为和迁移性在很大程度上取决于它的形态（如不同的键合形式或氧化态）。所以，对化妆品中砷的不同形态进行分析，用以进行物种鉴别和含量测定越来越重要。

有报道利用 CE 法对固体类化妆品如护肤霜、口红、唇笔和眉笔中 As(m)、DMA、对氨苯基胂酸（ANA）、MMA 和 As（V）等 5 种形态的砷进行了有效分离。此外，通过实验结果表明，固体类化妆品中所含的砷主要为无机砷。

2. 铝的形态分析

铝是非营养元素，其某些化学形态对人类具有直接或间接的影响。已经证明，游离的 Al^{3+}、$[AlOH]^{2+}$ 和 $Al(OH)_2$ 以及聚合态铝的毒性最大，被认为是主要的致毒形态，而铝的无机或有机配合物则低毒或无毒。化妆品中的铝有人为添加，如抑汗剂中的氯化铝、柠檬

酸铝等；或是天然存在，如粉体原料中含有铝。

3. 防晒类化妆品中紫外线吸收剂的测定

苯甲酮是一种紫外线吸收剂，可通过添加此种成分使产品达到防晒功效，保护皮肤免受紫外线伤害，常用于防晒产品中。有报道采用超临界萃取-高效毛细管电泳法测定了 10 种防晒类化妆品中的 7 种苯甲酮的含量。

3-(4-苯甲基) 樟脑（MBC）是一种手性物质，常被用来在化妆品中作为紫外线吸收剂。有报道利用毛细管胶束电动色谱对 MBC 进行了手性分离，并分别测定了两种含有外消旋 MBC 的化妆品霜剂中 MBC 对映体的含量，同时研究了皮肤对 MBC 的吸收随着时间的变化情况。

4. 化妆品当中有机酸的测定

乙二胺四乙酸（EDTA）、乙二胺二琥珀酸（EDDs）和亚氨基二琥珀酸（IDS）是络合缓释剂，通常与金属离子络合用于化妆品中，能够调节化妆品的酸碱度，也就是能够自动调节化妆品的酸碱性在人体适合的范围内，以保护皮肤不受强的刺激。不可降解的 EDTA 通常与可降解的类似物质 EDDS 和 IDS 一起使用。有报道采用 CE 法测定淋浴露中的 EDTA、EDDS 和 IDS 的含量。

第五节　原子吸收光谱法在化妆品分析中的应用

原子吸收光谱法（AAS）现已成为无机元素定量分析应用最广泛的一种分析方法，在化妆品分析中常用来检测重金属元素。

它可以采用电热原子化（石墨炉），火焰原子化或氢化物发生等方式。这些方法均具有较低的检测限。目前原子吸收光谱仪多采用电荷耦合器件（CCD）固态检测器代替光电倍增管，其自动化程度大大提高，可以实现火焰和石墨炉一体机并自动切换。仪器的软件功能已有很大提高，操作更加灵活方便。

近年来，使用连续光源和中阶梯光栅，结合使用光导摄像管、二极管阵列多元素分析检测器，设计出了微机控制的原子吸收分光光度计，为解决多元素同时测定开辟了新的前景。微机控制的原子吸收光谱系统简化了仪器结构，提高了仪器的自动化程度，改善了测定准确度，使原子吸收光谱法的面貌发生了重大的变化。联用技术（色谱-原子吸收联用、流动注射-原子吸收联用）日益受到人们的重视。色谱-原子吸收联用，不仅在解决元素的化学形态分析方面，而且在测定有机化合物的复杂混合物方面，都有着重要的用途，是一个很有前途的发展方向。

一、基本原理

原子吸收光谱法（AAS）是利用气态原子可以吸收一定波长的光辐射，使原子中外层的电子从基态跃迁到激发态的现象而建立的。由于各种原子中电子的能级不同，将有选择性地共振吸收一定波长的辐射光，这个共振吸收波长恰好等于该原子受激发后发射光谱的波长，由此可作为元素定性的依据，而吸收辐射的强度可作为定量的依据。

二、原子吸收分光光度计基本结构

一般原子吸收分光光度计有两类，即单光束和双光束。不论何种类型，其主要装置均是由光源、原子化器、单色器及检测系统四大部件所组成。如图 8-14 所示。

原子化系统在整个装置中具有至关重要的作用，原子化效率的高低直接影响到测量的准确度和灵敏度。预混合型原子化器和管式石墨炉原子化器分别如图 8-15 和图 8-16 所示。

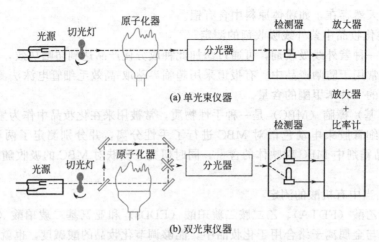

(a) 单光束仪器

(b) 双光束仪器

图 8-14 原子吸收光谱仪基本构造示意图

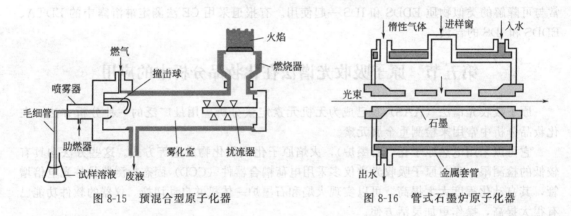

图 8-15 预混合型原子化器　　　　图 8-16 管式石墨炉原子化器

三、原子光谱法的分类

根据原子化的手段不同，现有原子光谱法可分为火焰原子化法、石墨炉原子化法和氢化物原子化法等。

1. 火焰原子化法（FAAS）

适用于测定易原子化的元素，是原子吸收光谱法应用最为普遍的一种，对大多数元素有较高的灵敏度和检测极限，且重现性好，易于操作。

2. 石墨炉原子化法（GFAAS）

火焰原子化虽好，但缺点在于仅有 10％的试液被原子化，而 90％由废液管排出。这样低的原子化效率成为提高灵敏度的主要障碍，而石墨炉原子化装置可提高原子化效率，使灵敏度提高 10～200 倍。该法一种是利用热解作用，使金属氧化物解离，它适用于有色金属、碱土金属；另一种是利用较强的碳还原气氛使一些金属氧化物被还原成自由原子，它主要针对于易氧化难解离的碱金属及一些过渡元素。另外，石墨炉原子化又有平台原子化和探针原子化两种进样技术，用样量都在几个微升到几十微升之间，尤其是对某些元素测定的灵敏度和检测限有极为显著的改善。

3. 氢化物原子化法（低温原子化法）（HGAAS）

对某些易形成氢化物的元素，如 Sb、As、Bi、Pb、Se、Te、Hg 和 Sn 用火焰原子化法测定时灵敏度很低，若采用在酸性介质中用硼氢化钠处理得到氢化物，可将检测限降低至 ng/mL 级的浓度。

4. 其他原子化法

其他原子化法，如冷原子化法，主要应用于各种试样中 Hg 元素的测量；金属器皿原子化法，针对挥发元素，操作方便、易于掌握，但抗干扰能力差、测定误差较大、耗气量较大；粉末燃烧法，测定 Hg、Bi 等元素时，此法灵敏度高于普通火焰法；等离子体原子化法，适用于难熔金属 Al、Y、Ti、V、Nb、Re 等。

四、原子吸收光谱法的优缺点

优点：（1）选择性强、测定快速简便、灵敏度高，在常规分析中大多元素能达到 10^{-6} 级，若采用萃取法、离子交换法或其他富集方法还可进行 10^{-9} 级的测定。（2）分析范围广，目前可测定元素多达 73 种，既可测定低含量或主量元素，又可测定微量、痕量甚至超痕量元素；既可测定金属类金属元素，又可间接测定某些非金属元素和有机物；既可测定液态样品，又可测定气态或某些固态样品。（3）抗干扰能力强，原子吸收光谱法谱线的强度受温度影响较小，且无需测定相对背景的信号强度，不必激发，故化学干扰也少很多。（4）精密度高，常规低含量测定时，精密度为 $1\%\sim3\%$，若采用自动进样技术或高精度测量方法，其相对偏差小于 1%。

缺点：它不能对多元素同时分析；对难熔元素的测定灵敏度也不十分令人满意；对共振谱线处于真空紫外区的元素，如 P、S 等还无法测定。另外，标准曲线的线性范围窄，给实际工作带来不便，对于某些复杂样品的分析，还需要进一步消除干扰。

原子吸收光谱法在元素周期表中的测定范围见图 8-17。

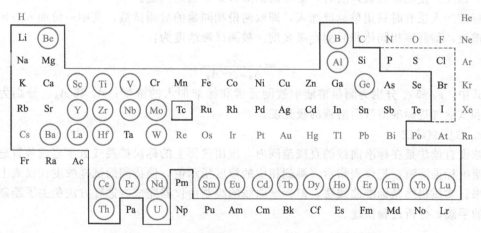

图 8-17　原子吸收光谱法在元素周期表中的测定范围

注：1. 实线框内为可直接测定的元素；2. 圆圈内为需要高火焰原子化的元素；
3. 虚线框内为需要间接测定的元素。

五、定量方法

1. 标准曲线法

这是最常用的分析方法。标准曲线法最重要的是绘制一条标准曲线（见图 8-18）。配制一组含有不同浓度被测元素的标准溶液，在与试样测定完全相同的条件下，依浓度由低到高的顺序测定吸光度。绘制吸光度 A 对浓度 c 的标准曲线。测定试样的吸光度值，在标准曲线上用内插法求出被测元素的含量。

标准曲线法简便、快速，但仅适用于组成比较简单的试样。

2. 标准加入法

当配制与试样组成一致的标准样品遇到困难时，可采用标准加入法。分取几份相同量的被测试液，分别加入不同量被测元素的标准溶液，其中一份不加入被测元素标准溶液，最后稀释至相同的体积，使加入的标准溶液浓度为 0、c_s、$2c_s$、$3c_s$、…，然后分别测定它们的吸光度值。以加入的标准溶液浓度与吸光度值绘制标准曲线，再将该曲线外推至与浓度轴相交。交点至坐标原点的距离 c_x 即是被测元素经稀释后的浓度。这个方法称为标准加入法，如图 8-19 所示。

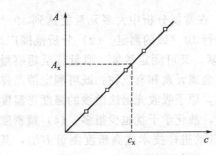

图 8-18 标准曲线法示意图

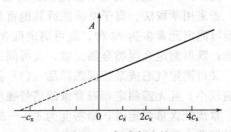

图 8-19 标准加入法

使用标准加入法时，被测元素的浓度应在通过原点的标准曲线的线性范围内。标准加入法应该进行试剂空白的扣除，而且须用试剂空白的标准加入法进行扣除，而不能用标准曲线法的试剂空白值来扣除。标准加入法的特点是可以消除基体效应的干扰，但不能消除背景的干扰。因此，使用标准加入法时，要考虑消除背景干扰的问题。

标准加入法有时只用单标准加入，即取两份相同量的被测试液，其中一份加入一定量的标准溶液，稀释到相同体积后测定吸光度。被测试液浓度为：

$$c_x = \frac{A_x}{A_{x+s} - A_x} c_s$$

式中，c_x 和 c_s 分别为测量溶液中被测元素和标准加入的浓度；A_x 和 A_{x+s} 分别为测量试液和试液加进标准溶液后溶液的吸光度。

3. 浓度直读法

浓度直读法是在标准曲线的直线范围内，应用仪器上的标尺扩展或数字直读装置进行测量。吸喷标准溶液，把仪表指示值跳到相应的浓度指示值，使待测的试样浓度在仪表上直接读出来。实质仍然是标准曲线法，但标准曲线的绘制由仪器完成。这种方法免去了绘制标准曲线的手续，分析过程快速。

六、一些元素几种原子光谱分析法检出限的比较

一些元素几种原子光谱分析法检出限的比较见表 8-6。

表 8-6 一些元素几种原子光谱分析法检出限的比较

元素	原子吸收火焰原子化法 D.L. /(μg/cm³)	原子吸收石墨炉原子化法 D.L. /pg	原子荧光光谱法 D.L. /(μg/cm³)	等离子体发射光谱法（ICP） D.L. /(μg/cm³)
Ag	0.001	0.1	0.00001	0.004
Al	0.03	1	0.0006	0.0002
As	0.03	8	0.1	0.02
Au	0.02	1	0.003	0.04
B	2.5	200		0.005
Ba	0.02	6	0.008	0.00001

续表

元素	原子吸收火焰原子化法 D.L./(μg/cm³)	原子吸收石墨炉原子化法 D.L./pg	原子荧光光谱法 D.L./(μg/cm³)	等离子体发射光谱法(ICP) D.L./(μg/cm³)
Bi	0.05	4	0.003	0.05
Ca	0.001	0.4	0.00008	0.00002
Cd	0.001	0.08	0.000001	0.001
Co	0.002	2	0.005	0.002
Cr	0.002	2	0.001	0.0003
Cu	0.001	0.6	0.0005	0.0001
Fe	0.004	10	0.008	0.0003
K	0.003	40		0.1
Li	0.001	3		0.0003
Mg	0.0001	0.04	0.0001	0.00005
Mn	0.0008	0.2	0.0004	0.00006
Mo	0.03	3	0.012	0.0002
Na	0.0008		0.0001	0.0002
Ni	0.005	9	0.002	0.0004
P	21	3		0.04
Pb	0.01	2	0.01	0.002
Sb	0.03	5	0.05	0.2
Sc	0.1	60		0.003
Se	0.1	9	0.04	0.03
Si	0.1		0.6	0.01
Sn	0.05	2	0.05	0.03
Ti	0.09	40	0.002	0.0002
U	20.0			0.03
V	0.02	3	0.03	0.0002
W	3.0			0.001
Y	0.3			0.00006
Yb	0.02			0.00004
Zn	0.001	0.7		0.002
Zr	4.0	300		0.0004

注：D.L.为检出限。

 **知识链接**　　　　　　　**发射、吸收与荧光测量**

发射、吸收与荧光测量见图8-20。

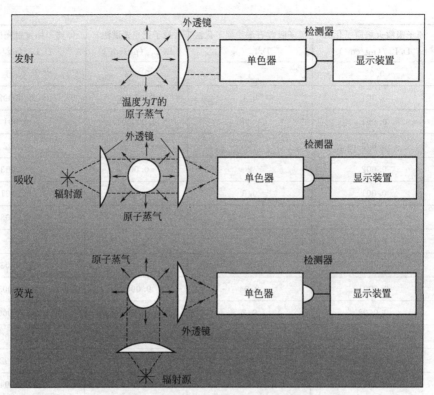

图 8-20　发射、吸收与荧光测量示意图

第六节　原子荧光光谱法在化妆品分析中的应用

原子荧光光谱法（AFS）是以原子在发射能激发下发射的荧光强度进行定量分析的发射光谱分析法。它是原子吸收和原子发射光谱的综合与发展，是一种优良的痕量分析技术。目前国内外商品原子荧光仪器涉及元素主要有 As、Sb、Bi、Ge、Sn、Pb、Cd、Hg、Se、Te 和 Zn 等 11 种元素。

一、基本原理

原子荧光是光致发光，也是二次发光。气态自由原子吸收光源的特征辐射后，原子的外层电子跃迁到较高能级，然后又跃迁返回基态或较低能级，同时发射出与原激发波长相同或不同的发射即为原子荧光。当激发光源停止照射之后，再发射过程立即停止。

通过测量待测元素的原子蒸气在辐射能激发下所产生的荧光发射强度，可以测出试样溶液中该元素的含量，从而进行原子荧光定量分析。

原子荧光的产生常见共振荧光、非共振荧光与敏化荧光等三种类型。大多数分析涉及共振荧光，因为其跃迁概率最大且用普通光源就可以获得相当高辐射密度。表 8-7 为用共振荧光测定的部分元素。

二、仪器的基本结构

原子荧光光度计（见图 8-21）根据色散结构不同可分为非色散型和色散型。这两类仪器的结构基本相似，只是单色器不同。原子荧光光度计与原子吸收分光光度计光路原理的不同之处仅在于原子荧光光度计的光源与原子化器光路呈直角，而不是在同一直线上。

表 8-7 用共振荧光测定的部分元素

元 素	波长/nm	元 素	波长/nm
Ag	328.1	Mg	285.2
As	193.7	Mn	279.5
Au	249.7,267.6	Mo	313.3
Ba	455.4	Na	589.0
Be	234.0	Ni	232.0
Bi	302.5,306.8	Pb	283.3
Ca	422.7	Rh	369.2
Co	240.7	Sb	217.6,233.1
Cr	357.9	Se	196.0
Cu	324.8	Sr	460.7
Fe	248.3,372.0	Te	214.3
Ge	265.2	Tl	377.6
Hg	253.7	Zn	213.9
In	410.5		

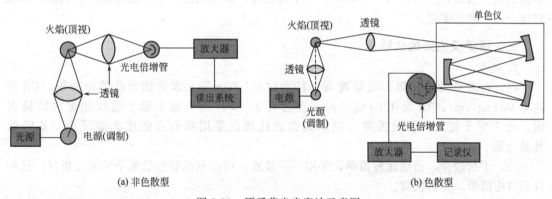

图 8-21 原子荧光光度计示意图

原子荧光仪器中，激发光源与检测器为直角装置，这是为了避免激发光源发射的辐射对原子荧光检测信号的影响。

1. 激发光源

激发光源可用连续光源与锐线光源。连续光源，由于原子荧光是二次发光，而且产生的原子荧光谱线比较简单。因此，受吸收谱线分布和轮廓的影响并不显著，这样就可以采用连续光源而不必用高色散的单色仪。连续光源常用氙弧灯。连续光源稳定，调谐简单，寿命长，能用于多元素同时分析，但检出限较差。锐线光源多用高强度空心阴极灯、无极放电灯、激光等。锐线光源辐射强度高，稳定，检出限好。

2. 原子化器

与原子吸收法相同。同样分火焰原子化器、冷原子化器、氢化物原子化器等。

3. 色散系统

(1) 色散型 色散元件是光栅。

(2) 非色散型 非色散型用滤光器来分离分析线和邻近谱线，可降低背景。

4. 检测系统

色散型原子荧光光度计用光电倍增管。非色散型的多采用日盲光电倍增管。

5. 多元素原子荧光分析仪

原子荧光可由原子化器周围任何方向的激发光源激发而产生，因此设计了多道、多元素同时分析仪器。它也分为非色散型与色散型。非色散型 6 道原子荧光仪装置如图8-22所示。

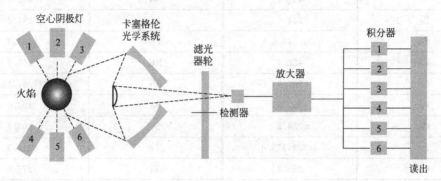

图 8-22　非色散型 6 道原子荧光仪示意图

每种元素都有各自的激发光源在原子化器的周围，各自一个滤光器，每种元素都有一个单独的电子通道，共同使用一个火焰、一个检测器。激发光源一定不能直接对着光源。实验时逐个元素顺序测量。

三、原子荧光法的优缺点

1. 优点

(1) 有较低的检出限，灵敏度高。特别对 Cd、Zn 等元素有相当低的检出限，Cd 可达 $0.001ng/cm^3$、Zn 为 $0.04ng/cm^3$。现已有 20 多种元素低于原子吸收光谱法的检出限。由于原子荧光的辐射强度与激发光源成比例，采用新的高强度光源可进一步降低其检出限。

(2) 干扰较少，谱线比较简单，采用一些装置，可以制成非色散原子荧光分析仪。这种仪器结构简单，价格便宜。

(3) 分析标准曲线线性范围宽，可达 3～5 个数量级。

(4) 由于原子荧光是向空间各个方向发射的，比较容易制作多道仪器，因而能实现多元素同时测定。

2. 缺点

虽然原子荧光法有许多优点，但是由于荧光猝灭效应，对于高含量和基体复杂的样品分析，却有一定的困难。

此外，散射光的干扰也是原子荧光分析中的一个麻烦问题。因此，原子荧光光谱法在应用方面不及原子吸收光谱法和原子发射光谱法广泛，但可作为这两种方法的补充。

四、氢化物发生-原子荧光光谱法

尽管原子荧光光谱分析发展了多年，但其最成功的应用还是分析易形成气态氢化物、气态组分或原子蒸气的元素，如图 8-23 所示。因此，原子荧光光谱分析的重点是氢化物发生-原子荧光光谱法（HG-AFS）分析的联用。

HG-AFS法是基于下列反应将分析元素转化为在室温下的气态氢化物。

反应所生成的氢化物被引入到特殊设计的石英炉中，并在此被原子化。受光源激发使基

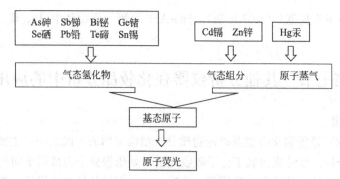

图 8-23　氢化物原子荧光光谱法的应用

态原子的外层电子跃迁到较高能级，并在去激化过程中辐射出特征的原子荧光，根据光强度的大小可测定氢化元素在试样中的浓度。

汞离子可以与 $NaBH_4$ 或 $SnCl_2$ 反应而生成原子态的汞，并可在室温下激发产生汞原子荧光，因此，一般称为冷蒸气法或冷原子荧光光谱法。

AFS 与 HG 结合是具有实用价值的完美结合。HG-AFS 综合了两个分析技术的优点，过剩氢气与载气形成氢氩焰，使氢化物更好原子化，不需要缸瓶，而氢氩焰本身有很高的荧光效率及较低的背景。HG-AFS 的分析性能及采用 HG-AFS 分析不同元素的推荐条件如表 8-8 及表 8-9 所示。

表 8-8　HG-AFS 的分析性能

元素	检出限/(g/mL)	RSD/%	线性范围/(μg/mL)	元素	检出限/(g/mL)	RSD/%	线性范围/(μg/mL)
As	1.8×10^{-10}	1.85	0.001~0.5	Pb	1.8×10^{-10}	3.61	0.005~0.5
Bi	2.0×10^{-10}	1.80	0.001~0.5	Sb	1.8×10^{-10}	1.82	0.001~0.5
Cd	8.0×10^{-12}	1.20	—	Se	1.8×10^{-10}	2.10	0.0005~0.5
Ge	2.9×10^{-9}	2.10	0.005~5	Sn	1.8×10^{-10}	1.85	0.005~0.5
Hg[1]	1.6×10^{-11}	1.50	0.0001~0.1	Te	1.8×10^{-10}	1.98	0.0005~0.5
气 Hg[1]	7.8×10^{-12} g	1.67	0.05~100ng	Zn	1.8×10^{-10}		

①　冷 AFS 法。

表 8-9　HG-AFS 分析的推荐条件

项目	As	Bi	Cd	Ge	Hg	Pb	Sb	Se	Sn	Te	Zn
PMT 负高压	360~380	360~380	380	360~380	300~320	320~340	320~340	320~340	380	360~380	280
原子化温度	800	800	800	800~900	0~300	800	850~900	900	850	850	800
HIL 灯电流	60	30~60	60	60~80	30	60~70	60	60~80	70	60	30
载气流量	500	600	600	600	500	800	500	600	500	600	600
屏蔽气流量	1000	1000	1000	1000	1000	1000	1000	900	1200	1000	1000
还原剂浓度/(%) 质量体积分数	2.0	0.8	3.0	3.0	0.02~0.04	2.0	1.0	1.0	—	1.0	5.0
还原剂进样量	0.8	0.8	0.8	0.8	0.8	0.8	0.8	—	0.8	0.8
读数时间/s	8~12	10~12	10	10	15	10~15	10~15	15			
延迟时间/s	2.0	1.0	1.0	1.0	0.5	0.5	2.0	1.0			
测定方式	STD 法（标准曲线法）										
积分方式	峰面积法										

根据《化妆品卫生规范》（2007 年版），HG-AFS 可用于化妆品中 As、Bi、Se、Pb 及 Hg 等元素的测定。

第七节　其他分析仪器在化妆品分析中的应用

一、红外光谱

红外光谱（IR）是鉴别化合物及确定物质分子结构常用的手段之一，主要用于有机物和无机物的定性定量分析。红外光谱属于分子吸收光谱，是依据分子内部原子间的相对振动和分子转动等信息进行测定的。其测定方法简便、快速，且所需样品量少，样品一般可直接测定。

在化妆品原料分析领域中，红外光谱主要用于定性分析，根据化合物的特征吸收可以知道含有的官能团，进而帮助确定有关化合物的类型。对于单一的原料的红外分析，可对照标准谱图，对其整体结构进行定性。近代傅立叶变换红外技术的发展，红外可与气相色谱、高效液相连机使用，更有利于样品的分离与定性。

二、核磁共振波谱

核磁共振谱（NMR）源于具有磁矩的原子核，吸收射频能量，产生自旋达到能级间的跃迁，主要用于分子结构的测定和认证。可以从其谱图中谱峰的位置来获知相应基团的化学位移，从峰形得知偶合常数及基团间偶合关系，以峰面积得知核的相对数量等信息，从而分析化合物分子含有的基团及其相互连接关系。

对简单化合物可直接用 NMR 定性，对结构大体已知的复杂化合物，可进一步对其官能团进行定量和位置确定。在对物质进行结构分析时，要求样品纯净单一，需将表面活性剂工业产品脱水/脱溶剂，经过柱色谱或薄层色谱分离成相对单一的物质，否则所得到的谱图是由其中各物质谱峰叠加形成，难以区分定性。

在表面活性剂成分分析中，利用 NMR 谱图可以测定烷基链长度、确定烷基的支链情况、测定双键、基本确定环氧化物的加成数、确定苯环及取代情况、确定不同基团所代表物质的相对比例等。

三、有机质谱法

有机质谱法（MS）是分子在真空中被电子轰击的离子，通过磁场按不同质荷比（m/e）分离。以直峰图表示离子的相对丰度随 m/e 变化谱图，能够提供分子、离子及碎片离子的相对丰度，提供相对分子质量等结构信息，多用于纯物质的分析。

四、超高效液相色谱法

超高效液相色谱法（UPLC）是在高效液相色谱基础上发展的一种新兴技术，该方法采用小颗粒柱填料，提高了灵敏度和分辨率，其各项性能均比 HPLC 更优越，具有检测速度更快、检出限更低、污染少等优点。

UPLC 的出现，极大拓宽了液相色谱应用范围，为化妆品和个人护理产品添加剂分析提供了又一强有力的技术手段。目前，UPLC 已用于化妆品添加剂中的激素类物质、抗生素、防腐剂、色素等的分析。

在实际应用中，由于 UPLC 柱颗粒较小，为防止堵塞，样品前处理要求更加严格，对于固体或半固体化妆品的预处理提出了更高的要求。

在联用技术方面，UPLC-MS 的联用性能有明显提高。UPLC 的低流量减少了质谱仪负荷，使质谱仪的真空度提高；峰宽的降低，峰容量的增加，极大减少了 MS 和 MS/MS 中的峰重叠，加快了质谱的数据捕捉扫描速度。UPLC 在分辨率和速度上的进步，使其与质谱联用可获得更高的灵敏度。

五、电感耦合等离子质谱

电感耦合等离子质谱法（ICP-MS）适用于化妆品中 Hg、Pb、As、Cd 的测定。分析化妆品样品耗样量少、分析速度快、线性范围宽。选用内标物质，可以补偿基体效应。样品经一次消化后可同时测定四种元素，具有较高的准确性和灵敏度。ICP-MS 样品引入系统见图 8-24。

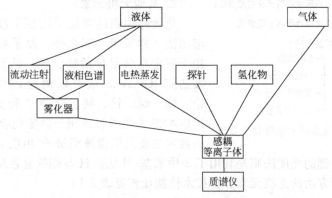

图 8-24　ICP-MS 样品引入系统

六、电感耦合等离子体原子发射光谱法

电感耦合等离子体原子发射光谱法适用于（ICP-OES）经过消解的样品可直接进入温度为 5000～7000K 的高温等离子体，并通过多色仪观测发射线同时进行分析。这种方法的优点是能进行约 70 多个元素的分析，每个元素都有很高的灵敏度，其检出限可以达到通常为 ppb 级。而采用双单色仪光学系统和具有双检测器的全谱直读 ICP-OES 仪则可以避免传统全谱直读 ICP 光谱仪预热时间较长、入射光狭缝小、检测器寿命短等不足，应该是今后全谱直读 ICP 光谱仪发展的方向。

第八节　化妆品成分仪器分析现状

一、无机成分的分析

1. 汞、铅、砷等重金属

重金属污染具有一定的隐蔽性，它一般不会发生急性中毒，只是在人体中不断累积，渐渐危害人们的身体健康。随着人们对健康的关注，以及对重金属的认识进一步加强，重金属检测越来越受到人们的重视。

我国《化妆品卫生规范》（2007 年版）中明确规定了化妆品中汞、砷、铅的限量标准，同时规定了铍、铬、镉、铊、含金的成盐化合物、钴、钡、锑、硒、钕十几种禁用和限用的含该元素的原料。虽然这些金属具有显著生物毒性，但是对于美白具有很好的即时效果，许多化妆品中可能被人为违法添加这些成分。因此，探索、寻找灵敏度更高、特异性更强，且能够快速检测重金属的方法，对保护消费者的健康有重要意义。

目前，化妆品中重金属检验所使用的仪器分析方法，如图 8-25 所示。

检测不同的重金属元素需选用不同的仪器分析方法。如化妆品中汞的测定以原子荧光光度法和冷原子吸收法为主。除此以外，溶出伏安法和微波消解-氢化物发生 ICP-AES 法也用于化妆品中汞的测定。铅的测定多采用原子吸收法，包括石墨炉和火焰原子吸收。另外，氢化物发

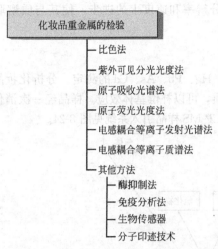

图 8-25　化妆品中重金属的仪器分析方法

生-原子荧光光谱法、二阶倒数光度法、固相反射散射分光光度法也被报道用于化妆品中铅的测定。砷的测定常用方法有砷斑法、银盐法、新银盐法、氢化物发生-原子吸收法、原子荧光法等。有报道，可以用衍生气相色谱法测定化妆品中的微量砷；毛细管电泳法测定化妆品中砷的形态。

2. 其他无机元素

化妆品中镉的测定采用原子吸收法和微波电位溶出法。除了铅、镉之外，原子吸收分光光度法还用于测定化妆品中的锶、铍、钴及可溶性锌盐。微波消解-ICP-AES 法可以测定固体类化妆品中砷、铅、镉、锶、铬、铋、硒等 7 种无机元素。此外，ICP-AES 法也被报道用于测定化妆品中的 TiO₂。硒的测定主要采用微波消解-气相色谱法和原子荧光法

等。化妆品中测定硼的光度法则是利用了 3-甲氧基-甲亚胺 H 与硼的显色反应。

不同仪器分析方法的无机元素分析技术性能比较见表 8-10。

表 8-10　不同仪器分析方法的无机元素分析技术性能比较

项　　目	FAAS	GFAAS	ICP-AES	ICP-MS
技术比较	旧	旧	新	最新
可分析元素种类	较少	较少	较多	几乎所有元素
灵敏度	低	高	低	最高
检测限	ppb	ppt～ppb	ppb	ppq～ppt
同位素分析能力	无	无	无	有
线性范围(数量级)	2～3	2～3	4～6	8～9
实际样品干扰程度	很大	较小	大	极小
分析速度	快	慢	快	快
可同时分析	单元素	单元素	多元素	多元素
分析成本(以元素计)	高	最高	较高	较低

3. 无机阴、阳离子

离子色谱法可用于测定化妆品当中的阴、阳离子，如 K^+、Na^+、Ca^{2+}、Mg^{2+}、Cl^-、Br^-、SO_4^{2-} 等。

资料卡　　　　　　　　　化妆品中常见的酸、碱、盐类物质

化妆品中常见的酸、碱、盐类物质见表 8-11。

表 8-11　化妆品中常见的酸、碱、盐类物质

酸	无机酸	磷酸、硼酸(有收敛和消毒作用)
	有机酸	乳酸
		枸橼酸:膏霜、香波
碱	无机碱	氢氧化钠:雪花膏
		氢氧化钾:雪花膏、洗发膏
		碳酸氢钠:缓冲剂
		磷酸氢二钠:缓冲剂
	有机碱	三乙醇胺:膏霜、香波
		三异丙醇胺:膏霜、香波
盐		明矾(硫酸铝钾)、硫酸锌、氯化钠

二、有机禁限用物质的测定

1. 甲醇

甲醇是含有乙醇或异丙醇的化妆品需进行检测的项目，常用的测定方法是气相色谱法。

2. 防腐剂

防腐剂是化妆品中最常用的限用组分，相关的检测方法研究在禁限用物质中居首位。有报道，气相色谱-质谱法可以同时测定化妆品中的 18 种防腐剂；此外，也有一些采用气相色谱法、高效液相色谱法测定化妆品中防腐剂的报道。

3. 美白祛斑成分

近年来，有关美白祛斑成分的检测方法研究较为活跃。有采用气相色谱法、气相色谱-质谱法测定禁用成分苯酚和氢醌类化合物的，但更多的是用气相、液相、薄层色谱等分析技术测定熊果苷、曲酸、抗坏血酸磷酸酯镁、L-抗坏血酸棕榈酸酯等功效成分。最近，笔者成功地利用流动注射与毛细管电泳联用技术分离测定了美白类化妆品中维生素 C、维生素 C 葡萄糖苷和曲酸等三种有效成分，结果令人满意。

4. α-羟基酸

α-羟基酸是指 α 位有羟基的羧酸，简称 AHAS，是一组弱的吸湿性有机酸。高浓度的 α-羟基酸易引起角质脱落和溶解，而低浓度的 α-羟基酸加入化妆品中时，对皮肤干燥、细微皱纹、斑点有显著的改善作用。α-羟基酸的测定方法有多种，除了高效液相色谱外，也有采用离子色谱、高效毛细管电泳和气相色谱法的。α-羟基酸的检测集中在乳酸、乙醇酸、柠檬酸、苹果酸、酒石酸、丙酮酸等指标上。

5. 紫外线吸收剂

紫外线吸收剂的检测以高效液相色谱法为主，气相色谱-质谱法测定化妆品中多种防晒剂，是对高效液相色谱法的很好补充。

6. 激素

激素检测以性激素为主，通常采用高效液相色谱法测定雌二醇、雌三醇、雌酮、睾酮、甲基睾酮、孕酮、己烯雌酚等多种性激素。有报道，用七氟丁酸酐衍生后，采用 GC-MS 联用技术可以测定水性化妆品中的多种性激素；用 Liebermann-Burchard 试剂与化妆品中甾体母环的显色反应，可以对化妆品中甾体激素含量进行测定。

7. 染发剂

染发剂的种类非常多，但报道的检测方法及涉及的检测项目并不太多。有报道，气相色谱法可以测定氧化型染发剂中的苯胺、苯酚、邻甲酚、邻苯二胺、邻苯二酚、间苯二胺、对苯二酚、对苯二胺、间苯二酚、对甲苯二胺、间甲苯二胺、α-奈酚等 12 项指标；气相色谱-质谱法可以测定氧化型染发剂中的多种染料。此外，也有一些报道是采用高效液相色谱法、高效毛细管电泳法等。

8. 其他有机成分

斑蝥素作为育发类产品中的限用成分，有文献报道采用气-质联用的方法对其进行测定。酞酸酯是目前国内外比较关注的化妆品原料，高效液相色谱法和气相色谱法可以测定化妆品中的邻苯二甲酸二甲酯、邻苯二甲酸二乙酯、邻苯二甲酸二丁酯、邻苯二甲酸丁基苄基酯、邻苯二甲酸二（2-乙基己）酯和邻苯二甲酸二正辛酯等六种酞酸酯。抗氧化剂检测方面，液相色谱法和气相色谱-质谱法均有文献报道用于测定化妆品中的丁基羟基茴香醚和二丁基羟基甲苯等两种抗氧化剂。二噁烷具有致癌活性，是化妆品中的禁用物质，近年来日益受到了国内外化妆品检验者的关注。有报道采用顶空气相色谱法检测了香波、沐浴液中的二噁烷的含量，并估算了人体接触量。采用气-质联用法测定了化妆品中的苯、二硫化碳和氯代烃等挥发性有机物。有报道采用固相微萃取-色谱质谱联用技术对香体露的化学成分进行了系统分析。

此外，一些单一原料分析方法的报道也非常多，如液相色谱法用于测定衍生后的甲醛或过氧化氢、辅酶 Q_{10}、维生素 E、尿囊素和泛醇、苯二酚同分异构体、珠光粉中脂肪酸聚乙二醇酯等。离子色谱法用于测定化妆品中的巯基乙酸或甲酸。气相色谱法用于测定 6-甲基香豆素及无花果挥发油的香味成分等。

三、《化妆品卫生规范》（2007 年版）中规定的化妆品卫生化学检验方法

《化妆品卫生规范（2007 年版）》中规定的化妆品卫生化学检验方法见表 8-12。

表 8-12　《化妆品卫生规范（2007 年版）》中规定的化妆品卫生化学检验方法

检测项目/参数		检测标准（方法）名称及编号（含年号）	测定方法
序号	名称		
1	汞	《化妆品卫生规范》(2007 年版)第三部分 化妆品卫生化学标准检验方法　汞 GB/T 7917.1—1987 足浴盐 QB/T 2744.1—2005(5.5) 沐浴盐 QB/T 2744.2—2005(5.5)	原子荧光光度法 冷原子吸收法 二硫腙分光光度法
2	砷	《化妆品卫生规范》(2007 年版)第三部分 化妆品卫生化学标准检验方法　砷 GB/T 7917.2—1987	原子荧光光度法 分光光度法
3	铅	《化妆品卫生规范》(2007 年版)第三部分 化妆品卫生化学标准检验方法　铅 GB/T 7917.3—1987	原子吸收分光光度法
4	甲醇	《化妆品卫生规范》(2007 年版)第三部分 香水、古龙水 QB/T 1858—2004(4.1) 发用摩丝 QB/T 1643—1998(6.12) 定型发胶 QB/T 1644—1998(5.7)	气相色谱法
5	甲醛	《化妆品卫生规范》(2007 年版)第三部分 手洗餐具用洗涤剂 GB 9985—2000　附录 E	分光光度法
6	pH	《化妆品卫生规范》(2007 年版)第三部分 化妆品通用检验方法　pH 的测定 GB/T 13531.1—2008 牙膏 GB 8372—2008(5.5)	电位计法
7	镉	《化妆品卫生规范》(2007 年版)第三部分	原子吸收分光光度法
8	锶	《化妆品卫生规范》(2007 年版)第三部分	原子吸收分光光度法
9	总氟	《化妆品卫生规范》(2007 年版)第三部分	分光光度法
10	硼酸和硼酸盐	《化妆品卫生规范》(2007 年版)第三部分	甲亚胺-H 分光光度测定法
11	巯基乙酸含量	《化妆品卫生规范》(2007 年版)第三部分 头发用冷烫液 QB/T 2285—1997(5.5)	化学滴定法
12	对苯二胺	《化妆品卫生规范》(2007 年版)第三部分 染发剂中对苯二胺的测定　QB/T 1863—1993	气相色谱法
13	苯酚、氢醌	《化妆品卫生规范》(2007 年版)第三部分	高效液相色谱法 气相色谱法
14	α-羟基酸	《化妆品卫生规范》(2007 年版)第三部分	高效液相色谱法
15	性激素	《化妆品卫生规范》(2007 年版)第三部分	高效液相色谱法
16	防晒剂	《化妆品卫生规范》(2007 年版)第三部分	高效液相色谱法
17	防腐剂	《化妆品卫生规范》(2007 年版)第三部分	高效液相色谱法

检测项目/参数		检测标准(方法)名称及编号(含年号)	测定方法
序号	名称		
18	氧化型染发剂中染料	《化妆品卫生规范》(2007 年版)第三部分	高效液相色谱法
19	去屑剂	《化妆品卫生规范》(2007 年版)第三部分	高效液相色谱法
20	抗生素、甲硝唑	《化妆品卫生规范》(2007 年版)第三部分	高效液相色谱法
21	维生素 D_2、维生素 D_3	《化妆品卫生规范》(2007 年版)第三部分	高效液相色谱法
22	可溶性锌盐	《化妆品卫生规范》(2007 年版)第三部分	高效液相色谱法
23	过硼酸钠	头发用冷烫液 QB/T 2285—1997(5.6) 过硼酸钠 HG/T 2518—2008	高效液相色谱法
24	溴酸钠	头发用冷烫液 QB/T 2285—1997(5.8)	高效液相色谱法
25	糖皮质激素	卫生部《2005 年国家健康相关产品卫生监督抽检工作手册》附录 1 中国药典 2010 年版二部	高效液相色谱法
26	曲酸	化妆品中曲酸的检测方法　SN/T 1499—2004	高效液相色谱法
27	熊果苷	化妆品中熊果苷的检测方法　SN/T 1475—2004	高效液相色谱法
28	咖啡因	进出口化妆品中咖啡因的检测　SN/T 1781—2006	化学滴定法
29	三氯生和三氯卡班	进出口化妆品中三氯生和三氯卡班的检测　SN/T 1786—2006	高效液相色谱法
30	总氟含量	牙膏 GB 8372—2008(5.9)	高效液相色谱法
31	总氯(以 Cl^- 计)	氯离子的测定 GB/T 13025.5—2012 足浴盐 QB/T 2744.1—2005(5.5) 沐浴盐 QB/T 2744.2—2005(5.5)	高效液相色谱法

思 考 题

1. 仪器分析方法可分为哪几类?
2. 仪器分析有哪些特点?
3. 气相色谱法在化妆品分析中有哪些应用?
4. 简述气相色谱仪的基本构造与基本原理。
5. 高效液相法在化妆品分析中有哪些应用?
6. 简述高效液相色谱仪的基本构造与基本原理。
7. 原子吸收光谱法在化妆品分析中有哪些应用?
8. 简述原子吸收分光光度计的基本构造与基本原理。
9. 原子荧光光谱法的原理及在化妆品分析中有哪些应用?
10. 简述化妆品成分的仪器分析现状。
11.《化妆品卫生规范》(2007 版)中规定的化妆品卫生化学检验方法有哪些?

第三篇 化妆品原料检验

第九章 化妆品原料概述

化妆品是由各种原料按照一定的配方通过加工而制成的一种复杂的混合物。作为产品最初环节，原料的安全性决定了化妆品的安全性。原料质量指标的变动，容易使成品质量波动；原料中带入有毒有害物质，更会导致质量事故。

近几年化妆品行业频发质量问题，究其根源是化妆品原料使用上的问题，如唇膏中的苏丹红、牙膏中的二甘醇、去屑洗发水中酮康唑、滑石粉中的石棉、护肤品中的重金属等。由于目前绝大部分企业是以供货商出具的原料检验报告作为依据，不具备对原料中所含有害物质的完备验证手段，难免使产品出现产品质量问题。

因此，加强原料的管理很有必要，应建立相应的法规、制度，建立原料的甄别方法和技术手段，加强日常监管。管理者和生产商均应具备化妆品原料的相关知识，了解原料中含有哪些有毒有害元素、对人体容易产生哪些危害，从而维护消费者的使用安全和身体健康。

第一节 化妆品原料的分类

一、按来源分类

化妆品的原料极其广泛。就其来源来讲，可分为人工合成和天然原料两大类，而以合成原料为多。随着"回归自然"潮流的兴起，化妆品天然原料的开发和应用越来越受到重视，并受到消费者的喜爱。

二、按应用分类

化妆品的原料按其在化妆品中的应用而言可分为基质原料和辅助原料（即辅料）两类，如图 9-1 所示。基质原料是化妆品的主体，体现了化妆品的性质和功用；而辅助原料则是对化妆品的成型（稳定）、色、香和某些特性起作用，一般辅助原料的用量相对较少，但在化

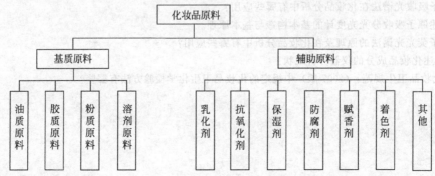

图 9-1　化妆品原料的分类图

妆品中是不可缺少的。

第二节　国家对化妆品原料的监管

化妆品的原料管理目前纳入了国家的管理中，并作为首要任务，为杜绝和消除在化妆品生产中使用或滥用不符合规定的化妆品原料，保障产品质量，国家在化妆品原料的使用上做出了严格的规定，并纳入了日常监督监管工作。

一、实行化妆品原料名单制度

我国《化妆品卫生监督条例》第八条规定："生产化妆品所需的原料、辅料以及直接接触化妆品的容器和包装材料必须符合国家卫生标准。"卫生部《中国已使用化妆品成分名单（2003年版）》整理了截至2000年底中国已使用化妆品成分3265种，其中一般化妆品原料2156种，特殊化妆品原料546种，天然化妆品原料（含中药）563种。

《国际化妆品原料标准中文名称目录》（卫监督发［2007］264号）翻译了美国CTFA《化妆品原料字典》所收录的国际化妆品原料名称（INCI名称），共12072种。全成分标识时必须使用《目录》中规定的标准中文名称。申报化妆品卫生许可时，涉及化妆品原料名称时，应提供《目录》中规定的标准中文名称。卫生部未对《目录》中收录的原料进行卫生安全评价。

二、实行化妆品新原料审批制度

由于各国的国情、制度和管理模式不同，对化妆品的定义和分类也不一样，国内首次使用于化妆品生产的天然或人工的新原料（包括在国外已使用的化妆品原料）必须经国务院卫生行政部门批准。《化妆品卫生监督条例》第九条规定："使用化妆品新原料生产化妆品，必须经国务院卫生行政部门批准。化妆品新原料是指在国内首次使用于化妆品生产的天然或人工原料。"

我国关于化妆品及原料的安全相关问题的审核由化妆品评审专家库进行，该专家库成员由国家食品药品监督管理局负责聘请，专家库成员负责对进口化妆品、特殊用途化妆品和化妆品新原料进行安全性评审，对化妆品引起的重大事故进行技术鉴定。

国家食品药品监督管理局组织制定的《化妆品新原料安全性评价指南》即将发布，适用于化妆品新原料的安全性评价。

三、规定化妆品禁限用物质

在化妆品的原料管理方面，中国广泛参考欧盟的管理办法，《化妆品卫生规范》（2007年版）除对化妆品的最终产品作出要求外，也列出了禁用物质、限用物质、限用防腐剂、限用防晒剂、限用着色剂和暂时允许使用的染发剂目录。

禁用物质是指不得用于化妆品的成分。限用物质是指仅在特定限制条件下使用的物质，限用物质目录规定了限用物质的适用范围、终产品中允许的最大浓度和使用条件，以及需要标明的警示内容等。防腐剂、防晒剂、着色剂和染发剂的使用必须符合《规范》中规定的适用范围、浓度限制和警示要求等。

四、国家化妆品原料管理相关组成

化妆品行业质量监管流程如图9-2所示。

化妆品原料管理工作相关的职能组成部分如图9-3所示。

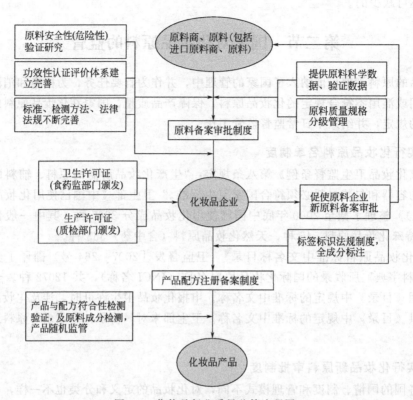

图 9-2　化妆品行业质量监管流程图

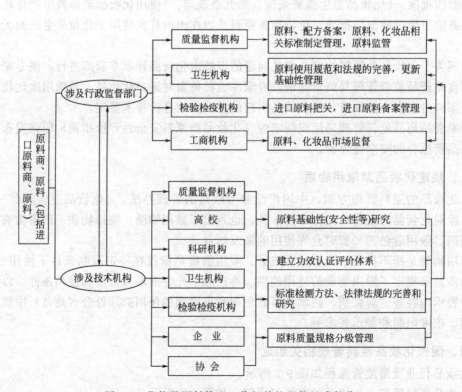

图 9-3　化妆品原料管理工作相关的职能组成部分

第三节　企业化妆品原料管理

对企业而言，要保证化妆品使用的安全性，必须首先从采用的基本原料着手，加强原料的采购和验收，慎重地选择原料种类和用量，对某些原料的用量要加以严格的控制。原料的采购和验收是化妆品安全和质量控制的重要环节。

原料的采购应确保符合规定的采购要求。原料购回后要有验证程序，未经验证的产品，不得投入生产。验证程序主要包括：检验、观察、工艺验证、提供合格证明文件等，应根据验证结果作出可否投产的决定。

原材料的检验应注意抽样要具有代表性，检验仪器及精度符合要求（在检验的有效期内），并注意检测或环境温度。对于不合格的原料未经技术处理不得使用，若无法处理，则应坚决退货。

但是，原料把关对化妆品生产企业来说，检测费用高，很多企业对原料质量没有检测能力控制，且做不到批批原料检测，对限用限量物质使用方面存在认知局限性，目前主要靠通过对原料供应商选择和采购合同约束，很少生产企业要求原料供应商提供 MSDS（原料安全性数据表）。

思　考　题

1. 化妆品原料如何分类？
2. 化妆品中禁用物质和限用物质的定义各指什么？

第十章 化妆品基质原料检验

化妆品的基质原料主要包括油质原料、粉质原料、胶质原料和溶剂原料，在配方中的用量往往比较大。本章对各类化妆品基质原料的经常检验项目作简要介绍。

第一节 油质原料检测项目

一、化妆品中常用的油质原料

化妆品中常用的油质原料包括天然油质原料和合成油质原料两大类，主要指油脂、蜡类原料、烃类、脂肪酸、脂肪醇和酯类等，是化妆品的一类主要原料。其中又以油脂类和合成油脂类原料居多，如图 10-1 所示。化妆品常用油质原料及用途见表 10-1。本节仅简单介绍油脂原料的常见检验项目。

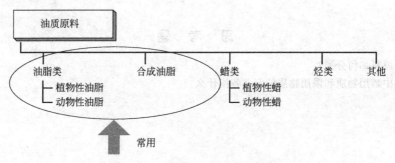

图 10-1 常用的化妆品油质原料

表 10-1 化妆品中常用的油质原料及用途

原料	性 状	主 要 用 途
椰子油	淡黄色半固体，能溶于乙醚、氯仿、乙醇，不溶于水，主要成分为月桂酸甘油酯(占 47%～56%)，自椰子果肉中榨取	用于化妆皂、香波等
山茶油	无色或微黄色液体，能溶于乙酸、氯仿，不溶于水，主要成分为油酸甘油酯，自茶籽中榨取	用于膏霜类、发油等
棕榈油	淡黄色液体，能溶于乙醚、氯仿，微溶于 95% 的乙醇，不溶于水，主要成分为油酸甘油酯(76%～88%)，自橄榄仁中榨取	用于膏霜类、化妆皂等
蓖麻油	淡黄色黏稠液体，具有特殊气味，能溶于乙醇、氯仿，微溶于水，主要成分为蓖麻醇酸甘油酯，自蓖麻籽中榨取	用于口红、香波、发油等
牛脂	淡黄色半固体，自牛体内固体脂肪精制，能溶于乙醚、氯仿，不溶于水，主要成分为硬脂酸、棕榈酸、油酸等甘油酯	用于化妆皂等
可可脂	黄白固体，具有可可香气，能溶于乙醚、氯仿，微溶于乙醇，不溶于水，主要成分为硬脂酸、棕榈酸、月桂酸等甘油酯，自可可豆中提取	用于口红、膏霜类
羊毛脂	无水羊毛脂均为淡黄色半固体，略有特殊臭味，能溶于苯、乙醚、氯仿、丙酮、石油醚和热的无水乙醇中，微溶于 90% 的乙醇，不溶于水，但能吸收两倍量的水而不分离，含水羊毛脂含水量在 25%～30%，溶于氯仿与乙醚后能将水析出，主要成分为胆甾醇及其脂肪酸酯，自洗涤羊毛的废液中提取	用于膏霜类、口红、浴油等

原料	性　　状	主 要 用 途
蜂蜡	淡黄白固体,能溶于乙醚、氯仿及油类,微溶于乙醇,不溶于水,主要成分为棕榈酸蜂花蜡及蜡酸等,自蜜蜂蜂房精制	用于口红、膏霜类
巴西棕榈蜡	淡黄色固体,自巴西棕榈树的叶和叶柄中提取,常温时略溶于有机溶剂,加热后易溶解,不溶于水	用于膏霜类、口红等
卵磷脂	黄色固体,自大豆、蛋黄中提取磷脂的一部分,有吸水性,暴露空气中色泽易变深,能溶于乙醚、氯仿、无水乙醇,不溶于水,但能膨胀形成胶态溶液	有乳化、抗氧化等作用
胆甾醇	白色液体,自羊毛脂中提取,溶于乙醚、乙醇及微溶于水	用于营养霜、发用化妆品等
鲸蜡醇	白色结晶,自鲸蜡中提制,或由棕榈酸还原制得,能溶于乙醇、乙醚、氯仿,不溶于水	用于膏霜类
硬脂醇	白色固体,由硬脂酸还原制得,能溶于乙醇、乙醚,不溶于水	用于膏霜类
硬脂酸	白色固体,由牛脂、硬化油等固体脂肪压制而得,能溶于乙醚、氯仿、乙醇,不溶于水	用于雪花膏、膏霜类
凡士林	无色、无味、无臭的固体,自石油中提制,能溶于乙醚、氯仿和油类,不溶于乙醇和水,主要成分为高碳烷烃与烯烃的混合物	用于膏霜类、粉底霜、胭脂膏、口红等
液体石蜡	又称白油,无色透明、无味、无臭的油状液体,来自石油的高沸点馏分,主要成分为 C_{16} 以上饱和直链状、侧链状、环状烃类化合物	用于香脂、口红等
固体石蜡	无臭、无味、白色半透明固体,自石蜡油中提制,能溶于乙醚,不溶于乙醇、水,主要成分为 C_{19} 以上饱和烃类化合物	用于发蜡、胭脂膏等
地蜡	无色、无味、微黄固体,由天然矿蜡精制,主要成分为高碳烷烃的混合物	用于膏霜类、口红等

二、油脂原料的质量指标和重要检测项目

1. 油脂原料的常见检测项目

油脂是由多种高级脂肪酸与甘油生成的酯。用于化妆品中的油脂原料,主要以天然油脂为主,如蓖麻油、橄榄油、棕榈油、椰子油、貂油、山茶油、桃仁油、羊毛脂、可可脂、杏仁油、棉籽油、红花油等。

油脂的质量标准中,一般要对其外观、色泽、密度、熔点或凝固点、折射率、黏度、酸值、碘值、皂化值、不皂化物等作出规定。这些理化指标的具体检测方法可参见本书有关部分。

事实上,化妆品公司在进行原料质量检验时,不一定完全参照原料品质说明书上所列的项目逐一检测,通常是配合原料油脂的配方、用途,适当地调整其检测项目。

2. 油脂原料质量指标举例

（1）制皂用棕榈油质量指标（参考标准）

指标名称	指标	指标名称	指标
水分及杂质/%≤	0.5	酸值	1.5
皂化值	196～207	色泽	黄色
凝固点/℃	40～47		

（2）蓖麻油质量指标（企业标准）

指标名称	精炼指标	工业用指标
色泽	无色至黄色	透明或微黄
透明性(20℃,48h)	完全透明	完全透明
酸值 ≤	3	5
碘值/(gI₂/100g)	82~88	
水分/% ≤	0.25	0.4
不皂化物/% ≤	1.0	
沉淀物	无浑浊,无沉淀物	无浑浊,无沉淀物

（3）杏仁油质量指标（企业标准）

指标名称	指标	指标名称	指标
相对密度(d_{25}^{25})	0.915~0.920	皂化值	188~197
折射率(40℃)	1.4624~1.4650	不皂化物/%	0.4~0.6
酸值/(mg/g)≤	2	水分/%	0.5
碘值	93~106		

3. 部分油剂原料的检验

香粉、粉底等化妆品为达到护肤效果，配方中除疏水性主剂之外，还必须添加油剂，这些油剂属油质原料。油剂的种类有烷烃、高碳醇、甘油三酯、酯类、聚硅氧烷类。可以使用乙醇-正己烷（1+1）溶解上述所有油剂，萃取后蒸去溶剂，用红外光谱分析，可初步鉴定油剂的种类。

烷烃中有液体石蜡、三十碳烷等，因为缺乏化学反应性，需要将试样溶液按下列条件处理后，直接用 GC 法定量。

（1）定量法　精确称取试样 0.5g 于离心试管中，加正己烷 10mL，用超声波处理。在 3000r/min 下离心分离 10min 后，将上层清液通过 0.45μm 膜过滤器过滤，将滤液作为试样溶液。

（2）测定条件

柱：OV-1 化学键合柱，15m×0.53mm（i.d.）。

柱温：80~260℃（10℃/min）。

进样口温度：200℃。

检测器：FID。

载气：N₂，60mL/min。

其他油剂，可用甲酯化或三甲基硅烷化制备成易挥发衍生物后，用 GC 分析。

第二节　粉质原料检测项目

粉质原料是化妆品的基质原料，均为粒度很细的固体粉末。它在化妆品当中主要起着色、增稠、悬浮、保湿、遮盖、柔滑、附着、摩擦等作用，同时又是粉状面膜的基质原料。其质量要求首先是对人体安全，不能对皮肤产生任何刺激。使用时细度一般在 120 目以上。在粉状化妆品中用量可达 30%~80%。

一、化妆品常用的粉质原料

化妆品常用的粉剂多为无机粉体，如钛白粉、滑石粉、高岭土、膨润土、云母、烧石膏、淀粉、氧化锌、氧化镁、碳酸钙、碳酸镁、氧化钙、碳酸氢钙、氢氧化铝等。

此外，脂肪酸的盐类在香粉类化妆品中也常使用，如硬脂酸锌、豆蔻酸锌、棕榈酸锌、硬脂酸镁、豆蔻酸镁、硬脂酸钙、硬脂酸铝等。

粉质原料主要起遮盖、爽滑、吸收等作用，其性状和主要用途见表 10-2。

表 10-2　粉质原料的性状和主要用途

原料	性　状	主要用途
滑石粉	是天然的含水硅酸镁,有时含有少量硅酸铝,为白色粉末,有润滑感觉,不溶于水及冷的酸、碱溶液,水悬浮液时石蕊呈中性,由天然矿产经加工磨细而得	用于香粉、爽身粉等
高岭土	为天然的含水硅酸铝,是黏土中高岭土族矿物,由天然矿产经煅烧加工制得。白色或黄白色土状细粉,不溶于水及冷的酸、碱溶液,吸油性、吸水性强,对皮肤的附着力等性能良好	用于香粉、胭脂等
膨润土	为天然产胶体性硅酸铝,奶油色或浅棕色土状粉末,由天然矿物加工制得。2%水悬浮液 pH 为9~10,膨润土与水有较强的亲和力,能吸收约15%的水分,在碱或肥皂存在时能形成凝胶	用于牙膏等
锌白	白色、无臭、无定型粉末,由硫酸矿或硫酸锌烧制而得,不溶于水,能溶于酸和碱,纯度约为99%,成分为 ZnO。其着色力大,用作白色颜料,还有收敛性和杀菌作用	用于香粉等
钛白粉	白色、无臭、无定型粉末,以板钛矿和锐钛矿用硫酸法制得。不溶于水及稀酸,溶于热的浓硫酸和碱中,纯度为98%,成分为 TiO_2。金红石型钛白粉有最大遮蔽力,为锌白的2~3倍,着色力为锌白的4倍。用于香粉等原料。其紫外线透过率小,涂在皮肤不发白	用于防晒化妆品
碳酸镁	白色轻质粉末,不溶于水,能为稀酸分解释放出二氧化碳,常以碱式盐存在。天然存在于菱镁矿,轻质碳酸镁通常以硫酸镁或碳酸钠作用制得	用于香粉、牙膏等
轻质碳酸钙	白色无臭粉末,以石灰乳与二氧化钛制得。不溶于水,能被稀酸分解放出二氧化碳	用于牙膏等
硬脂酸镁	白色轻质粉末,以硬脂碳酸钠与碳酸镁作用制得,不溶于水,能溶于热的乙醇,能被稀酸分解析出硬脂酸,通常为硬脂酸镁与棕榈酸镁的混合物	用于香粉等
硬脂酸锌	白色轻质粉末,以硬脂碳酸钠与硫酸锌作用制得。不溶于水、乙醇和乙醚,溶于苯,能被稀酸分解析出硬脂酸,通常为硬脂酸锌与棕榈酸锌的混合物	用于香粉等
磷酸钙、磷酸氢钙	均为白色无定型粉末,不溶于水	作用牙膏原料

粉质颜料的分类及使用目的见表 10-3。

表 10-3　粉质颜料的分类及使用目的

原料类别	使用目的	性质	种　类
着色原料	色调的调整	无机	铁红、铁黄、铁黑、群青、普鲁士蓝等矿物性颜料
		有机	人工合成有色化合物、天然(动、植物)提取物、生物合成
白色颜料	遮盖、增白、阻挡紫外线	无机	钛白粉、氧化锌
体质颜料	调节产品涂展性、皮肤贴附性、光泽感、皮肤质感及产品的成型性、使用性	无机	滑石粉、云母、绢云母、高岭土、硫酸钡、二氧化硅、碳酸镁、氮化硼、氧化铝、碳酸钙、蒙脱石
		有机	羧甲基丙烯酸甲酯、尼龙粉、聚乙烯粉末、聚氨酯粉、珍珠粉、丝粉、硬脂酸盐
		有机复合	硅处理、硬脂酸盐处理、氟处理、磷脂处理、脂肪酸处理、蜡处理、表面活性剂处理、聚乙烯处理、酸处理、有机粉体表面处理
		无机复合	微细钛白粉处理云母、滑石粉、光敏变色钛白粉、多层球状粉体(如:钛白粉/氧化铁/无水硅酸)
珠光颜料	光泽感、质感	无机	云母片、鱼鳞片

二、粉质原料的质量指标和重要检测项目

1. 粉质原料的常见检测项目

粉质原料的常见检测项目主要有：组成（包含化学组成及相关成分的含量比例）、外观（包含粉质的形态、颜色、气味）、细度及颗粒大小、pH、水溶物含量、酸溶物含量、含水量、密度、金属含量（包括铁、砷、铅）等。

对于重金属及金属含量，一般采用光谱分析方法，对小型化妆品企业，可委托卫生部门检验，或由原料生产单位提供有关的质量检验报告。

2. 粉质原料质量指标举例

（1）化妆品生产用二氧化钛质量指标

指标名称	指标	指标名称	指标
外观	白色无定形粉末	水溶性物质/%	<0.12
酸碱性	2g TiO$_2$ 加 20mL 蒸馏水搅拌,过滤后水溶液呈中性	含铅量/(mg/kg)	<40
		含砷量/(mg/kg)	<7

（2）化妆品用滑石粉质量指标（特级）

指标名称	指标	指标名称	指标
细度	分 200 目、325 目、400 目	酸溶物质/%	<2
水溶物质/%	<0.4	酸碱性	水溶物呈中性
含铁量/%	<0.7	含铅量/(mg/kg)	<20
含砷量/(mg/kg)	<5		

三、部分粉质原料的分析方法

1. 细度

图 10-2　标准筛

粉体的细度，是把粉体以一定规格的筛子过筛，以筛过率评价。筛子目数越大，粉体越细。试验时，称取适量（100g）粉体，用标准筛筛分。精确称量各级筛内残留物的质量，计算出通过百分率（见图 10-2）。

筛号常用"目"表示。"目"系指在筛面的 25.4mm（1in）长度上开有的孔数。如开有 30 个孔，称 30 目筛，孔径大小是 25.4mm/30 再减去筛绳的直径。所用筛绳的直径不同，筛孔大小也不同。因此必须注明筛孔尺寸。各国的标准筛号及筛孔尺寸有所不同，国内常用标准筛目次对应的筛孔尺寸见表 10-4。

表 10-4　国内常用标准筛目次对应的筛孔尺寸

目次	筛孔尺寸/mm	目次	筛孔尺寸/mm	目次	筛孔尺寸/mm
8	2.50	45	0.40	130	0.112
10	2.00	50	0.355	150	0.100
12	1.60	55	0.315	160	0.090
16	1.25	60	0.28	190	0.080
18	1.00	65	0.25	200	0.071
20	0.900	70	0.224	240	0.063
24	0.800	75	0.200	260	0.056
26	0.700	80	0.180	300	0.050
28	0.63	90	0.160	320	0.045
32	0.56	100	0.154	360	0.040
35	0.50	110	0.140		
40	0.45	120	0.15		

2. 水溶物

粉末类原料一般是不溶于水的，若粉体中含有水可溶物，视为杂质。因此，粉体原料须作水溶物分析。分析方法：准确称取试样 5g，加入水 70mL，加热煮沸 5min，冷却后加水至 100mL，搅拌均匀后过滤。

弃去最初的 10mL 滤液，然后准确量取 50mL 滤液，放入已恒重并称重的蒸发皿中，在水浴上蒸发至干。再在 105～110℃的烘箱中干燥 1h，精确称量后计算：

$$水溶物含量 = \frac{干燥残渣质量(g) \times 2}{试样质量(g)} \times 100\%$$

3. 酸可溶物

酸可溶物试验为测定试样中可溶于稀盐酸（10%）物质含量。

操作：除另有规定外，精确称取试样 1g，加 10%盐酸 20mL，在不断搅拌下在 50℃加热 15min，转至 50mL 容量瓶中，用水定容，过滤，弃去最初的 15mL 滤液，然后准确量取滤液 25mL，置水浴上蒸干，灼烧至恒重，放入干燥器中冷却后，精确称量，计算出酸可溶物含量：

$$酸可溶物含量 = \frac{干燥残渣质量(g) \times 2}{试样质量(g)} \times 100\%$$

4. 酸不溶物

精确称取适量试样，加入水约 70mL，在搅拌混合下，分次加入少量盐酸共 10mL，加热 5min，冷却后，用定量分析滤纸过滤，滤纸上的残留物用热水洗涤，洗至洗液用 0.1mol/L 硝酸银溶液检验没有氯化物为止，然后将残留物和滤纸一起燃烧灰化，达到恒重为止，放入硅酸干燥器中冷却后，精确称量后计算：

$$酸不溶物含量 = \frac{干燥残渣质量(g)}{试样质量(g)} \times 100\%$$

5. 表观密度的测定

表观密度俗称假密度，测量方法如下：取一恰为 100mL 的玻璃量筒，将固体粉状（或颗粒状）样品自然降落至量筒中，装满，堆积在量筒表面上的多余部分用刮板刮平，然后倒出量筒内的样品称量，即求得该样品的表观密度，单位以 g/mL 表示。一般测定 2 次，取其平均值。

第三节　胶质原料检测项目

胶质原料是化妆品常用基质原料，在化妆品中起以下作用：对乳浊液和混悬液等分散体系可以起稳定作用；对乳浊液、蜜类、洗涤类半流体起增稠作用；对膏霜类半固体起增黏或凝胶化作用；另外，还具有胶黏、成膜、稳定泡沫及保温等作用。

一、化妆品用常见胶质原料

化妆品常用的胶质原料一般为水溶性聚合物，结合原料来源和聚合物的结构类别，水溶性聚合物可分为四大类：有机天然聚合物、有机半合成类聚合物、有机合成类聚合物和无机水溶性聚合物，见表 10-5。

二、胶质原料的质量指标和重要检测项目

1. 胶质原料的常见检测项目

胶质原料常见的检测项目是：外观、pH、黏度、挥发物含量、微生物和灼烧残渣含量等。

表 10-5 水溶性聚合物的分类

类 别		种 类
天然高分子	胶原蛋白类	明胶
		水解蛋白
	聚多糖类	透明质酸、汉生胶
有机物 半合成高分子	改性纤维素	甲基纤维素、乙基纤维素、羧甲基纤维素、羟乙基纤维素、羟丙基纤维素和阳离子纤维素等
	淀粉类	改性玉米淀粉、辛基淀粉琥珀酸铝等
	海藻酸类	爱尔兰海藻酸钠
	其他多糖类衍生物	阿拉伯胶、果胶
合成高分子		聚乙烯醇及其衍生物:聚醋酸乙烯酯、聚甲基乙烯基醚、聚乙烯醇、聚乙二醇、聚氧乙烯、聚乙烯吡咯烷酮等
		其他:聚丙烯酸和聚丙烯酰胺、水溶性尼龙等
无机物		膨润土、硅酸铝镁

2. 胶质原料质量指标举例

(1) 汉生胶质量指标

指标名称	指标	指标名称	指标
产生的 CO_2(按干基计)	4.2%~5.0%,相当于	异丙醇/(mg/kg)	≤750
	汉生胶的含量 91.0%~108.0%	灰分/%	≤16
干燥失重/%	≤15	砷(以 As 计)/(mg/kg)	≤3
丙酮酸/%	≥1.5	重金属(以 Pb 计)/(mg/kg)	≤30
铅/(mg/kg)	≤5		

(2) 黄蓍胶质量指标

指标名称	指标	指标名称	指标
干燥失重/% ≤	16	砷(以 As 计)/(mg/kg) ≤	3
硫酸盐灰分/% ≤	4	铅/(mg/kg) ≤	10
酸不溶灰分/% ≤	0.5	重金属(以 Pb 计)/(mg/kg) ≤	40
酸不溶物/% ≤	2	大肠杆菌	1g 样品中不得检出
糊精、琼脂、阿拉伯树胶及其他树胶及刺梧桐树胶	阴性		

(3) 微晶纤维素质量指标

指标名称	指标	指标名称	指标
性状	白色至灰白色结晶性粉末,无气味	淀粉	阴性
糖类化合物(以纤维素及干基计)/%	—	干燥失重/% ≤	7.05
砷(以 As 计)/(mg/kg) ≤	2	pH	5.5~7.0
重金属(以 Pb 计)/(mg/kg) ≤	10	灼烧残渣/% ≤	0.055
水可溶物/%	0.2		

三、灼烧残渣(又称灰分)的测定

灼烧残渣的测定是基于有机物质在空气自由进入的情况下予以燃烧,在燃烧时,有机物中的部分碳、氢和部分氧均以二氧化碳和水蒸气的状态散失,剩下的只是呈氧化物状态的矿物质元素。

操作步骤是:精确称取试样 2~4g 放于预先称至恒重的坩埚中,先放在小火焰上将挥发性物质挥发掉,然后放入 500~600℃ 的高温电炉中,灼烧至炭分完全挥发,放在干燥器中冷却,称至恒重,按下式计算灰分含量:

$$灼烧残渣含量 = \frac{灼烧残渣质量(g)}{试样质量(g)} \times 100\%$$

注意事项：如果灼烧后的灰分不是白色或淡灰色的灰，将焦化物用热蒸馏水浸泡适当时间后，用无灰滤纸过滤，把滤渣连同滤纸置坩埚中，如上法先在小火上煨去滤纸，然后放在500～600℃的高温电炉中炽灼至坩埚内容物变为白色或淡灰色。

第四节　溶剂原料的检验

溶剂原料在化妆品当中除了作溶剂外，部分还可起挥发、分散、赋形、增塑、保香、收敛等作用，是许多制品不可缺少的组成部分。

一、化妆品用常见溶剂原料

化妆品的溶剂原料的性状及主要用途列于表 10-6。

表 10-6　化妆品的溶剂原料的性状及主要用途

原料	性状	主要用途
乙酸乙酯	无色挥发性液体,有芳香,易燃,能溶于醇、醚等,微溶于水,相对密度0.9003,沸点 77.15℃。乙醇和丙酮等混合,由乙酸与乙醇酯化制得	配制指甲油,常在化妆品中溶解成膜材料
乙酸丁酯	无色液体,有水果香味,易燃,微溶于水,能溶于乙醇与乙醚,相对密度 0.872,沸点 126℃。由乙酸与丁醇酯化制得	配制指甲油
苯二甲酸二丁酯	无色无臭油状液体,不溶于水,与乙醇、乙醚能混合,相对密度1.804,沸点 340℃。由苯二甲酸酐与丁醇酯化制得	配制指甲油、头油
棕榈酸异丙酯	淡黄色流动液体,能溶于有机溶剂,相对密度 0.85,沸点160℃。由棕榈酸与异丙醇酯化制得	配制润发油等
豆蔻酸异丙酯	淡黄色流动液体,能溶于有机溶剂,由豆蔻酸与异丙酯酯化制得	配制润发油等
癸二酸二乙酯	无色或能溶于有机溶剂,由癸二酸与乙醇酯化制得	用于口红等
甘油	无色无臭黏稠液体,有吸湿性,溶于水及乙醇,相对密度1.2635,沸点 290℃,由油脂皂化水解后制得或由丙烯合成	用于膏霜、牙膏等作滋润剂
丙二醇	无色无臭黏稠液体,有吸湿性,溶于水及乙醇,相对密度 1.0381,沸点 188.2℃,由氯丙烷或二氯丙烷与碱作用制得	用于膏霜、牙膏、浴用化妆品等
丙酮	无色液体,有芳香气味,易燃爆。能溶解于乙醇、氯仿、油类和乙醚等。能溶解油脂、树脂、橡胶	用于指甲油,亦可在化妆品中溶解成膜材料
乙醇	在常温、常压下是一种易燃、易挥发的无色透明液体,它的水溶液具有特殊的、令人愉快的香味,并略带刺激性。能与水以任何比例混合	用于芳香类化妆品
水	无色、无味液体,沸点 100℃。多用纯化水,经蒸馏、离子交换法或反渗透法等制得	用于膏霜、乳液类化妆品及水剂类化妆品

二、溶剂原料的质量指标和常见检测项目

1. 溶剂原料的常见检测项目

溶剂原料常见的检测项目一般为外观、色泽、密度、折射率、黏度、指标物含量、蒸发残渣等。

2. 溶剂原料质量指标举例

（1）乙醇质量指标

指标名称	优等品指标	一等品指标
外观	透明液体,无机械杂质	
色度(Pt-Co)/号	5	10
含量/%(体积)　≥	96.0	96.0

指标名称		优等品指标	一等品指标
酸含量(以乙酸计)(质量)/(mg/kg)	≤	20	25
醛含量(以乙酸计)(质量)/(mg/kg)	≤	20	40
甲醇含量(体积)/(mg/kg)	≤	300	300
蒸发残渣(体积)/(mg/kg)	≤	25	30
高锰酸钾试验(时间)/min	≥	20	15
杂醇油含量/(mg/kg)	≤	80	150
气味		无异味	无异味
水溶性试验		无乳色	无乳色

(2) 环己烷质量指标

指标名称		指标	指标名称		指标
纯度/%	≥	99.6	100℃时残渣/%	≤	0.01
相对密度(d_4^{20})	≤	0.779	结晶点/℃		5.3
苯含量/%	≤	0.1	折射率(n_D^{20})		1.426~1.428
溴含量/%	≤	0.05			

思 考 题

1. 化妆品常用的油质原料主要包括哪几类? 主要指哪些?
2. 简述化妆品常用油质原料的性状与主要用途。
3. 油脂原料的有哪些常见检测项目?
4. 化妆品有哪些常用的粉质原料?
5. 粉质原料有哪些常见的检测项目?
6. 化妆品有哪些常用的胶质原料?
7. 胶质原料有哪些常见的检测项目?
8. 化妆品有哪些常见的溶剂原料? 有什么用途?
9. 溶剂原料的常见检测项目有哪些?

第十一章 香料香精的检验

香料是能被嗅觉嗅出香气或味觉尝出香味的物质，是配制香精的原料。香精则是由数种乃至数十种香料，按照一定的配比调和成具有某种香气或香韵及一定用途的调和香料。香料、香精在日用化工（化妆品、洗涤剂等）、食品、涂料等工业领域应用广泛。随着人们生活水平的提高，香料、香精的需求量日趋增加，成为生机勃勃的朝阳行业。

第一节　香料香精的分类和使用概况

一、香料香精的分类

1. 香料的分类

根据有香物质的来源不同，香料可分为天然香料、合成香料和单离香料，见图 11-1。天然香料是从天然含香动植物的某些器官（或组织）或分泌物中提取出来，经加工处理而含有发香成分的物质。天然香料又可分为动物香料，如：麝香，灵猫香、海狸香、龙涎香；植物香料，如：甜橙油、柠檬油、薄荷油和留兰香油等。合成香料则是利用单离香料或化工原料通过有机合成的方法制备的香料，如：香兰素、苯甲醛、柠檬醛等。按其化学结构可分为萜烯类、芳香类、合成麝香及脂肪类。

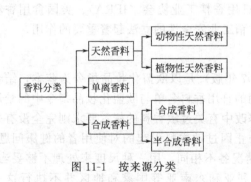

香料种类——按化学结构分

- ■ 烃类香料　　　　　■ 酸类香料
- ■ 醇类香料　　　　　■ 酯类香料
- ■ 酚类香料　　　　　■ 内酯类香料
- ■ 醚类香料　　　　　■ 杂环香料
- ■ 醛类香料　　　　　■ 含氮含硫类香料
- ■ 酮类香料　　　　　■ 合成麝香
- ■ 缩羰基类香料

图 11-1　按来源分类　　　　　图 11-2　按化学结构分类

根据化学结构的不同分类，见图 11-2。

2. 香精的分类

香精按用途的不同，可分为：日用香精、食用香精、工业香精；按形态的不同，可分为：水溶性香精、油溶性香精、乳化香精、粉末香精；按香型的不同，可分为：食用香型香精、酒用香型香精、烟用香型香精、花香型香精、果香型香精、非花型香精等。

二、不同化妆品的加香要求

不同化妆品的加香要求见表 11-1。

表 11-1　不同化妆品的加香要求

加香产品	选 择 标 准	香型及用量
雪花膏	一般用作粉底霜,选择香型必须与粉粉的香型协调,香气不宜强烈,香精用量不宜过多,为 0.5%～1.0%,香精中不宜有刺激性,挥发性,易溶性,有色或易变色的香料	常用香型为茉莉、玫瑰、檀香、铃兰、桂花、白兰等香型

续表

加香产品	选 择 标 准	香型及用量
膏霜	含油脂较多,所用香精必须遮盖油脂的臭气	用玫瑰或紫罗兰香型为宜
乳液	加香同膏霜类,因含水多,为使乳液稳定,应少用香精	多用水溶性香精
胭脂	与香粉加香基本相同	须与香粉香型协调,对香精变色要求低
口红	对香气要求不高,以芳香甜美适口为主,眉笔加香与口红相似,香精用量可以少,要求无刺激,易结晶析出的固体香料不宜使用	常用香型有玫瑰、茉莉、紫罗兰、樱花等,亦可用古龙香型,一般用量1%~3%
香水	为香精的酒精溶液,不宜采用含蜡多的原料	以花香型为宜,幻想型和花束型常用,用量10%~15%
牙膏	应是无毒、无刺激性的食品级香料	薄荷脑的用量较高,还有留兰香型、水果香型等,一般用量20%~30%
香皂	对油脂气有一定的遮盖力,稳定性要好,不应对皂体有明显的着色或变色,有较好的扩散性和透发性	用量:优级皂2%~3%;一级皂1.2%~2%;二级皂0.8%~1.5%;三级皂0.8%~1.2%

第二节　香料香精的管理和相关标准

一、国际上对香料香精的管理概况

国际上对香料香精的立法和管理主要依靠行业自律,而非政府。目前有国际标准组织(ISO)、食品香料工业国际组织(IOFI)、国际日用香精工业协会(IFRA)、美国食用香料和萃取物制造协会(FEMA)等机构,对香料香精工业安全性的立法起着重要的作用。

二、我国对香料香精的管理情况

我国卫生部颁布的《化妆品卫生规范》(2007年版)是以欧盟化妆品指令为蓝本,结合中国实际情况作了增删而制定的。该规范中禁用的日用香料名单与欧盟化妆品指令中的禁用名单完全相同,而对欧盟化妆品指令的第7次修改中有关过敏香料的标示要求则完全没有采纳。一是因为欧盟的标示要求不能从根本上来防止因过敏香料引起的对使用者的健康问题;二是定量依据不够充分,26种香料引起过敏的情况各不相同,用一种尺度来处理不够妥当;三是该指令只在欧盟执行,美国、日本、澳大利亚和东南亚等国家和地区并不执行这一指令。

三、我国的香料香精标准

国家制定了推荐性香料香精通用试验方法及产品标准。见表11-2。

表11-2　现行的香料香精标准

序号	标准号	标准名称
1	GB/T 14454.1—2008	香料 试样制备
2	GB/T 14454.2—2008	香料 香气评定法
3	GB/T 14454.4—2008	香料 折射率的测定
4	GB/T 14454.5—2008	香料 旋光度的测定
5	GB/T 14454.6—2008	香料 蒸发后残留物含量的评估
6	GB/T 14454.7—2008	香料 冻点的测定

续表

序号	标准号	标准名称
7	GB/T 14454.11—2008	香料 含酚量的测定
8	GB/T 14454.12—2008	香料 微量氯测定法
9	GB/T 14454.13—2008	香料 羰值和羰基化合物含量的测定
10	GB/T 14454.14—2008	香料 标准溶液、试液和指示液的制备
11	GB/T 14454.15—2008	黄樟油 黄樟素和异黄樟素含量的测定 填充柱气相色谱
12	GB/T 21171—2007	香料香精术语
13	GB/T 11538—2006	精油 毛细管柱气相色谱分析 通用法
14	GB/T 11539—2008	香料 填充柱气相色谱分析 通用法
15	GB/T 11540—2008	香料 相对密度的测定
16	GB/T 14455.1—2008	精油 命名原则
17	GB/T 14455.2—93	精油 取样方法
18	GB/T 14455.3—2008	精油 乙醇中溶解(混)度的评估
19	GB/T 14455.5—2008	精油 酸值或含酸量的测定
20	GB/T 14455.6—2008	精油 酯值或含酯量的测定
21	GB/T 14455.7—2008	精油 乙酰化后酯值的测定和游离醇与总醇含量的评估
22	GB/T 14455.10—93	精油 含难以皂化的酯类精油的酯值的测定
23	GB/T 14457.2—2013	单离及合成香料 沸程测定法
24	GB/T 14457.3—2008	单离及合成香料 熔点测定法
25	GB/T 14457.7—93	单离及合成香料 伯醇或仲醇含量的测定 乙酰吡啶法
26	GB/T 14458—2013	香花浸膏检验方法
27	GB/T 22731—2008	日用香精
28	SN/T 0735.1—1997	出口芳香油、单离和合成香料旋光度的测定
29	SN/T 0735.10—1997	出口芳香油、单离和合成香料醛和酮的测定 中性亚硫酸钠法
30	SN/T 0735.11—1997	出口芳香油、单离和合成香料醛和酮的测定
31	SN/T 0735.12—1997	出口芳香油、单离和合成香料芳樟醇的测定 二甲基苯胺-氯化乙酰法
32	SN/T 0735.13—1997	出口芳香油、单离和合成香料总醇的测定 乙酰化法
33	SN/T 0735.14—1999	出口芳香油、单离和合成香料 馏程测定法
34	SN/T 0735.15—1999	出口芳香油、单离和合成香料 闪点测定法(闭口杯法)
35	SN/T 0735.16—1999	出口芳香油、单离和合成香料 水分测定法(蒸馏法)
36	SN/T 0735.17—2001	出口芳香油、单离和合成香料 樟脑含量的测定(重量分析法)
37	SN/T 0735.2—1997	出口芳香油、单离和合成香料熔点的测定法 晶体类
38	SN/T 0735.3—1997	出口芳香油、单离和合成香料折射率的测定法
39	SN/T 0735.4—1997	出口芳香油、单离和合成香料冻点测定方法
40	SN/T 0735.5—1997	出口芳香油、单离和合成香料乙醇溶解度的测定方法
41	SN/T 0735.6—1997	出口芳香油、单离和合成香料相对密度的测定法
42	SN/T 0735.7—1997	出口芳香油、单离和合成香料黄樟油中黄樟油素含量测定法
43	SN/T 0735.8—1997	出口芳香油、单离和合成香料桉叶精含量测定法
44	SN/T 0735.9—1997	出口芳香油、单离和合成香料酯的测定
45	SN/T 0776—1999	出口芳香油、单离和合成香料酸值测定法

四、香料香精的检测指标

国家制定的系列香料香精相关标准规定了香料香精的技术指标要求、试验方法、检验规则和标志、包装、运输、储存及保质期等。

（一）香料的检测指标

香料的检测指标一般包括色状、香气、相对密度、折射率、旋光度、冻点、溶混度、酸值、酯值、特征组分含量等，对化妆品用香料，还要按照化妆品卫生标准要求进行禁用物质和限用物质的检验。以下仅举两例，分别见表11-3和表11-4。

表 11-3　中国薰衣草（精）油

检验项目	指标要求		检验方法
色状	浅黄色流动液体		将试样置于比色管内，用目测法观察
香气	特征性的新鲜花香，类似植物开花部分的香气		GB/T 14454.2—2008 香料 香气评定法
相对密度（d_{20}^{20}）	0.876～0.895		GB/T 11540—2008 香料 相对密度的测定
折射率（20℃）	1.4570～1.4640		GB/T 14454.4—2008 香料 折射率的测定
旋光度（20℃）	−12.0°～6.0°		GB/T 14454.5—2008 香料 旋光度的测定
溶混度（20℃）	1体积试样混溶于3体积70%（体积分数）乙醇中，呈澄清溶液		GB/T 14455.3—2008 精油 乙醇中溶解（混）度的评估
酸值	≤1.2		GB/T 14455.5—2008 精油 酸值或含酸量的测定
特征组分含量（GC）	**特征组分**	**含量/%**	GB/T 11538—2006 精油 毛细管柱气相色谱分析通用法
	樟脑	≤1.5	
	芳樟醇	20～43	
	乙酸芳樟醇	25～47	
	乙酸薰衣草酯	0～8.0	

表 11-4　中国苦水玫瑰（精）油

检验项目	指标要求		检验方法
色状	微黄色至浅黄色澄清液体		将试样置于比色管内，用目测法观察
香气	具有中国苦水玫瑰浓郁的玫瑰花香		GB/T 14454.2—2008 香料 香气评定法
相对密度（d_{20}^{20}）	0.856～0.900		GB/T 11540—2008 香料 相对密度的测定
折射率（25℃）	1.4600～1.4730		GB/T 14454.4—2008 香料 折射率的测定
旋光度（25℃）	−12.0°～−5°		GB/T 14454.5—2008 香料 旋光度的测定
冻点/℃	10～15		GB/T 14454.7—2008 香料 冻点的测定
酯值	16～26		GB/T 14455.6—2008 精油 酯值或含酯量的测定
特征组分含量（GC）	**特征组分**	**最低/%**　**最高/%**	GB/T 11538—2006 精油 毛细管柱气相色谱分析通用法
	香茅醇	40.0　　54.0	
	橙花醇	2.0　　6.0	
	香叶醇	7.0　　18.0	

（二）日用香精的检测指标

日用香精是指由日用香料和辅料组成的混合物，代表了一定的香精配方。日用香精的检验标准及检验方法一般引用香料的检验方法。

日用香精产品可分为三大类型：

（1）化妆品用香精　包括膏霜、香水、花露水、香粉、发油、蜡用香精等。

（2）内用香精　包括牙膏、唇膏、餐具洗涤剂、风油精制品用香精等。

（3）外用香精　包括香皂、护发素、洗涤用品、洗衣粉及其他加香产品用香精。

日化用香精的质量检验一般包括：色泽、香气、折射率、相对密度、重金属限量（以Pb计）、含砷量、pH、乙醇中的溶解度等。对化妆品用香精，还要按照化妆品卫生标准要求进行禁用物质和限用物质的检验。

除《化妆品卫生规范》（2007 年版）的有关规定之外，国家推荐标准《日用香精》（GB/T 22731—2008）在附录中规定了应用香精的十一类产品、日用香精中限用的香料及其在十一类加香产品中的最高限量、日用香精的禁用物质，在检测中可以参照。

由于香精是若干种香料及其他添加剂的混合物，即便是同一香型的香精，也可以有数十种不同的配方。因此，香精的检验很难制定一个统一的标准，一般都是由生产厂家自行拟定企业标准。但在拟定企业标准时，可以参照《GB/T 22731—2008 日用香精》，检测指标一般遵循表 11-5 的香精技术要求。

表 11-5　香精的技术指标要求

指标名称	化妆品用香精	内用香精	外用香精	备注
色状	符合同一型号标样的色泽范围			标样的确定、认可和保存等均由国家主管部门审发，并定期更换
香气	符合同一型号标样的特征香气			
折射率(20℃)	$n_{标样} \pm 0.010$			
相对密度(d_{25}^{25} 或 d_{20}^{20} 或 d_4^{20})	$d_{标样} \pm 0.010$			
重金属(以 Pb 计)/(mg/kg)	≤10		—	
含砷量(As)/(mg/kg)	≤5	≤3	—	

第三节　香料香精检测技术概述

香料香精的检验目的主要在于分析香料香精的物理化学属性、组分、含量、判别香气质量，以及对天然及合成香料生产、销售过程中进行质量控制等。

一、香料香精检验的特点

香料香精产品的用途极其广泛，在不同的领域有不同的质量标准，而且同一产品根据其销售的途径不同也存在着不同的技术要求。因此，香料香精的检测具有多样性和特殊性的特点。由于香料、香精往往是作为配套加香的产品使用，香味、色泽等指标在香料、香精的质量检验中十分重要，不可忽略。此外，还要对香（原）料进行卫生理化指标检测。

二、香料香精检测技术的分类

香料香精的检测技术一般包括感官检验、产品的物化性质检验及成分分析。

1. 感官检验

香料香精的感官检验包括香料试样的香气质量、香势、留香时间以及香味、色泽等指标的检验。

2. 物化性质的检验

香料化合物属于有机化合物的范畴，在一般有机分析中常用的分析方法，都适合于香料化合物的分析，例如相对密度、折射率、旋光度、溶解度、熔点、沸点、冻点和吸光度等物性常数的测定，还有酸值、酯值、羰基化合物、含酚量等化学参数的测定，可用来检测许多香料的质量和产品规格。例如茴香油，当其中含有少量杂质时，凝固点明显下降，因此可用凝固点来表示其含量。再如香芹酮，由于光学活性不同，其香气差别很大，一般将左旋体称为留兰香酮，右旋体称为葛缕酮，用旋光度来检测其光学活性，可以准确地标明其质量和光学组成。

3. 成分分析

无论是用于制造香料的原材料，还是含香料的产品，一般形成香气成分的种类繁多，而含量不多，而且化学、物理性质都不尽相同。这给香气成分的分析带来一定困难，但由于现代分析技术的进步，已获得了许多这方面的信息。

香料香精的成分分析一般包括样品预处理，香气化合物的采集、浓缩、分离、鉴定（含定量）、综合评价等步骤。检测通常采用色谱法，它包括气相色谱、薄层色谱和高压液相色谱，其中尤以气相色谱最为常用。

近几年超临界流体色谱（SFC）的发展，使样品中挥发性成分和非挥发性成分的分析同时进行。SFC 的分析速度和分离效率介于气相色谱和液相色谱之间，结合了两者的特长，是分析难挥发、易热解香料成分的有效而快速的方法。

气相色谱和质谱联用方法的出现，使质谱在香料成分研究领域的应用大大增加。现在有了计算机化的气-质联用系统，就可以对所有气相色谱流出峰进行液相色谱分析，并把所有的质谱信息储存在计算机内，用这样的设备只需很短时间就可以把一个复杂的混合物分析完毕。

对气相色谱、高效液相色谱分离法配合傅里叶红外光谱（如 GC/FI-IR），以及使用二维核磁共振谱（^1H-^1HNMR、^1H-$CNMR$），也是当今香料成分分析中常用的方法。

第四节　香料的感官检验

香料的感官检验包括香料试样的香气质量、香势、留香时间以及香味、色泽等指标的检验。本节主要介绍香料感官检验中的香气检验。

香气的检验简称评香。香气是香料的重要性能指标，通过香气的评定可以辨别其香气的浓淡、强弱、杂气、掺杂和变质的情况。按评香的对象不同，可分为对香料、香精和加香制品的评香。

目前主要是通过人的嗅觉和味觉等感官来进行香的检验，由评香师在评香室内利用嗅觉对样品和标准样品的香气进行比较，从而评定样品与标准样品的香气是否相符。

参照《香料 香气评定法》（GB/T 14454.2—2008）。

一、标准样品、溶剂和辨香纸

（1）标准样品　是由国家主管部门授权审发，经过选择的最能代表当前生产质量水平的各种香料产品。并根据不同产品的特性定期审换，一般为一年。

不同品种、不同工艺方法和不同地区的香料，用不同原料制成的单离香料，或不同的工艺路线制成的合成香料，以及不同规格的香料，均应分别确定标准样品。标准样品要妥善保管，防止香气污染。

（2）**溶剂**　按不同香料品种选用乙醇、苄醇、苯甲酸苄酯、邻苯二甲酸二乙酯、十四酸异丙酯、水等作溶剂。

（3）**辨香纸**　用质量好的厚度约为 0.5mm 的无臭吸水纸，切成宽 0.5～1.0cm，长10～15cm。

二、香气评定的方法

1. 三角配对法——第一法

将待检试样与标样进行比较，根据两者之间的香气显性差异来评估待检试样的香气是否可接受。

将 4 根辨香纸分别标记，用其中 2 根辨香纸蘸取待检试样，用另外 2 根辨香纸蘸取标样，混合这 4 根辨香纸。任意抽走 1 根，保留 3 根，让评香员找出香气不同的那根辨香纸。

（1）**湿法**　对刚准备好（蘸取样品后 10min 以内）的辨香纸进行评析，称为湿法。

（2）**干法**　对准备较长时间后（30min 以后、48h 之内）的辨香纸进行评析，称为干法。

2. 成对比较检验法——第二法

在空气清新无杂气的评香室内，先将等量的试样和标准样品分别放在相同而洁净无臭的容器中，进行评香。

通过评香，评定待检试样的香气是否与标准相符，并注意辨别其香气浓淡、强弱、杂气、掺杂和变质的情况。

三、香气评定的步骤（按第二法）

在空气清新无杂气的评香室内，先将等量的试样和标准样品分别放在相同而洁净无臭的容器中，进行评香，包括瓶口香气的比较，然后再按下列两类香料分别进行评定。

1. 液体香料

用辨香纸分别蘸取容器内试样与标准样品 1～2cm（两者必须接近等量），用夹子夹在测试架上，然后用嗅觉进行评香。除蘸好后立即辨其香气外，并应辨别其在挥发过程中全部香气是否与标准样品相符，有无异杂气。天然香料更应评比其挥发过程中的头香、体香、尾香（又称基香），以全面评价其香气质量。

对于不易直接辨别其香气质量的产品，可先以不同溶剂溶解，并将试样与标准样品分别稀释至相同浓度，然后再蘸在辨香纸上待溶剂挥发后按上述方法及时评香。

2. 固体香料

固体香料的试样和标准样品可直接（或擦在清洁的手背上）进行评香。香气浓烈者可选用适当溶剂溶解，并稀释至相同浓度，然后蘸在辨香纸上按上述方法进行评香。

在必要时，固体和液体香料的香气评定可用等量的试样和标准样品，通过试配香精或实物加香后进行评香。

3. 结果的表示

香气评定结果可用分数（满分 40 分）表示，或用纯正（39.1～40.0 分）、较纯正（36.0～39.0 分）、可以（32.0～35.9 分）、尚可（28.0～31.9 分）、及格（24.0～27.9 分）、不及格（24.0 分以下）。

四、评香中应注意的问题

在辨香与评香过程中，应注意下列问题。

（1）要有一个清净安宁的工作场所。室内空气要流通、清洁，不能有其他香气的干扰。

（2）要思想集中，嗅辨应间歇进行，避免嗅觉疲劳。一般，开始时的间歇是每次几秒钟，最初嗅的三四次最为重要。易挥发者要在几分钟内间歇地嗅辨；香气复杂的，有不同挥发阶段的，除开始外，可间歇 5～10min，再延长至 0.5h、1h、0.5d、1d 或持续若干天。要重复多次，观察不同时间中香气变化以及挥发程度（头香、体香、基香）。

（3）要有好的标样，并装在深色的玻璃小瓶中，置阴凉干燥处或冰箱内存放，防止变质。储存到一定时间要更换。

（4）嗅辨时要用辨香纸。对于液态样品，以纸条宽 0.5～1cm、长 10～18cm 为宜；对固态样品，以纸片宽 5cm、长 10cm 为宜。辨香纸在存放时要防止被玷污和吸入其他任何气味。

（5）辨香时的香料要有合适的浓度。过浓，嗅觉容易饱和、麻痹或疲劳，因此有必要把香料或香精用纯净无臭的 95% 乙醇或纯净邻苯二甲酸二乙酯稀释至 1%～10%，甚至更淡些来辨评。

（6）辨香纸的一端应写明辨评对象的名称、编号、日期和时间，另一头蘸样品。如果是两种以上样品对比，则要等量蘸取。如是用纸片，可将固态样品少量置于纸片中心。嗅辨时，样品不要触及鼻子，要有一定的距离（刚可嗅到为宜）。

要随时记录嗅辨香气的结果，包括香韵、香型、特征、强度、挥发程度，并根据自己的体会，用贴切的词语描述香气。要分阶段记录，最后写出全貌。若是评比则写出它们之间的区别，如有关纯度、相像程度、强度、挥发度等意见，最后写出评定好坏、真假等的评语。

五、实际操作中各类香料香精的评香

1. 单体香料的评价

单体香料的评香检验有三个方面：香气质量、香气强度和留香时间。

（1）香气质量　直接闻试香料纯品、乙醇稀释后的单体香料稀释液或相应的评香纸。有时也可将单体香料稀释到一定浓度（溶剂主要用水），放入口中，香气从口中通入鼻腔进行香气质量检验。有时因为香气质量随浓度发生变化，所以可以从稀释度与香气之间的关系评价香气质量。

（2）香气强度　人们把开始闻不到香气时的香料物质的最小浓度叫做阈值，用阈值来表示香气强度。阈值越小的香料，香气强度越高；反之阈值越大的香料，香气强度越低。由于阈值随稀释剂不同以及其他杂质的存在而变化，故必须采用同一溶剂和较为纯净的香料测定阈值。

（3）留香时间　将单体香料蘸到闻香纸上，再测定它在闻香纸上的保留时间，即从沾到闻香纸上到闻不到香气的时间。保留时间越长，留香性越好。

2. 天然香料的评价

天然香料的评价法和单体香料相同。但天然香料是多种成分的混合物，所以香料的检验又不同于单体香料。天然香料检验的重点是：在同一评香纸上检验出头香、体香和基香三者的香气平衡的变化。

3. 香精的评价

香精的香气质量、香气强度的评价方法和单体香料、天然香料基本相同。由于香精也是多种成分的混合物，所以在同一评香纸上要检验出头香、体香和基香三者之间的香气平衡，是非常重要的。如果头香不冲，香气的扩散性（挥发性）就较差；如果体香不和，香气就不够文雅；如果基香不浓，则留香不佳，香气就不够持久。另外还要考虑其与标样的相像程度，有无独创性、新颖性等。

而对于食品香精、牙膏香精，除上述评价法外，香精评价还包括味的评价，即采取把香精中加入到一定量的水或糖浆后含入口中，对冲入鼻腔中的香气和口感同时进行评价的方法。

4. 加香制品香的评价

对于市售加香产品，评香时一般即以此成品或在使用后用嗅辨的方法来辨评。如要进一步评比（如仿香），则可从产品中萃取出其中含有的香成分，再进行如上的评辨。

当香精加入加香制品中后，同一种香料或香精在不同的加香介质中，其香气、味道等会有不同，如受其他物质的影响，产生香强度减弱或香气平衡被破坏等，并随着放置时间的延长而变化，导致香气劣化。因此欲知某香料或自己配制的香精在加香制品中的香气变化，挥发性、持久性和对产品外观的影响情况等，则必须将该香料或香精加入加香制品中，然后进行观察评比。视加香制品的性质，或考察一段时间，或经冷热考验，观察其香气、香韵、介质的稳定性、色泽等的稳定性，以便对调合香料做出最终评价。

六、统计感官检验法

为避免不同人感官检验的差异对检验结果带来的误差，通常采用统计感官检验法。常用的统计检验法有一点鉴定法、两点嗜好鉴定法、两点识别鉴定法、两点双鉴定法、三角配对法、顺序法、极限法等，见表 11-6。

表 11-6　统计感官检验法归类表

序号	名称	方　　　法
1	一点鉴定法	先提出基准试样，然后再提出一个试样与前者进行比较，判断后者与前者是否相同
2	两点识别鉴定法	提出两个试样比较二者中哪个刺激性强
3	两点嗜好鉴定法	提出两个试样比较二者中哪一个香气更令人满意
4	两点双鉴定法	随机提出 ε 个试样（AB、AA、BB、BA 中的任意一对），判断二者是否是同一物质
5	三样识别法	提出三个试样（ABB、BAA 中的一组），对三个试样中的挂单的一个试样（例如在 ABB 的情况下，相当于其中的 A）进行试验的方法
6	1∶2 点试验法	先提出一个标准试样（A 或 B），经过充分记忆后，再提出两个试样（A，B），判断两个试样中哪一个是标准试样

第五节　香料香精试样的制备和取样

一、香料试样的准备

参照《香料 试样制备》（GB/T 14454.1—2008）。

1. 精油的试样制备

（1）在室温下呈固体或半固体的精油　将精油置于烘箱中液化。烘箱的温度控制在能使精油在 10min 内液化的最低温度。该温度通常比精油预计的凝固点高约 10℃。操作过程中，特别是含醛类的精油，应避免空气进入盛有精油的容器。要做到这点，可把塞子松开一些，但不要取下。将液状的精油倒入预先在上述温度的烘箱内加热的干燥的锥形瓶中，装入量不超过锥形瓶容量的 2/3。

在以下所有操作中，保持精油在呈液状的最低温度。

（2）在室温下呈液体的精油　在室温下将精油倒入干燥的锥形瓶中，装入量不超过锥形瓶容量的 2/3。

（3）精油的处理　加脱水剂（硫酸镁或硫酸钠）于装有试样的锥形瓶中，加入脱水剂的量为精油质量的 15%。至少在 2h 内不时地强力摇动锥形瓶。过滤试样。

为了检查脱水剂的作用，再加入约5％的硫酸镁或硫酸钠。

在（1）情况下，可控制适当温度的烘箱内进行过滤。但不要使精油在烘箱内放置超过适当的时间。

注意：

（1）操作完成后，即应进行分析。否则，过滤后的精油应保存在预先干燥的容器内，置于阴凉处，避开强光。试样应装满容器并塞紧瓶塞。

（2）某些情况下，在有关香料的产品标准中规定要用柠檬酸或酒石酸与精油一起搅动，以除去使精油变色的苯酚金属盐。

2. 单离及合成香料试样的制备

（1）一般只需过滤除去不溶杂质。操作程序按精油试样的制备进行，但不加入脱水剂。

（2）需要进行脱水、脱色的样品，在有关香料的产品标准中规定，操作程序按精油试样的制备进行。

二、香料的取样方法

取样是指从一批或一个容器中取出在性质和组成上具有代表性的样品，供分析检测之用。参照《精油 取样方法》（GB/T 14455.2—93）。

1. 取样工具

精油取样时所使用的工具包括搅拌器、抽油器、底部和表层取样器、中心取样器、区层取样器、活栓、泵、虹吸管、玻璃取样管和样品容器。

精油取样时所使用的一切工具在使用前均应洗净、干燥，如有可能应用标准型的。所用工具均用不受精油腐蚀的材料制成。

2. 取样步骤

（1）检查 取样中的第一个步骤是先对精油进行检查，观看其外观是否一致。如呈液态，要检查精油中是否部分或全部含有离析出的固态物、水分或其他杂质。

（2）均匀化 为保证从每一个容器中取出的样品具有足够的代表性，取样前应采用下述方法进行均匀化。

当样品呈液态时，要充分摇晃容器，并用搅拌器或通入氮气、脱氧空气使其均匀。

当样品呈固态或黏稠状或固相与液相混合组成时，应将样品加热使其全部液化，并摇晃均匀。加热的温度应以全部样品熔化的最低温度为宜。当不能达到全部熔化时，可用适当工具采取一系列局部样品，集中、混合均匀后，再从中取出3个有代表性的样品。

（3）取样方法

① 大容量容器（槽、槽车等） 在每个容器内，应从精油的表面算起的不同深度（总深度的 1/10、1/3、1/2、2/3、9/10处），采取5个数量大致相等的局部样品，集中、混合均匀后，从中取出3个有代表性的样品。

② 其他容器（桶、坛、罐、瓶等） 按表11-7规定的容器间隔取样，集中、混合均匀后，从中取出3个有代表性的样品。

表11-7 取样数量表

容器总数	取样容器的最低数	容器总数	取样容器的最低数
1～3	每个容器	61～80	5
4～20	3	81～120	6
21～60	4	120 以上	每隔20个容器中取1个

注：如在精油的表面或底部含有杂质或水，此层的样品要另行采取，集中充分混合后分3个等份，并做好标记，不能与上面5个局部样品混合。

3. 样品的保存

取出的样品盛装于玻璃瓶内，玻璃瓶上部应留有5%～10%容积的空隙，瓶口塞子塞紧密封，并用封条封好。室温下为液体的样品盛装于细口瓶内，黏稠或固态样品盛装于广口瓶内。不得用火漆、石蜡等材料封口，以免污染样品。在盛装样品的玻璃瓶上贴上标签，注明样品编号和名称、香料产品的规格和数量、生产单位、取样日期、容器的数量及种类和标记、取样监督人的姓名、委托单位等内容，以保证样品的可靠性。

完成取样后，应尽快分析检测，保留的样品应存于阴凉处。

第六节　冻点的测定及黄樟油素、桉叶素含量测定

冻点是香料在过冷下由液态转变为固态释放其熔化潜热时，所观察到的恒定温度或最高温度。采用冻点法可以测定香料中黄樟油素的含量，采用邻甲酚冻点法可以测定香料中桉叶素的含量。

本节参照《香料 冻点的测定》（GB/T 14454.7—2008），适用于对黄樟油含量在69%以上的精油及单离香料中黄樟油素含量的测定和对桉叶素含量在45.6%以上的精油及单离香料中桉叶素含量的测定。

一、冻点的测定

（一）测定原理

缓慢并逐步冷却试样。当试样从液态转化为固态时，观察其温度的变化。

（二）试剂与仪器

1. 试剂（仅限于桉叶素含量的测定）

（1）邻甲酚　冻点不低于30℃，使用时需经蒸馏，取190～192℃之间的馏分，置于干燥具玻璃塞瓶中备用，使用前需与纯桉叶素（100%）按其相对分子质量比为108.13∶154.24（邻甲酚∶桉叶素）混合后校核其冻点，应为55.2℃。

（2）无水硫酸钠。

（3）桉叶素（100%）　用无水硫酸钠干燥后备用。

所用试剂皆为分析纯，水为蒸馏水。

2. 仪器

（1）校正过的温度计　温度符合以下要求：

水银球长度为10～20mm；水银球直径为5～6mm；刻度为0.1℃；量程为−20～+60℃。或使用香料产品标准中所要求的温度计。

（2）试管　直径约为20mm，长约100mm。

（3）厚壁试管　直径约为30mm，长约125mm。

（4）冻点测定装置　如图11-3所示。

（5）锥形瓶　25mL，用于桉叶素含量的测定。

（三）测定步骤

（1）初步试验　如有需要，先将试样温热熔化，在试管内冷却几毫升待测试样，用搅拌器搅拌直到凝固冻结。记下此时温度，置于冷处。

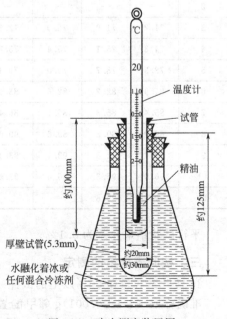

图11-3　冻点测定装置图

（2）冻点测定　为达到比初步试验中观察到的温度低 5℃ 的温度要求，在广口瓶内加入水，融化中的冰或任何适当的混合冷冻剂，装好厚壁试管。

在试管中加入 10mL 试样（需要时加以融化）。插入温度计并小心地把试样冷却到初步试验中所得出的温度，立即把试管插入厚壁试管中，使温度再降低 2℃。

必要时，试样中可加入微量从初步试验中得到的固体试样作为晶种。用搅拌器连续搅拌，引起试样结晶。待温度回升，停止搅动。注意避免析出的颗粒黏附在管壁上。仔细观察温度的变化。

当温度对时间曲线上温度显示出最大值，或至少 1min 保持不变时，记下所观察到的温度。

从装置中取出试管，重新液化该试样，重复测定，直至连续两次的测试结果之差不超过 0.2℃。

取最后两次读数的平均值为最终值。

个别产品在测定冻点时，当温度开始回升，仍应继续搅拌，不可停止，否则冻点要偏低，例如苯甲酸苄酯等，见相关产品标准。

有双冻点的产品，要测定双冻点，见相关产品标准。

（四）结果表述

试验结束时所观察到的最高温度即为冻点，用℃表示。精确到 0.1℃。

平行试验结果允许差 0.2℃。

二、黄樟油素含量的测定

按上述方法测定冻点，测定时加入微量的晶种。按表 11-8 换算黄樟油素的含量。如：试样冻点为 10.6℃ 时，其黄樟油素的含量是 98.1%（质量分数）。

表 11-8　黄樟油素含量换算表（以质量分数计）

温度/℃	温度及黄樟油素含量									
	.0	.1	.2	.3	.4	.5	.6	.7	.8	.9
2	—	—	—	—	69.1	69.4	69.8	70.2	70.5	70.9
3	71.2	71.9	72.0	72.3	72.6	73.0	73.4	73.7	74.0	74.4
4	74.8	75.1	75.4	75.8	76.2	73.0	73.4	73.7	74.0	74.4
5	78.3	78.7	79.0	79.4	79.7	80.1	80.4	80.8	81.2	81.5
6	81.9	82.2	82.6	83.0	83.3	83.6	84.0	84.3	84.7	85.0
7	85.4	85.7	86.1	86.4	86.8	87.2	87.5	87.9	88.2	88.6
8	89.0	89.3	89.6	90.0	90.3	90.6	91.0	91.4	91.8	92.1
9	92.4	92.8	93.1	93.4	93.8	94.2	94.6	94.9	95.2	95.6
10	96.0	96.3	96.6	97.0	97.4	97.7	98.1	98.4	98.8	99.1
11	99.5	99.8	—	—	—	—	—	—	—	—

平行试验结果允差为 0.1%。

三、桉叶素含量的测定

1. 桉叶素含量在 50% 以上的试样

准确称取 (2.1±0.001)g 邻甲酚置于试管中，再称入经无水硫酸钠干燥的试样（3±0.001)g，将试管插入厚壁试管中，插入温度计，搅拌至完全凝固，记下回升到最高点的温度。

　　取出试管置热水中搅动，待试样融化后，再将试管插入厚壁试管中，并将厚壁试管置于广口瓶中，瓶内盛低于预计冻点 5～10℃的水。当冷却至试管中有些微结晶，或已冷却至预计冻点时，即加速搅拌，使其迅速凝固。记下回升至最高点的温度。

　　从装置中取出试管，重新液化该试样。重复测定，直至连续两次的测试结果之差不超过 0.1℃。

　　测得冻点后，按表 11-9 换算成桉叶素的含量。如：试样冻点为 28.6℃时，其桉叶素的含量是 51.6%（质量分数）。

表 11-9　桉叶素含量换算表（以质量分数计）

温度/℃	温度及桉叶素含量									
	.0	.1	.2	.3	.4	.5	.6	.7	.8	.9
24	45.6	45.7	45.9	46.0	46.1	46.3	46.5	46.5	46.6	46.8
25	46.9	47.0	47.2	47.3	47.4	47.6	47.7	47.8	47.9	48.1
26	48.2	48.3	48.5	48.6	48.7	48.9	49.0	49.1	49.2	49.4
27	49.5	49.6	49.8	49.9	50.0	50.2	50.3	50.4	50.5	50.7
28	50.8	50.9	51.1	51.2	51.3	51.5	51.6	51.7	51.8	52.0
29	52.1	52.2	52.4	52.5	52.6	52.8	52.9	53.0	53.1	53.3
30	53.4	53.5	53.7	53.8	53.9	54.2	54.2	54.3	54.4	54.6
31	54.7	54.8	55.0	55.1	55.2	55.4	55.5	55.6	55.7	55.9
32	56.0	56.1	56.3	56.4	56.5	56.7	56.8	56.9	57.0	57.2
33	57.3	57.4	57.6	57.7	57.8	58.0	58.1	58.2	58.3	58.5
34	58.6	58.7	58.9	59.0	59.1	59.3	59.4	59.5	59.6	59.8
35	59.9	60.0	60.2	60.3	60.4	60.6	60.7	60.8	60.9	61.1
36	61.2	61.3	61.5	61.6	61.7	61.9	62.0	62.1	62.2	62.4
37	62.5	62.6	62.8	62.9	63.0	63.2	63.3	63.4	63.5	63.7
38	63.8	63.9	64.1	64.2	64.4	64.5	64.6	64.8	64.9	65.1
39	65.2	65.4	65.5	65.7	65.8	66.0	66.2	66.3	66.5	66.6
40	66.8	67.0	67.2	67.3	67.5	67.7	67.9	68.1	68.2	68.4
41	68.6	68.8	69.0	69.2	69.4	69.6	69.7	69.9	70.1	70.3
42	70.5	70.7	70.9	71.0	71.2	71.4	71.6	71.8	71.9	72.1
43	72.3	72.5	72.7	72.9	73.1	73.3	73.4	73.6	73.8	74.0
44	74.2	74.4	74.6	74.8	75.0	75.2	75.3	75.5	75.7	75.9
45	76.1	76.2	76.5	76.7	76.9	77.0	77.2	77.4	77.6	77.8
46	78.0	78.2	78.4	78.6	78.8	79.0	79.2	79.4	79.6	79.8
47	80.0	80.2	80.4	80.6	80.8	81.1	81.3	81.5	81.7	81.9
48	82.1	82.3	82.5	82.7	82.9	83.2	83.4	83.6	83.8	84.0
49	84.2	84.4	84.6	84.8	85.0	85.3	85.5	85.7	85.9	86.1
50	86.3	86.6	86.8	87.1	87.3	87.6	87.8	88.1	88.3	88.6
51	88.8	89.1	89.3	89.6	89.8	90.1	90.3	90.6	90.8	91.1
52	91.3	91.6	91.8	92.1	92.3	92.6	92.8	93.1	93.3	93.6
53	93.8	94.1	94.3	94.6	94.8	95.1	95.3	95.6	95.8	96.1
54	96.3	96.6	96.9	97.2	97.5	97.8	98.1	98.4	98.8	99.0
55	99.3	99.7	100.0	—	—	—	—	—	—	—

2. 桉叶素含量在 50% 以下的试样

测得冻点后，按表 11-9 换算成混合试样桉叶素的含量，按下式计算试样中桉叶素含量 w，数值以数量分数表示：

$$w = 2 \times (A - 50\%)$$

式中，A 为混合试样从表 11-9 中查出的桉叶素的含量。

平行试验结果允许差为 0.5%。

第七节　酯值或含酯量的测定

香料的酯值（EV）是指：中和 1g 香料中的酯在水解时产生酸所需氢氧化钾的质量，单位为 mg/g。酯值与酸值一样都是香料重要的性能指标，通过酯值的测定可以了解香料产品的质量。参照《香料 酯值或含酯量的测定》（GB/T 14455.6—2008）。

一、测定原理

在规定的条件下，用氢氧化钾乙醇溶液加热水解香料中存在的酯。过量碱用盐酸标准溶液回滴。反应式如下：

$$RCOOR' + H_2O \longrightarrow RCOOH + R'OH$$

$$RCOOH + KOH \longrightarrow RCOOK + H_2O$$

$$KOH + HCl \longrightarrow KCl + H_2O$$

二、试剂与仪器

1. 试剂

（1）中性分析乙醇。

（2）氢氧化钾乙醇溶液　$c(KOH) = 0.5 mol/L$。

（3）氢氧化钠标准溶液　$c(NaOH) = 0.1 mol/L$。

（4）盐酸标准溶液　$c(HCl) = 0.5 mol/L$。

（5）指示剂　酚酞指示液，或当香料中含有带酚基团的组分时，用酚红指示液。

注：特殊情况在有关香料产品标准中规定。

2. 仪器

（1）皂化瓶　耐酸玻璃制成，有磨砂瓶口，容量为 100～250mL，装上一根长至少为 1m，内径为 1～1.5cm 的带磨砂口的玻璃空气冷凝器（见图 11-4）。

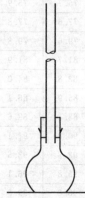

如有必要，特别是对于那些含有多量轻馏分以及与放置于沸水浴中时间有关的香料，可用冷水回流冷凝器代替玻璃空气冷凝器。

（2）量筒　容量为 5mL 或 25mL。

（3）滴定管　容量为 25mL 或 50mL，刻度为 0.1mL。

（4）移液管　容量为 25mL。

（5）沸水浴。

（6）分析天平。

（7）电位计。

三、测定步骤

（1）称样　称取约 2g 精油或适量的单离及合成香料（精确至 0.0002g）。

图 11-4　皂化瓶　或按香料产品标准中规定称样。

（2）水解皂化　将试样放入皂化瓶中，用移液管加入 25mL 氢氧化钾乙醇溶液和一些沸石或瓷片。

对于酯值高的香料，要增加氢氧化钾乙醇溶液的加入量，以使 V_0-V_1 至少为 10mL。对于酯值低的香料，应加大试样量。

接上空气冷凝器，将皂化瓶置于沸水浴中，回流 1h（或按有关香料产品标准中规定的时间进行回流）。

冷却，拆去空气冷凝管。加入 20mL 水和 5 滴酚酞指示剂或者酚红指示液（如果香料中含有带酚基团的组分）。

（3）返滴定　过量的氢氧化钾用盐酸标准溶液（其准确浓度用 NaOH 标准溶液标定）滴定，终点记录消耗酸的体积。

此测定可在测定过酸值的溶液中进行。空白试验中，在加入 25mL 氢氧化钾乙醇溶液前加入一定体积的乙醇（这一体积相当于测定过酸值的溶液的体积）。

（4）空白试验　同时不加试样按上述步骤进行空白试验。

平行试验结果的允许误差为 0.5％。

（5）电位计　电位计可用于所有的香料，但特别推荐用于颜色较深而滴定终点难判断的香料（如香根油）。在此情况下，测定和空白试验应使用相同的试剂和仪器。如条件允许，可采用自动电位滴定，装置如图 11-5 所示。

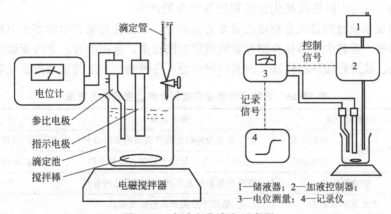

图 11-5　自动电位滴定示意图

四、结果计算

1. 酯值（EV）按式(11-1)计算。

$$EV=\frac{56.1c(V_0-V_1)}{m}-AV \tag{11-1}$$

式中　c——盐酸标准溶液浓度，mol/L；

　　V_0——空白试验所消耗盐酸标准溶液的体积，mL；

　　V_1——滴定试样所消耗盐酸标准溶液的体积，mL；

　　m——试样的质量，g；

　　AV——酸值，mg/g。

56.1——KOH 的摩尔质量，g/mol。

酯的质量分数 w，按式(11-2)计算：

$$w=\frac{M_r EV}{56.1\times10^3}\times100\% \tag{11-2}$$

式中　M_r——指定酯的摩尔质量，g/mol；

EV——由式(1) 计算得到的酯值，mg/g。

当酯值小于 100 时，保留两位有效数字；当酯值等于或大于 100 时，保留三位有效数字。

2. 测定酸值后的酯值

当试样测定是在测定过酸值的溶液中进行时，按式(11-3) 计算酯值：

$$EV = \frac{56.1c(V_0 - V_1')}{m} \tag{11-3}$$

式中　V_1'——新测定过程中耗用的盐酸标准溶液的体积，mL。

3. 含酯量 $w(E)$

$$w(E) = \frac{c(V_0 - V_1')M_r}{1000m} \times 100\% \tag{11-4}$$

计算结果保留到小数后一位。

平行试验结果允许差：酯值在 10 以下为 0.2；含酯量在 10% 以下为 0.2%；酯值在 10~100 为0.5；含酯量在 10% 以上为 0.5%；酯值在 100 以下为 1.0。

第八节　羰基化合物含量的测定

羰值（CV）是指中和 1g 香料与盐酸羟胺经肟化反应释放出的盐酸时所需的氢氧化钾的质量，单位为 mg/g。肟是羰基化合物和羟胺反应的产物。

醛、酮类羰基化合物是天然精油的重要芳香成分，羰基化合物含量的多少对精油的香气特征具有重要影响。香料中羰基化合物含量的测定方法很多，常用的有：中性亚硫酸钠法、盐酸羟胺冷肟化法、盐酸羟胺热肟化法、游离羟胺法等。各种测定方法的适用范围见表 11-10。

表 11-10　香料中羰值和羰基化合物含量的测定方法

项目	测定方法		测定范围	举　例
第一法	盐酸羟胺法	冷法肟化	主要成分为易肟化的醛类或酮类的香料	柠檬油、柑果子油、芸香油等
		热法肟化	主要成分为一般难于肟化的酮类香料	香根油、鼠尾草油、白蒿油等
第二法	游离羟胺法		需要在低温来避免环化和缩醛化的香料	香茅醛等
第三法	中性亚硫酸钠法		适用于醛类及某些酮类香料	

采用何种测定方法可参照有关香料的产品标准。本节仅介绍国家标准的第一法——盐酸羟胺法。参照《香料　羰值和羰基化合物含量的测定》（GB/T 14454.13—2008）。

一、用盐酸羟胺冷法肟化的方法

（一）测定原理

羰基化合物与盐酸羟胺反应转化成肟。

$$\diagdown C=O + H_2N-OH \cdot HCl \longrightarrow \diagdown C=N-OH + HCl$$

$$NaOH + HCl \longrightarrow H_2O + NaCl$$

用氢氧化钠标准溶液滴定这一反应释放出的盐酸。

（二）试剂与仪器

1. 试剂

(1) 氢氧化钠标准溶液　$c(KOH) = 0.5 mol/L$。

(2) 溴酚蓝指示液。

（3）盐酸羟胺溶液。

所用试剂均为分析纯试剂，水为蒸馏水或纯度相当的水。

2. 仪器

（1）高型烧杯　容量为 100mL。

（2）锥形瓶　容量为 250mL。

（3）pH 计。

（4）玻璃电极。

（5）滴定管　容量为 50mL，有 0.1mL 的刻度。

（6）分析天平。

（三）测定步骤

1. 称样

称取 1～1.5g 香料于高型烧杯或锥形瓶中，精确至 0.0002g。或按香料产品标准中规定称样。

2. 测定

将 50mL 盐酸羟胺溶液加入到试样中，摇匀，在室温静置 1h 或按有关香料产品标准中规定的时间静置。加入 3 滴溴酚蓝指示液，充分混合。用氢氧化钠标准溶液滴定至与盐酸羟胺溶液相同的黄绿色。记录所用的氢氧化钠标准溶液的体积。

对于色泽较深的试样或本身的色泽可能会干扰终点判断时，应采用电位滴定法。将 50mL 盐酸羟胺溶液加入到试样中，摇匀，在室温静置 1h 或按有关规定的时间静置。加入 3 滴溴酚蓝指示液，充分混合。溶液中插入玻璃电极，用氢氧化钠标准溶液滴定至溶液的 pH 小于 4.20。在测定过程中确保 pH 不超过 4.20，静置 15min，用氢氧化钠标准溶液滴定至终点。终点的 pH 在 3.4 左右。

（四）结果的表示

1. 按式(11-5) 计算羰基化合物的含量 $w(A)$（以指定的醛计）

以质量分数表示：

$$w(A) = \frac{M_r c V}{1000 m} \times 100\% \tag{11-5}$$

式中　M_r——有关香料产品标准中规定的醛或酮的摩尔质量，g/mol；

　　　c——氢氧化钠标准溶液的浓度，mol/L；

　　　V——滴定过程中所耗用的氢氧化钠标准溶液的体积，mL；

　　　m——试样的质量，g。

2. 按下式计算羰值 CV

用每克精油所耗用的氢氧化钾质量（以 mg/g 表示）表示：

$$CV = 56.1 \times \frac{cV}{m} \tag{11-6}$$

V、c、m 含义同上式。

平行试验结果允许差：羰值 1.0；羰基化合物 0.5%。

二、用盐酸羟胺热法肟化的方法

（一）测定原理

同冷法。

（二）试剂与仪器

1. 试剂

同冷法。

2. 仪器

（1）高型烧杯　容量为 100mL。

（2）皂化瓶　耐碱玻璃制成，有磨砂瓶口，容量为 100～250mL，装上一根长至少为 1m，内径为 1～1.5cm 的带磨砂口的玻璃空气冷凝器。

（3）pH 计。

（4）玻璃电极。

（5）带磁搅拌的加热器。

（6）滴定管　容量为 50mL，有 0.1mL 的刻度。

（三）测定步骤

1. 称样

称取 2～2.5g 香料至皂化瓶中，精确至 0.0002g。或按香料产品标准中规定称样。

2. 测定

将 50mL 盐酸羟胺溶液加入到试样中，加入 3 滴溴酚蓝指示液，充分混合。用氢氧化钠标准溶液滴定至与盐酸羟胺溶液相同的黄绿色。皂化瓶接上回流管。将皂化瓶放在加热器上加热并搅拌，使温度适当，足以保持恒定的回流。10min 后，冷却，加入 3 滴溴酚蓝指示液，用氢氧化钠标准溶液缓慢滴定至与盐酸羟胺溶液相同的黄绿色。将皂化瓶放到加热器上，每 10min 重复此操作，直到所加的氢氧化钠标准溶液可保证已到滴定终点。

对于色泽较深的试样或本身的色泽可能会干扰终点判断时，应采用电位滴定法。将 50mL 盐酸羟胺溶液加入到试样中，摇匀，溶液中插入玻璃电极，用氢氧化钠标准溶液滴定至溶液的 pH 小于 4.20。皂化瓶接上回流管，将皂化瓶放在加热器上加热并搅拌，使温度适当，足以保持恒定的回流。10min 后，冷却，加入 3 滴溴酚蓝指示液，用氢氧化钠标准溶液缓慢滴定至溶液的 pH 小于 4.20。在测定过程中确保 pH 不超过 4.20。当溶液颜色开始改变，停止滴定。将皂化瓶放到加热器上，每 10min 重复此操作，直到所加的氢氧化钠标准溶液可保证已到滴定终点。

测定时间通常为 2h，但对某些香料，此时间是不够的。在此情况下，继续测定，直到当量点出现。以滴定过程中所用的氢氧化钠标准溶液的体积为函数，绘出 pH 曲线图：$pH = f(V)$。记录当量点。

（四）结果的表示

同冷法。

第九节　含酚量的测定

酚羟基是发香基团之一，酚含量的多少对香料的香气品质有着直接影响。

一、测定原理

把已知容量的香料与强碱作用，使酚类物质转化为可溶性的酚盐，然后测量未被溶解的香料的体积，即可计算出含酚量的体积分数。由于酚的钾盐比钠盐更易溶解，故测定时用氢氧化钾效果更好。参照《香料　含酚量的测定》（GB/T 14454.11—2008）。

二、试剂与仪器

1. 试剂

（1）酒石酸　粉末状。

（2）氢氧化钾溶液　质量分数为 5%，不含氧化硅和氧化铝。

（3）二甲苯　加适量氢氧化钾溶液于分液漏斗中，振摇，分层后取上层二甲苯备用。不含能溶于氢氧化钾溶液的杂质。

2. 仪器

（1）醛瓶　125mL 或 150mL，颈长约 150mm，具 10mL 刻度和0.1mL 分刻度。如图 11-6 所示。

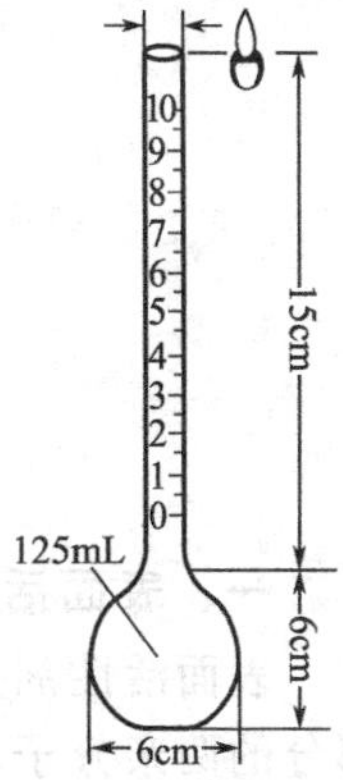

（2）移液管　2mL、10mL。

（3）锥形瓶　100mL。

（4）分液漏斗　250mL。

（5）沸水浴、玻璃棒。

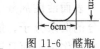

图 11-6　醛瓶

三、测定步骤

1. 试样处理

酚类精油往往色泽较深，测定前需进行脱色处理。方法是，取 10mL以上精油，按每 50g 精油加 1g 酒石酸的比例加入酒石酸粉末，充分振荡，过滤后干燥备用。

2. 试样测定

用移液管吸取 10mL 经处理的试样于醛瓶中，加入 75mL 氢氧化钾溶液，在沸水浴中加热 10min，并至少振摇 3 次。然后，沿瓶壁缓缓加入氢氧化钾溶液，再加热 5min，使未溶解的油层完全上升到醛瓶有刻度的颈部。为了便于分离附着在壁上的油滴，可用两手旋转醛瓶和轻敲瓶壁。静置、分层，冷却至室温，读取油层的体积。

如发现有一定量的乳浊液不能分层，可用移液管加入 2mL 二甲苯，用玻璃棒搅拌乳化层，静置分层。如乳液消失，可读取油层的体积。如乳液仍不消失，可在最初振摇前加入 2mL 二甲苯重复试验。在后两种情况下，应从读数中减去 2mL 二甲苯的体积。

四、结果计算

香料含酚量的体积分数 φ 按式(11-7) 计算，平行测定结果允许误差为 1%。

$$\varphi = \frac{V - V_1}{V} \tag{11-7}$$

式中　V——试样体积，mL；

V_1——试样未被溶解部分的体积，mL。

思 考 题

1. 简述香料与香精的分类。

2. 简述化妆品的加香要求。

3. 简述我国香精香料的管理情况。

4. 香料的检测指标一般包含有哪些？

5. 简述日用香精的定义与分类。

6. 日用香精的质量检验一般包含有哪些？

7. 香料香精检验有什么特点？

8. 香料香精的检测技术一般包含有哪些？

9. 简述香气评定的方法与步骤及注意的问题。

10. 单体香料的评香检验有哪几个方面？

11. 简述冻点的定义及测定原理。

12. 简述酯值的定义与测定原理。

13. 简述羰值的定义与测定原理。

第十二章　表面活性剂的检验

第一节　表面活性剂的分类和使用概况

一、表面活性剂的结构和分类

表面活性剂分子由亲水基和疏水基两部分组成。具有亲油（疏水）和亲水（疏油）两个部分的两亲分子，能吸附在两相界面上，呈单分子排列使溶液的表面张力降低，它不仅有洗涤去污作用，而且还具有润湿、乳化、增溶、起泡、柔软、抗静电、杀菌等多种性能，是日常生活和工业生产不可缺少的产品。

表面活性剂的品种十分繁多，性质差异，除与烃基的大小、形状有关外，主要与亲水基的不同有关。表面活性剂溶于水时，凡能离解成离子的称离子型表面活性剂；凡不能离解成离子的称非离子型表面活性剂。另外，还有含氟、硅、硼等特种表面活性剂（按亲油基分类）和天然表面活性剂等。表面活性剂的分类见表 12-1。

表 12-1　表面活性剂的分类

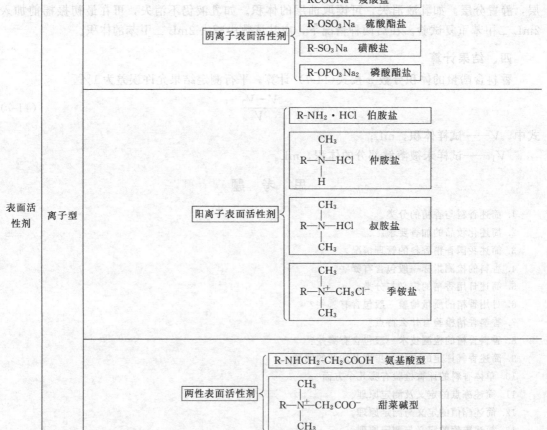

续表

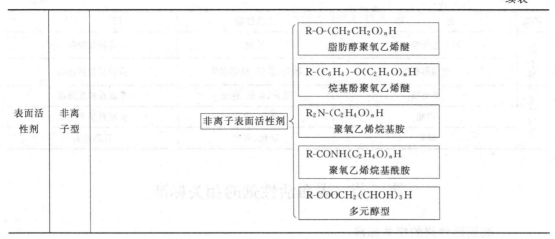

表面活性剂 非离子型

非离子表面活性剂

R-O-(CH₂CH₂O)ₙH
脂肪醇聚氧乙烯醚

R-(C₆H₄)-O(C₂H₄O)ₙH
烷基酚聚氧乙烯醚

R₂N-(C₂H₄O)ₙH
聚氧乙烯烷基胺

R-CONH(C₂H₄O)ₙH
聚氧乙烯烷基酰胺

R-COOCH₂(CHOH)₃H
多元醇型

二、表面活性剂在化妆品当中的应用

化妆品表面活性剂的品种、性能及主要用途见表12-2。

表 12-2　化妆品表面活性剂的品种、性能及主要用途

类型	名　称	主要性能	用　途
阴离子型表面活性剂	皂类	乳化、洗涤、发泡	膏霜、发乳、香波
	肌氨酸盐	乳化、洗涤、发泡	香波、乳液、牙膏
	烷基硫酸盐	乳化、洗涤、发泡	香波、牙膏
	磺化琥珀酸盐	洗涤、发泡	香波、泡沫浴
	烷基醚硫酸盐	发泡、洗涤、增溶	香波、泡沫浴、牙膏
	氨乙基磺酸盐	乳化、洗涤、发泡	香波、泡沫浴
	脂肪酸多肽缩合物	乳化、洗涤	香波、浴液、洗面奶
	脂肪酸单甘油酯硫酸盐	发泡、洗涤、乳化	香波、牙膏
	磷酸酯	乳化、抗静电	香波
阳离子型	酰胺基胺	乳化、杀菌	各种化妆品
	吡啶卤化物	乳化、杀菌	各种化妆品
	季铵盐	头发调理、抗静电、杀菌	护发洗发用品
两性离子型	咪唑啉	乳化、杀菌	香波
	咪唑啉衍生物	乳化、洗涤、柔软	婴儿香波
	氨基酸	乳化、洗涤、柔软	香波
	甜菜碱	乳化、洗涤、柔软	香波
	氧化脂肪胺	增稠、润滑、乳化、柔软、抗静电	香波
非离子型	多元醇脂肪酸酯	乳化、柔软	各种化妆品
	聚合甘油脂肪酸酯	乳化、柔软	各种化妆品
	聚氧乙烯脂肪醇、甾醇及苯酚	乳化、柔软	香波、发乳
	聚氧乙烯多元醇脂肪酸酯	保湿、柔软	乳化香水、膏霜及蜜
	聚氧乙烯脂肪酸酯	乳化、增溶	膏霜及蜜
	聚氧乙烯聚氧丙烯嵌段聚合物	润湿、发泡、乳化、洗涤	膏霜及蜜

续表

类型	名　　　称	主要性能	用　　　途
非离子型	聚氧乙烯烷基胺	乳化	各种化妆品
	烷基醇酰胺	乳化、增溶、稳定泡沫	香波及洗涤用品
天然物质	羊毛脂	乳化、柔软、保湿	膏霜及护发用品
	磷脂	乳化、柔软	膏霜及护发用品
	蜂蜡	乳化、柔软	膏霜及蜜

第二节　表面活性剂的相关标准

一、表面活性剂的相关标准

部分重要的表面活性剂标准目录（节选）如表 12-3 所示。

表 12-3　表面活性剂标准（节选）

测定标准与基础标准		
序号	标　准　号	标　准　名
1	GB/T 29680—2013	表面活性剂和洗涤剂　阴离子活性物的测定
2	GB/T 5174—2004	表面活性剂　洗涤剂　阳离子活性物含量的测定
3	GB/T 5177—2008	工业直链烷基苯
4	GB/T 5178—2008	表面活性剂　工业直链烷基苯磺酸钠平均相对分子质量的测定　气液色谱法
5	GB/T 5328—85	表面活性剂简化分类
6	GB/T 5549—2010	表面活性剂　用拉起液膜法测定表面张力
7	GB/T 5550—1998	表面活性剂　分散力测定方法
8	GB/T 5551—2010	表面活性剂　分散剂中钙、镁总含量的测定方法
9	GB/T 5553—2007	表面活性剂　防水剂　防水力测定法
10	GB/T 5555—2003	表面活性剂　耐酸性测试法
11	GB/T 5556—2003	表面活性剂　耐碱性测试法
12	GB/T 5558—1999	表面活性剂　丝光浴用润湿剂的评价
13	GB/T 5559—2010	环氧乙烷型及环氧乙烷-环氧丙烷嵌段聚合型非离子表面活性剂浊点的测定
14	GB/T 5560—2003	非离子表面活性剂　聚乙二醇含量和非离子活性物（加成物）含量的测定　Weibull 法
15	GB/T 5561—2012	表面活性剂　用旋转式黏度计测定黏度和流动性质的方法
16	GB/T 6365—2006	表面活性剂　游离碱度或游离酸度的测定　滴定法
17	GB/T 6366—2012	表面活性剂　无机硫酸盐含量的测定　滴定法
18	GB/T 6367—2012	表面活性剂　已知钙硬度水的制备
19	GB/T 6368—2008	表面活性剂水溶液 pH 的测定　电位法
20	GB/T 6369—2008	表面活性剂　乳化力的测定　比色法
21	GB/T 6370—2012	表面活性剂　阴离子表面活性剂　水中溶解度的测定
22	GB/T 6371—2008	表面活性剂　纺织助剂　洗涤力的测定
23	GB/T 6372—2006	表面活性剂和洗涤剂　粉状样品分样法

测定标准与基础标准

序号	标 准 号	标 准 名
24	GB/T 6373—2007	表面活性剂　表观密度的测定
25	GB/T 7378—2012	表面活性剂　碱度的测定　滴定法
26	GB/T 7381—2010	表面活性剂在硬水中稳定性的测定方法
27	GB/T 7383—2007	非离子表面活性剂　聚烷氧基化衍生物　羟值的测定　邻苯二甲酸酐法
28	GB/T 7385—2012	非离子表面活性剂　聚乙氧基化衍生物中氧乙烯基含量的测定　碘量法
29	GB/T 7462—94	表面活性剂　发泡力的测定　改进 Ross-Miles 法
30	GB/T 7463—2008	表面活性剂　钙皂分散力的测定　酸量滴定法(改进 Schoenfeldt 法)
31	GB/T 7494—87	水质　阴离子表面活性剂的测定　亚甲蓝分光光度法
32	GB/T 8447—2008	工业直链烷基苯磺酸
33	GB/T 9290—2008	表面活性剂　工业乙氧基化脂肪胺分析方法
34	GB/T 9291—2008	表面活性剂　高温条件下分散染料染聚酯织物时匀染剂的抑染作用测试法
35	GB/T 9292—2012	表面活性剂　高温条件下分散染料染聚酯织物时匀染剂的移染性测试法
36	GB/T 11275—2007	表面活性剂　含水量的测定
37	GB/T 11276—2007	表面活性剂　临界胶束浓度的测定
38	GB/T 11277—2012	表面活性剂　非离子表面活性剂浊点指数(水数)的测定　容量法
39	GB/T 11278—89	阴离子和非离子表面活性剂　临界胶束浓度的测定　圆环测定表面张力法
40	GB/T 11543—2008	表面活性剂　中、高黏度乳液的特性测试及其乳化能力的评价方法
41	GB/T 11983—2008	表面活性剂　润湿力的测定　浸没法
42	GB/T 11985—89	表面活性剂　界面张力的测定　滴体积法
43	GB/T 11986—89	表面活性剂　粉体和颗粒　休止角的测量
44	GB/T 11987—89	表面活性剂　工业烷烃磺酸盐　总烷烃磺酸盐含量的测定
45	GB/T 11988—2008	表面活性剂　工业烷烃磺酸盐　烷烃单磺酸盐平均相对分子质量及含量的测定
46	GB/T 11989—2008	阴离子表面活性剂　石油醚溶解物含量的测定
47	GB/T 11276—2007	表面活性剂　临界胶束浓度的测定
48	GB/T 13173—2008	表面活性剂　洗涤剂试验方法
49	GB/T 13529—2003	乙氧基化烷基硫酸钠
50	GB/T 13530—2008	乙氧基化烷基硫酸钠试验方法
51	GB/T 13892—2012	表面活性剂　碘值的测定
52	GB/T 15046—2011	脂肪酰二乙醇胺
53	GB/T 15357—94	表面活性剂和洗涤剂　旋转黏度计　测定液体产品的黏度
54	GB/T 15818—2006	表面活性剂生物降解度试验方法
55	GB/T 15916—2012	表面活性剂　螯合剂含量的测定　滴定法
56	GB/T 15963—2008	十二烷基硫酸钠
57	GB/T 16497—2007	表面活性剂　油包水乳液储藏稳定性的测定
58	GB/T 17041—1997	表面活性剂　乙氧基化醇和烷基酚硫酸盐　活性物质总含量的测定
59	GB/T 17829—1999	聚乙氧基化脂肪醇

测定标准与基础标准

序号	标 准 号	标 准 名
60	GB/T 17830—1999	聚乙氧基化非离子表面活性剂中聚乙二醇含量的测定 高效液相色谱法
61	GB/T 17831—1999	非离子表面活性剂 硫酸化灰分的测定(重量法)
62	GB/T 19421—2008	层状结晶二硅酸钠试验方法
63	GB/T 19464—2004	烷基糖苷
64	GB/T 20198—2006	表面活性剂和洗涤剂 在碱性条件下可水解的阴离子活性
65	GB/T 20199—2006	表面活性剂 工业烷烃磺酸盐 烷烃单磺酸盐含量的测定
66	GB/T 20200—2006	α-烯基磺酸钠
67	HG/T 2563—2008	壬基酚聚氧乙烯醚
68	QB/T 2572—2012	乙氧基化烷基硫酸铵
69	QB/T 2573—2002	十二烷基硫酸铵
70	HG/T 2575—94	表面活性剂 润湿力的测定 浸没法
71	QB/T 2974—2008	聚乙二醇单甲醚
72	QB/T 2975—2008	三羟甲基丙烷油酸酯
73	HG/T 3505—2000	表面活性剂 皂化值的测定
74	HG/T 3506—1999	表面活性剂 试验用水或水溶液电导率的测定
75	HG/T 3508—2010	乳化剂 S-80
76	HG/T 3509—2012	乳化剂 T-60
77	HG/T 3510—2012	乳化剂 T-80

二、部分表面活性剂的质量指标

国家制定了系列表面活性剂的基础标准、试验标准和产品标准等。表面活性剂产品的质量指标举例如下,分别见表 12-4 至表 12-8。

1. 十二烷基硫酸钠的感官和理化指标

表 12-4 十二烷基硫酸钠的感官和理化指标

项 目		指 标					
		粉状产品		针状产品		液体产品	
		优级品	合格品	优级品	合格品	优级品	合格品
感官指标	外观	液体产品呈无色或淡黄色,不分层,无悬浮物或沉淀;固体产品呈白色或淡黄色的粉状或针状,均匀无杂质					
	气味	不得有其他异味					
理化指标	活性物含量/%	≥94	≥90	≥92	≥88	≥30	≥27
	石油醚可溶物/%	≤1.0	≤1.5	≤1.0	≤1.5	≤1.0	≤1.5
	无机盐含量(以 Na_2SO_4 + NaCl 计)/%	≤2.0	≤5.5	≤2.0	≤5.5	≤1.0	≤2.0
	pH(25℃,1%活性物水溶液)	7.5～9.5				≥7.5	

续表

项 目		指 标					
		粉状产品		针状产品		液体产品	
		优级品	合格品	优级品	合格品	优级品	合格品
理化指标	白度(W_c)	≥80	≥75	—			
	色泽(5%活性物水溶液)/Klett	—		≤30			
	水分/%	≤3.0		≤5.0		—	
	重金属(以铅计)/(mg/kg)	≤20					
	砷/(mg/kg)	≤3					

2. 牙膏用十二烷基硫酸钠的感官和理化指标

表 12-5 牙膏用十二烷基硫酸钠的感官和理化指标

项 目		指 标					
		粉状产品		针(粒)状产品		液体产品	
		优级品	合格品	优级品	合格品	优级品	合格品
感官指标	外观	白色或浅黄色粉状		白色或浅黄色粉状		无色至浅黄色透明液体	
理化指标	活性物含量/%	≥94	≥90	≥92	≥88	≥30	≥27
	石油醚可溶物含量/%	≤1.0	≤1.5	≤1.0	≤1.5	≤1.0	≤1.5
	硫酸钠含量(Na_2SO_4)/%	≤2.0	≤5.5	≤2.0	≤5.5	≤1.0	≤2.0
	氯化钠含量(NaCl)/%	≤0.15		≤0.15		≤0.15	
	水分/%	≤3.0		≤5.0		—	
	pH(1%水溶液)	7.5~9.5					
	白度(W_c)	≥80		—		—	
	色泽(5%活性物水溶液)/Klett	—		—		≤25	
	发泡量/mm	≥135					

3. 壬基酚聚氧乙烯醚的感官和理化指标

表 12-6 壬基酚聚氧乙烯醚的感官和理化指标

项 目	指 标			
	$n<3$	$3≤n<5$	$15≤n≤21$	$n>21$
外观(25℃)	无色或微黄色透明液体	无色或微黄色透明液体	白色膏体	白色固体
色泽/Hazen	≤120	≤50	≤50	≤80
pH(1%水溶液,25℃)	5.0~7.0			
水分(质量分数)/%	≤0.5	≤0.5	≤0.5	≤1.0
干基(质量分数)/%	≥98.0	≥98.0	≥99.0	≥98.0
羟值(HV)/(mgKOH/g)	HV(理论羟值)±5			
浊点/℃	由厂家根据客户要求制定			

4. 乳化剂 T-80 的感官和理化指标

表 12-7 乳化剂 T-80 的感官和理化指标

项 目	指标	
	优级品	一级品
酸值/(mgKOH/g)	≤2.0	≤2.0
皂化值/(mgKOH/g)	48～53	43～55
羟值/(mgKOH/g)	65～80	65～82
含水量/%	≤1.0	≤2.0

5. 脂肪烷基二甲基甜菜碱的感官和理化指标

表 12-8 脂肪烷基二甲基甜菜碱的感官和理化指标

项 目	指 标	项 目	指 标
外观	无色到浅黄色透明黏稠液体	氯化钠含量/%	≤8
活性物含量/%	30±2	pH(5％溶液,25℃)	6～8
未反应胺含量/%	≤1.0		

第三节　常用的表面活性剂基本性能检验

表面活性剂是一类具有特殊性质的专用化学品，除测定产品标准规定的测定项目外，还需要做理化性能及应用性能的分析检测。随着表面活性剂合成工业和应用的发展，其分析方法也不断充实，日趋完善。经典的化学分析法已相当成熟，进入标准化和规范化阶段。

表面活性剂的基本性能主要包括外观、色泽、pH、表面张力、发泡力、浊点、CMC 值、HLB 值、酸值、羟值、皂化值、含水量等参数。本节仅对部分重要参数作相应的介绍。

一、表面活性剂表面张力及界面张力的测定

表面张力是液体的，尤其是表面活性剂水溶液的一种基本性质。表面张力是指由自由表面能引起的沿液体表面作用在单位长度上的力，在数值上同单位表面上的自由表面能相等。表面张力是反映表面活性剂表面活性大小的一个重要物化性能指标。

测定表面张力的方法很多，有用平板、U 形环或圆环拉起液膜法、毛细管法、最大气泡压力法、滴体积法、悬滴法等。此处仅介绍圆环拉起液膜法。参照《表面活性剂 表面张力的测定》（GB/T 22237—2008）。

1. 实验原理

一个平整的圆环放入待测的表面活性剂溶液中，被向上提出液面时，会在圆环与液面之间形成一液膜，此液膜对圆环产生一个垂直向下的力，测定出拉破圆环下液膜所需的最小的力，即为该待测溶液的表面张力。

圆环法中直接测定之量为拉力 p，各种能测量力的仪器皆可应用（如一般天平、弹簧丝、扭力丝等），一般最常用的仪器为扭力丝天平，如图 12-1 所示，图 12-2 为表面张力仪实物图。

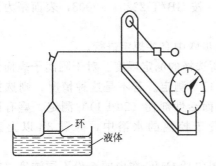

图 12-1　测定表面张力示意图

图 12-2　表面张力仪实物图

2. 操作过程等见仪器说明书。

二、表面活性剂临界胶束浓度的测定

表面活性剂的水溶液，其浓度达到一定界限时，溶液的物理化学性能（如渗透压、摩尔电导率、界面张力、密度、去污力等）即发生急剧的变化（见图 12-3），该浓度界限称为表面活性剂的临界胶束浓度（CMC）。

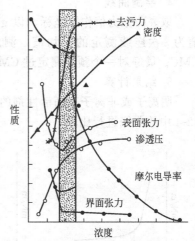

图 12-3　表面活性剂溶液
性质与浓度的关系

CMC 的测定方法很多，如表面张力法、电导法、折射率法、染料增溶法、光散射法等，基本都是利用表面活性剂溶液的性质在 CMC 时发生突变的这一特性。本节参照《表面活性剂　临界胶束浓度的测定》（GB/T 11276—2007）。反离子活度测量法适用于阳离子表面活性剂临界胶束浓度的测定；圆环测定表面张力法适用于阴离子和非离子表面活性剂临界胶束浓度的测定。

（一）表面张力法测定表面活性剂 CMC

1. 方法原理

表面活性剂稀溶液随浓度增高，表面张力急剧降低，当达到 CMC 后，再增加浓度，表面张力不再改变或改变很小。测定一系列不同浓度的阴离子和非离子表面活性剂溶液的表面张力，其浓度包括临界胶束浓度。绘制以表面张力作纵坐标，溶液浓度的对数作横坐标的曲线，这曲线上的突变点即为临界胶束浓度。

克拉夫特温度：离子型表面活性剂溶解度陡增时的温度，实际上是在一个窄的温度范围内，在此温度时，其溶解度等于临界胶束浓度。

2. 试剂和仪器

（1）试剂　无水乙醇。

（2）仪器

① 表面张力仪。

② 温度计、低型烧杯、容量瓶、表面皿、移液管、测定杯、水浴锅。

3. 检验步骤

（1）试验溶液的配制　按《表面活性剂　表面张力的测定》（GB/T 22237—2008）。

按检验步骤中有关规定进行。配制 10 份不同浓度的溶液，包括预期的临界胶束浓度。每一份溶液称量 50g，如浓度低于 200mg/L，用含有 200mg/L 的储液稀释。对于较高浓度的试样，以溶解部分实验室样品配制。

（2）清洗仪器、仪器的校正及表面张力的测定　按 GB/T 22237—2008，表面张力测定方法相同。

（3）CMC 的测定　按 GB/T 22237—2008 检验步骤中有关规定进行。

① CMC 范围的近似测定　将水浴温度调整至所选择的测定温度。对于阴离子表面活性剂，若克拉夫特温度低于或等于 15℃，则在（20±1）℃测定。若不是这种情况，则选择测定温度至少高于克拉夫特温度 5℃。对于非离子表面活性剂在（20±1）℃测定。盛有试样溶液的每只烧杯各用一块表面皿盖上，将烧杯置于控温的水浴中，静置 3h 以上进行测定。

② CMC 的测定　按上述测得的结果，重新配制包括 CMC 在内的 6 份不同浓度（很接近）的新鲜溶液。配制溶液不用搅拌器搅拌，用手旋动烧杯使其搅动，并小心不使其产生泡沫。在水浴中静置 3h 以上，并在测定温度到达后进行。如果同一浓度 3 次连续测定结果未呈现出任何渐进的有规则的变化，那么测定前的静置时间是足够的。每次变化浓度时，用无水乙醇冲洗圆环，然后用蒸馏水冲洗，才能进行测定。

4. 绘制曲线

取表面张力值作纵坐标，以 g/L 表示的浓度对数作横坐标，绘制曲线。每个浓度测定值为 3 次连续测定的平均值，测定总共有 16 个值出现在曲线上。然后用这条曲线求出 CMC。最好对一个预先测定过 CMC 的溶液进行测定，以证实结果。

5. 结果计算

阴离子或非离子表面活性剂的 CMC，以 g/L 表示。按上述方法绘制曲线，并将它与图 12-4 中的曲线进行比较。

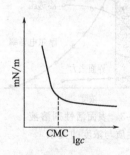

CMC 相当于曲线上斜率发生突变之点。

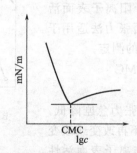

CMC 范围相当于曲线上表面张力比在较高浓度时溶液稍低之点。根据定义，横坐标上最小值即为 CMC 范围。

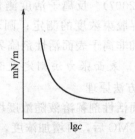

曲线上不能确定 CMC 的范围。由于处理的错误或涉及某种特殊现象导致无用的结果，推荐重新测定。若重新测定后，仍得不到最小值的曲线，说明该样品不能测定 CMC 的范围。

图 12-4　表面张力曲线图

相同的样品在两个不同的实验室中所得结果之差应不大于所得平均值的 10%。

（二）反离子活度法测定表面活性剂 CMC

1. 方法原理

以多晶膜离子选择电极、参比电极组成的电池测定一系列浓度包括预期临界胶束浓度的阳离子表面活性剂溶液的电位值，根据电极电势与离子活度关系式-能斯特方程，得知响应的氯离子或溴离子活度，绘出电位值与浓度对数函数的图，临界胶束浓度相当曲线上的转折点。

该方法适用于溶解于水和具有克拉夫特温度低于 60℃ 的经提纯或未提纯的阳离子表面活性剂（氢氯化物和氢溴化物）。

2. 试剂与仪器

（1）试剂

① 氯化钾、溴化钾、硝酸钾。

② 氯化钾标准溶液　$c(KCl)=10^{-4}\sim 10^{-2}\,mol/L$

③ 溴化钾标准溶液　$c(KBr)=10^{-4}\sim 10^{-2}\,mol/L$

（2）仪器

① 多晶膜氯离子选择电极　对氯化物敏感（硫化银＋氯化银）。

② 多晶膜溴离子选择电极　对溴化物敏感（硫化银＋溴化银）。

③ 参比电极　具有饱和硫酸钾溶液盐桥的汞——硫酸亚汞电极或双盐桥甘汞电极，后者用饱和硝酸钾溶液充满外盐桥。

④ 电位计　量程扩大的高输入阻抗毫伏计，灵敏度 2mV（电位：$-500\sim 500\,mV$）。

⑤ 恒温控制水浴　能控制被测溶液温度差异在 0.5℃范围。

⑥ 电磁搅拌器。

⑦ 具夹套双层玻璃烧杯　图 12-5 为夹套双层的玻璃烧杯盖上具有适合插入两个电极和温度计的开口。

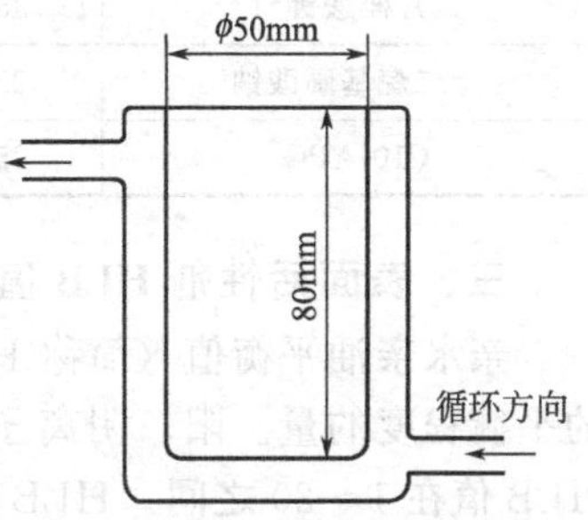

3. 检验步骤

（1）试液的配制　称取一定数量试样，准确至 0.0001g，溶解于热水，并将其在容量瓶中配制成比预期临界胶束浓度约大 10 倍的溶液 500mL。设此溶液浓度为 c，然后用逐级稀释法配制浓度为 $c/2$、$c/4$、$c/8$、$c/16$、$c/32$、$c/64$ 和 $c/128$ 的溶液各 200mL。在测量前将上述一系列试样溶液放置于恒温水浴中，保持测定温度至少 1h，但不得多于 3h。

图 12-5　夹套双层玻璃烧杯

（2）测量温度　为减少热滞后和电滞后的影响，注意使电极、清洗水、标准溶液和试液的温度差异不大于 0.5℃，测量温度在任何时候应尽可能为 20℃。

（3）电位计的校准　按照制造厂的说明书操作，用标准氯化钾或溴化钾溶液校准装有多晶膜离子选择电极和参比电极的电位计。在开始测定前要有充分的时间来获得良好的电稳定性；注意参比电极的内液与大气压平衡，使其通过盐桥不受抑制；校正电位计零点，在正常测定情况下不再改变。

（4）多晶膜离子选择电极的校准　将卤化物标准溶液由稀至浓（$10^{-4}\sim 10^{-2}\,mol/L$）分别依次加入夹层玻璃烧杯中。然后在每份卤化物标准溶液中加入适量的离子强度调节剂，以电磁搅拌器搅拌，同时浸没电极。插入温度计，温度应控制为（20 ± 0.5）℃。继续搅拌直至读数恒定（在 1mV 差异之内），取最后读数前停止搅拌。绘制以电位值（mV）为纵坐标和卤离子浓度（mol/L）的对数函数为横坐标的标准曲线图。验证卤离子浓度为测量电位严格线性函数，该直线的斜率即为电极的实际斜率。离子选择电极对一价离子理论斜率为 59.16mV，实际斜率达到理论斜率的 70%以上可以看成电极处于它的线性范围内。

（5）标准卤化物溶液标准曲线的绘制　除不加离子强度调节剂外，其他操作皆同上述（4），绘制以电位值为纵坐标和卤离子浓度的对数函数为横坐标的标准曲线图。

（6）临界胶束浓度的测定　按照上述（4）相同的方式进行，仅溶液浓度为 $c/2$、……、$c/128$ 的阳离子表面活性剂溶液，从稀至浓依次测定。

（7）绘制曲线图　绘制一个以电位值（mV）为纵坐标和以阳离子表面活性剂溶液浓度

（g/L 或 mol/L）的对数为横坐标的曲线图，该图近似地相当于两条直线。

4. 结果计算

上述（7）曲线图中两直线交点相对应的横坐标之数值，即为被测阳离子表面活性剂的临界胶束浓度。相同试样在两个不同实验室所得结果之差，应不大于求得的平均值的 5%。

 知识链接　　　　　　　**常见表面活性剂的 CMC 值**

名称	测定温度 /℃	CMC /(mol/L)	名称	测定温度 /℃	CMC /(mol/L)
辛烷基硝酸钠	25	1.50×10^{-1}	氧化十二烷基胺	25	1.6×10^{-2}
十二烷基硫酸钠	40	8.60×10^{-3}	月桂酸蔗糖酯	25	2.38×10^{-6}
十六烷基硫酸钠	40	5.80×10^{-4}	硬脂酸蔗糖酯	25	6.6×10^{-5}
硬脂酸钾	50	4.50×10^{-4}	吐温 20	25	6.0×10^{-5}
月桂酸钾	25	1.25×10^{-2}	吐温 60	25	2.8×10^{-2}
十二烷基磺酸钠	25	9.0×10^{-3}	吐温 80	25	1.4×10^{-2}
C10-APG	25	8.0×10^{-4}	C12-APG	25	5.0×10^{-4}

三、表面活性剂 HLB 值的测定

亲水亲油平衡值（简称 HLB 值）是指表面活性剂亲水基和亲油基之间在大小和力量上的平衡程度的量。阳、阴离子表面活性剂的 HLB 值在 1～40 之间；非离子表面活性剂的 HLB 值在 1～20 之间。HLB 值决定着表面活性剂的表面活性和用途。表面活性剂在水中的溶解性与 HLB 有极大的关系（见表 12-9）。亲油性表面活性剂的 HLB 值较低；亲水性表面活性剂的 HLB 值较高。亲油亲水转折点的 HLB 值为 10，所以凡 HLB 值小于 10 的表面活性剂主要是亲油性的，大于 10 的为亲水性的。

表 12-9　表面活性剂 HLB 值与水溶性关系

HLB 值	水溶性
0～3	不分散
3～6	微分散
6～8	在强烈搅拌下呈乳状液
8～10	稳定的乳状液
10～13	半透明或者透明分散体系
13～20	溶解呈透明状

目前测定 HLB 值的方法主要有计算法和实验法。实验法有浊点法、铺展法、水数法、气相色谱法和核磁共振法等。但每一种方法都有局限性，必须在一定条件下才适用，而且需进行繁琐的试验，费时很长。所以，一般情况下通过计算直接求出 HLB 值。计算法主要有阿特拉散法、川上法、戴维斯法等。

表面活性剂的 HLB 值具有加和性，在使用两种以上表面活性剂时，混合表面活性剂的 HLB 值计算按式(12-1) 计算：

$$HLB_{AB} = \frac{(HLB_A)m_A + (HLB_B)m_B}{m_A + m_B} \tag{12-1}$$

式中　　HLB_A，HLB_B——表面活性剂 A 和 B 的 HLB 值；

　　　　m_A，m_B——表面活性剂 A 和 B 的质量，g；

　　　　HLB_{AB}——混合表面活性剂的 HLB 值。

四、表面活性剂发泡力的测定

泡沫是表面活性剂的基本特征之一。发泡力是指产生泡沫的效能。

泡沫是气体分散在液体中的分散体系，溶解的表面活性剂以疏水基团朝向空气，以亲水基团朝向水相。表面活性剂溶液中上升的空气泡在通过液面时，便被双层表面活性剂包围起来，因而形成泡沫。

表面活性剂的泡沫性分为起泡性和稳泡性两方面。具有低表面张力的阴离子表面活性剂一般具有良好的起泡性；而分子中含有各类氨基、酰氨基、羟基、羧基、醚键等具有可生成氢键基团的非离子表面活性剂，往往具有较好的稳泡性。

表面活性剂泡沫性能的测定方法有搅动法、气流法、倾注法等。参照《GB/T 7462—94 表面活性剂发泡力的测定（改进 Ross-Miles 法）》。

本法适用于所有的表面活性剂。但是，本法测量易于水解的表面活性剂溶液的发泡力，不能给出可靠的结果。因为水解物聚集在液膜中，并影响泡沫的持久性。也不适用于非常稀的表面活性剂溶液发泡力的测定。

1. 实验原理

将洗涤剂样品用一定硬度的水配制成一定浓度的试验溶液。在一定温度下，使 500mL 配制溶液从 450mm 高度流到相同溶液的液体表面之后，测量得到的泡沫体积。泡沫体积越大，说明表活性剂起泡力越强。

或用起泡比表示：

$$起泡比＝泡沫体积(100mL)/试液体积(mL)$$

起泡比越大，说明表活性剂起泡力越强。

2. 试剂与仪器

（1）试剂

① 待测表面活性剂溶液。

② 氯化钙（$CaCl_2$）、硫酸镁（$MgSO_4 \cdot 7H_2O$）。

③ 150mg/kg 硬水的配制　称取 0.0999g 氯化钙，0.148g 硫酸镁，用蒸馏水溶解于 1000mL 容量瓶中，并稀释至刻度，摇匀。

（2）仪器

① 罗氏泡沫仪　由分液漏斗、计量管、夹套量筒及支架部分组成。如图 12-6。

② 刻度量筒　500mL。

③ 容量瓶　1000mL。

④ 超级恒温水浴　带有循环水泵，可控制水温于（50±0.5）℃。

3. 检验步骤

（1）仪器的清洗　彻底清洗仪器是试验成功的关键。试验前尽可能将所有玻璃器皿与铬酸硫酸混合液接触过夜。然后用水冲洗至没有酸，再用少量的待测溶液冲洗。

将安装管和计量管组件在乙醇和三氯乙烯的共沸混合物蒸气中保持 30min，然后用少量待测溶液冲洗。

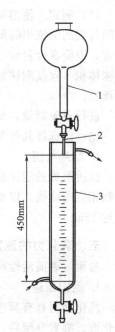

图 12-6　仪器装配示意图

1—分液漏斗；2—计量管；3—夹套量筒

对同一产品相继间的测量，用待测溶液简单冲洗仪器即可，如需要除去残留在量筒中的泡沫时，不管用什么方法来完成，随后都要用待测溶液冲洗。

（2）仪器的安装　用橡皮管将恒温水浴的出水管和回水管分别连接至夹套量筒夹套的进水管（下）和出水管（上），调节恒温水浴温度至（50±0.5)℃。

安装带有计量管的分液漏斗，调节支架，使量筒的轴线和计量管的轴线相吻合，并使计量管的下端位于量筒内 50mL 溶液的水平面上 450mm 标线处。

（3）待测样品溶液的配制　称取样品 2.5g，用已预热至 50℃ 的 150mL/kg 硬水溶解。必须很缓慢地混合，不搅拌，以防止泡沫形成。转移至 1000mL 容量瓶中，并稀释至刻度，摇匀。保持溶液于（50±0.5)℃超级恒温水浴，直至试验进行。

在测量时，溶液的时效应不少于 30min，不大于 2h。

（4）灌装仪器　将配制的溶液沿着内壁倒入夹套量筒至 50mL 标线，不使在表面形成泡沫。也可用灌装分液漏斗的曲颈漏斗来灌装。

第一次测定时，将部分试液灌入分液漏斗至 150mm 刻度处，并将计量管的下端浸入保持（50±0.5)℃的盛有试液的小烧杯中，用连接到分液漏斗顶部的适当抽气器吸引液体。这是避免在旋塞孔形成气泡的最可靠方法。将小烧杯放在分液漏斗下面，直到测定开始。

为了完成灌装，用 500mL 刻度量筒量取 500mL 保持在（50±0.5)℃的试液倒入分液漏斗，缓慢进行此操作。为了避免生成泡沫，可用一专用曲颈漏斗，使曲颈的末端贴在分液漏斗的内壁上来倾倒试液。为了随后的测定，将分液漏斗放空至旋塞上面 10～20mm 的高度。仍将分液漏斗放在盛满（50±0.5)℃的试验溶液的烧杯中，再用试验溶液灌装分液漏斗至 150mm 刻度处。然后，如上所述，再次倒入 500mL 保持在（50±0.5)℃的试验溶液。

（5）测定　使溶液不断地流下，直到水平面降至 150mm 刻度处，记录流出时间。流出时间与观测的流出时间算术平均值之差大于 5％ 的所有测量应予忽略。如果时间较长，则为异常，表明在计量管或旋塞中有空气泡存在。在液流停止后 30s、3min 和 5min，分别测量泡沫体积（仅仅泡沫）。如果泡沫的上面中心处有低注，按中心和边缘之间的算术平均值记录读数。

进行重复测量，每次都要配制新鲜溶液，取得至少 3 次误差在允许范围的结果。

也可以选择其他条件（指水的硬度、温度等）配制溶液，但应写入试验报告。

4. 结果处理

以所形成的泡沫在液流停止后 30s、3min 和 5min 的体积（mL）来表示结果，必要时可绘制相应的曲线。以重复测定结果的算术平均值作为最后结果。重复测定结果之间的差值不超过 15mL。

五、乳化力的测定——比色法

参照《表面活性剂　乳化力的测定　比色法》（GB/T 6369—2008）。

1. 测定原理

乳化剂与具有颜色的油类，以一定的比例进行充分混合后，加到水中，经过振荡，形成乳化液。静置分层后，用溶剂萃取乳层中的油。测定萃取液的光密度值。从标准曲线找到对应的乳化油量，从而计算出乳化力的大小。

2. 计算方法

以百分数（％）表示乳化力的大小。按式(12-2)计算：

$$乳化力 = \frac{A}{B} \times 100 = \frac{cV \times \dfrac{50}{10}}{m \times \dfrac{30}{30+0.6}} \times 100 \qquad (12\text{-}2)$$

式中　A——乳化层中含油量，g；

　　　B——加入油量，g；

　　　c——从标准曲线上查得的乳化油量，g/L；

　　　V——萃取液体积，L；

　　　m——加入乳化剂和燃料油的量，g。

由同一分析人员进行的 3 次测定中，至少 2 次测定结果之差不超过平均值的 5%。

第四节　表面活性剂的定性分析

一、表面活性剂离子类型的鉴别

表面活性剂品种繁多，对未知的表面活性剂首先需要快速、简便、有效地确定其离子型，即确定阴离子、阳离子、非离子及两性表面活性剂，是非常必要有。下面介绍几种表面活性剂离子类型的鉴别方法。

1. 泡沫特征试验

这个试验可以初步鉴定存在的表面活性剂的类型，可以和下面其他试验联合应用。具体操作步骤如下。

在一支沸腾管中，用几毫升水摇动少量醇萃取物。如果生成泡沫，表示存在表面活性剂。加 2~3 滴稀盐酸溶液，摇动。如果泡沫被抑制，表示在其他表面活性剂中存在肥皂；如果泡沫保持，表示存在除肥皂外的表面活性剂。若在这种情况下加热至沸，并沸腾几分钟。如果泡沫消失，并形成脂肪层，表示存在易水解阴离子表面活性剂（烷基硫酸盐或烷基醚硫酸盐）；如果泡沫保持，表示存在不易水解的阴离子表面活性剂［烷基（芳基）磺酸盐］、阳离子或非离子表面活性剂，或其混合物。

2. 亚甲基蓝-氯仿试验

亚甲基蓝是水溶性染料，但阴离子表面活性剂与亚甲基蓝可形成可溶于氯仿的蓝色络合物，从而使蓝色从水相转移到氯仿相。利用该性质可定性定量分析阴离子表面活性剂。

3. 混合指示剂颜色反应

将少量试样溶于水中，分成两份，把一份溶液的 pH 调节到 1，另一份 pH 调节到 11，然后各加 5mL 混合指示剂溶液和 5mL 氯仿，振荡后静置分层，观察氯仿层的颜色。如表12-10 所示。

表 12-10　混合酸性指示剂与表面活性剂反应的颜色显示

氯仿层颜色		表面活性剂类型
pH=1 试液	pH=11 试液	
粉红色	粉红色	阴离子表面活性剂
蓝色	阴性或蓝色	阳离子表面活性剂
阴性	阴性或蓝色或粉红色	两性表面活性剂或非离子表面活性剂
阴性	粉红色	肥皂或肌氨酸盐

4. 磺基琥珀酸酯试验

在大约 1g 试样的醇萃取物中加入过量 $\rho(KOH)=30g/L$ 的氢氧化钾乙醇溶液，并沸腾 5min。过滤沉淀（琥珀酸钾），用乙醇洗涤并干燥。将部分沉淀与等量的间苯二酚混合，加 2 滴浓硫酸，在小火焰上加热至混合物变黑，立即冷却并溶于水中，用稀氢氧化钠溶液使呈碱性。若产生强的绿色荧光，则表示存在磺基琥珀酸酯。

5. 溴酚蓝试验

调节 10g/L 试样溶液至 pH 为 7，加 2～5 滴试样溶液于 10mL 溴酚蓝试剂溶液中，若呈现深蓝色，则表示存在阳离子表面活性剂。两性长链氨基酸和烷基甜菜碱（内铵盐）呈现轻微蓝色和紫色荧光。非离子表面活性剂呈阴性，而且在与阳离子表面活性剂共存时并不产生干扰。低级胺亦呈阴性。

6. 浊点试验

浊点法适用于聚氧乙烯类表面活性剂的粗略鉴定。浊点测定法在其他物质共存时会受到影响，当存在少量阴离子表面活性剂时会使浊点上升或受抑制。无机盐共存时会使浊点下降。

制备 10g/L 试样溶液，将试样溶液加入试管内，边搅拌边加热，管内插入 (0～100)℃ 温度计一支。如果呈现浑浊，逐渐冷却到溶液刚变透明时，记下此温度即为浊点。若试样呈阳性，则可推定含有中等 EO 数的聚氧乙烯型非离子表面活性剂。

如加热至沸腾仍无浑浊出现，可加入食盐溶液（$\rho=100g/L$），若再加热后出现白色浑浊，则表面活性剂是具有高 EO 数的聚氧乙烯型非离子表面活性剂。

如果试样不溶于水，且常温下就出现白浊，那么在试样的醇溶液中再加入水，要是仍出现白浊，则可推测为低 EO 数的聚氧乙烯型非离子表面活性剂。

7. 硫氰酸钴盐试验

硫氰酸钴铵试剂溶液：将 174g 硫氰酸铵与 28g 硝酸钴共溶于 1L 水中。

滴加硫氰酸钴铵试剂溶液于 5mL $\rho=10g/L$ 的试样溶液中，放置，观察溶液颜色，若呈现蓝色的话，则表示存在聚氧乙烯型非离子表面活性剂。呈现红色至紫色为阴性。阳离子表面活性剂呈同样的阳性反应。

二、表面活性剂的元素定性分析

在表面活性剂中除含有碳、氢、氧元素外，通常还含有氮、硫、氯、溴等。将元素定性分析和与离子型鉴定的结果综合起来，可得到极有价值的信息。对某一表面活性剂，经离子型鉴定后，分下列几种情况。

（1）阴离子表面活性剂 除碳、氢、氧外，往往含有硫、氮、磷三种元素中的一至两种，极少有三种元素同时存在的表面活性剂。一般还含有 Na^+、K^+、Ca^{2+}、Mg^{2+} 等金属元素。金属元素可能由无机盐带入，但可以肯定表面活性剂中有金属元素时，一般不会是阳离子或非离子表面活性剂。

（2）阳离子型表面活性剂 元素定性分析结果多数含氮元素及卤素，无金属离子。

（3）两性离子表面活性剂 基本上都含有氮元素，或氮、硫共存（磺化甜菜碱，磺基咪唑啉，磺基氨基酸），或氮、磷共存（卵磷脂、磷酸化咪唑啉）。

（4）非离子型表面活性剂 多数不含硫、磷，烷醇酰胺中含有氮元素。

元素定性分析时，应尽量除去非活性组分的影响，分析前的分离很关键。具体操作方法略。

三、表面活性剂官能团的化学分析

官能团的检验可以进一步了解表面活性剂的类型。官能团的化学分析常与光谱分析配合，用于表面活性剂的结构分析。根据元素定性分析的初步结果及离子型鉴别，可以将表面活性剂按离子型及所存在的元素进行分类，由此可以判断可能存在的官能团，然后针对这些官能团进行相应的试验，进一步确定产品的结构。例如，元素分析含硫与金属，不含氮和磷的阴离子型表面活性剂，可通过盐酸水解试验鉴别是硫酸盐还是磺酸盐。然后再根据情况进行酯的羟肟酸试验、丙烯醛试验、催化酯化试验、甲醛-硫酸试验、乙酯化试验及芳香族磺酸试验等，以检验所存在的官能团，由此推测结构。又如元素分析不含氮、硫、磷和金属的非离子型表面活性剂可进行磷酸裂解试验，以检验所存在的官能团是聚氧乙烯基还是聚氧丙烯基，从而判断它的结构，见表 12-11。

表 12-11　表面活性剂官能团检测方法及适用范围

序号	官能团检验方法	适用范围
1	盐酸水解试验	用于检验烷基硫酸酯盐（也包括低级烷基硫酸酯盐），有机磺酸及无机硫酸盐的存在均不发生干扰
2	酯的羟肟酸试验	用于检验酯或含有内酯链的全部化合物，如噁唑啉、咪唑啉季铵盐、烷醇酰胺及聚氧乙烯脂肪酰胺等均呈阳性。酚对试验有干扰，用氯化铁试验能够检出酚的存在
3	氯化铁试验	用于检验酚类化合物
4	催化酯化试验	适用于检验酯的羟肟酸试验中呈阴性的物质。可以鉴定酯类和羟酸盐（皂素）。干扰物质在试验前必须除去
5	酚酞试验	用于检验季铵盐类化合物
6	氢氧化钾水解试验	适用于碳数 26 以下的季铵盐类化合物
7	磷酸热分解试验	用于检验聚氧乙烯和聚氧丙烯基
8	溴和溴化钾试验	适用于检验聚氧乙烯基类化合物
9	Dragendorff 试验	用于检验聚氧乙烯衍生物
10	茚三酮试验	适用于检验氨基酸类化合物

第五节　表面活性剂的定量分析

一、阴离子表面活性剂定量分析

本方法参照《表面活性剂和洗涤剂　阴离子活性物的测定　直接两相滴定法》（GB/T 5173—1995），适用于分析烷基苯磺酸盐、烷基磺酸盐、烷基硫酸盐、烷基羟基硫酸盐、烷基酚硫酸盐、脂肪醇甲氧基及乙氧基硫酸盐和二烷基琥珀酸酯磺酸盐，以及每个分子含一个亲水基的其他阴离子活性物的固体或液体产品。不适用于有阳离子表面活性剂存在的产品。

阴离子表面活性剂在表面活性剂产品中耗量最多，达 76%～80%，是最早应用的一种表面活性剂，且价格低。烷基苯磺酸盐（LAS）是表面活性剂的主要代表品种，它占有阴离子表面活性剂中的最大份额。

表面活性物含量的测定方法有多种，其中最常用的一种是直接两相滴定法，也适用于大多数其他阳离子表面活性剂。此法大大优于早期使用的亚甲基蓝指示剂法。

1. 实验原理

阴离子表面活性剂的定量分析法基本上是它和阳离子表面活性剂定量络合反应的方法。在水和三氯甲烷的两相介质中，在酸性混合指示剂存在下，用阳离子表面活性剂氯化苄苏𬭩滴定，测定阴离子活性物的含量。

阴离子活性物和阳离子染料生成盐，此盐溶解于三氯甲烷中，使三氯甲烷层呈粉红色。滴定过程中水溶液中所有阴离子活性物与氯化苄苏鎓反应完，氯化苄苏鎓取代阴离子活性物-阳离子染料盐内的阳离子染料（溴化底米鎓），因溴化底米鎓转入水层，三氯甲烷层红色褪去，稍过量的氯化苄苏鎓与阴离子染料（酸性蓝-1）生成盐，溶解于三氯甲烷层中，使其呈蓝色。

2. 结果计算

阴离子活性物的质量分数 w 按式(12-3) 计算。

$$w = \frac{cVM_r}{25m} \times 100\% \tag{12-3}$$

式中 w——阴离子活性物的质量分数；

     m——试样质量，g；

     M_r——阴离子活性物的平均摩尔质量，g/mol；

     c——氯化苄苏鎓溶液的浓度，mol/L；

     V——滴定时所耗用的氯化苄苏鎓溶液体积，mL。

若阴离子活性物含量以 mmol/g 表示，则按式(12-4) 计算：

$$w' = \frac{40cV}{m} \tag{12-4}$$

     w'——阴离子活性物含量，mmol/g。

3. 注意事项

（1）本实验方法不适用于有阳离子表面活性剂存在的产品。

（2）在洗涤剂中作为水助溶剂的低相对分子质量磺酸盐（甲苯及二甲苯磺酸盐）含量低于阴离子活性物的 15% 时，不干扰分析结果；而高于 15% 时，应估计其影响。

（3）肥皂、尿素和乙二胺四乙酸盐和羧甲基纤维素钠不干扰。

（4）存在非离子表面活性剂时，需视各特殊情况估计其影响。

（5）氯化钠、硫酸钠、硼酸钠、三磷酸盐、过硼酸钠等无机成分不干扰。若存在漂白剂干扰分析，需在分析前破坏，且样品应完全溶于水。

二、阳离子表面活性剂定量分析

较为成熟的阳离子表面活性剂的定量分析和微量分析法主要有：容量法、重量分析法、光电比色法、紫外吸收光谱法等。

本实验方法参照《表面活性剂 洗涤剂 阳离子活性物含量的测定》（GB/T 5174—2004）。采用直接两相滴定法测定，属容量法的一种。适用于分析长链季铵化合物、月桂胺盐和咪唑啉盐等阳离子活性物。适用于水溶性的固体活性物或活性物水溶液。

1. 实验原理

与阴离子表面活性剂定量分析中的直接两相滴定法测定阴离子活性物类似。在有阳离子染料和阴离子染料混合指示剂存在的两相（水-氯仿）体系中，用一标准阴离子表面活性剂溶液滴定样品中的阳离子活性物。样品中的阳离子表面活性剂最初与阴离子染料反应生成盐而溶于三氯甲烷层，使呈蓝色。滴定中，阴离子表面活性剂取代阴离子染料，在终点时与阳离子染料生成盐，使三氯甲烷层呈浅灰-粉红色。

2. 结果计算

阳离子活性物的质量分数 w 按式(12-5) 计算：

$$w = \frac{cVM_r}{\dfrac{25 \times 1000}{1000}m} \times 100\% = \frac{cVM_r}{25m} \times 100\% \tag{12-5}$$

式中 w——阴离子活性物的质量分数；

M_r——阳离子活性物的摩尔质量，g/mol；

c——月桂基硫酸钠溶液的摩尔浓度，mol/L；

m——试样的质量，g；

V——滴定耗用试样溶液的体积，mL。

3. 注意事项

(1) 本实验方法适用于固体活性物或活性物水溶液。若其含量以质量分数表示，则阳离子活性物的平均相对分子质量必须已知，或预先测定。

(2) 本实验方法不适用于有阴离子或两性表面活性剂存在时的测定。

作为助溶剂存在的低相对分子质量的甲苯磺酸盐及二甲苯磺酸盐，其相对于活性物的浓度（质量分数）小于或等于 15% 时，尚不产生干扰。如浓度较大，则需考虑其影响。

(3) 非离子表面活性剂、肥皂、尿素和乙二胺四乙酸盐不产生干扰。

(4) 氯化钠、硫酸钠、硼酸钠、三磷酸盐、过硼酸钠等无机成分不干扰。若存在漂白剂干扰分析，需在分析前破坏，且样品应完全溶于水。

三、非离子表面活性剂的定量分析

(一) 硫氰酸钴分光光度法

适用于聚氧乙烯型单链 EO 加合数 3～40，双链、三链、四链总 EO 加合数 6～60 的表面活性剂及聚乙二醇（摩尔质量 300～1000g/mol）、聚醚等表面活性剂的测定。参照《表面活性剂生物降解度试验方法》（GB 15858—2006）附录 B。

1. 方法原理

非离子表面活性剂与硫氰酸钴所形成的络合物用苯萃取，然后用分光光度法定量非离子表面活性剂。

2. 检验步骤

(1) 标准曲线的绘制　取一系列含有 0～4000μg 非离子表面活性剂的标准溶液作为试验溶液于 250mL 分液漏斗中。加水至总量 100mL，然后按下列 (2) 规定程序进行萃取和测定吸光度，绘制非离子表面活性剂含量（mg/L）与吸光度标准曲线。

(2) 试样中非离子表面活性剂含量的测定　准确移取适量体积的试样溶液于 250mL 分液漏斗中，加水至总量 100mL（应含非离子表面活性剂 0～3000μg）。再加入 15mL 硫氰酸钴铵溶液和 35.5g 氯化钠，充分振荡 1min。然后准确加入 25mL 苯，再振荡 1min，静止 15min。弃掉水层，将苯放入试管，离心脱水 10min（转速 2000r/min）。然后移入 10mm 石英比色池中，用空白试验的苯萃取液作参比，用紫外分光光度计于波长 322nm 测定试样苯萃取液的吸光度。

将测得的试样吸光度与标准曲线比较，得到相应非离子表面活性剂的量，以毫克每升（mg/L）表示。

(二) 泡沫体积法

适用于脂肪酰二乙醇胺类非离子表面活性剂含量的测定。《表面活性剂生物降解试验方法》（GB/T 15818—2006）附录 E。

1. 方法原理

本方法是将试样溶液，在一定条件下剧烈振荡，根据生成的泡沫体积定量非离子表面活性剂。

2. 试剂与仪器

(1) 试剂

基础培养基溶液　参照标准 GB/T 15818—2006。

（2）仪器

具塞量筒　100mL，分度值1mL。

3. 检验步骤

（1）标准曲线绘制　用培养基溶液将待试月桂酰二乙醇胺非离子表面活性剂分别配制成 1mg/L、3mg/L、5mg/L、7mg/L、10mg/L 的标准溶液。然后各取 50mL 按下列程序测定泡沫体积，同时做空白试验。标准溶液的泡沫体积减去空白试验的泡沫体积，得到净泡沫体积，绘制浓度（mg/L）与净泡沫体积的标准曲线。

（2）非离子表面活性剂含量的定量　将 50mL 试样溶液放入 100mL 具塞量筒中，用力上下振摇 50 次（每秒约 2 次），静置 30s 后，观测净泡沫体积，重复上述操作，取两次测定结果的平均值。

将测得的净泡沫体积查标准曲线，得相应月桂酰二乙醇胺表面活性剂样品溶液的浓度（mg/L）。

四、两性表面活性剂的定量分析

两性表面活性剂种类繁多，其活性成分的测定亦各有不同。较常使用的定量分析有磷钨酸法、铁氰化钾法、高氯酸铁法、碘化铋络盐螯合滴定法、比色法、电位滴定法等。此处仅介绍电位滴定法和比色法。

（一）电位滴定法

1. 方法原理

本方法利用正丁醇分离活性物及未反应的胺，在乙酸溶液中以高氯酸标准溶液进行电位滴定，扣除未反应胺的量，即得活性物的含量。

适用于测定脂肪烷基二甲基甜菜碱。结构式为：

$$R-\overset{\overset{\displaystyle CH_3}{|}}{\underset{\underset{\displaystyle CH_3}{|}}{N^+}}-CH_2COO^-$$

R 主要为 C_{12} 的碳氢链。

2. 试剂与仪器

（1）试剂

① 正丁醇、甲醇、乙酸，均为分析纯。

② 高氯酸（0.2mol/L）标准溶液、氢氧化钠溶液（10mol/L）、盐酸标准溶液（0.1mol/L）、酚酞指示剂（10g/L，乙醇溶液）、溴甲酚绿指示剂（1g/L，乙醇溶液）、石油醚（沸程 30~60℃）、中性甲醇、甲醇水溶液（1:1，体积比）。

（2）仪器

① 分析天平。

② 酸度计　分度不大于 0.02pH，配有玻璃电极和甘汞电极。

③ 容量瓶（100mL）、量筒（50mL）、烧杯（150mL）、分液漏斗（250mL）、电磁搅拌器、半微量滴定管（10mL）及实验室其他常规仪器。

3. 检验步骤

（1）活性物的分离　用减量法称取 5~10g 均匀试样（准确至 1mg）于分液漏斗（A）中，加 50mL 水溶解样品，加 40mL 正丁醇。塞住塞子剧烈摇荡至少 15s，静置分层。将下层放入第二只分液漏斗（B）中，加 25mL 正丁醇至第二只分液漏斗（B）。剧烈摇荡，静置分层，弃去下层。

合并正丁醇萃取液（A）、（B）于干燥的 100mL 容量瓶内，用少量甲醇冲洗每只分液漏斗，并入容量瓶，再用甲醇定容至刻度，摇匀。

（2）滴定　用移液管移取 20mL 正丁醇萃取液于 150mL 烧杯中，在封闭电炉上调节低温驱赶溶剂，直到剩余 3mL 液体。冷却，加 60mL 乙酸，置烧杯于电磁搅拌器上，用高氯酸标准溶液进行电位滴定，绘制滴定曲线，以电位值的最大突跃为滴定终点，记录所对应的体积（V_1）。

（3）未反应胺的测定　用减量法称取 15g 样品（精确至 0.01g）于分液漏斗（C）中，加入 40mL 水和 50mL 甲醇溶解，加几滴酚酞指示剂，用氢氧化钠溶液中和至红色，并过量 1mL。加 50mL 石油醚于分液漏斗（C）中，充分振摇，静置分层。将下层放入分液漏斗（D）内，加 50mL 石油醚于分液漏斗（D）中，充分振摇，静置分层。弃去下层。

合并分液漏斗（C）、（D）中的萃取相，每次用 25mL 甲醇水溶液（1:1）洗涤萃取液，至洗涤液不使酚酞变红为止。弃去洗涤液。

将石油醚层放入干燥的烧杯中，蒸发溶剂至剩余约 5mL。加入 30mL 中性甲醇和几滴溴甲酚绿指示剂，在电磁搅拌下，用 0.1mol/L 盐酸标准溶液滴定至颜色由蓝经过绿到浅黄色为终点。

4. 结果计算

脂肪烷基二甲基甜菜碱含量（w）以质量分数表示，按式(12-6) 计算：

$$w=\left(\frac{c_1 V_1}{m_1}\times\frac{100}{20}-\frac{cV}{m}\right)\times M_r\times 10^{-3}\times 100\% \tag{12-6}$$

式中　c_1——高氯酸标准溶液的浓度，mol/L；

V_1——耗用高氯酸标准溶液的体积，mL；

m_1——试样的质量，g；

c——测定未反应胺时使用的盐酸标准溶液的浓度，mol/L；

V——测定未反应胺时使用的盐酸标准溶液的体积，mL；

m——测定未反应胺时所用试样的质量，g；

M_r——脂肪烷基二甲基甜菜碱的摩尔质量，g/mol。M_B 数值按《脂肪烷基二甲基甜菜碱平均相对分子质量的测定　气液色谱法》（QB/T 2345—1997）测得。

取两次平行测定的平均值作为结果，数值取到小数点后一位。两次平行测定的结果未反应胺含量之差不超过 0.2%。

（二）比色法

1. 方法原理

如果存在甜菜碱氧肟酸盐，则可以与铁离子试剂反应生成红色铁络合物，即可用于定性鉴定，也可用于定量分析。

2. 试剂

（1）Fe^{3+} 试剂　溶解含 0.4g 铁的氯化铁于 5mL 浓盐酸中，加入 5mL 质量分数为 70% 高氯酸，在通风柜里蒸发至干。用水稀释残渣至 100mL。将 10mL 此液与 1mL 70% 高氯酸溶液混合，用乙醇稀释至 100mL。

（2）乙醇　体积分数为 95%。

3. 检验步骤

（1）绘制标准曲线　用纯氧肟酸盐在 250mL 水中制备含 0.30g 氧肟酸基团（—CONHON）的溶液作储备液。分别吸取 1mL、2mL、3mL、4mL、5mL 储备液于 5 只 250mL 容量瓶中，分别用水稀释至 5mL。再分别加入 5mL Fe^{3+} 试剂，用乙醇稀释至刻度。以 Fe^{3+} 试剂作参比，用 1cm 比色池，在 520nm 处测定吸光度。绘制氧肟酸基团质量（单位为 mg）-吸光度曲线。

（2）测定　制备含 0.1g 氧肟酸基团的试样水溶液。吸取 5mL 此液于 250mL 容量瓶中，加入 5mL Fe^{3+} 试剂，用乙醇定容。以铁离子试剂作参比，用 1cm 比色池，在 520nm 处测定吸光度。根据标准曲线计算测定结果。

思 考 题

1. 简述表面活性剂的结构与分类。
2. 简述表面活性剂在化妆品中的应用。
3. 常用表面活性剂的基本性能检验有哪些？
4. 表面活性剂离子类型常见鉴别方法有哪些？
5. 简述阴离子表面活性剂的测定原理及结果计算。
6. 简述阳离子表面活性剂的测定原理及结果计算。
7. 简述非离子表面活性剂的测定原理及结果计算。
8. 简述两性离子表面活性剂的测定原理及结果计算。

第十三章 着色剂的检验

第一节 化妆品用着色剂的分类

一、着色剂的用途

着色剂亦称色素。化妆品添加着色剂主要是使产品着色，通过消费者的视觉提高产品的吸引力；还可以用来调整原料对产品色调的影响；或者用以区分产品品种等。

二、着色剂的分类

着色剂按来源和性质分以下几类：着色剂分为染料和颜料，染料包括天然染料和合成染料，颜料包括无机颜料和有机颜料。如图 13-1 所示。

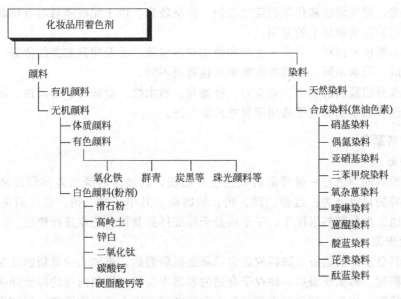

图 13-1　化妆品用着色剂分类

染料一般可溶于水或有机溶剂，具有一定染色能力。按用途分为酸性染料、碱性染料、氧化染料和油溶性染料等；颜料一般是不溶于水或有机溶剂。

化妆品中使用染料多数是合成染料，其中大部分是以煤干馏的副产品如苯、蒽等为原料，所以称其为焦油色素。

化妆品中使用的颜料一般是无机颜料。无机颜料分有色颜料、白色颜料和体质颜料。化妆品中常用的有：铁氰化合物、氧化物、硅酸盐、磷酸盐，炭黑和珠光颜料等。

三、着色剂的安全性及监管

化妆品使用的色素，除少数无机色素外，大多数为有机合成色素，其中多数对人体有害。有的着色剂会引起人的光敏反应，某些焦油色素甚至可以诱发癌症。为安全起见，世界上许多国家对化妆品用着色剂作了法律性规定。

我国《化妆品卫生规范》（2007年版）规定了156种限用着色剂。同时，规范还限定了各种着色剂使用的范围，包括各种化妆品、除眼部用化妆品之外的其他化妆品、专用于不与黏膜接触的化妆品、专用于仅和皮肤暂时接触的化妆品，并且有些着色剂还有限定的浓度。

化妆品作为日常用品需要有绝对的安全性，着色剂的使用应符合化妆品卫生标准要求。另外，作为化妆品原料，颜料和染料也应该达到相应的性能指标，以满足使用要求。本章重点介绍颜料和染料的性能检验。

第二节   颜料的检验

颜料是粉状不溶于水、油、树脂等介质的具有保护和装饰作用的有色物质，简单说来，颜料分为无机颜料和有机颜料。无机颜料主要包括炭黑及铁、钡、锌、镉、铅和钛等金属的氧化物和盐，有机颜料可以分为单偶氮、双偶氮、色淀、酞菁、喹吖啶酮及稠环颜料等几种结构类型。

无机颜料耐晒、耐热性能好、遮盖力强，但色谱不十分齐全，着色力低，色光鲜艳度差，部分金属盐和氧化物毒性较大。而有机颜料结构多样、色谱齐全、色光鲜艳纯正、着色力强、但耐光、耐气候性和化学稳定性较差，价格较贵。由于无机颜料与有机颜料的不同特点，决定了它们应用领域上的差别。

颜料产品的技术指标，是作为生产和使用双方验收产品及质量监督的依据。不同的颜料产品由于组成、用途不同，对颜料性能要求也有所不同。

本节重点介绍颜料的颜色、遮盖力、吸油量、耐水性、耐酸性、耐碱性、耐溶剂性、耐光性、耐热性、筛余物含量等通用项目的检验方法。

一、颜料颜色

1. 方法原理

用标准颜料的颜色与一般样品的颜色进行比较，以试样的颜色差异程度来表示颜料颜色。颜色差异的评级分为：近似、微、稍、较四级。其中，微、稍、较之后需列入色相及鲜、暗的评语。白色颜料以优于、等于或差于标准样品及加上色相进行评定。

2. 检验步骤

（1）颜料分散体的制备   试样放在自动研磨机研磨后，再加入少量精制亚麻仁油调和以得到合适的稠度。再次研磨后，储存于合适的容器中备用。取相同量的标准样品，以相同的方法制备浆状物。如果发现研磨机施加的力和研磨转数不合适可作调整。但试样和标准样品必须在相同条件下进行。

（2）颜色的比较   将制得的试样及标准样品的浆状物以同一方向铺展在底材上，用湿膜制备器制成宽不小于25mm，接触边长不小于40mm的不透明条带。涂后立即在散射日光或标准光源下，观察不透明条带的表面，或经有关双方商定通过玻璃比较两种浆的颜色差异。经有关双方商定，也可用一合适的测色仪来比较颜色。

二、遮盖力

1. 方法原理

遮盖力（X）是指颜料和调墨油研磨成色浆，均匀地涂刷于黑白格玻璃板上，使黑白格恰好被遮盖的最小颜料用量，以 g/m^2 表示。

2. 检验步骤

试样加调墨油，置于平磨机下层的磨砂玻璃面上，用调墨刀调匀，加5.0MPa压力进行研磨。每 25r 或 50r 调和一次，调和四次共 100r 或 200r。加入剩余的调墨油，用调墨刀调匀，放入容器内备用。然后，用刷涂法测定颜料的遮盖力。

三、吸油量

1. 方法原理

在定量的粉状颜料中，逐步将油滴入其中，使其均匀调入颜料，直至滴加的油恰能使全部颜料浸润并不碎不裂粘在一起的最低用油量，即为颜料吸油量。可用体积/质量或质量/质量表示。

我国 GB 5211 中规定用颜料样品在规定条件下吸收精制亚麻仁油量作为吸油量指标。吸油量是颜料在涂料应用中的重要指标。吸油量大的颜料比吸油量小的颜料在保持同样稠度时耗费的涂料多。

2. 检验步骤

（1）根据不同颜料吸油量的范围，建议按表 13-1 规定称取适量的试样。

表 13-1　取样量与吸油量的关系

吸油量/(mL/100g)	试样质量/g	吸油量/(mL/100g)	试样质量/g
≤10	20	50～80	2
10～30	10	>80	1
30～50	5		

（2）将试样置于平板上，用滴定管滴加精制亚麻仁油，每次加油量不超过 10 滴，加完后用调刀压研，使油渗入受试样品，继续以此速度滴加至油和试样形成团块为止。从此时起，每加一滴后需用调刀充分研磨，当形成稠度均匀的膏状物，恰好不裂不碎，又能黏附在平板上时，即为终点。记录所耗油量，全部操作应在 20～25min 内完成。

3. 结果计算

吸油量 A 以每 100g 产品所需油的体积或质量表示，分别用式（13-1）或式（13-2）计算：

$$A=100V/m \tag{13-1}$$
$$A=93V/m \tag{13-2}$$

式中　V——所需油的体积，mL；

　　　m——试样的质量，g；

　　　93——精制亚麻仁油的密度乘以 100。

报告结果准确到每 100g 颜料所需油的体积或质量。

四、耐水性

1. 方法原理

颜料和水接触后，由于颜料微溶于水，会造成水的沾色。颜料的耐水性即是指颜料对抗水解而造成水沾色的性能。评定的沾色级别直接用来表示颜料的耐水性，最好为 5 级，最差为 1 级。滤液的沾色程度介于两级之间时，以 4～5、3～4、2～3、1～2 表示。平行试验所得级别应相同。

2. 检验步骤

（1）试液的制备

① 使用冷水　称取颜料样品 0.5g，称准至 0.001g，放入试管中。加入 20mL 经煮沸并冷却至常温的蒸馏水，盖紧磨口塞，水平固定在振荡器上，振荡 5min。取下，静置 30min。

倒入铺设 3 层滤纸的细孔坩埚中，真空抽滤直至得到清澈滤液。

② 使用热水　称取颜料样品 0.5g，称准至 0.001g，放入试管中。加入 20mL 沸腾的蒸馏水，充分润湿颜料后，在沸腾的水浴中加热 10min。取出，冷却至室温，倒入铺设 3 层滤纸的细孔坩埚中，真空抽滤直至得到清澈滤液。

（2）沾色级别的评定　将蒸馏水和制得的清澈滤液分别注满两比色皿。将两比色皿分别置入比色架孔中，在朝北自然光照下，入射光与被观察物成 45°角，观察方向垂直于被观察物表面，对照沾灰色分级卡以目测评定沾色级别。

五、耐酸性

1. 方法原理

颜料和酸溶液接触后，由于颜料和酸作用，会造成酸溶液的沾色和颜料本身的变色。颜料的耐酸性即是指颜料对抗酸的作用而造成酸溶液的沾色和颜料变色的性能。

颜料的耐酸性用滤液的沾色级别、滤饼的变色级别或同时用滤液的沾色级别和滤饼的变色级别表示。滤液沾色，滤饼变色最好为 5 级，最差为 1 级。滤液的沾色程度介于两级之间时可用 4~5、3~4、2~3、1~2 表示。滤饼的变色程度介于两级之间时则用 4/5、3/4、2/3、1/2 表示。如同时表示滤液的沾色程度和滤饼变色程度的级别时，则表示为 A [B]，A 表示滤液的沾色级别，B 表示滤饼的变色级别。例如某颜料滤液沾色为 5 级，变色为 4/5，则表示为 5 [4/5]。平行试验所得级别应相同。

2. 检验步骤

（1）试液和滤饼的制备　称取两份颜料样品，每份 0.5g，称准至 0.001g，分别放入两支试管中，其中一支加入 20mL 蒸馏水，另一支加入 20mL 盐酸溶液。放置 5min 后，盖紧磨口塞，水平固定在电动振荡器上，振荡 5min。取下，分别倒入铺设三层滤纸的细孔坩埚中，真空抽滤直至得到清澈滤液。留在坩埚中的即为滤饼。

（2）沾色和变色级别的评定　将 2% 盐酸溶液和制得的清澈滤液分别注满比色皿，对照沾色灰色分级卡，以目视评定滤液的沾色级别。

分别取出过滤后两坩埚中的滤饼，放在白瓷板上，压上无色玻璃。用上述相同的方法对照褪色灰色分级卡，以目视评定颜料的变色级别。

六、耐碱性

1. 方法原理

颜料和碱溶液接触后，由于颜料和碱作用，会造成溶液的沾色和颜料本身变色，颜料的耐碱性即是指颜料对抗碱的作用而造成碱溶液沾色和颜料变色的性能。

颜料的耐碱性用滤液的沾色级别、滤饼的变色级别或同时用滤液的沾色级别和滤饼的变色级别表示。颜料的耐碱性最好为 5 级，最差为 1 级。滤液的沾色程度介于两级之间时用 4~5、3~4、2~3、1~2 表示。滤饼的变色程度介于两级之间时用 4/5、3/4、2/3、1/2 表示。如同时表示滤液的沾色程度及滤饼的变色程度级别时，则表示为 A [B]，A 表示滤液沾色级别，[B] 表示滤饼变色级别。

2. 检验步骤

（1）试液和滤饼的制备　称取两份颜料样品，每份 0.5g，称准至 0.001g，分别放入试管中，其中一支加入 20mL 蒸馏水，另一支加入 20mL 氢氧化钠溶液，盖紧磨口塞，水平固定在电动振荡器上，振荡 5min。取下，分别倒入铺设三层滤纸的细孔坩埚中，真空抽滤直至得到清澈滤液。留在坩埚中的即为滤饼。如果用滤纸过滤不能得到清澈滤液，可采用其他方式过滤，如玻璃滤器等。

（2）沾色和变色级别的评定　将质量分数为 2% 的氢氧化钠溶液和制得的清澈滤液分别注满比色皿，对照沾色灰色分级卡以目视评定滤液的沾色级别。

将滤饼放在白瓷板上，压上无色玻璃，对照褪色灰色分级卡以目视评定颜料的变色级别。

七、耐溶剂性

1. 方法原理

颜料和溶剂接触后，由于某些颜料溶于溶剂，会造成溶剂的沾色。颜料的耐溶剂性即是指颜料对抗溶剂的溶解而造成溶剂沾色的性能。

评定的沾色级别直接用以表示颜料的耐溶剂性，最好为 5 级，最差为 1 级。沾色级别介于两级之间时，以 4~5、3~4、2~3、1~2 表示。平行试验所得级别应相同。

2. 检验步骤

（1）试液的制备　称取颜料样品 0.5g，称准至 0.001g，置于试管中。加入 20mL 溶剂，塞紧管塞，水平固定在电动振荡器上振荡 1min。取下，倒入玻璃滤器，真空抽滤直至得到清澈滤液，收集滤液，以溶剂稀释至 20mL，摇匀备用。

（2）沾色级别的评定　将溶剂和制得的清澈滤液分别注满比色皿，对照沾色灰色分级卡，目视评定滤液的沾色级别。

八、耐光性

1. 方法原理

将颜料研磨于一定的介质中，制成样板，与日晒牢度蓝色标准同时在规定的光源下曝晒一定时间后，比较其变色程度，以"级"表示。

如果试样和蓝色标准样卡的某一级相当，则其耐光等级为该级；如果变色程度介于二级之间，则其耐光等级为二者之间，如 3~4 级、5~6 级。耐光性以 8 级最好，1 级最差。色光的变化可加注深、红、黄、蓝、棕、暗等。颜料的耐光性评级以本色的样板为主，冲淡样板为参考。

2. 检验步骤

（1）试样的制备　有机颜料和无机颜料分别参照表 13-2 和表 13-3，根据颜料品种和所需冲淡倍数，按次序称取椰子油改性醇酸树脂、颜料、冲淡剂和玻璃珠，放入容器内。加入适量二甲苯，搅拌均匀并砂磨至细度 30μm 以下。再加入所需的三聚氰胺甲醛树脂及树脂质量 0.2% 的铅锰钴催干剂，搅拌均匀。用 100 目铜丝布过滤，以二甲苯调节至适宜制板黏度。

表 13-2　有机颜料品种及冲淡方法

冲淡倍数	颜料/g	冲淡剂/g	椰子油改性醇酸树脂/g	三聚氰胺甲醛树脂/g	玻璃珠/g
本色	10	—	60	30	120
1 倍	5	5	60	30	120
20 倍	1.2	23.8	50	25	120
100 倍	0.25	24.75	50	25	120

表 13-3　无机颜料品种及冲淡方法

冲淡倍数	颜料/g	冲淡剂/g	椰子油改性醇酸树脂/g	三聚氰胺甲醛树脂/g	玻璃珠/g
本色	25	—	50	25	120
1 倍	12.5	12.5	50	25	120
20 倍	1.2	23.8	50	25	120

(2) 制板 将马口铁板用 0 号砂纸打磨，用二甲苯清洗并用绸布擦干。将试样刷涂或喷涂在已处理好的马口铁板上，置于无灰尘处，使其流平半小时，放入 100℃ 的烘箱中烘干半小时，取出冷却至室温备用。

(3) 耐光试验

① 日晒牢度机法 把制备好的样板和《日晒牢度蓝色标准》样卡用黑厚卡纸内衬书写纸遮盖一半，放入日晒机，晒至《日晒牢度蓝色标准》中的 7 级褪色到相当于《染色牢度褪色样卡》的 3 级时即为终点，将其取出，放于暗处半小时后评级。

② 天然日光暴晒法 按日晒牢度机法将样板和《日晒牢度蓝色标准》样卡同时置于天然日晒玻璃框中，晒架与水平面呈当地地理纬度角朝南暴晒，注意框边阴影不落于样板或蓝色标准样卡上，并经常擦除玻璃上的灰尘，阴雨停止暴晒，日晒终点同日晒牢度机法。

(4) 评级 在散射光线下观察试样变色程度，并与蓝色标准样卡的变色程度对比。

九、耐热性

1. 方法原理

以颜料干粉在一定温度下，经过规定时间后，与原样比较色泽的差异来评价耐热性，以温度（℃）表示。

2. 检验步骤

(1) 耐热性的测定 调整烘箱或箱形电阻炉至所需测定温度（测试温度在 200℃ 以下每隔 20℃ 为一档，200℃ 以上每隔 50℃ 为一档）。把盛有 2.5g 颜料粉末的坩埚迅速放入烘箱或箱形电阻炉内，到达规定的耐热温度后计算时间，半小时后取出放入干燥器中，冷却至室温。用注射器抽取 2mL 调墨油，把颜料和油放置于平磨机的下层磨砂玻璃面上，用调刀调匀，分别制备成试样与未经耐热样品的色浆。

(2) 评定方法 用调墨刀分别挑取少许试样和未经耐热样品的色浆，涂于画报印刷纸上。两个色浆平行间隔距离约为 15mm，用刮片均匀刮下。在散射光线下，立即观察墨色的色泽变化。

3. 结果表示

以不变色的一档温度为该试样的耐热温度。

十、筛余物含量

1. 方法原理

筛余物是指颜料通过一定孔径筛子后，不能通过筛子的大粒子和机械杂质。筛余物对颜料分散过程产生影响且破坏研磨设备，所以筛余物含量是颜料加工过程中必须控制的指标。GB1715 规定颜料通过一定孔径的筛子后，剩余物质量与试样质量的百分比为颜料筛余物。

2. 检验步骤

(1) 湿筛法 称取试样 10g（准确至 0.01g，有机颜料称重 2～3g），放入用乙醇润湿过的按产品标准规定已恒重的筛内。再用乙醇将试样润湿，手持筛子的上端将筛浸入水中，用中楷羊毛笔轻轻刷洗，直至在水中无颜料颗粒。再用蒸馏水冲洗两次，用乙醇冲洗一次。最后放入（105±2）℃ 的恒温烘箱中烘干至恒重。

(2) 干筛法 称取试样 10g（准确至 0.01g），放入按产品标准规定的已知质量的筛内。手持筛子的上端轻轻摇动，用中楷羊毛笔将颜料轻轻刷下，直至在白纸上无色粉为止。然后将剩余物连同筛子一起称量（准确至 0.0002g）。

3. 结果表示

筛余物质量分数 w 按式(13-3)计算：

$$w=(m_1-m_2)/m \tag{13-3}$$

式中　m——试样的质量，g；

　　　m_1——空筛和剩余物的质量，g；

　　　m_2——空筛的质量，g。

湿筛法中平行测定结果的相对误差不大于 10%，干筛法中不大于 15%，取平均值为测定结果。

第三节　染料的检验

染料是与染色对象有一定亲和力，可通过适当方法上染固着，并具一定色牢度的色素。染料的通用检测常数有溶解度、pH、水分含量、筛分细度、不溶物含量、白度等。本节仅对有机染料纯度的检验及荧光增白剂白度的测定作简要介绍。

一、有机染料的纯度检验

1. 细度（显微镜观察法）

用 300 倍以上的显微镜，可以看出染料中有无其他固体杂质。并且可以了解色料粒子的细度及大小均匀性。

2. 水分分析

在 100～300℃的烘箱中烘干至恒重，测定其含水量。

3. 食盐分析

配制酸性的硝酸银溶液，在溶液中加入染料，若含有食盐立即生成白色氯化银沉淀。此法适用于水溶性染料分析。

4. 糊精分析

添加糊精的色料，具有糊精特有的臭气，可直接嗅出。另外，糊精不溶于乙醇，所以，对于乙醇可溶性的色素，可以加入乙醇将其溶解后加以过滤，并于沉淀物上滴加碘酒，则发生红色显色反应。或与菲林试液共热，则会还原成氧化亚铜红色沉淀。

二、荧光增白剂白度的测定

荧光增白剂是一种荧光染料，在紫外光照射下，可激发出蓝、紫光与基质上黄光互补而具有增白效果。

白度用以判定物体的颜色是否接近理想白色的属性，可用白度值或白度指数表示。

1. 方法原理

由白度仪直接测出试样色品坐标 x_{10}、y_{10} 和三刺激值 Y_{10} 的值，然后用适当的公式将这些测定值转化成白度值。还可以测定红/绿调系数。

参照《荧光增白剂 相对白度的测定 仪器法》（GB/T 9338—2008）。

2. 试剂与仪器

（1）试剂　染料试验用纺织品试样。

（2）白度仪　如图 13-2 所示。

3. 检验步骤

图 13-2　WSB-2 型数显白度仪

（1）用白度仪测定试样的光谱幅亮度因数或三刺激值。

（2）计算在 D_{65} 标准照明体下，对 CIE1964 补充标准色度观察者色匹配函数的 x_{10}、y_{10} 和三刺激值 Y_{10} 的值。

4. 结果计算

按式（13-4）计算白度值 W_{10}：

$$W_{10} = Y_{10} + 800(0.3138 - x_{10}) + 1700(0.3310 - y_{10}) \qquad (13\text{-}4)$$

如果需要，可按式（13-5）计算色调系数 $T_{w,10}$：

$$T_{w,10} = 900(0.3138 - x_{10}) - 650(0.3310 - y_{10}) \qquad (13\text{-}5)$$

式中　Y_{10}——试样的三刺激值；

　　x_{10}，y_{10}——试样的色品坐标。

思 考 题

1. 简述化妆品用着色剂的用途与分类。

2. 简述颜料的定义及分类。

3. 简述颜料颜色、遮盖力、吸油量、耐水性、耐酸性、耐碱性、耐溶剂性、耐热性的测定原理及步骤。

4. 染料的通用检测常数有哪些？

第四篇　化妆品生产质量检验

化妆品产品质量的影响因素贯穿于原料、半成品和成品生产的整个过程。半成品与成品的质量控制基本相同，但是生产过程不论其是单批操作或是连续操作，都是在不断进展的，因此质量控制必须和生产密切配合。检验工作应紧随每道工序的半成品直到最后的包装形式。

更为重要的是，企业在管理中引入 ISO、GMP、HACCP 等质量管理体系，特别是采用关键点分析等质量管理手段来控制生产过程，保证产品质量，无疑是最经济、最有效率的。

第十四章　生产过程质量检验

化妆品的主要原料是化工产品，种类多，监管难度大，随着国内外对化妆品安全问题的日益关注，对化妆品生产过程的质量控制提出了更高的要求。为保证化妆品产品质量，企业应策划并在受控条件下进行生产。

首先企业应有适宜的生产设备。其次，生产每一种产品均应有规定的工艺操作规程，在生产中按规定操作并作详细记录。为避免出现产品质量问题，防患于未然，在生产过程中应规定质量控制点，加强半成品检验，以保证每批产品符合产品标准。

工艺操作规程关键要注意投料量、投料顺序、搅拌时间、冷却时间、温度和真空度等，搅拌一定要充分均匀。

半成品的检验应根据不同产品的特点规定控制重点，如洗发液中间产品主要控制 pH 和黏度，检验结果一定要符合企业内控标准，对于不合格的半成品需要经过技术部门查找原因，并予以纠正，直到符合内控标准，才能转入下一道工序的操作。

化妆品生产过程中的微生物控制与检验同成品检验，见第十六章第三节。

第一节　化妆品生产危害分析工作表

为保证产品质量，在化妆品生产过程中应规定质量控制点，加强半成品检验，以能保证每批产品符合产品标准。半成品的检验应根据不同产品的特点规定控制重点，检验结果一定要符合企业内控标准，对于不合格的半成品要查找原因，并予以纠正，直到符合标准，才能转入下一道工序。下面以乳化类化妆品生产为例，如图 14-1 所示。

化妆品生产危害分析工作见表 14-1 所示。

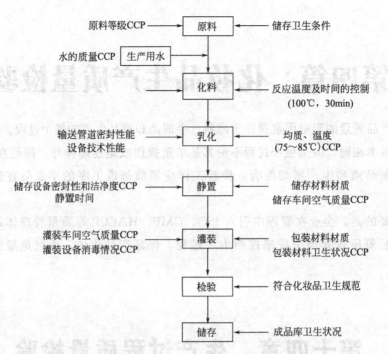

图 14-1 乳化类化妆品生产工艺流程及 CCP（关键控制点）

表 14-1 化妆品生产危害分析工作表

工艺流程	潜在危害	显著性（是/否）	判定依据	控制措施	CCP
原料	化学危害	是	使用禁用原料	从正规厂家采购	是
	微生物危害	是	细菌、霉菌及致病菌污染	原料库通风、干燥	是
水	物理危害	否	硬度高		否
	化学危害	是	含有毒有害物质	水质处理	是
	微生物危害	是	细菌总数、大肠菌群		是
化料	化学危害	是	原料成分氧化变质	控制反应时间	是
	微生物危害	是	反应温度及时间不够要求；细菌、霉菌及致病菌污染	控制反应温度及时间	是
乳化	化学危害	是	过度剪切	均质乳化时间及速度	是
	微生物危害	是	输送管道密封性不严	密封管道	是
静置	微生物危害	是	储存设备洁净度、静置时间；储存车间空气质量、储存车间温度	清洗消毒、控制时间	是
灌装	化学危害	是	包装材料材质	从正规厂家采购	是
	微生物危害	是	灌装车间空气质量	消毒	是
			灌装设备消毒情况	消毒	
			包装材料卫生状况	消毒	
检验储存	微生物危害	是	细菌、霉菌及致病菌污染	成品库通风干燥	是

资料卡		检验员术语介绍
IQC	Incoming Quality Control	即为来料检验,定义为利用各检验方法和检验标准对来料物料的检验对比及判别的行为工作,以防止不良品物料流入生产工序,为公司生产的产品质量把好第一道关
IPQC	Input Process Quality Cortrol	即过程检验,定义为利用各检验方法和检验标准对生产过程产品进行检验对比及判别,以防止异常产品流入下一工序,为公司产品把好半成品质量关
FQC	Final Quality Control	即产品终检,定义为利用各检验方法和检验标准对组装过程产品及成品进行检验对比及判别,以确保产品符合客户的质量要求,为公司把好成品质量关
OQC	Outgoing Quality Control	即成品出货检验,定义为利用各检验方法和检验标准对入库成品进行检验对比及判别,确保出货产品符合客户的质量要求,为公司产品把好成品最后一道质量关

第二节 化妆品 HACCP 计划表

HACCP 表示危害分析和关键控制点。表 14-2 为化妆品 HACCP 计划表。

表 14-2 化妆品 HACCP 计划表

关键控制点 CCP	显著危害	关键限值	监控				纠偏行动	记录	验证
			内容	方法	技术	人员			
原料	化学危害	卫生许可批件	原料等级	索取合格证	每批	原料保管员	不准入库	记录	检查记录
	微生物危害	检查合格证明							
水质	化学危害	水质检验合格	水质	检验	每月	质检员	水质处理	记录	检查记录
	微生物危害				每周	化验员			
化料	化学危害	反应温度100℃,时间30min	温度时间	温度计、时间计量	每批	操作员	废弃	记录	检查记录
	微生物危害		化料釜	温度计	每批	质检员	时间温度控制		
半成品储存	微生物危害	储存时间不超48h	半成品	时间计量	每批	操作员	重加工	记录	检查记录
生产设备	微生物危害	消毒	消毒剂		每批	操作员	重新消毒	消毒记录	检查记录
包装容器	微生物危害	烘干温度	烘干机	目测	每瓶	操作员	重新烘干	烘干记录	检查记录
生产环境	微生物危害	紫外线消毒强度≥70	车间空气消毒		每天	操作员	重新消毒	消毒记录	检查记录
生产人员的卫生	微生物危害	健康合格	个人卫生	询问	每人	负责人	不准上岗	健康证	检查记录

第三节　典型化妆品生产工艺流程

一、化妆品生产许可单元分类

国家质检总局《化妆品产品生产许可证审查细则（征求意见稿）》中将化妆品根据使用部位的不同划分为：皮肤用单元、毛发用单元、指（趾）甲用单元、口唇（齿）用单元和其他单元五个部分。每个单元又根据产品生产工艺的不同划分为不同的小类。化妆品单元分类见表14-3。

表14-3　化妆品单元分类表

单　元	小　类	单　元	小　类
皮肤用单元	1. 液态水基类 2. 液态油基类 3. 液态气雾剂类 4. 液态有机溶剂类 5. 凝胶类 6. 膏霜乳液类 7. 粉类 8. 蜡基类 9. 皂类	指（趾）甲用单元	1. 液态水基类 2. 液态油基类 3. 液态气雾剂类 4. 液态有机溶剂类 5. 凝胶类 6. 膏霜乳液类 7. 粉类 8. 蜡基类
毛发用单元	1. 液态水基类 2. 液态油基类 3. 液态气雾剂类 4. 液态有机溶剂类 5. 凝胶类 6. 膏霜乳液类 7. 粉类 8. 蜡基类	口唇（齿）用单元	1. 液态水基类 2. 液态油基类 3. 液态气雾剂类 4. 液态有机溶剂类 5. 凝胶类 6. 膏霜乳液类 7. 粉类 8. 蜡基类 9. 牙膏类
		其他单元	另行确定

二、典型化妆品生产工艺流程图

典型化妆品生产工艺流程图见表14-4。

表14-4　典型化妆品的主要生产工艺基本流程图

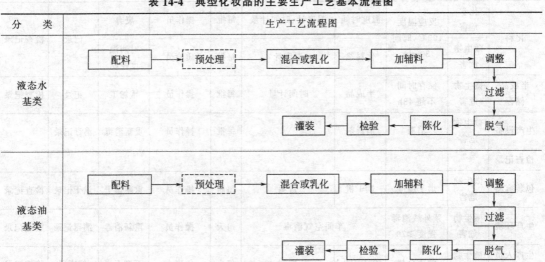

续表

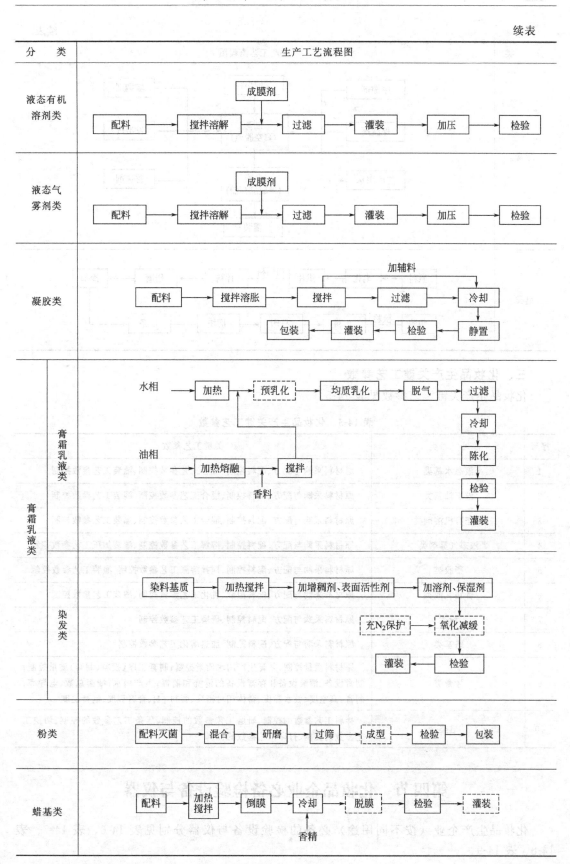

分　类	生产工艺流程图
液态有机溶剂类	
液态气雾剂类	
凝胶类	
膏霜乳液类（膏霜乳液类）	
膏霜乳液类（染发类）	
粉类	
蜡基类	

续表

分 类	生产工艺流程图
牙膏	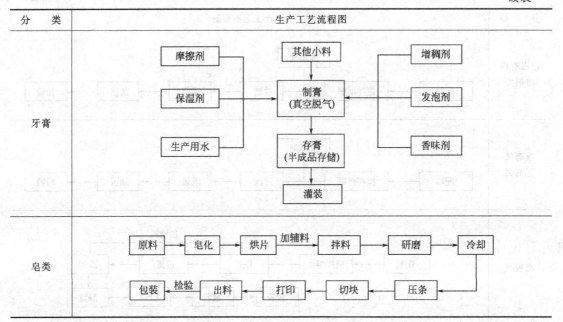
皂类	

三、化妆品生产关键工艺参数

化妆品生产关键工艺参数见表 14-5。

表 14-5 化妆品生产关键工艺参数

序号	小 类	关键工艺参数
1	液态水基类	原材料采购与配方、配料控制、混合工艺参数控制、灌装工艺参数控制
2	液态油基类	原材料采购与配方、配料控制、混合工艺参数控制、灌装工艺参数控制
3	液态有机溶剂类	原材料采购与配方、配料控制、混合工艺参数控制、灌装工艺参数控制
4	液态气雾剂类	原材料采购与配方、配料控制、溶解工艺参数控制、灌装加压工艺参数控制
5	凝胶类	原材料采购与配方、配料控制、搅拌溶胀工艺参数控制、灌装工艺参数控制
6	膏霜乳液类	原材料采购与配方、配料控制、乳化工艺参数控制、灌装工艺参数控制
7	粉类	原材料采购与配方、配料控制、研磨工艺参数控制
8	蜡基类	原材料采购与配方、配料控制、加热熔化工艺参数控制
9	牙膏类	原材料质量控制;牙膏生产用水质量控制;制膏工序(投料、制膏)质量控制;制膏设备、灌装设备和存膏设备的清洗和消毒;生产用水:细菌总数、电导率;制膏:真空度、胶水黏度、膏体相对密度、膏料 pH、膏料稠度、制膏温度
10	皂类	拌料工艺参数的控制、研磨工艺参数的控制、压条工艺参数的控制、切块工艺参数的控制、打印工艺参数的控制

第四节 化妆品企业必备检验设备与仪器

化妆品生产企业(按不同用途)必备的检验设备与仪器分别见表 14-6、表 14-7、表 14-8、表 14-9。

一、皮肤用化妆品生产企业

表 14-6　皮肤用化妆品生产企业必备的检验设备与仪器

序号	小类	检验的仪器和设备	序号	小类	检验的仪器和设备
1	液态水基类	恒温水浴锅(±0.5℃) 恒温培养箱(±1℃) 天平(±0.01g) 冰箱(±2℃) pH 计(0.02) 高压消毒锅 超净工作台 生化培养箱 分析天平(±0.0001g) 减压抽滤装置 烘箱(±2℃) 附温度计的密度瓶(25mL)	6	膏霜乳液类	恒温培养箱(±1℃) 冰箱(±2℃) pH 计(0.02pH) 天平(±0.01g) 超净工作台 高压消毒锅 生化培养箱 离心机(适用于洗面奶/膏、护肤乳液)
2	液态油基类	恒温培养箱(±1℃) 冰箱(±2℃) 超净工作台 高压消毒锅 生化培养箱 天平(±0.01g)	7	粉类	标准筛(120 目) 天平(±0.01g) pH 计(0.02) 高压消毒锅 超净工作台 生化培养箱 恒温培养箱(±1℃) 筛子(80 目,仅用于干湿两用粉块) 烘箱(±2℃)
3	液态有机溶剂类	附温度计的密度瓶(25mL) 恒温培养箱(±1℃) 温度计(分度值 0.2℃) 分析天平(±0.0001g) 凝固点测定管	8	蜡基类	恒温培养箱(±1℃) 冰箱(±2℃) 超净工作台 高压消毒锅 生化培养箱 产品执行标准中出厂检验所需其他检测仪器 天平(±0.01g)
4	液态气雾剂类	恒温水浴锅(±1℃) 压力表(2.5 级) 天平(±0.01g) pH 计(0.02pH) 超净工作台 高压消毒锅 生化培养箱	9	皂类	水浴锅 天平(±0.01g) 分析天平(±0.0001g) 烘箱(±2℃) 索氏抽提器 回流冷凝器 封闭电炉 泡沫仪
5	凝胶类	恒温培养箱(±1℃) 冰箱(±2℃) pH 计(0.02pH) 天平(±0.01g) 超净工作台 高压消毒锅 生化培养箱			

二、毛发用化妆品生产企业

表 14-7　毛发用化妆品生产企业必备的检验设备与仪器

序号	小类	检验的仪器和设备	序号	小类	检验的仪器和设备
1	液态水基类	电导率仪 电热恒温箱($\pm1℃$) 高压消毒锅 冰箱($\pm2℃$) 酸度计(0.02) 无菌室或超净工作台 天平(±0.01g) 生化培养箱 生物显微镜 附温度计的密度瓶(25mL)	5	凝胶类	电导率仪 电热恒温箱($\pm1℃$) 高压消毒锅 冰箱($\pm2℃$) 酸度计(0.02) 无菌室或超净工作台 生物显微镜 天平(±0.01g) 分析天平(±0.0001g) 电热鼓风箱($\pm2℃$) 生化培养箱
2	液态油基类	电热恒温箱($\pm1℃$) 高压消毒锅 冰箱($\pm2℃$) 酸度计(0.02) 无菌室或超净工作台 生物显微镜 天平(±0.01g) 生化培养箱 温度计($\pm1℃$) 密度计(0.01)	6	膏霜乳液类	电导率仪 电热恒温箱($\pm1℃$) 高压消毒锅 冰箱($\pm2℃$) 酸度计(0.02) 无菌室或超净工作台 生物显微镜 天平(±0.01g) 分析天平(±0.0001g) 电热鼓风箱($\pm2℃$) 温度计($0.2℃$) 生化培养箱 泡沫仪(洗发液膏产品需要)
3	液态有机溶剂类	电热恒温箱($\pm1℃$) 冰箱($\pm2℃$) 酸度计(0.02) 天平(±0.01g)	7	粉类	电热恒温箱($\pm1℃$)(块状产品需要) 高压消毒锅 酸度计(0.02) 天平(±0.01g) 无菌室或超净工作台 生物显微镜 生化培养箱
4	液态气雾剂类	电热恒温箱($\pm1℃$) 高压消毒锅 冰箱($\pm2℃$) 酸度计(0.02) 恒温水浴锅($\pm1℃$) 压力表(2.5级) 天平(±0.01g) 分析天平(±0.0001g) 无菌室或超净工作台 电热鼓风箱($\pm2℃$) 生物显微镜 生化培养箱	8	蜡基类	电热恒温箱($\pm1℃$) 高压消毒锅 冰箱($\pm2℃$) 无菌室或超净工作台 生化培养箱 天平(±0.01g)

三、指（趾）甲用化妆品生产企业

表 14-8　指（趾）甲用化妆品生产企业必备的检验设备与仪器

序号	小类	检验的仪器和设备	序号	小类	检验的仪器和设备
1	液态有机溶剂类	天平(±0.01g) 分析天平(±0.0001g) 恒温箱(±1℃) 冰箱(±2℃) 电导率仪	5	凝胶类	天平(±0.01g) 分析天平(±0.0001g) 恒温箱(±1℃) 冰箱(±2℃) 电导率仪 酸度计(0.02) 超净工作台 高压消毒锅 生化培养箱
2	液态油基类	天平(±0.01g) 恒温箱(±1℃) 酸度计(0.02) 冰箱(±2℃) 电导率仪	6	膏霜乳液类	天平(±0.01g) 分析天平(±0.0001g) 恒温箱(±1℃) 冰箱(±2℃) 酸度计(0.02) 电导率仪 高压消毒锅 超净工作台 生化培养箱
3	液态水基类	天平(±0.01g) 恒温箱(±1℃) 冰箱(±2℃) 电导率仪 酸度计(0.02) 高压消毒锅 超净工作台 生化培养箱	7	粉类	天平(±0.01g) 恒温箱(±1℃) 冰箱(±2℃) 电导率仪 高压消毒锅 超净工作台 生化培养箱
4	液态气雾剂类	天平(±0.01g) 分析天平(±0.0001g) 恒温箱(±1℃) 冰箱(±2℃) 电导率仪 酸度计(0.02) 恒温水浴锅(±1℃) 压力表(2.5级) 高压消毒锅 超净工作台 生化培养箱	8	蜡基类	天平(±0.01g) 恒温箱(±1℃) 冰箱(±2℃) 电导率仪 高压消毒锅 超净工作台 生化培养箱

四、口唇（齿）类用化妆品生产企业

表 14-9　口唇（齿）类用化妆品生产企业必备的检验设备与仪器

序号	小类	检验的仪器和设备	序号	小类	检验的仪器和设备
1	蜡基类	分析天平(±0.0001g) 冰箱(±2℃) 电热干燥箱(±2℃) 无菌室或超净工作台 灭菌锅 生化培养箱(±1℃) 显微镜 天平(±0.01g)	2	膏霜乳液类	酸度计(0.02) 分析天平(±0.0001g) 冰箱(±2℃) 电热干燥箱(±2℃) 无菌室或超净工作台 灭菌锅 生化培养箱(±1℃) 显微镜 电导仪 天平(±0.01g)

序号	小类	检验的仪器和设备	序号	小类	检验的仪器和设备
3	凝胶类	酸度计(0.02) 分析天平(±0.0001g) 冰箱(±2℃) 电热干燥箱(±2℃) 无菌室或超净工作台 灭菌锅 生化培养箱(±1℃) 显微镜 电导仪 天平(±0.01g)	7	液态气雾剂类	酸度计(0.02) 分析天平(±0.0001g) 冰箱(±2℃) 电热干燥箱(±2℃) 恒温水浴锅(±5℃) 压力表 天平(±0.01g)
4	液态水基类	酸度计(0.02) 分析天平(±0.0001g) 冰箱(±2℃) 附温度计的密度瓶(25mL) 无菌室或超净工作台 灭菌锅 生化培养箱(±1℃) 显微镜 电导仪 天平(±0.01g)	8	粉类	标准筛(120目) 酸度计(0.02) 分析天平(±0.0001g) 无菌室或超净工作台 灭菌锅 生化培养箱(±1℃) 显微镜 天平(±0.01g)
5	液态油基类	酸度计(0.02) 分析天平(±0.0001g) 冰箱(±2℃) 附温度计的密度瓶(25mL) 无菌室或超净工作台 灭菌锅 生化培养箱(±1℃) 显微镜 天平(±0.01g)	9	牙膏类	酸度计(0.02) 泡沫仪 稠度架 挤膏压力计 过硬颗粒测定仪 分析天平(±0.0001g) 冰箱(±2℃) 电热干燥箱(±2℃) 秒表(或其他计时器) 恒温水浴锅(±5℃) 氟含量测定装置(仅限含氟牙膏 g) 无菌室或超净工作台 灭菌锅 生化培养箱(±1℃) 显微镜 电导仪 天平(±0.01g)
6	液态有机溶剂类	酸度计(0.02) 分析天平(±0.0001g) 冰箱(±2℃) 电热干燥箱(±2℃) 恒温水浴锅(±5℃) 天平(±0.01g)			

知识拓展 **化妆品订单生产的工作程序**

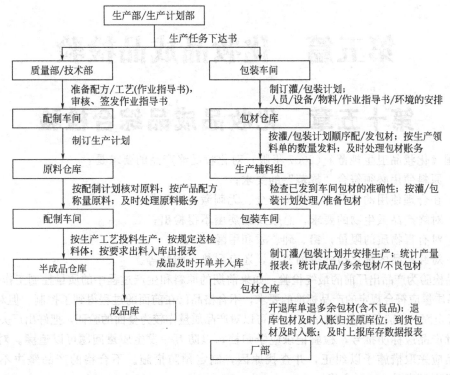

思 考 题

1. 简述化妆品生产关键工艺参数。
2. 制作化妆品 HACCP 计划表。

第五篇 化妆品成品检验

第十五章 化妆品成品综合检验

我国《化妆品卫生规范》（2007年版）对化妆品终产品的要求是：

(1) 原料使用必须符合"规范"的要求；

(2) 在合理使用的情况下，必须安全、无刺激、无损伤；

(3) 对终产品微生物的要求，总数及致病菌不得检出；

(4) 对有毒物质的限量，铅、砷、汞和甲醇；

(5) 对终产品的理化指标等的要求，还有耐热、耐寒等。

成品检验为产品出厂前的最终检验，如果前期的原料和生产过程中的质量控制工作做得好，每批产品质量应符合规定的产品标准的要求，不合格品已在前面的过程得到了控制。但对最终的成品进行全面的检验仍然是必要的，这样可以对产品质量作较为全面的验证，把好出厂关。

每批产品应标明批号，检验记录应予归档，以防万一发生质量问题可以追溯。对于不合格的产品应采取措施予以纠正，并查找原因，制定预防措施。不合格的产品坚决不允许出厂，确保出厂产品100%合格。

化妆品成品的检验主要包括感官指标、理化指标、卫生指标、包装和标志、计量等，均应符合国家或行业制定的相关标准。目前现行的化妆品产品标准目录归纳见本章第一节。

应该指出的是，部分产品没有具体的产品标准，如唇笔、眉笔、眼线液等。防晒化妆品、精油类化妆品、化妆笔、发蜡、焗油膏（发膜）、睫毛膏、润唇膏及唇彩等新制定标准的报批稿已经形成，但尚未发布。发用摩丝和定型发胶标准的修订版也正在报批，目前使用的还是旧版标准。

第一节 化妆品产品标准目录

化妆品产品标准目录见表15-1。

表 15-1 化妆品产品标准目录

功能 部位	清洁类化妆品	护理类化妆品	美容/修饰类化妆品
皮肤	洗面奶（膏）GB/T 1645—2013 面膜 QB/T 2872—2007 花露水 QB/T 1858.1—2006 香粉、爽身粉、痱子粉 QB/T 1859—2004 洗手液 QB 2654—2013 沐浴剂 QB 1994—2013 特种洗手液 GB 19877.1—2005 特种沐浴剂 GB 19877.2—2005 特种香皂 GB 19877.3—2005 浴盐　足浴盐 QB/T 2744.1—2005 浴盐　沐浴盐 QB/T 2744.2—2005 透明皂 QB/T 1913—2004 香皂 QB/T 2485—2008	化妆水 QB/T 2660—2004 护肤乳液 GB/T 29665—2013 润肤膏霜 QB/T 1857—2004 护肤啫喱 QB/T 2874—2007 按摩基础油、按摩油 QB/T 4079—2010 防晒化妆品（制定中） 按摩精油 GB/T 26516—2011	香水、古龙水 QB/T 1858—2004 化妆粉块 QB/T 1976—2004 化妆笔、化妆笔芯 GB/T 27575—2011

续表

功能 部位	清洁类化妆品	护理类化妆品	美容/修饰类化妆品
毛发	洗发液（膏）QB/T 1974—2004 剃须膏、剃须凝胶 GB/T 30941—2014	护发素 QB/T 1975—2013 免洗护发素 QB/T 2835—2006 发乳 QB/T 2284—2011 发油 QB/T 1862—2011 发用啫喱（水）QB/T 2873—2007 发蜡 QB/T 4076—2010 焗油膏（发膜）QB/T 4077—2010	发用摩丝 QB 1643—1998 定型发胶 QB 1644—1998 染发剂 QB/T 1978—2004 发用冷烫液 QB/T 2285—1997 睫毛膏 GB/T 27574—2011 （生发剂） （脱毛剂）
指甲	（洗甲水）	（护甲水或霜）、（指甲硬化剂）	指甲油 QB/T 2287—2011
口唇	牙膏 GB 8372—2008 牙粉 QB/T 2932—2008 功效型牙膏 QB/T 2966—2008 （唇部卸妆液）	润唇膏 GB/T 26513—2011	唇膏 QB/T 1977—2004 唇彩 GB/T —2011 （唇笔）
	口腔清洁护理液 QB/T 2945—2012		

注：1. 带阴影者为产品标准正在制定尚未发布。

2. （ ）中的为尚无产品标准。

第二节　化妆品产品标准具体指标

表 15-2～表 15-36 列出现行的化妆品产品（目录见表 15-1）的感官、理化、卫生及微生物的具体指标。

表 15-2　洗面奶（膏）感官、理化指标（GB/T 29680—2013）

项　目		指标要求	
		乳化型（Ⅰ型）	非乳化型（Ⅱ型）
感官指标	色泽	均匀一致（含颗粒或灌装成特定外观的产品除外）	
	香气	（40±1）℃保持 24h，恢复至室温后无分层现象	
	质感	（−8±2）℃保持 24h，恢复至室温后无分层、泛粗、变色现象	
理化指标	耐热	4.0～8.5（含 α-羟基酸、β-羟基酸可按企业标准执行）	
	耐寒	2000r/min 旋转 30min 无油水分离（颗粒沉淀除外）	
	pH	均匀一致（含颗粒或灌装成特定外观的产品除外）	均匀一致（含颗粒或灌装成特定外观的产品除外）
	离心分离	（40±1）℃保持 24h，恢复至室温后无分层现象	（40±1）℃保持 24h，恢复至室温后无分层现象

表 15-3　面膜（QB/T 2872—2007）

项　目		要求			
		膏（乳）状面膜	啫喱面膜	面贴膜	粉状面膜
感官指标	外观	均匀膏体 或乳液	透明或半透明 凝胶状	湿润的纤维 贴膜或胶状 成形贴膜	均匀粉末
	香气	符合规定香气			
理化指标	pH(25℃)	3.5～8.5			5.0～10.0
	耐热	（40±1）℃保持 24h，恢复至室温后与 试验前无明显差异		—	—
	耐寒	−10～−5℃保持 24h，恢复至室温后 与试验前无明显差异		—	—

续表

项目		要求			
		膏(乳)状面膜	啫喱面膜	面贴膜	粉状面膜
卫生指标	菌落总数(CFU/g)	≤1000,眼、唇部、儿童用品≤500			
	霉菌和酵母菌总数(CFU/g)	≤100			
	粪大肠菌群/g	不应检出			
	金黄色葡萄球菌/g	不应检出			
	绿脓杆菌/g	不应检出			
	铅/(mg/kg)	≤40			
	汞/(mg/kg)	≤1			
	砷/(mg/kg)	≤10			
	甲醇/(mg/kg)	—	≤2000(乙醇、异丙醇含量之和≥10%时需测甲醇)		

表 15-4　花露水质量指标（QB/T 1858.1—2006）

指标名称		花露水技术要求
感官指标	色泽	符合规定色泽
	香气	符合规定香型
	清晰度	水质清晰,不得有明显杂质和黑点
理化指标	相对密度(20℃/20℃)	0.84~0.94
	浊度	10℃水质清晰,不浑浊
	色泽稳定性	(48±1)℃,24h,维持原有色泽不变
卫生指标	甲醇/(mg/kg)	≤2000
	铅/(mg/kg)	≤40
	砷/(mg/kg)	≤10
	汞/(mg/kg)	≤1

表 15-5　香粉、爽身粉、痱子粉感官、理化指标（QB/T 1859—2004）

项目		要求
感官指标	色泽	符合规定色泽
	香气	符合规定香型
	粉体	洁净,无明显杂质及黑点
理化指标	细度(120目)/%	≥95
	pH	4.5~10.5(儿童用产品 4.5~9.5)

表 15-6　洗手液理化性能指标（QB 2654—2013）

项目	指标	
	普通型	浓缩型
稳定性	耐热(40±2)℃保持 24h,恢复至室温后与实验前无明显变化	
	耐寒(−5±2)℃保持 24h,恢复至室温后与实验前无明显变化	
总活性物/%	≥7	≥14
pH[25℃,1:10(质量浓度)水溶液]	4.0~10.0	
砷(以 As 计)/(mg/kg)	≤10	
重金属(以 Pb 计)/(mg/kg)	≤40	
汞(以 Hg 计)/(mg/kg)	≤1	

表 15-7 沐浴剂理化性能指标（QB 1994—2013）

项 目	指 标			
	成人型		儿童型	
	普通型	浓缩型	普通型	浓缩型
总有效物/%	≥7	≥14	≥5	≥10
稳定型	耐热(40±2)℃保持 24h,恢复至室温后与实验前无明显变化 耐寒(−5±2)℃保持 24h,恢复至室温后与实验前无明显变化			
pH①(25℃)	4.0～10.0		4.0～8.5	
甲醇/(mg/kg)	≤2000			
砷(以 As 计)/(mg/kg)	≤10			
重金属(以 Pb 计)/(mg/kg)	≤40			
汞(以 Hg 计)/(mg/kg)	≤1			

①pH 测试液体或膏体产品用 10%,固体产品 5%。

表 15-8 (a) 特种洗手液的理化及卫生指标（GB 19877,1—2005）

项 目	指 标
总活性物含量/%	≥9.0
pH(25℃,1∶10 水溶液)	4.0～10.0
甲醇/(mg/kg)	≤2000
甲醛/(mg/kg)	<500
砷(以 As 计)/(mg/kg)	≤10
重金属(以 Pb 计)/(mg/kg)	≤40
汞(以 Hg 计)/(mg/kg)	≤1

表 15-8 (b) 特种洗手液的微生物指标（GB 19877,1—2005）

项 目	指 标	
	抗菌型	抑菌型
杀菌率①(1∶1 溶液,2min)/(%)	≥90	—
抑菌率①(1∶1 溶液,2min)/(%)	—	≥50
菌落总数(CFU/g)	≤200	≤200
粪大肠菌群	不得检出	不得检出

① 指金黄色葡萄球菌（6538）和大肠杆菌（8099 或 ATCC 25922）的抗菌率,如产品标明对真菌的作用,还需包括白色念珠菌（ATCC 10231）,标识为抗菌产品时,杀菌应≥90%;标识为抑菌产品时,抑菌率应≥50%。

表 15-9 特种沐浴剂（GB 19877.2—2005）

项 目	指 标	
	抗菌型	抑菌型
杀菌率①(1∶1 溶液,2min)/(%)	≥90	—

续表

项 目	指　标	
	抗菌型	抑菌型
抑菌率①(1∶1溶液,2min)/(%)	—	≥50
菌落总数(CFU/g)	≤200	≤200
粪大肠菌群	不得检出	不得检出

① 指金黄色葡萄球菌（ATCC 6538）和大肠杆菌（8099 或 ATCC 25922）的抗菌率或抑菌率；如产品标明对真菌的作用，还需包括白色念珠菌（ATCC 10231），标识为抗菌产品时，杀菌率应≥90%；标识为抑菌产品时，抑菌率应≥50%。

表 15-10　特种香皂（GB 19877.3—2005）

项 目	指　标	
	普通型	广谱型
抑菌试验(0.1%溶液,37℃,48h)	对金黄色葡萄球菌(ATCC 6538)无生长	对金黄色葡萄球菌(ATCC 6538)、大肠杆菌(8099 或 ATCC 25922)白色念珠菌(ATCC 10231)均无生长

表 15-11　浴盐、足浴盐（QB/T 2744.1—2005）

	项 目	指 标
理化指标	总氯(以 Cl⁻ 计)/%(质量分数)	45±15
	水分(含结晶水和挥发物)/%(质量分数)	≤10.0
	pH	4.0~8.5
	汞/(mg/kg)	≤1
	砷/(mg/kg)	≤10
	铅/(mg/kg)	≤40

表 15-12　浴盐、沐浴盐（QB/T 2744.2—2005）

	项 目	指 标
理化指标	总氯(以 Cl⁻ 计)/%(质量分数)	45±15
	水分(含结晶水和挥发物)/%(质量分数)	≤8.0
	pH	6.5~9.0
	汞/(mg/kg)	≤1
	砷/(mg/kg)	≤10
	铅/(mg/kg)	≤40

表 15-13　透明皂（QB/T 1913—2004）

项 目	指　标	
	Ⅰ 型	Ⅱ 型
干钠皂/%	≥74	—
总有效物含量/%	—	≥70
水分和挥发物/%	≤25	
游离苛性碱(以 NaOH 计)/%	≤0.20	
氯化物(以 NaCl 计)/%	≤0.7	
透明度[(6.50±0.15)mm 切片]/%	25	
发泡力(5min)/mL	≥4.6×10²	

表 15-14 香皂（QB/T 2485—2008）

项 目	指 标	
	Ⅰ 型	Ⅱ 型
干钠皂/%	≥83	—
总有效物含量/%	—	≥53
水分和挥发物/%	≤15	≤30
总游离碱（以 NaOH 计）/%	≤0.10	≤0.30
游离苛性碱（以 NaOH 计）/%	≤0.10	
氯化物（以 NaCl 计）/%	≤1.0	
总五氧化二磷①/%	≤1.1	
透明度②[（6.50±0.15）mm 切片]/%	25	

① 仅对标注无磷产品要求；

② 仅对本标准规定的透明型产品。

表 15-15 洗发液（膏）感官、理化指标（QB/T 1974—2004）

项 目		要 求	
		洗发液	洗发膏
感官指标	外观	无异物	
	色泽	符合规定色泽	
	香气	符合规定香型	
	耐热	（40±1）℃保持 24h，恢复至室温后无分离现象	
	耐寒	−10～−5℃保持 24h，恢复至室温后无分离析水现象	
理化指标	pH	4.0～8.0（果酸类产品除外）	4.0～10.0
	泡沫（40℃）/mm	透明型≥100，非透明型≥50（儿童产品≥40）	≥100
	有效物/%	成人产品≥10.0，儿童产品≥8.0	—
	活性物含量（以 100%K12 计）/%	—	≥8.0

表 15-16（a） 牙膏卫生指标（GB 8372—2008）

项 目		要 求
微生物指标	菌落总数/（CFU/g）	≤500
	霉菌和酵母菌总数/（CFU/g）	≤100
	粪大肠菌群/g	不得检出
	铜绿假单胞菌/g	不得检出
	金黄色葡萄球菌/g	不得检出
有毒物质限量	铅（Pb）含量/（mg/kg）	15
	砷（As）含量/（mg/kg）	5

表 15-16（b） 牙膏感官、理化指标（GB 8372—2008）

项 目		要 求
感官指标	膏体	均匀、无异物
理化指标	pH	5.5～10.0
	稳定性	膏体不溢出管口，不分离出液体，香味色泽正常

续表

项　目		要　求
理化指标	过硬颗粒	玻片无划痕
	可溶氟或游离氟量/%（下限仅适用于含氟防龋牙膏）	0.05～0.15（适用于含氟牙膏） 0.05～0.11（适用于儿童含氟牙膏）
	总氟量/%（下限仅适用于含氟防龋牙膏）	0.05～0.15（适用于含氟牙膏） 0.05～0.11（适用于儿童含氟牙膏）

表 15-17（a）　牙粉感官、理化指标（QB/T 2932—2008）

项　目		要　求
感官指标	外观	光滑、均匀的粉体
	香型	符合标识香型
理化指标	细度（325 目）/%	≥95
	105℃挥发物/%	≤10
	pH（10%悬浮液）	5.5～10.0
	过硬颗粒	玻片无划痕

表 15-17（b）　牙粉卫生指标（QB/T 2932—2008）

项　目		要　求
卫生指标	砷（As）含量/（mg/kg）	≤5
	重金属（以 Pb 计）含量/（mg/kg）	≤15
	菌落总数/（CFU/g）	≤500
	霉菌和酵母菌总数/（CFU/g）	≤100
	粪大肠菌群/g	不得检出
	铜绿假单胞菌/g	不得检出
	金黄色葡萄球菌/g	不得检出

表 15-18　功效型牙膏功效成分规定（QB/T 2966—2008）

项　目	要　求
功效作用（产品宣称）评价	功效作用须有相关文件或功效作用验证报告支持
安全性评价	功效型牙膏中添加的成分应符合《GB 22115—2008 牙膏用原料规范》的规定
功效成分	定性和定量检测

表 15-19（a）　口腔清洁护理液感官、理化指标（QB/T 2945—2012）

项　目		要　求
感官指标	香型	符合标识香型
	澄清度（5℃以上）	溶液澄清，无机械杂质[①]

续表

项　目		要　求
理化指标	稳定性	耐热稳定性测试条件下，无凝聚物或浑浊；耐寒稳定性测试条件下，不冻结、色泽稳定
	pH(25℃)	3.5～10.5(对 pH 低于 5.5 的产品，产品质量责任者提供对口腔硬组织安全性的数据)
	可溶氟或游离氟量/%	≤0.15
	氟离子含量/%	≤125

① 如添加天然提取物、药物而使产品出现悬浮、少量浑浊，应在产品包装标识中予以明示说明。

表 15-19 (b)　口腔清洁护理液卫生指标（QB/T 2945—2012）

项　目		要　求
卫生指标	菌落总数/(CFU/mL)	≤500
	霉菌和酵母菌总数/(CFU/mL)	≤100
	粪大肠菌群/mL	不得检出
	铜绿假单胞菌/mL	不得检出
	金黄色葡萄球菌/mL	不得检出
	重金属(以 Pb 计)含量/(mg/kg)	≤15
	砷(As)含量/(mg/kg)	≤5
	甲醇/(mg/g)	≤150

表 15-20　化妆水感官、理化指标（QB/T 2660—2004）

项　目		要　求	
		单层型	多层型
感官指标	外观	均匀液体，不含杂质	两层或多层液体
	香气	符合规定香型	
理化指标	耐热	(40±1)℃保持 24h，恢复至室温后与试验前无明显性状差异	
	耐寒	(5±1)℃保持 24h，恢复至室温后与试验前无明显性状差异	
	pH	4.0～8.5(直测法) (α-羟基酸、β-羟基酸类产品除外)	
	相对密度(20℃/20℃)	规定值±0.02	

表 15-21　护肤乳液感官、理化指标（GB/T 29665—2013）

项　目		指标要求	
		水包油(Ⅰ)	油包水(Ⅱ)
感官指标	外观	均匀一致(添加不溶性颗粒或不溶性粉末的产品除外)	
	香气	符合企业规定	
理化指标	pH	4.0～8.5(含 α-或 β-羟基酸的产品可按企业标准执行)	
	耐热	(40±1)℃保持 24h，恢复至室温后无油水分离现象	
	耐寒	(−8±2)℃保持 24h，恢复至室温后无油水分离现象	
	离心考验	2000r/min，30min 不分层(含不溶性粉质颗粒沉淀物除外)	

表 15-22　润肤膏霜感官、理化指标（QB/T1857—2004）

项目		要　求	
		O/W 型	W/O 型
感官指标	外观	膏体细腻,均匀一致	
	香气	符合规定香型	
理化指标	耐热	(40±1)℃ 保持 24h,恢复至室温后膏体无油水分离现象	(40±1)℃ 保持 24h,恢复至室温后渗油率≤3%
	耐寒	—10～—5℃ 保持 24h,恢复至室温后与试验前无明显性状差异	
	pH	4.0～8.5(粉质产品、果酸类产品除外)	—

表 15-23　护肤啫喱（QB/T 2874—2007）

项目		要　求	
		O/W 型	W/O 型
感官指标	外观	透明或半透明凝胶状,无异物(允许添加起护肤或美化作用的粒子)	
	香气	符合规定香气	
理化指标	pH(25℃)	3.5～8.5	
	耐热	(40±1)℃ 保持 24h,恢复至室温后与试验前外观无明显差异	
	耐寒	—10～—5℃ 保持 24h,恢复至室温后与试验前无明显性状差异	
卫生指标	菌落总数/(CFU/g)	≤1000,眼、唇部、儿童用品≤500	
	霉菌和酵母菌总数/(CFU/g)	≤100	
	粪大肠菌群/g	不应检出	
	金黄色葡萄球菌/g	不应检出	
	绿脓杆菌/g	不应检出	
	铅/(mg/kg)	≤40	
	汞/(mg/kg)	≤1	
	砷/(mg/kg)	≤10	
	甲醇/(mg/kg)	≤2000(乙醇、异丙醇含量之和≥10%时需测甲醇)	

表 15-24　护发素感官、理化指标（QB/T1975—2013）

项目		要　求	
		漂洗型护发素	免洗型护发素
感官指标	外观	均匀、无异物(添加不溶性颗粒或不溶性粉末的产品除外)	
	色泽	符合规定色泽	
	香气	符合规定香型	
理化指标	耐热	(40±1)℃ 保持 24h,恢复至室温后无分层现象	
	耐寒	(—8±2)℃ 保持 24h,恢复至室温后无分层现象	
	pH	3.0～7.0(不在此范围可按企标执行)	3.5～8.0
	总固体%	≥4.0	—

表 15-25　免洗护发素感官、理化、卫生指标（QB/T 2835—2006）

项　目		要　　求
感官指标	外观	无异物
	色泽	符合规定色泽
	香气	符合规定香气
理化指标	pH(25℃)	3.0～8.0
	耐热	(40±1)℃保持 24h,恢复至室温后无分层现象
	耐寒	(－5±2)℃保持 24h,恢复至室温后无分层现象
卫生指标	菌落总数/(CFU/g)	≤1000,儿童用产品≤500
	霉菌和酵母菌/(CFU/g)	≤100
	粪大肠菌群/g	不应检出
	金黄色葡萄球菌/g	不应检出
	绿脓杆菌/g	不应检出
	铅/(mg/kg)	≤40
	汞/(mg/kg)	≤1
	砷/(mg/kg)	≤10

表 15-26　发乳感官、理化指标（QB/T 2284—2011）

项　目		要　　求
感官指标	色泽	符合企业规定
	香气	符合企业规定
	膏体结构	细　腻
理化指标	pH(25℃)	4.0～8.5
	耐热	(40±1)℃保持 24h,膏体无油水分离
	耐寒	－15～－5℃保持 24h,恢复至室温后无油水分离

表 15-27（a）　发油感官、理化指标（QB/T 1862—2011）

项　目		要　　求		
		单相发油	双相发油	气雾灌装发油
感官指标	透明度	室温下清晰,无明显杂质、黑点	室温下透明,油水相分别透明,无雾状物及尘粒	—
	色泽	符合规定色泽		
	香气	符合规定香气		
理化指标	耐寒	－10～－5℃保持 24h,恢复至室温后与实验前无明显的变化		－10～－5℃保持 24h,恢复至室温后能正常使用
	相对密度(20℃/20℃)	0.810～0.980	油相 0.810～0.980,水相 0.880～1.100	—
	pH(25℃)		水相 4.0～8.0	
	喷出率/%			≥95
	超喷次数/次(泵)	≤5		
	内压力/MPa	—		25℃恒温水浴中试验应小于 0.7

　　喷雾罐装发油除应符合气雾剂类产品有关规定外，其他指标应符合表 15-27（b）规定。

表 15-27（b）　发油其他指标要求（QB/T 1862—2011）

指 标 名 称	指 标 要 求
耐寒	−5℃保持 8h,恢复室温(20℃左右)能正常使用
喷出率(气压式)/%	≥95
起喷次数(泵式)/次	≤5

表 15-28　发用啫喱（水）（QB/T 2873—2007）

项　　目		要　　求	
		发用啫喱	发用啫喱水
感官指标	外观	凝胶状或黏稠状	水状均匀液体
	香气	符合规定香气	
理化指标	pH(25℃)	3.5～9.0	
	耐热	(40±1)℃保持 24h,恢复至室温后与试验前外观无明显差异	
	耐寒	−10～−5℃保持 24h,恢复至室温后与试验前外观无明显差异	
	起喷次数(泵式)/次	≤10	
卫生指标	菌落总数/(CFU/g)	≤1000,儿童用产品≤500	
	霉菌和酵母菌/(CFU/g)	≤100	
	粪大肠菌群/g	不应检出	
	金黄色葡萄球菌/g	不应检出	
	绿脓杆菌/g	不应检出	
	铅/(mg/kg)	≤40	
	汞/(mg/kg)	≤1	
	砷/(mg/kg)	≤10	
	甲醇/(mg/kg)	≤2000(乙醇、异丙醇含量之和≥10%时需测甲醇)	

表 15-29　香水、古龙水感官、理化、卫生指标（QB/T 1859—2004）

项　　目		要　　求
感官指标	色泽	符合规定色泽
	香气	符合规定香型
	清晰度	水质清晰、不应有明显杂质和黑点
理化指标	相对密度	规定值±0.02
	浊度	5℃水质清晰、不浑浊
	色泽稳定性	(48±1)℃保持 24h,维持原有色泽不变
卫生指标	甲醇/(mg/kg)	≤2000

表 15-30　化妆粉块感官、理化指标（QB/T 1976—2004）

项　　目		要　　求
感官指标	外观	无异物
	香气	符合规定香型
	块型	表面应完整、无缺角、裂缝等缺陷

项　目		要　　　求
理化指标	涂擦性能	油块面积≤1/4 粉块面积
	跌落试验/份	破损≤1
	pH	6.0~9.0
	疏水性	粉质浮在水面保持 30min 不下沉

注：疏水性仅适用于干湿两用粉饼。

表 15-31　发用摩丝 （QB 1643—1998）

项　目		要　　　求
感官指标	外观	泡沫均匀,手感细腻,富有弹性
	香气	符合规定香型
理化指标	pH	3.5~9.0
	耐热性能	40℃保持 4h,恢复至室温能正常使用
	耐寒性能	0~5℃保持 24h,恢复至室温能正常使用
	喷出率/%	≥95
	泄漏试验	在 50℃恒温水浴中试验不得有泄漏现象
	内压力/MPa	在 25℃恒温水浴中试验应小于 0.8
卫生指标	铅(以 Pb 计)/(mg/kg)	≤40
	汞/(mg/kg)	≤1
	砷(以 As 计)/(mg/kg)	≤10
	甲醇/(mg/kg)	≤2000

表 15-32　定型发胶 （QB 1644—1998）

项　目		要　　　求
感官指标	色泽	符合企业规定
	香气	符合企业规定
理化指标	喷出率(气压式)/%	≥95
	泄漏试验(气压式)	在 50℃恒温水浴中试验不得有泄漏现象
	内压力(气压式)/MPa	在 25℃恒温水浴中试验应小于 0.8
	起喷次数/次	≤5
卫生指标	铅(以 Pb 计)/(mg/kg)	≤40
	汞/(mg/kg)	≤1
	砷(以 As 计)/(mg/kg)	≤10
	甲醇/%	≤0.2
	细菌总数(泵式)	≤1000
	绿脓杆菌(泵式)	不得检出
	金黄色葡萄球菌(泵式)	不得检出
	粪大肠菌(泵式)	不得检出

表 15-33 染发剂感官、理化指标（QB/T1978—2004）

项　目		要　求						
		氧化性染发剂						非氧化型染发剂
		单剂型	两剂型		染发剂	染发水	染发膏（啫喱）	
			粉-粉型	粉-水型				
感官指标	外观	符合规定要求						
	香气	符合规定香型						
理化指标	pH 染发剂	7.0～11.5	4.0～9.0		7.0～11.0	8.0～11.0	7.0～11.0	4.5～8.0
	pH 氧化剂		8.0～12.0		1.8～5.0			—
	氧化剂含量/%	—			≤12.0			
	耐热	—			(40±1)℃保持6h,恢复至室温后无油水分离现象			
	耐寒	—			(−10±2)℃保持24h,恢复至室温后无油水分离现象			
	染色能力	将头发染至标志规定颜色						

发用冷烫液（QB/T 2285—1997）指标。冷烫液由卷发剂和定型剂两部分组成。

表 15-34（a）卷发剂

指标名称	规　定	
外观	水剂:清晰透明液体(允许微有沉淀) 乳剂:乳状液体(允许轻微分层)	
气味	略有氨的气味	
pH	<9.8	
游离氨含量/(g/mL)	≥0.0050	
巯基乙酸含量/(g/mL)	热敷型	不热敷型
	0.0680～0.1174	0.0800～0.1175

表 15-34（b）定型剂

定型剂	指标名称	规　定
双氧水(溶液)	外观	透明水状溶液
	含量/(g/mL)	0.0150～0.0400
	pH	2～4
溴酸钠(溶液)	外观	透明或乳状液体
	含量/(g/mL)	≥0.0700
	pH	4～7
过硼酸钠(固体)	外观	细小白色结晶
	含量/%	≥96
	稳定度/%	≥90

表 15-35 指甲油（QB/T 2287—2011）

指标名称	规　定	
	Ⅰ型	Ⅱ型
色泽	符合企业规定	
外观	透明指甲油:清晰、透明;有色指甲油:符合企业规定	
干燥时间/min	≤8	
牢固度	无脱落	

表 15-36　唇膏感官、理化指标（QB/T1977—2004）

项　　目		要　　　　　求
感官指标	外观	表面平滑无气孔
	色泽	符合规定色泽
	香气	符合规定香型
理化指标	耐热	(45±1)℃保持 24h,恢复至室温后无明显变化,能正常使用
	耐寒	—10～—5℃保持 24h,恢复至室温后能正常使用

第三节　化妆品成品的关键控制检验项目

根据《化妆品分类》（GB/T 18670—2002）标准，将化妆品成品分为皮肤用化妆品、毛发用化妆品、指（趾）甲用化妆品和口唇（齿）用化妆品四类。归纳其关键控制检验项目分别见表 15-37、表 15-38、表 15-39、表 15-40。

一、皮肤用化妆品关键控制检验项目

表 15-37　皮肤用化妆品检验项目

序号	项目名称	关键控制检验	检验产品范围
1	净含量		全部产品
2	标签标识		全部产品
3	细菌总数		
4	霉菌和酵母菌总数	√	
5	粪大肠菌群	√	皂类、液态有机溶剂类和浴盐除外
6	金黄色葡萄球菌	√	
7	铜绿假单胞杆菌	√	
8	铅	√	皂类除外
9	汞	√	皂类除外
10	砷	√	皂类除外
11	甲醇	√	凝胶类、化妆水类
12	甲醛	√	化妆水类、特种洗手液
13	色泽		润肤膏霜、香水类、粉类、浴盐
14	外观		除润肤膏霜、香水类、粉类、浴盐外
15	香气		全部产品
16	结构		洗面奶(膏)、润肤膏霜
17	耐热		除粉类、皂类、香水类外
18	耐寒		
19	清晰度		香水类
20	浊度		
21	色泽稳定性		
22	相对密度		

续表

序号	项目名称	关键控制检验	检验产品范围
23	粉体		散粉类
24	细度		
25	块型		块状粉类
26	涂擦性能		
27	跌落试验		
28	疏水性		
29	pH		皂类、香水类和护肤油除外
30	水分(含结晶水和挥发物)		浴盐
31	总氯(以 Cl 计)		
32	离心分离		洗面奶(膏)和护肤乳液
33	总活性物		洗手液和沐浴剂
34	干皂含量(Ⅰ型)		皂类
35	干皂或总有效物含量(Ⅱ型)		皂类
36	水分和挥发物		皂类
37	总游离碱、乙醇不溶物、氯化物之和含量(Ⅰ型)	√	皂类;透明皂和半透明皂除外
38	游离苛性碱		皂类
39	总游离碱	√	皂类
40	水不溶物(Ⅰ型)		皂类
41	氯化物(Ⅱ型)		皂类
42	透明度		透明皂
43	发泡力(5min)	√	
44	杀菌率	√	仅适用于特种洗手液、特种沐浴剂
45	抑菌率	√	
46	苯基苯并咪唑磺酸	√	
47	二苯酮-4 和二苯酮-5	√	
48	对氨基苯甲酸	√	
49	二苯酮-3	√	
50	*p*-甲氧基肉桂酸异戊酯	√	
51	4-甲基苄亚基樟脑	√	
52	PABA 乙基己酯	√	
53	丁基甲氧基二苯酰基甲烷	√	仅适用于防晒类产品(防晒剂)
54	奥克立林	√	
55	甲氧基肉桂酸乙基己酯	√	
56	胡莫柳酯	√	
57	丁基甲氧基二苯酰基甲烷	√	
58	亚甲基双-苯并三唑基四甲基丁基酚	√	
59	双-乙基己氧苯酚甲氧苯基三嗪	√	

序号	项目名称	关键控制检验	检验产品范围
60	雌三醇	√	
61	雌酮	√	
62	己烯雌酚	√	仅适用于美体类产品（性激素）
63	睾丸酮	√	
64	甲基睾丸酮	√	
65	黄体酮	√	
66	盐酸美满霉素	√	
67	二水土霉素	√	
68	盐酸四环素	√	
69	盐酸金霉素	√	仅适用于祛痘除螨类产品（抗生素）
70	盐酸多西环素	√	
71	氯霉素	√	
72	甲基氯异噻唑啉酮	√	
73	2-溴-2-硝基丙烷-1,3-二醇	√	
74	甲基异噻唑啉酮	√	
75	苯甲醇	√	
76	苯氧乙醇	√	
77	4-羟基苯甲酸甲酯	√	
78	苯甲酸	√	除液态有机溶剂类、液态气雾剂类、
79	4-羟基苯甲酸乙酯	√	粉类、皂类产品外（防腐剂）
80	4-羟基苯甲酸异丙酯	√	
81	4-羟基苯甲酸丙酯	√	
82	4-羟基苯甲酸异丁酯	√	
83	4-羟基苯甲酸丁酯	√	
84	甲醛	√	
85	氢醌	√	仅适用于祛斑类产品
86	苯酚	√	
87	生育酚（维生素 E）	√	
88	生育酚乙酸酯（维生素 E 醋酸酯）	√	
89	曲酸	√	
90	熊果苷	√	
91	抗坏血酸磷酸酯镁	√	
92	甘草酸二钾	√	产品标识明示的成分
93	尿囊素	√	
94	D-泛醇	√	
95	芦荟苷	√	
96	芦荟大黄素	√	
97	大黄酚	√	

二、毛发用化妆品关键控制检验项目

表 15-38   毛发用化妆品检验项目表

序号	项目名称	关键控制检验	检验产品范围
1	标签标识		全部产品
2	净含量		全部产品
3	细菌总数	√	全部产品
4	粪大肠菌群	√	全部产品
5	金黄色葡萄球菌	√	全部产品
6	绿脓杆菌	√	全部产品
7	霉菌和酵母菌总数	√	全部产品
8	铅	√	全部产品
9	汞	√	全部产品
10	砷	√	全部产品
11	甲醇	√	定型发胶、发用摩丝产品检此项目
12	外观		洗发液、洗发膏、护发素、染发剂、烫发剂中卷发剂、发用摩丝检此项目
13	色泽		洗发液、洗发膏、发油、发乳、护发素、定型发胶检此项目
14	香气		洗发液、洗发膏、发油、发乳、护发素、定型发胶、染发剂、发用摩丝检此项目
15	气味		烫发剂中卷发剂检此项目
16	膏体结构		发乳检此项目
17	耐热		洗发液、洗发膏、发乳、护发素、染发膏(啫喱)、非氧化型染发剂、发用摩丝检此项目
18	耐寒		洗发液、洗发膏、发乳、护发素、喷雾灌装发油、染发膏(啫喱)、非氧化型染发剂、发用摩丝检此项目
19	pH	√	洗发液、洗发膏、发乳、护发素、喷雾灌装发油、染发膏(啫喱)、非氧化型染发剂、烫发剂中卷发剂、发用摩丝检此项目
20	泡沫		洗发液检此项目
21	有效物	√	洗发液检此项目
22	活性物含量		洗发膏检此项目
23	透明度		发油检此项目
24	密度	√	发油检此项目
25	喷出率		气压式喷雾灌装发油产品、气压式定型发胶、发用摩丝检此项目
26	起喷次数		泵式产品喷雾灌装发油、泵式定型发胶检此项目
27	总固体	√	护发素检此项目
28	泄漏试验		气压式定型发胶产品、发用摩丝检此项目
29	内压力	√	气压式定型发胶产品、发用摩丝检此项目
30	氧化剂含量	√	氧化型染发剂中染发水、粉-水型检此项目
31	染色能力	√	染发剂检此项目

序号	项目名称	关键控制检验	检验产品范围
32	对苯二胺	√	染发剂检此项目
33	游离氨含量	√	烫发剂中卷发剂检此项目
34	巯基乙酸含量	√	烫发剂中卷发剂检此项目
35	定型剂含量(根据产品选择双氧水或溴酸钠或过硼酸钠)	√	烫发剂中定型剂产品检此项目
36	稳定度		过硼酸钠定型剂检此项目
37	氧化型染发剂中染料(p-苯二胺、氢醌、m-氨基苯酚、o-苯二胺、p-氨基苯酚、甲苯2,5-二胺、间苯二酚、p-甲氨基苯酚)	√	染发剂检此项目
38	性激素(雌三醇、雌酮、己烯雌酚、雌二醇、睾丸酮、甲基睾丸酮、黄体酮)	√	育发类产品检此项目
39	去屑剂(水杨酸、吡硫翁锌、酮康唑、氯咪巴唑、吡啶酮乙醇胺、二硫化硒)	√	有此功效的产品检此项目
40	α-羟基酸(酒石酸、柠檬酸、苹果酸、乙醇酸、乳酸)	√	洗发类产品检此项目
41	氮芥	√	育发类产品检此项目
42	斑蝥素	√	育发类产品检此项目
43	氢醌	√	洗发类产品检此项目
44	苯酚	√	洗发类产品检此项目

三、指（趾）甲用化妆品关键控制检验项目

表 15-39　指（趾）甲用化妆品检验项目表

序号	项目名称	关键控制检验	检验产品范围
1	标签标识		全部产品
2	净含量偏差		全部产品
3	色泽		全部产品
4	外观		全部产品
5	铅	√	全部产品
6	汞	√	全部产品
7	砷	√	全部产品
8	牢固度		指甲油
9	干燥时间		指甲油
10	喷出率		液态气雾剂类
11	起喷次数		泵式产品
12	泄漏试验		液态气雾剂类
13	内压力	√	液态气雾剂类
14	甲醇	√	清洁产品
15	邻苯二甲酸二甲酯	√	指甲油

序号	项目名称	关键控制检验	检验产品范围
16	邻苯二甲酸二乙酯	√	指甲油
17	邻苯二甲酸二丁酯	√	指甲油
18	邻苯二甲酸二辛酯	√	指甲油
19	邻苯二甲酸丁基苄基酯	√	指甲油
20	邻苯二甲酸二(2-乙基己)酯	√	指甲油
21	细菌总数	√	护理产品
22	耐热		清洁产品、护理产品
23	耐寒		清洁产品、护理产品
24	pH	√	液态类(液态有机溶剂类除外)、膏霜乳液类
25	霉菌和酵母菌总数	√	护理产品
26	粪大肠菌群	√	护理产品
27	金黄色葡萄球菌	√	护理产品
28	绿脓杆菌	√	护理产品

四、口唇（齿）用化妆品关键控制检验项目

表 15-40　口唇（齿）用化妆品检验项目表

序号	项目名称	关键控制检验	检验产品范围
1	感官		全部产品
2	耐热		全部产品,牙膏类不检
3	耐寒		全部产品,牙膏类不检
4	细菌总数	√	全部产品
5	霉菌和酵母菌总数	√	全部产品,牙膏类不检
6	粪大肠菌群	√	全部产品
7	金黄色葡萄球菌	√	全部产品
8	绿脓杆菌	√	全部产品
9	铅	√	全部产品
10	汞	√	全部产品,牙膏类不检
11	砷	√	全部产品
12	防腐剂(苯甲酸及其盐类和酯类、2-溴-2-硝基丙烷-1,3-二醇、4-羟基苯甲酸及其盐类和酯类、山梨酸及其盐类)	√	根据产品使用状况确定
13	甲醛和多聚甲醛	√	全部产品
14	色素		根据产品色泽选择检测
15	净含量		≤10g 不检
16	标签标识		全部产品
17	pH	√	膏霜乳液类、凝胶类、牙膏类、液态水基类、粉类
18	离心考验		膏霜乳液类中乳液

续表

序号	项目名称	关键控制检验	检验产品范围
19	相对密度	√	液体类、液态水基类、液态油基类
20	稠度		牙膏类；凝胶牙膏及≤10g 不检
21	挤膏压力		牙膏类；凝胶牙膏及≤10g 不检
22	泡沫量		牙膏类；凝胶牙膏不检
23	稳定性		牙膏类；凝胶牙膏不检
24	过硬颗粒		牙膏类；凝胶牙膏不检
25	总氟量	√	牙膏类：只限含氟牙膏
26	可溶氟或游离氟量	√	牙膏类：只限含氟牙膏
27	喷出率	√	液态气雾剂类
28	泄漏试验	√	液态气雾剂类
29	内压力	√	液态气雾剂类
30	三氯生	√	牙膏类、液态水基类、液态气雾剂类、粉类
31	二甘醇	√	牙膏类、液态水基类、液态气雾剂类、粉类
32	杀菌率	√	牙膏类、液态水基类、液态气雾剂类、粉类
33	抑菌率	√	牙膏类、液态水基类、液态气雾剂类、粉类
34	甲醇	√	含酒精产品

第四节　化妆品卫生许可检验项目

参照食品药品监督管理局发布的《化妆品行政许可检验管理办法》及所附《化妆品行政许可检验规范》（国食药监许 [2010] 82 号）。

一、化妆品卫生许可检验项目及依据

1. 微生物检验项目

微生物许可检验项目见表 15-41。

表 15-41　微生物许可检验项目[④]

检验项目	非特殊用途化妆品[①②]	特殊用途化妆品								
		育发类[②]	染发类[③]	烫发类[③]	脱毛类[③]	美乳类	健美类	除臭类[③]	祛斑类	防晒类
菌落总数	○	○				○	○	○	○	○
粪大肠菌群	○	○				○	○	○	○	○
金黄色葡萄球菌	○	○				○	○	○	○	○
铜绿假单胞菌	○	○				○	○	○	○	○
霉菌和酵母菌	○	○				○	○	○	○	○

　① 指甲油卸除液不需要测微生物项目。

　② 乙醇含量≥75%（质量分数）者不需要测微生物项目。

　③ 配方中没有微生物抑制作用成分的产品（如物理脱毛类产品、纯植物染发类产品等）需测微生物项目。

　④ 一个样品包装内有两个以上独立小包装或分隔（如粉饼、眼影、腮红等），且只有一个产品名称，原料成分不同的样品，应当分别检验相应项目；非独立小包装或无分隔部分，且各部分除着色剂以外的其他原料成分相同的样品，应当按说明书使用方法确定是否分别进行检验。

2. 卫生化学许可检验项目

卫生化学许可检验项目见表 15-42。

表 15-42　卫生化学许可检验项目⑦

检验项目	非特殊用途化妆品	特殊用途化妆品								
		育发类	染发类⑥	烫发类	脱毛类	美乳类	健美类	除臭类	祛斑类	防晒类
汞	○	○	○	○	○	○	○	○	○	○
砷	○	○	○	○	○	○	○	○	○	○
铅	○	○	○	○	○	○	○	○	○	○
甲醇①										
甲醛								○		
巯基乙酸				○						
氢醌、苯酚									○	
性激素		○				○	○			
防晒剂②										○
氧化型染发剂中染料			○							
氮芥、斑蝥素		○								
pH③				○	○				○	
α-羟基酸③										
抗生素、甲硝唑④										
去屑剂⑤										

　① 乙醇、异丙醇含量之和≥10％（质量分数）的产品需要测甲醇项目。
　② 除防晒产品外，防晒剂（二氧化钛和氧化锌除外）含量≥0.5％（质量分数）的其他产品也应当加测防晒剂项目。
　③ 宣称含 α-羟基酸或虽不宣称含 α-羟基酸，但其总量≥3％（质量分数）的产品需要测 α-羟基酸项目，同时测 pH。
　④ 宣称祛痘、除螨、抗粉刺等用途的产品需要测抗生素和甲硝唑项目。
　⑤ 宣称去屑用途的产品需要测去屑剂项目。
　⑥ 染发类产品为两剂或两剂以上配合使用的产品，应当按剂型分别检测相应项目。
　⑦ 一个样品包装内有两个以上独立小包装或分隔（如粉饼、眼影、腮红等），且只有一个产品名称，原料成分不同的样品，应当分别检验相应项目；非独立小包装或无分隔部分，且各部分除着色剂以外的其他原料成分相同的样品，应当按说明书使用方法确定是否分别进行检验。

3. 毒理学试验项目

（1）非特殊用途化妆品

非特殊用途化妆品毒理学试验项目见表 15-43。

表 15-43　非特殊用途化妆品毒理学试验项目①②③⑦

试验项目	发用类	护肤类		彩妆类			指(趾)甲类	芳香类
	易触及眼睛的发用产品	一般护肤产品	易触及眼睛的护肤产品	一般彩妆品	眼部彩妆品	护唇及唇部彩妆品		
急性皮肤刺激性试验④	○						○	○
急性眼刺激性试验⑤⑥	○		○		○			

续表

试验项目	发用类	护肤类		彩妆类			指(趾)甲类	芳香类
	易触及眼睛的发用产品	一般护肤产品	易触及眼睛的护肤产品	一般彩妆品	眼部彩妆品	护唇及唇部彩妆品		
多次皮肤刺激性试验	○	○	○	○	○	○		

① 修护类指(趾)甲产品和涂彩类指(趾)甲产品不需要进行毒理学试验。

② 对于防晒剂(二氧化钛和氧化锌除外)含量≥0.5%(质量分数)的产品,除表中所列项目外,还应进行皮肤光毒性试验和皮肤变态反应试验。

③ 对于表中未涉及的产品,在选择试验项目时应根据实际情况确定,可按具体产品用途和类别增加或减少检验项目。

④ 沐浴类、面膜(驻留类面膜除外)类和洗面类护肤产品只需要进行急性皮肤刺激性试验,不需要进行多次皮肤刺激性试验。

⑤ 免洗护发类产品和描眉类眼部彩妆品不需要进行急性眼刺激性试验。

⑥ 沐浴类产品应进行急性眼刺激性试验。

⑦ 一个样品包装内有两个以上独立小包装或分隔(如粉饼、眼影、腮红等),且只有一个产品名称,原料成分不同的样品,应分别检验相应项目;非独立小包装或无分隔部分,且各部分除着色剂以外的其他原料成分相同的样品,应按说明书使用方法确定是否分别进行检验。

(2) 特殊用途化妆品

特殊用途化妆品毒理学试验项目见表 15-44。

表 15-44　特殊用途化妆品毒理学试验项目①②⑦

试 验 项 目	育发类	染发类⑥	烫发类	脱毛类	美乳类	健美类	除臭类	祛斑类	防晒类
急性眼刺激性试验	○	○							
急性皮肤刺激性试验			○						
多次皮肤刺激性试验③	○				○	○	○	○	○
皮肤变态反应试验	○	○	○	○	○	○	○	○	
皮肤光毒性试验								○	○
鼠伤寒沙门氏菌/回复突变试验④	○	○⑤			○	○			
体外哺乳动物细胞染色体畸变试验	○	○⑤			○	○			

① 除育发类、防晒类和祛斑类产品外,防晒剂(二氧化钛和氧化锌除外)含量≥0.5%(质量分数)的产品还应进行皮肤光毒性试验。

② 对于表中未涉及的产品,在选择试验项目时应根据实际情况确定,可按具体产品用途和类别增加或减少检验项目。

③ 即洗类产品不需要进行多次皮肤刺激性试验,只进行急性皮肤刺激性试验。

④ 进行鼠伤寒沙门氏菌/回复突变试验或选用体外哺乳动物细胞基因突变试验。

⑤ 涂染型暂时性染发产品不进行鼠伤寒沙门氏菌/回复突变试验和体外哺乳动物细胞染色体畸变试验。

⑥ 染发类产品为两剂或两剂以上配合使用的产品,应按说明书中使用方法进行试验。

⑦ 一个样品包装内有两个以上独立小包装或分隔(如粉饼、眼影、腮红等),且只有一个产品名称,原料成分不同的样品,应分别检验相应项目;非独立小包装或无分隔部分,且各部分除着色剂以外的其他原料成分相同的样品,应按说明书使用方法确定是否分别进行检验。

4. 人体安全性检验项目

(1) 凡 pH≤3.5 的化妆品均应参照《化妆品卫生规范》(2007 年版)规定的人体试用试验安全性评价方法进行试用试验(用后冲洗类产品除外)。

(2) 特殊用途化妆品人体安全性检验项目

特殊用途化妆品人体安全性检验项目见表 15-45。

表 15-45　特殊用途化妆品人体安全性检验项目

检验项目	育发类	脱毛类	美乳类	健美类	除臭类	祛斑类	防晒类
人体皮肤斑贴试验①					○	○	○
人体试用试验安全性评价	○	○	○	○			

① 粉状（如粉饼、粉底等）防晒、祛斑化妆品进行人体皮肤斑贴试验，出现刺激性结果或结果难以判断时，应当增加开放型斑贴试验。

5. 防晒化妆品功效评价检验项目

防晒化妆品功效评价检验项目见表 15-46。

表 15-46　防晒化妆品功效评价检验项目

	检验项目
防晒化妆品防晒	防晒指数(SPF 值)测定①②
效果人体试验	长波紫外线防护指数(PFA 值)测定②③
	防水性能测定③

① 宣称防晒的产品必须测定 SPF 值。

② 标注 PFA 值或 PA+～PA+++的产品，必须测定长波紫外线防护指数（PFA 值）；宣称 UVA 防护效果或宣称广谱防晒的产品，应当测定化妆品抗 UVA 能力参数—临界波长或测定 PFA 值。

③ 防晒产品宣称"防水"、"防汗"或"适合游泳等户外活动"等内容的，根据其所宣称抗水程度或时间按规定的方法测定防水性能。

二、食品药品监督管理系统化妆品检验机构装备基本标准

参照《食品药品监督管理系统化妆品检验机构装备基本标准》（2011—2015 年）（国食药监许〔2010〕402 号）。此标准适用于省级、地（市）级食品药品监督管理部门化妆品检验机构（下称省市级检验机构）设施、设备和县级食品药品监督管理部门化妆品监督检验、快速检测设备的建设工作。

1. 化妆品检测实验室建筑面积基本标准

化妆品检测实验室建筑面积基本标准见表 15-47。

表 15-47　化妆品检测实验室建筑面积基本标准　　　　　　　单位：m²

序号	用　　途		省级	地级市
1	辅助用房			
1.1		样本间	250	140
		常温	150	100
1.2		试剂储存间	50	20
1.3		气体储藏间	50	20
2	实验室用房			
2.1		理化实验室	800	500
		前处理	100	100
		仪器分析室	250	200
		常规理化实验室	150	50
		禁限用物分析实验室	300	150
2.2		微生物实验室	370	220
		消毒及准备间	150	100
		真菌实验室	20	20
		细菌实验室	100	100
		微生物鉴定室	100	—
2.3		毒理实验室	500	
		实验动物与动物实验室	300	
		细胞培养室	50	—
		无菌室	50	
		仪器分析实验室	100	
	总　　计		1920	860

2. 化妆品检测用仪器设备基本标准

化妆品检测用仪器设备基本标准见表 15-48。

表 15-48　化妆品检测用仪器设备基本标准

分类	序号	仪器名称	省级（台套）	地市级（台套）	备注
样品储存及前处理、常规理化分析设备	1	冰箱冷藏柜	12	5	含防爆冰箱
	2	超纯水装置（套）	1	1	
	3	红外分光光度计	1	1	
	4	超声波提取器	4	2	
	5	超声波振荡清洗器	4	2	
	6	氮吹仪	2	1	
	7	低温高速离心机	2	1	
	8	干燥箱（温控精度）	5	2	含真空干燥
	9	均质器	4	2	
	10	离心机	5	2	
	11	马弗炉	1	1	
	12	恒温恒湿试验柜	1	—	
	13	碎花制冰机	1	1	
	14	微波消解仪	2	1	
	15	振荡器	4	2	
	16	旋转蒸发仪	4	2	
	17	样品粉碎机	5	2	
	18	磁力搅拌器	1	1	
	19	低温循环水浴	1	—	
	20	真空离心浓缩仪	2	1	
	21	光学显微镜（带成像系统）	1	1	
	22	熔点仪	1	1	
	23	薄层点样及展开系统	1	1	
	24	薄层成像系统	1	1	
	25	电导率测定仪	1	1	
	26	电子分析天平	5	2	
	27	微量分析天平	1	1	
	28	酸度计	3	1	
	29	氮气发生器	1	1	
	30	紫外分光光度计	2	1	
	31	智能循环水浴	4	2	
	32	紫外透射率分析仪	1	—	
	33	高效液相色谱仪	5	2	UV/DAD、示差、荧光、蒸发光散射
	34	气相色谱仪	3	2	顶空、FID ECD FPD NPD

续表

分类	序号	仪器名称	省级 （台套）	地市级 （台套）	备注
样品储存 及前处理、 常规理化 分析设备	35	原子吸收分光光度计	1	1	石墨炉、火焰
	36	原子荧光分光光度计	1	1	
	37	测汞仪	1	1	
	38	小型冻干机	1	—	
微生物检 测设备	1	全自动细菌鉴定仪	1	—	
	2	全自动菌落成像分析系统	1	—	
	3	光学显微镜（带成像系统）	1	—	
	4	生物安全柜 A2	2	2	
	5	恒温培养箱	2	2	
	6	超净台	2	2	
	7	干燥灭菌器	1	1	
	8	高压灭菌器	2	1	
	9	浊度计	1	1	
	10	红外接种环灭菌器	1	1	
	11	低温冰箱	1	1	
禁限用 物质检 测设备	1	高效毛细管电泳仪	1	—	
	2	近红外光谱仪	1	1	
	3	拉曼光谱仪	1	—	
	4	粉末 X 射线衍射仪	1	—	
	5	离子色谱仪	1	1	
	6	气相色谱/质谱联用仪	1	1	
	7	液相色谱/质谱联用仪	1	1	
	8	电感耦合等离子体质谱仪	1	1	
	9	电感耦合等离子发射光谱仪	1	—	
	10	凝胶渗透色谱仪	1	—	
	11	扫描电镜	1	—	
	12	全自动固相萃取仪	1	—	
毒理检 测设备	1	自动读片机	1	—	
	2	体视显微镜	1	—	
	3	标本脱水机	1	—	
	4	冰冻切片机	1	—	
	5	倒置显微镜	1	—	
	6	二氧化碳培养箱	1	—	
	7	超净工作台	1	—	
	8	流式细胞仪	1	—	
	9	全自动生化仪	1	—	
	10	血球仪	1	—	

续表

分类	序号	仪器名称	省级（台套）	地市级（台套）	备注
毒理检测设备	11	切片机	1	—	
	12	γ射线计数仪	1	—	
	13	数字式紫外辐射照度计（UVA＋UVB）	1	—	
	14	石蜡包埋机	1	—	
	15	封片机	1	—	
	16	尿分析仪	1	—	
	17	烤片机	1	—	
	18	染片机	1	—	
	19	冷台	1	—	
	20	脱水机	1	—	
	21	显微镜	1	—	
	22	液氮罐	1	—	
	23	照相裂隙灯	1	—	
	24	紫外分光仪	1	—	
	25	超声波粉碎机	1	—	
	26	低温冰箱	1	—	
	27	酶标仪	1	—	
	28	核酸蛋白分析仪	1	—	
	29	凝胶成像仪	1	—	
	30	荧光定量PCR	1	—	
	31	多通道可调移液器	4	—	
	32	可调试连续加样器	4	—	
	33	PCR扩增仪	1	—	
	34	电泳仪	1	—	
	35	生物安全柜	1	—	
信息设备		信息化平台	1	1	

注：参照《关于印发食品药品监督管理系统保健食品化妆品检验机构装备基本标准（2011～2015年）的通知　国食药监许［2010］402号》。

 知识拓展　　　**化妆品行政许可检验的管理办法和规范**

《化妆品行政许可检验管理办法》

2010-02-11

第一章　总　则

第二章　申请与受理

第三章　检验与报告

第四章　质量管理

第五章　样品与档案管理

续表

《化妆品行政许可检验管理办法》
2010-02-11

第六章 保密与信息化管理
第七章 监督检查
第八章 附 则

《化妆品行政许可检验规范》
2010-02-11

第一章 总 则
第二章 申请与受理
第三章 样品检验
第四章 检验项目
第五章 检验报告编制
第六章 附 则

附表：
1. 化妆品行政许可检验产品抽样单
2. 化妆品行政许可检验申请表
3. 化妆品行政许可检验受理通知书
4. 进口非特殊用途化妆品许可检验月报信息表
5. 卫生安全性检验机构特殊用途化妆品许可检验月报信息表
6. 人体安全性检验机构特殊用途化妆品许可检验月报信息表
7. 化妆品行政许可检验机构年报表
8. 微生物许可检验项目
9. 卫生化学许可检验项目
10. 非特殊用途化妆品毒理学试验项目
11. 特殊用途化妆品毒理学试验项目
12. 特殊用途化妆品人体安全性许可检验项目
13. 防晒化妆品防晒效果人体试验项目
14. 化妆品行政许可检验报告
15. 化妆品行政许可检验报告变更申请表

第五节　化妆品产品质量监督检验项目

参照国家质检总局发布的《产品质量监督抽查实施规范》（CCGF 211—2010）。将质量监督化妆品共分为 7 类：清洁、护发类化妆品；润肤、护肤类化妆品；染发剂；牙膏；有机溶剂、发用修饰类化妆品；修饰、粉类化妆品；皂类等。

一、清洁、护发类化妆品

清洁、护发类化妆品包括：洗发液（膏）、洗面奶（膏）、沐浴剂、洗手液、特种沐浴剂、特种洗手液、护发素、免洗护发素、发乳等。

1. 检验项目及重要程序分类

表 15-49 列有检验项目及重要程度分类。

表 15-49 检验项目及重要程度分类

序号	检验项目	依据法律法规或标准	强制性/推荐性	检测方法	重要程度或不合格程度分类 A 类[①]	B 类[②]
1	pH	相应产品标准	推荐性	GB/T 13531.1		●
2	有效物(仅洗发液)	QB/T 1974	推荐性	QB/T 1974		●
3	总固体(仅护发素)	QB/T 1975	推荐性	QB/T 1975		●
4	总活性物(仅沐浴剂、洗手液)	QB 1994—2004.5.3	推荐性	QB 1994—2004.6.3		●
5	铅	化妆品卫生规范	强制性	化妆品卫生规范	●	
6	砷	化妆品卫生规范	强制性	化妆品卫生规范	●	
7	汞	化妆品卫生规范	强制性	化妆品卫生规范	●	
8	菌落总数	化妆品卫生规范	强制性	化妆品卫生规范	●	
9	霉菌和酵母菌总数	化妆品卫生规范	强制性	化妆品卫生规范	●	
10	粪大肠菌群	化妆品卫生规范	强制性	化妆品卫生规范	●	
11	金黄色葡萄球菌	化妆品卫生规范	强制性	化妆品卫生规范	●	
12	铜绿假单胞菌(绿脓杆菌)	化妆品卫生规范	强制性	化妆品卫生规范	●	
13	4-羟基苯甲酸及其盐类和酯类	化妆品卫生规范	强制性	化妆品卫生规范	●	
14	4-羟基苯甲酸甲酯	化妆品卫生规范	强制性	化妆品卫生规范	●	
15	4-羟基苯甲酸乙酯	化妆品卫生规范	强制性	化妆品卫生规范	●	
16	4-羟基苯甲酸丙酯	化妆品卫生规范	强制性	化妆品卫生规范	●	
17	4-羟基苯甲酸丁酯	化妆品卫生规范	强制性	化妆品卫生规范	●	
18	4-羟基苯甲酸异丙酯	化妆品卫生规范	强制性	化妆品卫生规范	●	
19	4-羟基苯甲酸异丁酯	化妆品卫生规范	强制性	化妆品卫生规范	●	
20	苯甲酸及其盐类和酯类	化妆品卫生规范	强制性	化妆品卫生规范	●	
21	甲醛和多聚甲醛	化妆品卫生规范	强制性	化妆品卫生规范	●	
22	三氯生	化妆品卫生规范	强制性	化妆品卫生规范	●	
23	甲醇(仅沐浴剂)	化妆品卫生规范	强制性	化妆品卫生规范	●	
24	二噁烷(仅洗发液、沐浴剂、洗手液)	化妆品卫生规范	强制性	SN/T 1784—2006	■[③]	
25	杀菌率(特种洗手液、沐浴露)	GB 19877.1 或 2	强制性	GB 15979	●	
26	抑菌率(特种洗手液、沐浴露)	GB 19877.1 或 2	强制性	GB 15979	●	
27	去屑剂(水杨酸、酮康唑、氯咪巴唑、吡啶酮乙醇胺、二硫化硒)(明示有去屑功效化妆品)	化妆品卫生规范	强制性	化妆品卫生规范		●
28	α-羟基酸(酒石酸、柠檬酸、苹果酸、乙醇酸、乳酸)(洗发类化妆品,明示时)	化妆品卫生规范	强制性	化妆品卫生规范		●
29	氢醌或苯酚(洗发类化妆品,明示时)	化妆品卫生规范	强制性	化妆品卫生规范		●

① A 类极重要质量项目。②B 类重要质量项目。③表示二噁烷项目仅为实测值,不参与判定。

2. 检验依据

二、检验依据

本类化妆品检验依据见表 15-50。

表 15-50　检验依据

序　号	检验依据的法规或标准
1	GB 5296.3 消费品使用说明　化妆品通用标签
2	GB 7916　化妆品卫生标准
3	QB/T 1684　化妆品检验规则
4	QB/T1685 化妆品产品包装外观要求
5	QB/T 1974　洗发液(膏)
6	QB/T 1975　护发素
7	QB/T 2835　免洗护发素
8	QB 1994　沐浴剂
9	QB 2654　洗手液
10	QB/T 1645　洗面奶(膏)
11	GB 19877.1　特种洗手液
12	GB 19877.2　特种沐浴剂
13	QB/T 2284　发乳
14	GB/T 13531.1　化妆品通用检验方法 pH 值的测定
15	QB/T 2952　洗涤用品标识和包装要求
16	SN/T 1784　进口化妆品中二噁烷残留量的测定气相色谱串联质谱法
17	化妆品标签标识管理办法
18	化妆品卫生规范
19	相关产品标准及试验方法
20	经备案现行有效的企业标准及产品明示质量要求

三、润肤、护肤类化妆品

润肤、护肤类产品包括：润肤膏霜、护肤乳液、面膜、化妆水、护肤啫喱等化妆品。

1. 检验项目及重要程度分类

检验项目及重要程度分类见表 15-51。

表 15-51　检验项目及重要程度分类

序号	检验项目	依据法律法规或标准	强制性/推荐性	检测方法	重要程度或不合格程度分类 A 类[①]	B 类[②]
1	pH	相应产品标准	推荐性	GB/T 13531.1		●
2	铅	化妆品卫生规范	强制性	化妆品卫生规范	●	
3	砷	化妆品卫生规范	强制性	化妆品卫生规范	●	
4	汞	化妆品卫生规范	强制性	化妆品卫生规范	●	
5	菌落总数	化妆品卫生规范	强制性	化妆品卫生规范	●	

续表

序号	检验项目	依据法律法规或标准	强制性/推荐性	检测方法	重要程度或不合格程度分类	
					A 类①	B 类②
6	霉菌和酵母菌总数	化妆品卫生规范	强制性	化妆品卫生规范	●	
7	粪大肠菌群	化妆品卫生规范	强制性	化妆品卫生规范	●	
8	金黄色葡萄球菌	化妆品卫生规范	强制性	化妆品卫生规范	●	
9	铜绿假单胞菌（绿脓杆菌）	化妆品卫生规范	强制性	化妆品卫生规范	●	
10	4-羟基苯甲酸及其盐类和酯类	化妆品卫生规范	强制性	化妆品卫生规范	●	
11	4-羟基苯甲酸甲酯	化妆品卫生规范	强制性	化妆品卫生规范	●	
12	4-羟基苯甲酸乙酯	化妆品卫生规范	强制性	化妆品卫生规范	●	
13	4-羟基苯甲酸丙酯	化妆品卫生规范	强制性	化妆品卫生规范	●	
14	4-羟基苯甲酸丁酯	化妆品卫生规范	强制性	化妆品卫生规范	●	
15	4-羟基苯甲酸异丙酯	化妆品卫生规范	强制性	化妆品卫生规范	●	
16	4-羟基苯甲酸异丁酯	化妆品卫生规范	强制性	化妆品卫生规范	●	
17	苯甲酸及其盐类和酯类	化妆品卫生规范	强制性	化妆品卫生规范	●	
18	甲醛和多聚甲醛	化妆品卫生规范	强制性	化妆品卫生规范	●	
19	三氯生	化妆品卫生规范	强制性	化妆品卫生规范	●	
20	甲醇（仅化妆水、护肤啫喱、面贴膜）	化妆品卫生规范	强制性	化妆品卫生规范	●	
21	氢醌或苯酚（祛斑类化妆品）	化妆品卫生规范	强制性	化妆品卫生规范	●	
22	性激素（美体类化妆品）	化妆品卫生规范	强制性	化妆品卫生规范	●	
23	抗生素（祛痘除螨类化妆品）	化妆品卫生规范	强制性	化妆品卫生规范	●	
24	紫外线吸收剂（防晒类化妆品，标签中明示物质）	化妆品卫生规范	强制性	化妆品卫生规范或相应检验方法标准		■③
25	维生素、曲酸、熊果苷、抗坏血酸磷酸酯镁、D-泛醇、氨基酸（标签中明示时）	产品标签明示	强制性	相应检验方法标准		■③

① A 类为极重要质量项目。后同。

② B 类为重要质量项目。后同。

③ ■为紫外线吸收剂，维生素、曲酸、熊果苷、抗坏血酸磷酸酯镁、D-泛醇、氨基酸项目仅为实测值，不参与判定。

2. 检验依据

本类化妆品检验依据见表 15-52。

表 15-52　检验依据

序　　号	检验依据的法规或标准
1	GB 5296.3 消费品使用说明　化妆品通用标签
2	GB 7916　化妆品卫生标准
3	QB/T 1684　化妆品检验规则
4	QB/T1685　化妆品产品包装外观要求
5	QB/T 1857　润肤膏霜
6	GB/T 29665　护肤乳液

续表

序　号	检验依据的法规或标准
7	QB/T 2660　化妆水
8	QB/T 2872　面膜
9	QB/T 2874　护肤啫喱
10	GB/T 13531.1　化妆品通用检验方法　pH 值的测定
11	QB/T 2333　防晒化妆品中紫外线吸收剂定量测定　高效液相色谱法
12	QB/T 2334　化妆品中紫外线吸收剂定性测定　紫外分光光度计法
13	QB/T 2407　化妆品中 D-泛醇含量的测定
14	QB/T 2408　化妆品中维生素 E 的测定
15	QB/T 2409　化妆品中氨基酸含量的测定
16	QB/T 2410　防晒化妆品　UVB 区防晒效果的评价方法　紫外吸光度法
17	化妆品标签标识管理办法
18	化妆品卫生规范
19	相关产品标准及试验方法
20	经备案现行有效的企业标准及产品明示质量要求

四、染发剂

1. 检验项目及重要程度分类

染发剂检验项目及重要程度分类见表 15-53。

表 15-53　检验项目及重要程度分类

序号	检验项目	依据法律法规或标准	强制性/推荐性	检测方法	重要程度或不合格程度分类	
					A 类	B 类
1	pH	QB/T1978	推荐性	QB/T1978		●
2	氧化剂含量	QB/T1978	推荐性	QB/T1978		●
3	染色能力	QB/T1978	推荐性	QB/T1978		●
4	铅	化妆品卫生规范	强制性	化妆品卫生规范	●	
5	砷	化妆品卫生规范	强制性	化妆品卫生规范	●	
6	汞	化妆品卫生规范	强制性	化妆品卫生规范	●	
7	对苯二胺	化妆品卫生规范	强制性	化妆品卫生规范 GB/T 24800.12	●	
8	邻苯二胺	化妆品卫生规范	强制性	化妆品卫生规范 GB/T 24800.12	●	
9	间苯二胺	化妆品卫生规范	强制性	GB/T 24800.12	●	
10	氢醌	化妆品卫生规范	强制性	化妆品卫生规范	●	
11	m-氨基苯酚	化妆品卫生规范	强制性	化妆品卫生规范	●	
12	p-氨基苯酚	化妆品卫生规范	强制性	化妆品卫生规范	●	
13	甲苯 2,5-二胺	化妆品卫生规范	强制性	化妆品卫生规范	●	
14	间苯二酚	化妆品卫生规范	强制性	化妆品卫生规范	●	
15	p-甲氨基苯酚	化妆品卫生规范	强制性	化妆品卫生规范	●	
16	产品明示的其他染料	化妆品卫生规范	强制性	化妆品卫生规范或相应检验方法		●

2. 检验依据

染发剂检验依据见表 15-54。

表 15-54　检验依据

序　号	检验依据的法规或标准
1	GB 7916　化妆品卫生标准
2	QB/T 1684　化妆品检验规则
3	QB/T 1685　化妆品产品包装外观要求
4	QB/T 1978　染发剂
5	GB/T 13531.1　化妆品通用检验方法　pH 值的测定
6	GB/T 24800.12 化妆品中对苯二胺、邻苯二胺和间苯二胺的测定
7	化妆品标签标识管理办法
8	化妆品卫生规范
9	相关产品标准及试验方法
10	经备案现行有效的企业标准及产品明示质量要求

五、牙膏

1. 检验项目及重要程度分类

牙膏检验项目及重要程度分类见表 15-55。

表 15-55　检验项目及重要程度分类

序号	检验项目	依据法律法规或标准	强制性/推荐性	检测方法	重要程度或不合格程度分类	
					A 类	B 类
1	pH 值	GB8372—2008.4.3	强制性	GB8372—2008.5.5		●
2	总氟(含氟牙膏)	GB8372—2008.4.3	强制性	GB8372—2008.5.9		●
3	可溶性氟(根据产品明示)	GB8372—2008.4.3	强制性	GB8372—2008.5.8		●
4	游离氟(根据产品明示)	GB8372—2008.4.3	强制性	GB8372—2008.5.8		●
5	铅	化妆品卫生规范	强制性	化妆品卫生规范	●	
6	砷	化妆品卫生规范	强制性	化妆品卫生规范	●	
7	菌落总数	化妆品卫生规范	强制性	化妆品卫生规范	●	
8	霉菌和酵母菌总数	化妆品卫生规范	强制性	化妆品卫生规范	●	
9	粪大肠菌群	化妆品卫生规范	强制性	化妆品卫生规范	●	
10	金黄色葡萄球菌	化妆品卫生规范	强制性	化妆品卫生规范	●	
11	铜绿假单胞菌(绿脓杆菌)	化妆品卫生规范	强制性	化妆品卫生规范	●	
12	三氯生	化妆品卫生规范	强制性	QB/T 2969—2008	●	
13	二甘醇	牙膏原料要求	强制性	GB/T 21842—2008	■[①]	

① ■二甘醇项目仅为实测值，不参与判定。

2. 检验依据

牙膏检验依据见表 15-56。

表 15-56　检验依据

序　号	检验依据的法规或标准
1	GB 7916　化妆品卫生标准
2	GB 8372　牙膏
3	QB/T 2969　牙膏中三氯生含量的测定方法
4	GB/T 21842　牙膏中二甘醇的测定
5	化妆品卫生规范
6	牙膏用原料规范
7	相关产品标准及试验方法
8	经备案现行有效的企业标准及产品明示质量要求

六、有机溶剂类、发用修饰类化妆品

有机溶剂类、发用修饰类产品包括：香水、古龙水、花露水等以乙醇为溶剂的化妆品及发用啫喱（水）、定型发胶等化妆品。

1. 检验项目及重要程度分类

本类产品检验项目及重要程度分类见表 15-57。

表 15-57　检验项目及重要程度分类

序号	检验项目	依据法律法规或标准	强制性/推荐性	检测方法	重要程度或不合格程度分类 A 类	B 类
1	铅	化妆品卫生规范	强制性	化妆品卫生规范	●	
2	砷	化妆品卫生规范	强制性	化妆品卫生规范	●	
3	汞	化妆品卫生规范	强制性	化妆品卫生规范	●	
4	甲醇	化妆品卫生规范	强制性	化妆品卫生规范	●	

发用修饰类化妆品检验项目及重要程度分类见表 15-58。

表 15-58　发用啫喱（水）、定型发胶检验项目及重要程度分类

序号	检验项目	依据法律法规或标准	强制性/推荐性	检测方法	重要程度或不合格程度分类 A 类	B 类
1	pH(仅发用啫喱)	相应产品标准	推荐性	GB/T 13531.1—2008		●
2	菌落总数	化妆品卫生规范	强制性	化妆品卫生规范	●	
3	霉菌和酵母菌总数	化妆品卫生规范	强制性	化妆品卫生规范	●	
4	粪大肠菌群	化妆品卫生规范	强制性	化妆品卫生规范	●	
5	金黄色葡萄球菌	化妆品卫生规范	强制性	化妆品卫生规范	●	
6	铜绿假单胞菌（绿脓杆菌）	化妆品卫生规范	强制性	化妆品卫生规范	●	
7	4-羟基苯甲酸及其盐类和酯类	化妆品卫生规范	强制性	化妆品卫生规范	●	
8	4-羟基苯甲酸甲酯	化妆品卫生规范	强制性	化妆品卫生规范	●	
9	4-羟基苯甲酸乙酯	化妆品卫生规范	强制性	化妆品卫生规范	●	
10	4-羟基苯甲酸丙酯	化妆品卫生规范	强制性	化妆品卫生规范	●	
11	4-羟基苯甲酸丁酯	化妆品卫生规范	强制性	化妆品卫生规范	●	

序号	检验项目	依据法律法规或标准	强制性/推荐性	检测方法	重要程度或不合格程度分类	
					A类	B类
12	4-羟基苯甲酸异丙酯	化妆品卫生规范	强制性	化妆品卫生规范	●	
13	4-羟基苯甲酸异丙酯	化妆品卫生规范	强制性	化妆品卫生规范	●	
14	苯甲酸及其盐类和酯类	化妆品卫生规范	强制性	化妆品卫生规范	●	
15	甲醛和多聚甲醛	化妆品卫生规范	强制性	化妆品卫生规范	●	
16	三氯生	化妆品卫生规范	强制性	化妆品卫生规范	●	

2. 检验依据

本类产品检验依据见表15-59。

表 15-59　检验依据

序　号	检验依据的法规或标准
1	GB 5296.3 消费品使用说明　化妆品通用标签
2	GB 7916　化妆品卫生标准
3	QB/T 1684　化妆品检验规则
4	QB/T 1685　化妆品产品包装外观要求
5	QB/T 1858.1　花露水
6	QB/T 1858　香水、古龙水
7	QB/T 2873　发用啫喱（水）
8	QB 1644　定型发胶
9	GB/T 13531.1　化妆品通用检验方法 pH值的测定
10	化妆品标签标识管理办法
11	化妆品卫生规范
12	相关产品标准及试验方法
13	经备案现行有效的企业标准及产品明示质量要求

七、修饰类、粉类化妆品

修饰类、粉类产品包括：唇膏、化妆粉块、香粉、爽身粉、痱子粉、足浴盐、沐浴盐等化妆品。

1. 检验项目及重要程度分类

修饰类、粉类化妆品的检验项目及重要程度分类见表15-60。

表 15-60　检验项目及重要程度分类

序号	检验项目	依据法律法规或标准	强制性/推荐性	检测方法	重要程度或不合格程度分类	
					A类	B类
1	pH	相应产品标准	推荐性	GB/T 13531.1		●
2	铅	化妆品卫生规范	强制性	化妆品卫生规范	●	
3	砷	化妆品卫生规范	强制性	化妆品卫生规范	●	
4	汞	化妆品卫生规范	强制性	化妆品卫生规范	●	

续表

序号	检验项目	依据法律法规或标准	强制性/推荐性	检测方法	重要程度或不合格程度分类	
					A 类	B 类
5	紫外线吸收剂(防晒类化妆品,标签中明示物质)	化妆品卫生规范	强制性	化妆品卫生规范或相应检验方法标准		■①
6	维生素、曲酸、熊果苷、抗坏血酸磷酸酯镁、D-泛醇、氨基酸(标签中明示时)	产品标签明示	强制性	相应检验方法标准		■①

① ■紫外线吸收剂,维生素、曲酸、熊果苷、抗坏血酸磷酸酯镁、D-泛醇、氨基酸项目仅为实测值,不参与判定。

唇膏、化妆粉块、香粉、爽身粉、痱子粉检验项目及重要程度分类见表 15-61。

表 15-61 唇膏、化妆粉块、香粉、爽身粉、痱子粉检验项目及重要程度分类

序号	检验项目	依据法律法规或标准	强制性/推荐性	检测方法	重要程度或不合格程度分类	
					A 类	B 类
1	菌落总数	化妆品卫生规范	强制性	化妆品卫生规范	●	
2	霉菌和酵母菌总数	化妆品卫生规范	强制性	化妆品卫生规范	●	
3	粪大肠菌群	化妆品卫生规范	强制性	化妆品卫生规范	●	
4	金黄色葡萄球菌	化妆品卫生规范	强制性	化妆品卫生规范	●	
5	铜绿假单胞菌(绿脓杆菌)	化妆品卫生规范	强制性	化妆品卫生规范	●	
6	4-羟基苯甲酸及其盐类和酯类	化妆品卫生规范	强制性	化妆品卫生规范	●	
7	4-羟基苯甲酸甲酯	化妆品卫生规范	强制性	化妆品卫生规范	●	
8	4-羟基苯甲酸乙酯	化妆品卫生规范	强制性	化妆品卫生规范	●	
9	4-羟基苯甲酸丙酯	化妆品卫生规范	强制性	化妆品卫生规范	●	
10	4-羟基苯甲酸丁酯	化妆品卫生规范	强制性	化妆品卫生规范	●	
11	4-羟基苯甲酸异丙酯	化妆品卫生规范	强制性	化妆品卫生规范	●	
12	4-羟基苯甲酸异丁酯	化妆品卫生规范	强制性	化妆品卫生规范	●	
13	苯甲酸及其盐类和酯类	化妆品卫生规范	强制性	化妆品卫生规范	●	
14	甲醛和多聚甲醛	化妆品卫生规范	强制性	化妆品卫生规范	●	
15	三氯生	化妆品卫生规范	强制性	化妆品卫生规范	●	

2. 检验依据

本类产品检验依据见表 15-62。

表 15-62 检验依据

序号	检验依据的法规或标准
1	GB 5296.3 消费品使用说明 化妆品通用标签
2	GB 7916 化妆品卫生标准
3	QB/T 1684 化妆品检验规则
4	QB/T 1685 化妆品产品包装外观要求
5	QB/T 1977 唇膏
6	QB/T 1976 化妆粉块

序号	检验依据的法规或标准
7	QB/T 1859　香粉、爽身粉、痱子粉
8	QB/T 2744.1　浴盐　第1部分:足浴盐
9	QB/T 2744.2　浴盐　第2部分:沐浴盐
10	GB/T 13531.1　化妆品通用检验方法　pH值的测定
11	QB/T 2333　防晒化妆品中紫外线吸收剂定量测定　高效液相色谱法
12	QB/T 2334　化妆品中紫外线吸收剂定性测定　紫外分光光度计法
13	QB/T 2408　化妆品中维生素E的测定
14	QB/T 2409　化妆品中氨基酸含量的测定
15	QB/T 2410　防晒化妆品　UVB区防晒效果的评价方法　紫外吸光度法
16	化妆品标签标识管理办法
17	化妆品卫生规范
18	相关产品标准及试验方法
19	经备案现行有效的企业标准及产品明示质量要求

八、皂类

皂类产品包括:洗衣皂、香皂、透明皂、复合洗衣皂等。其中香皂和透明皂属化妆品。

香皂产品按成分分为皂基型和复合型两类:皂基型(以Ⅰ型表示)指仅含脂肪酸钠、助剂的产品,标记为"QB/T 2485Ⅰ型";复合型(以Ⅱ型表示)指含脂肪酸钠和/或其他表面活性剂、功能性添加剂、助剂的产品,标记为"QB/T 2485Ⅱ型"。在销售包装上,如果在产品名称、使用说明及其他内容中,凡对皂体描述有诸如"透明"、"半透明"、"水晶"等含意文字的产品,均视为透明型产品。

洗衣皂产品按干钠皂含量分为两种类型:干钠皂含量≥54%的产品(以Ⅰ型表示),标记为"QB/T 2486Ⅰ型";43%≤干钠皂含量<54%的产品(以Ⅱ型表示),标记为"QB/T 2486Ⅱ型"。在销售包装上,如果在产品名称、使用说明及其他内容中,凡对皂体描述有诸如"透明"、"半透明"等含意文字的产品,均视为透明型产品。

透明皂产品分为两类:仅含脂肪酸钠、助剂的透明皂(Ⅰ型);含脂肪酸钠和(或)其他表面活性剂、功能性添加剂、助剂的透明皂(Ⅱ型)。

1. 检验项目及重要程度分类

(1) 香皂产品检验项目及重要程度分类　见表15-63。

表15-63　香皂产品检验项目及重要程度分类

序号	检验项目	依据法律法规或标准	强制性/推荐性	检测方法	重要程度或不合格程度分类 A类	重要程度或不合格程度分类 B类
1	干钠皂①	QB/T 2485	推荐性	QB/T 2485 QB/T 2623.3		●
2	总有效物含量②	QB/T 2485	推荐性	QB/T 2485 QB/T 2487		●
3	游离苛性碱(以NaOH计)	QB/T 2485	推荐性	QB/T 2485 QB/T 2623.1	●	
4	总五氧化二磷③	QB/T 2485	推荐性	QB/T 2485 QB/T 2623.8		●

序号	检验项目	依据法律法规或标准	强制性/推荐性	检测方法	重要程度或不合格程度分类	
					A类	B类
5	氯化物	QB/T 2485	推荐性	QB/T 2485 QB/T 2623.6		●
6	透明度④	QB/T 2485	推荐性	QB/T 2485		●
7	总游离碱(以 NaOH 计)	QB/T 2485	推荐性	QB/T 2485	●	

① 仅对 I 型要求。
② 仅对 II 型要求。
③ 仅对标注无磷产品要求。
④ 仅对本标准规定的透明型产品要求。

（2）洗衣皂产品检验项目及重要程度分类　见表 15-64。

表 15-64　洗衣皂产品检验项目及重要程度分类

序号	检验项目	依据法律法规或标准	强制性/推荐性	检测方法	重要程度或不合格程度分类	
					A类	B类
1	干钠皂	QB/T 2486	推荐性	QB/T 2486 QB/T 2623.3		●
2	发泡力(5min)	QB/T 2486	推荐性	QB/T 2486		●
3	游离苛性碱(以 NaOH 计)	QB/T 2486	推荐性	QB/T 2486 QB/T 2623.1	●	
4	总五氧化二磷①	QB/T 2486	推荐性	QB/T 2486 QB/T 2623.8		●
5	氯化物	QB/T 2486	推荐性	QB/T 2486 QB/T 2623.6		●
6	透明度②	QB/T 2486	推荐性	QB/T 2485		●

① 仅对标注无磷产品要求。
② 仅对本标准规定的透明型产品。

（3）透明皂产品检验项目及重要程度分类　见表 15-65。

表 15-65　透明皂产品检验项目及重要程度分类

序号	检验项目	依据法律法规或标准	强制性/推荐性	检测方法	重要程度或不合格程度分类	
					A类	B类
1	干钠皂①	QB/T 1913	推荐性	QB/T 1913 QB/T 2623.3		●
2	总有效物②	QB/T 1913	推荐性	QB/T 1913		●
3	游离苛性碱含量	QB/T 1913	推荐性	QB/T 1913	●	
4	发泡力	QB/T 1913	推荐性	QB/T 1913		●
5	氯化物	QB/T 1913	推荐性	QB/T 1913 QB/T 2623.6		●
6	透明度	QB/T 1913	推荐性	QB/T 1913		●

① 仅对 I 型要求。
② 仅对 II 型要求。

（4）复合洗衣皂产品检验项目及重要程度分类　　见表 15-66。

表 15-66　复合洗衣皂产品检验项目及重要程度分类

序号	检验项目	依据法律法规或标准	强制性/推荐性	检测方法	重要程度或不合格程度分类	
					A 类	B 类
1	总有效物	QB/T 2487	推荐性	QB/T 2487		●
2	发泡力（5min）	QB/T 2487	推荐性	QB/T 2486		●
3	游离苛性碱（以 NaOH 计）	QB/T 2487	推荐性	QB/T 2487 QB/T 2623.1	●	
4	抗硬水度	QB/T 2487	推荐性	QB/T 2487		●
5	总五氧化二磷①	QB/T 2487	推荐性	QB/T 2487 QB/T 2623.8		●

① 仅对标注无磷产品要求。

注意：极重要质量项目是指直接涉及人体健康、使用安全的指标；重要质量项目是指产品涉及环保、能效、关键性能或特征值的指标。

2. 检验依据

检验依据见表 15-67。

表 15-67　检验依据

序　号	检验依据的法规或标准
1	QB/T 2485 香皂
2	QB/T 1913 透明皂
3	QB/T 2486 洗衣皂
4	QB/T 2487 复合洗衣皂
5	QB/T 2623.1 肥皂试验方法　肥皂中游离苛性碱含量的测定
6	QB/T 2623.3 肥皂试验方法　肥皂中总碱量和总脂肪物含量的测定
7	QB/T 2623.6 肥皂试验方法　肥皂中氯化物含量的测定 滴定法
8	QB/T 2623.8 肥皂试验方法　肥皂中磷酸盐含量的测定
9	经备案现行有效的企业标准及产品明示质量要求

思　考　题

1. 我国《化妆品卫生规范（2007 年版）》对化妆品终产品有怎样的要求？
2. 化妆品成品的检验主要有哪些内容？
3. 一般化妆品的卫生指标有什么要求？
4. 性激素、抗生素、去屑剂分别属于哪类化妆品的关键控制检验？
5. 化妆品卫生许可有哪些检验项目？
6. 清洁、护发类化妆品有哪些 A 类检验项目？

7. 润肤、护肤类化妆品有哪些 A 类检验项目？

8. 染发剂类有哪些 A 类检验项目？

9. 牙膏类化妆品有哪些 A 类检验项目？

10. 有机溶剂类、发用修饰类化妆品有哪些 A 类检验项目？

11. 修饰类、粉类化妆品有哪些 A 类检验项目？

12. 皂类化妆品有哪些 A 类检验项目？

第十六章　卫生指标检验

化妆品质量检验的任务是利用化学分析、仪器分析、生化分析、物性测试等手段来确定化妆品的卫生指标、理化指标、化学成分与含量、安全性等是否符合国家规定的质量标准。

第一节　化妆品的卫生标准

根据《化妆品卫生规范》(2007 年版) 规定，化妆品是以涂抹、喷洒或其他类似方法，施于人体表面任何部位（皮肤、毛发、指甲、口唇、口腔黏膜等），以达到清洁、消除不良气味、护肤、美容和修饰目的的产品。

一、化妆品的一般要求

化妆品的一般要求如下：

(1) 化妆品不得对施用部位产生明显刺激和损伤。

(2) 化妆品必须使用安全，且无感染性。

二、对产品的要求

对产品的要求如下：

1. 眼部化妆品及口唇等黏膜用化妆品以及婴儿和儿童用化妆品菌落总数不得大于 500C CFU/mL 或 500 CFU/g；

2. 其他化妆品菌落总数不得大于 1000 CFU/mL 或 1000 CFU/g；

3. 每克或每毫升产品中不得检出粪大肠菌群、绿脓杆菌和金黄色葡萄球菌；

4. 化妆品中霉菌和酵母菌总数不得大于 100 CFU/mL 或 100 CFU/g；

5. 化妆品中所含有毒物质不得超过《化妆品卫生规范》(2007 年版) 附表 1 中规定的限量。

三、卫生化学指标要求

我国《化妆品卫生规范》(2007 年版) 中规定的卫生指标见表 16-1 所示。

表 16-1　化妆品质量标准规定的卫生化学指标

产品种类	化妆品卫生化学检验项目													
	汞/(mg/kg)	砷/(mg/kg)	铅/(mg/kg)	甲醇/(mg/kg)	甲醛	pH	氧化剂/(mg/kg)	游离氨/(mg/kg)	双氧水/(mg/kg)	巯基乙酸/(mg/kg)	过硼酸钠/(mg/kg)	溴酸钠/(mg/kg)	对苯二胺/(mg/kg)	氟/(mg/kg)
(1)发用摩丝	≤1	≤10	≤40	≤2000		3.5～9.0								
(2)定型发胶	≤1	≤10	≤40	≤2000										
(3)洗面奶(膏)	≤1	≤10	≤40			4.0～8.5								
(4)润肤膏霜	≤1	≤10	≤40											
(5)香水、古龙水				≤2000										
(6)香粉、爽身粉	≤1	≤10	≤40			4.5～10.5								
(7)发油	≤1	≤10	≤40											

续表

产品种类	汞/(mg/kg)	砷/(mg/kg)	铅/(mg/kg)	甲醇/(mg/kg)	甲醛	pH	氧化剂/(mg/kg)	游离氨/(mg/kg)	双氧水/(mg/kg)	巯基乙酸/(mg/kg)	过硼酸钠/(mg/kg)	溴酸钠/(mg/kg)	对苯二胺/(mg/kg)	氟/(mg/kg)
(8)洗发液(膏)	≤1	≤10	≤40			4.0～8.0								
(9)护发素	≤1	≤10	≤40			3.0～7.0								
(10)化妆粉块	≤1	≤10	≤40			6.0～9.0								
(11)唇膏	≤1	≤10	≤40											
(12)染发剂	≤1	≤10	≤40			1.8～12	≤12						≤6	
(13)发乳	≤1	≤10	≤40			4.0～8.5								
(14)头发用冷烫液	≤1	≤10	≤40			≤9.8		≥0.0050	⊙	⊙	⊙	⊙		
(15)护肤乳液	≤1	≤10	≤40			4.5～8.5								
(16)指甲油	≤1	≤10	≤40											
(17)化妆水	≤1	≤10	≤40	≤2000		4.0～8.5								
(18)牙膏	≤1	≤5	≤15			4.0～8.5								⊙
(19)面膜	≤1	≤10	≤40	≤2000		3.5～8.5								
(20)发用啫喱	≤1	≤10	≤40	≤2000		3.5～9.0								
(21)护肤啫喱	≤1	≤10	≤40	≤2000		3.5～8.5								
(22)免洗护发素	≤1	≤10	≤40			3.0～9.0								
(23)花露水	≤1	≤10	≤40	≤2000										
(24)沐浴剂	≤1	≤10	≤40	≤2000		4.0～10.0								
(25)洗手液	≤1	≤10	≤40			4.0～10.0								
(26)特种洗手液	≤1	≤10	≤40	≤2000	<500	4.0～10.0								

⊙表示该类产品有单独的指标。

第二节　化妆品的卫生化学检验

《化妆品卫生规范》(2007年版)中规定了31项化妆品卫生化学检验方法,其内容见第八章第八节表8-12。本节仅介绍铅、汞、砷、甲醇指标的检验(常规检验),部分禁限用指标见第六篇(主要为非常规检验,是否常规检验据具体要求)。

一、铅

铅及其化合物为化妆品组分中禁用物质,作为杂质成分,在化妆品中含量不得超过40mg/kg(以铅计)。

铅常用于增白、美白化妆品中违法添加。但是铅及其化合物都具有一定的毒性,能够通过皮肤吸收而危害人类健康。主要影响人的造血系统、神经系统、肾脏、胃肠道、生殖功能、心血管、免疫与内分泌系统,特别是影响胎儿的健康等。主要临床表现为由于中枢神经系统机能紊乱而出现的神经衰弱综合征，急性或亚急性脑病；消化系统出现食欲不振，口内金属味，铅性面容，齿龈铅线，腹绞痛，恶心，呕吐，腹泻；造血系统出现血色素低，正常红细胞型贫血或小细胞型贫血；出现点彩红细胞，网络红细胞增多。其他病变有中毒性肝炎、肝肿大或黄疸；肾脏也有一定的损害，造成少尿、无尿、血红蛋白尿，引起肾炎或肾萎缩；还可造成心肌损伤，出现心衰。

化妆品中铅的测定，可采用火焰原子吸收分光光度法、微分电位溶出法和双硫腙萃取分光光度法。

1. 火焰原子吸收分光光度法

样品经预处理使铅以离子状态存在于样品溶液中，样品溶液中 Pb^{2+} 被原子化后，基态铅原子吸收来自铅空心阴极灯发出的共振线，其吸光度与样品中铅含量成正比。在其他条件不变的情况下，根据测量被吸收后的谱线强度，与标准系列比较进行定量。

本方法的检出限为 $0.15mg/L$，定量下限为 $0.50mg/L$。若取 1g 样品测定，定容至 10mL，检出浓度为 $1.5\mu g/g$，最低定量浓度为 $5\mu g/g$。

2. 微分电位溶出法

样品经预处理，使铅以离子状态存在于溶液中。在适当的还原电位下铅被富集于玻碳汞膜电极上。在酸性溶液中，于 $-0.46V$（相对饱和甘汞电极）Pb^{2+} 有一灵敏的溶出峰，其峰高与其含量成正比。在其他条件不变的情况下，测量溶出峰并与标准系列比较，进行定量。

本方法的检出限为 $0.056\mu g$，定量下限为 $0.19\mu g$。如取 1g 样品，检出浓度为 $0.56\mu g/g$，最低定量浓度为 $1.9\mu g/g$。

3. 双硫腙萃取分光光度法

样品经预处理后，在弱碱性下样品溶液中的铅与双硫腙作用生成红色螯合物，用氯仿提取，比色定量。锡大量存在时干扰测定。本方法不适用于含有氧化钛及铋化合物的试样。

本方法的检出限为 $0.3\mu g$，定量下限为 $1.0\mu g$。若取 1g 样品测定，则检出浓度为 $0.3\mu g/g$，最低定量浓度为 $1\mu g/g$。

二、汞

汞及其化合物为化妆品组分中禁用的化学物质。作为杂质存在，其限量小于 1mg/kg。但是，鉴于硫柳汞（乙基汞硫代水杨酸钠）具有良好的抑菌作用，允许用于眼部化妆品和眼部卸妆品，其最大允许使用浓度为 0.007%（以汞计）。

硫化汞是红色颜料，一般添加在口红、胭脂等化妆品中，使颜色更加鲜艳持久；氯化汞违法用于化妆品，可以在短期内起到美白、祛斑的效果。因为汞化合物会破坏表皮层的酶素活动，使黑色素无法形成，但一旦停止使用，皮肤很快就会泛黄起斑、发黑，严重的还会导致皮肤发红、肿胀、灼痛，甚至出现红色丘疹、水疱疹等。汞及其化合物还可穿过皮肤的屏障进入机体所有的器官和组织，主要对肾脏损害最大，其次是肝脏和脾脏，破坏酶系统活性，使蛋白凝固，组织坏死，具有明显的性腺毒、胚胎毒和细胞遗传学作用。慢性汞及其化合物中毒的主要临床表现为：易疲劳、乏力、嗜睡、淡漠、情绪不稳、头痛、头晕、震颤；同时还会伴有血红蛋白含量及红细胞、白细胞数降低、肝脏受损等；此外还有末梢感觉减退、视野向心性缩小、听力障碍及共济性运动失调等。

化妆品中总汞的测定，可采用冷原子吸收法和氢化物原子荧光光度法。

1. 冷原子吸收法

汞蒸气对波长 253.7nm 的紫外光具特征吸收，在一定的浓度范围内，吸收值与汞蒸气浓度成正比。样品经消解、还原处理，将化合态的汞转化为原子态汞，再以载气带入测汞仪测定吸收值，与标准系列比较定量。

本方法的检出限为 $0.01\mu g$，定量下限为 $0.04\mu g$。若取 1g 样品测定，检出浓度为 $0.01\mu g/g$，最低定量浓度为 $0.04\mu g/g$。

2. 氢化物原子荧光光度法

样品经消解处理后，样品中汞被溶出。Hg^{2+} 与硼氢化钾反应生成原子态汞，由载气（氩气）带入原子化器中，在特制汞空心阴极灯照射下，基态汞原子被激发至高能态，去活化回到基态后发射出特征波长的荧光，在一定浓度范围内，其强度与汞含量成正比，与标准系列比较定量。

本方法的检出限为 $0.1\mu g/L$，定量下限为 $0.3\mu g/L$。取样量为 0.5g 时，其检出浓度为 $0.002\mu g/g$，最低定量浓度为 $0.006\mu g/g$。

三、砷

砷及其化合物为化妆品组分中禁用物质。砷及其化合物广泛存在于自然界中，化妆品原料和化妆品生产过程中，也容易被砷污染，因此作为杂质存在，砷在化妆品中的限量为 10mg/kg（以砷计）。

砷及其化合物被认为是致癌物质，长期使用含砷高的化妆品可引起皮炎湿疹、毛囊炎、皮肤角化、色素沉积等皮肤病，甚至诱发皮肤癌。砷及其化合物中毒主要临床表现为末梢神经炎症状，如四肢疼痛、行走困难、肌肉萎缩、头发变脆易脱落，皮肤色素高度沉着，手掌脚跖皮肤高度角化，赘状物增生，皲裂，溃疡经久不愈，可以转变成皮肤癌，并可能死于合并症。

化妆品中总砷的测定，可采用氢化物原子荧光光度法、分光光度法和氢化物原子吸收法。

1. 氢化物原子荧光光度法

在酸性条件下，五价砷被硫脲-抗坏血酸还原为三价砷，然后与由硼氢化钠和酸作用产生的大量新生态氢反应。生成气态的砷化氢，被载气输入石英管炉中，受热后分解为原子态砷，在砷空心阴极灯发射光谱激发下，产生原子荧光，在一定浓度范围内，其荧光强度与砷含量成正比，与标准系列比较进行定量。

本方法检出限为 $4.0\mu g/L$，定量下限为 $13.3\mu g/L$。若取 1g 样品，检出浓度为 $0.01\mu g/g$，最低定量浓度为 $0.04\mu g/g$。

2. 分光光度法

经灰化或消解后的试样，在碘化钾和氯化亚锡的作用下，样品溶液中五价砷被还原为三价。三价砷与新生态氢生成砷化氢气体，通过乙酸铅棉去除硫化氢干扰。然后与含有聚乙烯醇、乙醇的硝酸银溶液作用生成黄色胶态银。比色，定量。银、铬、钴、镍、硒、铅、铋、锑、汞对测砷有干扰，但一般情况下，化妆品中的含量不会产生干扰。

本方法检出限为 $0.03\mu g$，定量下限为 $0.1\mu g$。若取 1g 样品，检出浓度为 $0.03\mu g/g$，最低定量浓度为 $0.1\mu g/g$。

3. 氢化物原子吸收法

样品经预处理后，样品溶液中的砷在酸性条件下被碘化钾-抗坏血酸还原为三价砷，然后被硼氢化钠与酸作用产生的新生态氢还原为砷化氢，被载气导入被加热的"T"形石英管原子化器进行原子化。基态砷原子吸收砷空心阴极灯发射特征谱线。在一定浓度范围内，吸光度与样品砷含量成正比。与标准系列比较，进行定量。

本方法检出限为 $1.7\mu g$，定量下限为 $5.7\mu g$。若取 1g 样品，检出浓度为 $0.17\mu g/g$，最低定量浓度为 $0.57\mu g/g$。

四、甲醇

甲醇为化妆品组分中限用物质，其最大允许浓度为 2000mg/kg。

甲醇作为溶剂添加在香水及喷发胶系列产品中。甲醇主要经呼吸道和胃肠道吸收，皮肤也可部分吸收。甲醇蒸气对呼吸道黏膜有强烈刺激作用。甲醇在体内主要被醇去氢酶氧化，其氧化速率是乙醇的 1/7。代谢产物为甲醛和甲酸，甲醛很快代谢成甲酸。急性中毒引起的代谢性酸中毒和眼部损害，主要与甲酸含量相关。甲醇在体内抑制某些氧化醇系统，抑制糖的需氧分解，造成乳酸和其他有机酸积累，从而引起酸中毒。甲醇主要作用于神经系统，具有明显的麻醉作用，可引起脑水肿。甲醇对视神经和视网膜有特殊的选择作用，易引起视神经萎缩，导致双目失明。

含乙醇或异丙醇化妆品中甲醇的测定可以采用气色相色谱法。

样品经预处理（经蒸馏或经气-液平衡）后，以气相色谱进行测试，记下各次色谱峰面积，与标准溶液测得的峰面积-甲醇浓度曲线进行对比，求得样品溶液中甲醇的含量。

本方法检出浓度为 15μg/g，最低定量浓度为 50μg/g。

五、检验和前处理方法汇总

铅、汞、砷、甲醇常用的检验和前处理方法汇总见表 16-2。

表 16-2　常用检验方法和前处理方法

定值元素	检验方法	前处理方法
铅	火焰原子吸收分光光度法、微分电位溶出法、双硫腙萃取分光光度法	浸提法、微波消解法
汞	氢化物原子荧光光度法、冷原子吸收法	浸提法、微波消解法
砷	氢化物原子荧光光度法、分光光度法、氢化物原子吸收法	干灰化法、微波消解法
甲醇	气相色谱法	直接法

 **知识拓展　　　重金属潜在毒性排行榜**

重金属对人体的危害由金属元素的化学性质决定，根据十余项指标和九项参数对重金属的潜在毒性进行分类和排序，考评指标和参数如下：

第一电离势、熔点、沸点、熔化热、汽化热、电化当量、结合能、离子半径、密度、电荷离子半径比、氧化性、离子奇偶性、挥发性。

结论如下：

（1）毒性大　Hg(汞)＞Cd(镉)＞Tl(铊)＞Pb(铅)＞Cr(铬)＞In(铟)＞Sn(锡)

（2）毒性中等　Ag(银)＞Sb(锑)＞Zn(锌)＞Mn(锰)＞Au(金)＞Cu(铜)＞Pr(镨)＞Ce(铈)＞Co(钴)＞Pd(钯)＞Ni(镍)＞V(钒)＞Os(锇)＞Lu(镥)＞Pt(铂)＞Bi(铋)＞Yb(镱)＞Eu(铕)＞Ga(镓)＞Fe(铁)＞Sc(钪)＞Al(铝)＞Ti(钛)＞Ge(锗)＞Rh(铑)＞Zr(锆)

（3）毒性较小　Hf(铪)＞Ru(钌)＞Ir(铱)＞Tc(锝)＞Mo(钼)＞Nb(铌)＞Ta(钽)＞Re(铼)＞W(钨)＞Tm(铥)＞Dy(镝)＞Nd(钕)＞Er(铒)＞Ho(钬)＞Gd(钆)＞Tb(铽)＞La(镧)＞Y(钇)

第三节　化妆品微生物检验

化妆品是一种含有多种营养成分的日用化学品，适宜于微生物生长繁殖。化妆品一旦被微生物污染，在防腐剂无效的情况下，细菌等微生物可大量增殖，造成严重污染。

化妆品中常见细菌主要以芽孢杆菌属、假单胞菌属、葡萄球菌属为主。这几个属的细菌在自然界分布广泛，对环境抵抗力较强，污染机会较多。真菌主要有木霉属、曲霉属、根霉属、脉孢菌属、短梗霉属、假丝酵母属和红酵母属等。这些菌也是自然环境中常见的霉菌和酵母。化妆品被微生物污染不仅会影响产品的质量，更危险的是影响产品的使用安全。因此，加强化妆品微生物的检验与研究是十分必要的。

一、化妆品生产中可能造成微生物污染的各个环节

可能造成化妆品污染的各个环节见图 16-1。

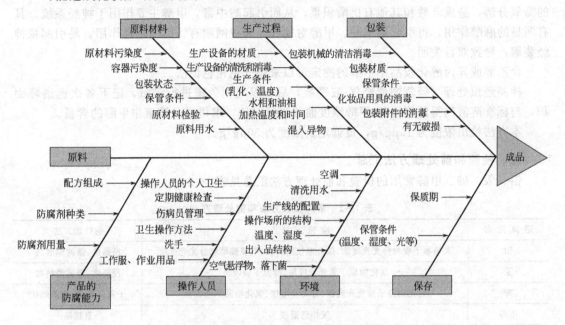

图 16-1   可能造成化妆品污染的各个环节

二、不同种类化妆品的微生物检验

化妆品种类不同，其成分也不相同，有的成分有利于微生物的生长繁殖；有的成分不适宜微生物的生存，对微生物有抑制作用，甚至有杀灭作用。因此可根据化妆品的主要成分来决定是否需要做微生物检验，见表 16-3。

表 16-3   化妆品主要成分及微生物检验情况

分　类	主要成分及微生物检验情况
香水类化妆品(包括香水、古龙水和花露水)	主要成分为酒精和香料 酒精浓度均在 70% 以上，恰为杀菌浓度。但曾有过在这类化妆品中检出霉菌的报道。微生物在此类化妆品中生存的时间很短。因此，此类化妆品酒精浓度≥75% 者可不作微生物检验
染发化妆品	主要成分为对苯二胺和氧化剂 对苯二胺不适于微生物的生长繁殖，而氧化剂特别是强氧化剂如过氧化氢等本身即为杀菌剂
除臭化妆品	主要成分为抑菌剂和抑制汗腺分泌的收敛剂
烫发化妆品	主要成分为巯基乙酸，为较强碱性
脱毛化妆品	为强碱性
美容修饰类化妆品中的指甲油	主要成分为丙酮

续表

分 类	主要成分及微生物检验情况
	以上化妆品的主要成分均不适宜微生物的生长繁殖,有的甚至有抑菌作用,故在通常情况下可不做微生物检验。但有些烫发和染发化妆品中附有护发和洗发系列产品,对此类产品要做微生物检验
育发化妆品	成分多数为中草药 中草药大多数是植物,在其生长过程中由于施肥等极易被微生物污染,此外在运输、储存等环节中也难免受到微生物的污染。然而在配制此种化妆品时多用酒精提取,由于使用酒精的浓度不同,其染菌的可能性也不同。在此类化妆品中规定含酒精浓度≥75%者不检测微生物

除上述几种特殊用途化妆品及某些化妆品的特殊规定外,其余化妆品均需检验微生物。具体见化妆品的相关产品标准。

 知识拓展

一、化妆品中常见微生物的特点

微生物种类	适宜生长的温度/℃	喜好的化妆品原料	适宜的 pH	主要代谢物	代表性菌种
细菌	25～37	蛋白质、动物成分	弱酸-弱碱	氨、酸类、CO_2	金黄、大肠、铜绿
霉菌	20～30	淀粉、植物成分	酸性	酸类	青霉、曲霉、根霉
酵母菌	25～30	糖类、植物成分	酸性	醇、酸类、CO_2	酒酵母

二、普通化妆品的染菌特点

膏霜类	这类化妆品含有一定量的水分、碳源和氮源,大多数为中性或微酸、微碱性。适合微生物繁殖生长。据调查这类化妆品的微生物污染率最高,检出的微生物种类也最多
洗发类	此类化妆品含有大量的水分和微生物生长所需的营养,如水解蛋白,多元醇和维生素等。其含有的大量的表面活性剂,特别容易受到革兰氏阴性菌的污染,使得其活性成分失效。霉菌酵母菌引起的污染会使其产生异味,黏度也会发生改变
粉饼类	此为干燥性化妆品,微生物污染率较低,其污染源主要是来自于原材料。此类化妆品检出抵抗力较强的需氧芽孢菌较多
美容类	此类化妆品在制造过程中大多会经过高温熔融,染菌率不高。但此类化妆品,特别是眼部化妆品和唇膏,一旦被致病菌污染,将会对人体健康产生较大的影响

三、化妆品微生物检验程序

具体参照《化妆品卫生规范》(2007 年版)及《化妆品卫生标准》,此处仅列出检验程序图。

1. 菌落总数检验程序

菌落总数检验程序如图 16-2 所示。

2. 粪大肠杆菌群检验程序

粪大肠杆菌群检验程序如图 16-3 所示。

3. 铜绿假单胞菌检验程序

铜绿假单胞菌检验程序如图 16-4 所示。

4. 金黄色葡萄球菌检验程序

金黄色葡萄球菌检验程序如图 16-5 所示。

```
待检样品
   ↓
做成几个稀释至适当倍数的稀释液
   ↓
选择2～3个适宜稀释度,各以1mL的量分别加入灭菌平板内
   ↓
每平板内加入适量卵磷脂-吐温80营养琼脂
(36±1)℃        (42±2)h
   ↓
菌落计数
   ↓
报告
```

图 16-2 菌落总数检验程序

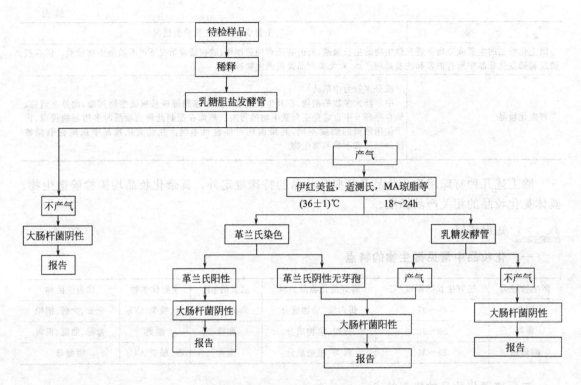

图 16-3　粪大肠杆菌群检验程序

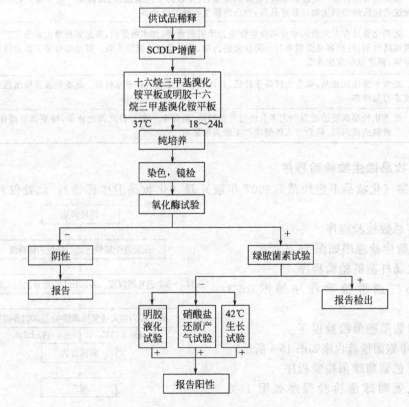

图 16-4　铜绿假单胞菌检验程序

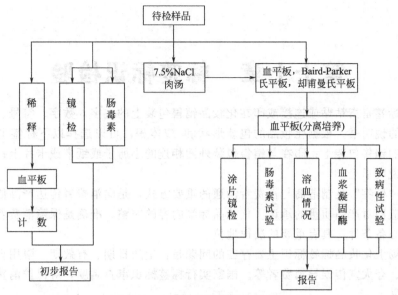

图 16-5　金黄色葡萄球菌检验程序

5. 霉菌和酵母菌计数检验程序

霉菌和酵母菌计数检验程序如图 16-6 所示。

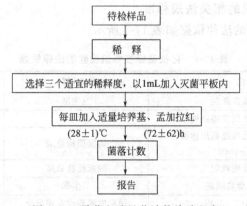

图 16-6　霉菌和酵母菌计数检验程序

思　考　题

1. 化妆品一般的卫生要求有哪些？

2. 化妆品的卫生标准对产品有什么要求？

3. 铅及其化合物在化妆品中是否属于禁用物质？含量不得超过多少？在《化妆品卫生规范（2007 年版）》中有哪些检测方法？原理是什么？

4. 汞及其化合物在化妆品中是否属于禁用物质？含量不得超过多少？在《化妆品卫生规范（2007 年版）》中有哪些检测方法？原理是什么？

5. 砷及其化合物在化妆品中是否属于禁用物质？含量不得超过多少？在《化妆品卫生规范（2007 年版）》中有哪些检测方法？原理是什么？

6. 汞及其化合物在化妆品中是否属于限用物质？含量不得超过多少？在《化妆品卫生规范（2007 年版）》中使用什么检测方法？原理是什么？

7. 化妆品中常见的细菌有哪些？

第十七章 标签标识检验

化妆品标签是指粘贴或连接或印在化妆品销售包装上的文字、数字、符号、图案和置于销售包装内的说明书。根据化妆品的包装形状和/或体积，可以选择以下标签形式：印或粘贴在化妆品的销售包装上；印在与销售包装外面相连的小册子或纸带或卡片上；印在销售包装内放置的说明书上。

化妆品"标签"是制造商与消费者沟通的重要方式，是向消费者传达产品信息的重要手段，也是制造商对产品质量的承诺。化妆品标签内容的完整、准确是保障消费者知情选择和安全使用的必备条件，具有重要的法律地位。

当前市场上化妆品标签标识主要存在的问题是：生产日期、有效期、限用日期标识不规范；以虚假、夸大宣传误导消费者等。国家实行标签标识审查制度，对保护消费者健康权益有积极的意义。

第一节 化妆品标签标识管理

一、化妆品标签标识的相关法规标准

化妆品标签标识检验的法律依据如表 17-1 所示。

表 17-1 化妆品标签标识检验的法律依据

序号	法规名称	发布部门	发布日期	实施日期
1	化妆品卫生监督条例	卫生部	1989-11-13	1990-01-01
2	化妆品卫生监督条例实施细则	卫生部	1991-03-27	1991-03-27
3	消费品使用说明 化妆品通用标签 GB 5296.3—2008	国家质检总局	2008-06-17	2009-10-01
4	化妆品标识管理规定	国家质检总局	2007-08-27	2008-09-01
5	健康相关产品命名规定	卫生部	2001-04-11	2001-04-11
6	化妆品检验规则 QB/T 1684—2006	国家发展和改革委员会	2006-12-17	2007-08-01
7	化妆品包装外观要求 QB/T 1685—2006	国家发展和改革委员会	2006-12-17	2007-08-01
8	限制商品过度包装通则	国家质检总局	征求意见中	
9	限制商品过度包装要求食品和化妆品 GB 23350—2009	国家质检总局 国家标准化管理委员会	2009-03-31	2010-04-01
10	化妆品命名规定和化妆品命名指南	国家食品药品监督管理局	2010-02-05	2010-02-05

二、近年化妆品标签标识法规需要关注的修订内容

对化妆品标签标识的要求除了原先规定的要标注产品名称、制造商名称地址、净含量、生产日期和保质期或生产批号和限期使用日期、企业的生产许可证和卫生许可证编号、产品标准号、应注明的安全警示、使用指南和储存条件等外，以下几点修订内容要特别关注：(1) 化妆品全成分标注（2010 年 6 月 17 日起执行），与之配套的 INCI 中文译名——《化妆品成分国际命名（INCI）中文译名》和《国际化妆品原料标准中文名称目录》基本准备就绪；(2) 实际生产加工地的标注；(3) 化妆品名称标签标识禁用语；(4) 限制商品过度包装要求；(5) 化妆品命名规定和化妆品命名指南。

三、《化妆品名称标签标识禁用语》

2009 年国家有关部门相继发布了《化妆品名称标签标识禁用语》（意见征集稿）和《限制商品过度包装要求食品和化妆品》国家标准。

《化妆品名称标签标识禁用语》规定，化妆品的标识上禁止使用他人名义保证或以暗示方法使人误解其效用的用语。禁止以"经卫生部（门）批准"或"卫生部（门）特批"或"国家食品药品监督部门批准"等名义为产品做宣传；禁止以化妆品检验机构和检验报告等名义为产品做宣传；禁止以医学名人和使用者的名义为产品做宣传。今后将有三种词语会从化妆品包装上清除，一类是虚假夸大用语，如"特效"和"高效"等；一类是明示或暗示对疾病治疗作用和效果，如"除菌"和"除螨"等；第三类是医疗术语且禁用范围广大，中药和中草药列为此类。

四、《限制商品过度包装要求　食品和化妆品》

《限制商品过度包装要求　食品和化妆品》国家标准则主要对食品和化妆品销售包装的空隙率、层数和成本等 3 个指标做出了强制性规定：包装层数必须在 3 层以下；包装空隙率不得大于 60％；初始包装之外的所有包装成本总和不得超过商品销售价格的 20％。此标准自 2010 年 4 月 1 日起开始实施。

第二节　化妆品标签必须标注的内容

《消费者使用说明　化妆品通用标签》(GB 5296.3—2008) 规定了化妆品销售包装标签必须标注的基本内容，即：产品名称、制造者名称和地址、内装物量、日期标志、许可证号、产品标准号，必要时应注明的安全警告、使用指南和储存条件。从 2010 年 6 月 17 日起，要求全成分标注。

一、产品名称

这是指化妆品销售包装内装物的名称。化妆品产品名称包括商标名、通用名、属性名，应符合《健康相关产品命名规定》。

（1）化妆品产品名称中含有化妆品原料或成分时，应与产品配方中所提供的名称保持一致；仅被理解为产品颜色、光泽、或气味的词语，如珍珠色、水果型、玫瑰花型等出现在品名中可不按产品名称中含有原料或成分进行处理。

（2）名称应符合国家、行业、企业产品标准的名称，或反映化妆品真实属性的、简明、易懂的产品名称。如果不用标准名称，也可以使用反映化妆品真实属性的，而且已被各地广为流传、通俗、易懂、不被消费者误解或混淆的名称。

（3）使用创新名称时，必须同时使用化妆品分类规定的名称，反映产品的真实属性。

所谓"创新名称"是指历史上从未出现过的，而是制造者自创的名称，如"精华素、胶囊、隔离棒、毛鳞片"等。为了方便消费者，并指导消费者选购化妆品时了解其真实属性和性质，化妆品的制造者在产品名称前（或后）需按分类规定用简短文字加以注明内容，如护肤精华素、护肤胶囊、护发毛鳞片等。

（4）产品名称应标注在主视面。这是为了保证消费者能一目了然知道产品的名称和功能。

主视面是指在通常销售的情况下，最容易看到的标签的标识面，为销售包装的正面，一般不放在顶面和底面。

二、制造者的名称和地址

这是指化妆品销售包装内装物制造者的名称和地址。

（1）应标明产品制造、包装、分装者的经依法等级注册的名称和地址。标注的地址要与企业的营业执照地址相一致。

（2）进口化妆品应标明原产国名、地区名（指中国台湾、香港、澳门）、制造者名称、地址或经销商、进口商、在华代理商在国内依法登记注册的名称和地址。

三、内装物量

应标明容器中产品的净含量或净容量。

（1）净含量是指去除包装容器和其他包装材料后的实际质量。

（2）定量包装商品的净含量标注方式

① 固态商品用质量 g（克）、kg（千克）；

② 液态商品用体积 L（升）、mL（ml）（毫升）或者质量 g（克）、kg（千克）；

③ 半流体商品用质量 g（克）、kg（千克）或者体积 L（l）、mL（ml）（毫升）。

定量包装商品在其包装的显著位置必须正确、清晰地标注净含量，净含量由中文、数字和法定计量单位组成。定量包装商品净含量的计量单位和净含量字符的最小高度均应符合规定。

四、日期标注

这是化妆品标签必须标注的重要内容，除体积小不便包装的裸体产品外，在任何情况下，都不能省略。

（1）日期标注方式（以下两种标注方式可任意选用）

① 生产日期和保质期　生产日期和保质期是相对应互相牵制的，必须同时标注。

② 生产批号和限期使用日期　生产批号的标注方式由企业自定，但原则是一旦发生质量问题，企业能按批号跟踪追查质量事故的原因和责任者。限期使用日期必须同时标注。

（2）日期标注方法

① 生产日期标注　按年、月或年、月、日顺序标注，不能颠倒过来。应采用下列方式之一：

2007 01 15　　　　（用间隔字符分开）；

20070115　　　　　（不用分隔符）；

2007-01-15　　　　（用连字符分隔）。

② 保质期标注　保质期×年或保质期×月。

③ 生产批号标注　由生产企业自定。

④ 限期使用日期　请在××年×月之前使用。

（3）日期标注位置　日期标记应标注在产品包装的可视面（除生产批号外）。产品包装的可视面是指在不破坏销售包装的条件下，消费者可以看见的地方，考虑到有些黏附力差的油墨在涂塑包装上容易脱落，"可视面"也可理解为外盒打开后，盖在"舌头"上的日期，如果外面有吸塑包装而把生产日期打印在"舌头"上，就应理解为破坏包装。

五、应标明生产企业的生产许可证号、卫生许可证号和产品标准号

六、进口化妆品应标明进口化妆品卫生许可批准文号

七、特殊用途化妆品还须标注特殊用途化妆品卫生批准文号

八、化妆品标识应标注成分表

标注的方法和要求应符合《消费者使用说明　化妆品通用标签》（GB 5296.3—2008）的

规定。

九、必要时应注明安全警告和使用指南

本条是保护消费者在使用某些化妆品时，防止对人体健康造成危害，确保使用安全。有的产品还需讲明使用方法，在标签上标明规定的警告和注意事项。如气溶胶产品"警告：避免喷入眼内，内有压力，勿在高于50℃的环境中放置、使用，不要猛烈撞击和拆开容器，放在儿童拿不到的地方，防止儿童误服误食"。染发剂产品在标签中应注明注意事项，如"该产品含有可能对某些个体产生过敏反应的成分，须按说明配比先做皮肤过敏试验后方可使用，不可染睫毛和眉毛，与眼接触应立即冲洗"等。

十、必要时应注明满足保质期和安全性要求的储存条件

十一、化妆品标签还需标注的其他内容

1. 裸体产品的标注

对体积小又无小包装，不便标注说明性内容的裸体产品（如唇膏、化妆笔类等），可以只标明产品名称和制造者的名称，其他标记可不需标注。

2. 化妆礼盒的标注

除化妆礼盒内化妆品产品按要求标注外，可另贴附加标签，内容包括化妆品名称（如润肤霜、粉底霜、唇膏、眉笔、香水），净含量（也可标出总的净含量），生产日期（以最早的生产日期），制造者名称和地址。

3. 某些特定原料和限用物质的标注

应按《化妆品卫生规范》（2007年版）的要求，注明某些特定原料所需注明的内容在制造化妆品（产品）中，如果使用某些特定的原料，会产生不良反应，需标注警告消费者引起注意的警语。

需按《化妆品卫生规范》（2007年版）表3化妆品组分中限用物质、表4化妆品组分中限用防腐剂、表5化妆品组分中限用防晒剂、表6化妆品组分中限用着色剂、表7化妆品组分中暂时允许使用的染发剂中标签上必要说明一栏的内容标注。如烫发产品标签上需说明含有"巯基乙酸盐（酯），按说明使用"。

4. 防晒化妆品SPF、PA值的标识

SPF值（Sun Protection Factor）为防晒系数英文字母缩写。PA值是一种标示防晒品对紫外线A光的防御能力，主要分为三级，分别是＋、＋＋、＋＋＋。＋号越多表示防御能力越强。

（1）防晒产品SPF值的标示　防晒化妆品SPF值的标识，按《卫生部文件（卫法监发〔2003〕43号）——关于防晒化妆品SPF值测定和标识有关问题的通知》执行。防晒产品可以不标识SPF值。所测产品的SPF值低于2时不得标识防晒效果。所测产品的SPF值在2～30之间（包括2和30），则标识值不得高于实测值。当所测产品的SPF值高于30、且减去标准差后仍大于30，最大只能标识SPF30＋，而不能标识实测值。当所测产品的SPF值高于30、减去标准差后仍小于或等于30，最大只能标识SPF30。

（2）长波紫外线防护效果的标识（PFA值或PA＋～PA＋＋＋）和测定　接受MPPD（最小持续黑化量）法进行测定，其他方面参照SPF值的测定原则进行。

第三节　化妆品命名规定

参照国家食品药品监督管理局制定的《化妆品命名规定》及《化妆品命名指南》（2010

年 2 月 15 日起实施）。

一、化妆品名称的组成

化妆品名称一般应当由商标名、通用名、属性名组成。名称顺序一般为商标名、通用名、属性名。约定俗成、习惯使用的化妆品名称可省略通用名、属性名。

化妆品的商标名分为注册商标和未经注册商标。商标名应当符合本规定的相关要求。

化妆品的通用名应当准确、客观，可以是表明产品主要原料或描述产品用途、使用部位等的文字。

化妆品的属性名应当表明产品真实的物理性状或外观形态。

商标名、通用名、属性名相同时，其他需要标注的内容可在属性名后加以注明，包括颜色或色号、防晒指数、气味、适用发质、肤质或特定人群等内容。

名称中使用具体原料名称或表明原料类别词汇的，应当与产品配方成分相符。

进口化妆品的中文名称应当尽量与外文名称对应。可采用意译、音译或意、音合译，一般以意译为主。

二、化妆品命名的原则

（1）符合国家有关法律、法规、规章、规范性文件的规定；

（2）简明、易懂，符合中文语言习惯；

（3）不得误导、欺骗消费者。

三、禁用语判定原则

（1）虚假、夸大和绝对化的词语；

（2）医疗术语、明示或暗示医疗作用和效果的词语；

（3）医学名人的姓名；

（4）消费者不易理解的词语及地方方言；

（5）庸俗或带有封建迷信色彩的词语；

（6）已经批准的药品名；

（7）外文字母、汉语拼音、数字、符号等；

（8）其他误导消费者的词语。

注：第（7）项规定中，表示防晒指数、色号、系列号的，或注册商标以及必须使用外文字母、符号表示的除外；注册商标以及必须使用外文字母、符号的需在说明书中用中文说明，但约定俗成、习惯使用的除外，如维生素 C。

四、《化妆品命名指南》对禁用语和可宣称用语的举例

1. 禁用语

有些用语是否能在化妆品名称中使用应根据其语言环境来确定。在化妆品名称中禁止表达的词意或使用的词语见表 17-2。

表 17-2 化妆品禁用语

序号	违规情况	举例
1	绝对化词意	如特效、全效、强效、奇效、高效、速效、神效、超强、全面、全方位、最、第一、特级、顶级、冠级、极致、超凡、换肤、去除皱纹等
2	虚假性词意	如只添加部分天然产物成分的化妆品，但宣称产品"纯天然"的，属虚假性词意
3	夸大性词意	如"专业"可适用于在专业店或经专业培训人员使用的染发类、烫发类、指（趾）甲类等产品，但用于其他产品则属夸大性词意

续表

序号	违规情况	举 例
4	医疗术语	如处方、药方、药用、药物、医疗、医治、治疗、妊娠纹、各类皮肤病名称、各种疾病名称等
5	明示或暗示医疗作用和效果的词语	如抗菌、抑菌、除菌、灭菌、防菌、消炎、抗炎、活血、解毒、抗敏、防敏、脱敏、斑立净、无斑、祛疤、生发、毛发再生、止脱、减肥、溶脂、吸脂、瘦身、瘦脸、瘦腿等
6	医学名人的姓名	如扁鹊、华佗、张仲景、李时珍等
7	与产品的特性没有关联,消费者不易理解的词意	如解码、数码、智能、红外线等
8	庸俗性词意	如"裸"用于"裸体"时属庸俗性词意,不得使用;用于"裸妆"(如彩妆化妆品)时可以使用
9	封建迷信词意	如鬼、妖精、卦、邪、魂。又如"神"用于"神灵"时属封建迷信词意;用于"怡神"(如芳香化妆品)时可以使用
10	已经批准的药品名	如肤螨灵等
11	超范围宣称产品用途	如特殊用途化妆品宣称不得超出《化妆品卫生监督条例》及其实施细则规定的九类特殊用途化妆品含义的解释。又如非特殊用途化妆品不得宣称特殊用途化妆品作用

2. 可宣称用语

凡用语符合化妆品定义的,可在化妆品名称中使用。在化妆品名称中推荐使用的可宣称用语见表 17-3。

表 17-3 化妆品可宣称用语

分类	用途	举 例
非特殊用途化妆品	发用	可使用祛屑、柔软等词语
	护肤类	可使用清爽、控油、滋润、保湿、舒缓、抗敏、白皙、紧致、晒后修复等词语
	彩妆类	可使用美化、遮瑕、修饰、美唇、润唇、护唇、睫毛纤密、睫毛卷翘等词语
	指(趾)甲类	可使用保护、美化、持久等词语
	芳香类	可使用香体、怡神等词语
特殊用途化妆品	育发类	可使用与其含义、用途、特征等相符的词语 如健美类化妆品名称中可使用健美、塑身等词语;祛斑类化妆品名称中可使用祛斑、淡斑等词语
	染发类	
	烫发类	
	脱毛类	
	美乳类	
	健美类	
	除臭类	
	祛斑类	
	防晒类	

本指南是对化妆品名称中的禁用语和可宣称用语的原则性要求,具体词语包括但不限于上述词语。

思 考 题

1. 化妆品标签必须标注的内容有哪些？
2. 简述化妆品名称的一般组成。
3. 简述化妆品的命名原则。
4. 简述化妆品命名禁用语判断原则。

第十八章　化妆品包装计量检验

化妆品作为时尚消费品，不但要有精美包装，更要确保产品在货架期内具有稳定、可靠的质量。要确保化妆品的使用安全和方便，不但要考虑化妆品保存的影响因素，同时也要考虑包装的销售影响因素。化妆品生产企业特别是化妆品包装供应企业需要对化妆品包装进行检测与质量控制。

化妆品包装计量检验的法律依据参照标准见表18-1。

表 18-1　化妆品包装计量检验的法律依据

标准号	名　称	发布单位
JJF 1244—2010	食品和化妆品包装计量检验规则	国家质检总局
QB/T 1685—2006	化妆品包装外观要求	国家发展和改革委员会
GB 23350—2009	限制商品过度包装要求 食品和化妆品	国家质检总局、国家标准化管理委员会
GB/T 19142—2008	出口商品包装通则	国家质检总局、国家标准化管理委员会
DB37/T 1269—2009	化妆品初级包装通则	山东省质量技术监督局

第一节　化妆品包装外观要求

化妆品需要有一定的包装，只有经过包装才能进入流通领域，实现商品的价值和使用价值。设计包装的目的是在生产商为储藏、运输和装卸而规定的条件下，防止产品损坏和变质而又对产品没有不良影响。因此，化妆品包装可以使化妆品在流通过程中保证品质完好和数量的完整。化妆品的包装对于化妆品的质量来讲十分重要。

《化妆品包装外观要求》（QB/T 1685—2006）规定了化妆品的包装分类、包装材质要求、包装外观要求及试验方法。

一、包装的定义与分类

我国在国家标准中包装的定义为："为了保证商品的原有状及质量在运输、流动、交易、储存及使用时不受到损害和影响，而对商品所采取的一系列技术手段叫包装。"

商品包装在不同的情况下有不同的分类法，一般分为销售包装与运输包装。销售包装相对于运输包装被称为内包装，包括小包装、中包装、大包装；运输包装就是外包装。从包装程序的角度看，小包装为第一次包装，中包装为第二次包装，大包装为第三次包装，而外包装则为第四次包装。

化妆品的包装形式和材料品种则见表18-2。

表 18-2　化妆品的包装形式和材料品种

序号	分类	包　含　内　容
1	瓶	包括塑料瓶、玻璃瓶等
2	盖	包括外盖、内盖、（塞、垫、膜）等
3	袋	包括纸袋、塑料袋、复合袋
4	软管	包括塑料软管、复合软管、金属软管等
5	盒	包括塑纸盒、塑料盒、金属盒等

续表

序号	分类	包含内容
6	喷雾罐	包括耐压式的铝罐、铁罐等
7	锭管	包括唇膏管、粉底管、睫毛膏管等
8	化妆笔	
9	喷头	包括气压式、泵式
10	外盒	包括花盒、塑封、中盒、运输包装等

二、包装材质要求

化妆品产品包装所采用的材料必须安全，不应对人体造成伤害。

三、包装外观要求

对化妆品外包装的要求列于表18-3。

表18-3　化妆品外包装要求

序号	类别		要求
1	印刷和标贴		化妆品包装印刷的图案和字迹应整洁、清晰、不易脱落，色泽均匀一致； 化妆品包装的标贴不应错帖、漏帖、倒贴，粘贴应牢固； 标签要求按 GB 5296.3 的规定
2	瓶		瓶身应平稳，表面光滑，瓶壁厚薄基本均匀，无明显疤痕、变形，不应有冷爆和裂痕； 瓶口应端正、光滑，不应用毛刺(毛口)，螺纹、卡口配合结构完好、端正； 瓶与盖的配合应紧密，无滑牙、松脱，无泄漏现象； 瓶内外应洁净
3	盖	内盖	内盖应完整、光滑、洁净、不变形； 内盖与瓶和外盖的配合应良好； 内盖不应漏放
		外盖	外盖应端正、光滑、无破碎、裂纹、毛刺(毛口)； 外盖色泽应均匀一致； 外盖螺纹配合结构应完好； 加有电化铝或烫金外盖的色泽应均匀一致； 翻盖类外盖应翻起灵活，连接部位无断裂； 盖与瓶的配合应严密，无滑牙、松脱
4	袋		袋不应用明显皱纹、划伤、空气泡； 袋的色泽应均匀一致； 袋的封口要牢固，不应有开口、穿孔、漏液(膏)现象； 复合袋应复合牢固、镀膜均匀
5	软管		软管的管身应光滑、整洁、厚薄均匀，无明显划痕，色泽应均匀一致； 软管封口要牢固、端正，不应有开口、皱褶现象(模具正常压痕除外)； 软管的盖应符合盖的要求； 软管的复合膜应无浮起现象
6	盒		盒面应光滑、端正，不应有明显露底划痕、毛刺(毛口)、严重瘪压和破损现象； 盒开启松紧度应适宜，取花盒时，不可用手指强行剥开，以捏住盖边，底不自落为合格； 盒内镜面、内容物与盒应粘贴牢固，镜面映像良好，无露底划痕和破损现象
7	喷雾罐		罐体平稳，无锈斑，焊缝平滑，无明显划伤、凹罐现象，色泽应均匀一致； 喷雾罐的卷口应平滑，不应有皱褶、裂纹和变形； 喷雾罐的盖应符合外盖的要求
8	锭管		锭管的管体应端正、平滑，无裂纹、毛刺(毛口)，不应有明显划痕，色泽应均匀一致； 锭管的部件配合应松紧适宜，保证内容物能正常旋出或推出
9	化妆笔		化妆笔的笔杆和笔套应光滑、端正，不开胶，漆膜不开裂； 化妆笔的笔杆和笔套的配合应松紧适宜； 化妆笔的色泽应均匀一致
10	喷头		喷头应端正、清洁，无破损和裂痕现象； 喷头的组配零部件应完整无缺，确保喷夜畅通

续表

序号	类 别		要　　求
11	外盒	花盒	花盒应与中盒包装配套严紧； 花盒应清洁、端正、平整,盒盖盖好,无皱褶、缺边、缺角现象； 花盒的黏合部位应粘贴牢固,无粘贴痕迹、开裂和互相粘连现象； 产品无错装、漏装、倒装现象
		中盒	中盒应与花盒包装配套严紧； 中盒应清洁、端正、平整,盒盖盖好； 中盒的黏合部位应粘贴牢固,无粘贴痕迹、开裂和互相粘连现象； 产品无错装、漏装、倒装现象； 中盒标贴应端正、清洁、完整,并根据需要应标明产品名称、规格、装盒数量和生产者名称
		塑封	塑封应粘接牢固,无开裂现象； 塑封表面应清洁,无破损现象； 塑封内无错装、漏装、倒装现象
		运输包装	运输包装应整洁、端正、平滑,封箱牢固； 产品无错装、漏装、倒装现象； 运输包装的标志应清除、完整、位置合适,并根据需要应标明产品名称、生产者名称和地址、净含量、产品数量、整箱质量(毛重)、体积、生产日期和保质期或生产批号和限期使用日期。宜根据需要选择标注 GB/T 191 中的图示标志

四、《化妆品检验规则》对包装外观的抽样检验方案

参见本书第二章第四节。

第二节　包装检验

一、化妆品运输包装检测

化妆品经过运输,货架展示等环节要完好的到达消费者手中,就需有良好的运输包装。目前化妆品的运输包装主要以瓦楞纸箱为主,主要检测指标包括纸箱抗压强度检测、纸箱堆码试验、模拟运输振动试验、包装跌落试验等。

二、化妆品包装印刷质量检测

化妆品为具有良好的视觉美感,均印刷精美,因此,对于其印刷质量的检测显得较为重要。目前化妆品印刷质量检测常规项目为印刷墨层耐磨性(抗刮擦性能)与附着牢度检测、色彩辨别。

三、化妆品不干胶标签检测

不干胶标签在化妆品包装中的应用较为广泛,其检测项目主要针对不干胶标签(不干胶或压敏胶)的黏结性能测试。主要检测项目有:初黏性能、持黏性能、剥离强度(剥离力)三项指标。

四、化妆品包装及包装材料其他物理机械指标检测

化妆品包装的机械性能对于化妆品在包装加工、运输、货架期间起着相当重要的作用。其质量的好坏直接决定食品在流通环节中的安全问题。汇总所有检测项目主要包括:抗拉强度与伸长率、复合膜剥离强度、热封强度、密封与泄漏、耐冲击性能、材料表面滑爽性能等指标。

第三节　计 量 检 验

本节参照《食品和化妆品包装计量检验规则》(JJF 1244—2010)、《限制商品过度包装要求食品和化妆品》(GB 23350—2009)、《包装术语 第1部分：基础》(GB/T 4122.1—2008)、《通用计量术语及定义技术规范》(JJF 1001—2011)及《定量包装商品净含量计量检验规则》(JJF 1070—2005)。

对定量包装商品的计量要求包括净含量标注的要求和净含量的计量要求两个方面。

1. 关于净含量标注的要求

(1) 净含量的概念　净含量是指除去包装容器和其他包装材料后内装商品的量。实际含量是指由质量技术监督部门授权的计量检定机构按照《定量包装商品净含量计量检验规则》通过计量检验确定的定量包装商品实际所包含的量。标注净含量是指由生产者或者销售者在定量包装商品的包装上明示的商品的净含量。

(2) 净含量量限　定量包装商品的生产者、销售者应当在其商品包装的显著位置正确、清晰地标注定量包装商品的净含量净含量的标注由"净含量"(中文)、数字和法定计量单位(或者用中文表示的计数单位)组成。法定计量单位的选择应当符合《管理办法》的规定。以长度、面积、计数单位标注净含量的定量包装商品，可以免于标注"净含量"这3个中文字，只标注数字和法定计量单位(或者用中文表示的计数单位)。净含量法定计量单位的选择见表18-4。

表 18-4　净含量法定计量单位的选择

计量方式	标注净含量(Q_n)的量限	计量单位
质量	$Q_n < 1000g$	g(克)
	$Q_n \geqslant 1000g$	kg(千克)
体积	$Q_n < 1000mL$	mL(ml)(毫升)
	$Q_n \geqslant 1000mL$	L(l)(升)
长度	$Q_n < 100cm$	mm(毫米)或者cm(厘米)
	$Q_n \geqslant 100cm$	m(米)
面积	$Q_n < 100cm^2$	mm²(平方毫米)或者cm²(平方厘米)
	$1cm^2 \leqslant Q_n < 100dm^2$	dm²(平方分米)
	$Q_n \geqslant 1m^2$	m²(平方米)

(3) 净含量标注字符高度　定量包装商品净含量标注字符的最小高度应当符合表18-5的规定。

表 18-5　净含量标注字符高度

标注净含量(Q_n)	字符的最小高度/mm	标注净含量(Q_n)	字符的最小高度/mm
$Q_n \leqslant 50g$ $Q_n \leqslant 50mL$	2	$200g < Q_n \leqslant 1000g$ $200mL < Q_n \leqslant 1000mL$	4
$50g < Q_n \leqslant 200g$ $50mL < Q_n \leqslant 200mL$	3	$Q_n > 1kg$ $Q_n > 1L$	6
		以长度、面积、计数单位标注	2

（4）其他要求　同一包装内含有多件同种定量包装商品的，应当标注单件定量包装商品的净含量和总件数，或者标注总净含量；同一包装内含有多件不同种定量包装商品的，应当标注各种不同种定量包装商品的单件净含量和各种不同种定量包装商品的件数，或者分别标注各种不同种定量包装商品的总净含量。

2. 关于净含量的计量要求

（1）单件定量包装商品的实际含量应当准确反映其标注净含量，标注净含量与实际含量之差不得大于《管理办法》规定的允许短缺量。

（2）批量定量包装商品的平均实际含量应当大于或者等于其标注净含量。用抽样的方法评定一个检验批的定量包装商品，应当按照《管理办法》中的规定进行抽样检验和计算。样本中单件定量包装商品的标注净含量与其实际含量之差大于允许短缺量的件数、样本的平均实际含量应当符合《管理办法》的规定。

（3）强制性国家标准、强制性行业标准对定量包装商品的允许短缺量以及法定计量单位的选择已有规定的从其规定；没有规定的按照《管理办法》执行。

（4）对因水分变化等因素引起净含量变化较大的定量包装商品，生产者应当采取措施保证在规定条件下商品净含量的准确。

定量包装的允许短缺量如表 18-6 所示。

表 18-6　定量包装的允许短缺量

质量或体积定量包装商品的标注净含量(Q_n)/g 或 mL	允许短缺量(T)[①]/g 或 mL	
	Q_n 的百分比	g 或 mL
0～50	9	—
50～100	—	4.5
100～200	4.5	—
200～300	—	9
300～500	3	—
500～1000	—	15
1000～10000	1.5	—
10000～15000	—	150
15000～50000	1	—
长度定量包装商品的标注净含量(Q_n)	允许短缺量(T)/m	
$Q_n \leqslant 5m$	不允许出现短缺量	
$Q_n > 5m$	$Q_n \times 2\%$	
面积定量包装商品的标注净含量(Q_n)	允许短缺量(T)	
全部 Q_n	$Q_n \times 3\%$	
计数定量包装商品的标注净含量(Q_n)	允许短缺量(T)	
$Q_n \leqslant 50$	不允许出现短缺量	
$Q_n > 50$	$Q_n \times 1\%$[②]	

① 对于允许短缺量（T），当 $Q_n \leqslant 1kg$ (L) 时，T 值的 0.01g (mL) 位修约至 0.1g (mL)；当 $Q_n > 1kg$ (L) 时，T 值的 0.1g (mL) 位修约至 g (mL)。

② 以标注净含量乘以 1%，如果出现小数，就把该数进位到下一个紧邻的整数。这个值可能大于 1%，但这是可以接受的，因为商品的个数为整数，不能带有小数。

思 考 题

1. 化妆品包装检验包含哪些?
2. 简述化妆品关于净含量标注的要求。
3. 简述化妆品关于净含量计量的要求。

第六篇　化妆品禁限用物质的检验

第十九章　化妆品禁限用成分检验概述

在化妆品生产过程中，由于种种客观原因，可能包含有禁用原料或超量含有限用原料。这就使化妆品在美化人民生活的同时，带来了一系列不安全的因素。化妆品成品中禁用和限用物质含量的检测，是评价化妆品安全最快捷、简便和直接的手段，对保障消费者使用安全有重要意义。

目前，在国家监管中，大部分化妆品禁限用成分尚未成为常规检验项目。但近年来化妆品安全事件频出，随着人们对化妆品安全日益重视，政府管理水平的提高，检测技术的不断发展，化妆品禁限用成分检验将越来越多地列入常规检验项目。

第一节　化妆品中禁限用成分的管理

一、禁限物质的监管概况

《化妆品卫生规范》(2007 年版)规定了 1286 种（类）禁用物质、73 种（类）限用物质、56 种限用防腐剂、28 种限用防晒剂、156 种限用着色剂和 93 种暂时允许使用的染发剂。

1. 禁用物质

化妆品的禁用物质，如斑蝥素、六氯代苯、汞和汞化合物、铅和铅化合物、乌头碱及其盐类、砷及砷化合物、硒及其化合物、疫苗、毒素或血清、抗菌素类、肾上腺素、糖皮质激素、雌激素类、孕激素类、苯、二硫化碳、四氯化碳、人的组织、细胞或其他产品、利多卡因、麻醉药类等，以及白芷、杭白芷、大风子、北五加皮、白附子、白花丹等毒性中药。这些物质中有的对皮肤或黏膜刺激性强或有变态反应性、光毒性，有些为致癌物，有些对人体有强烈的生物活性，另外还包括毒性中药。

这些禁用物质如果用法不当或在用量或配制、储运等各环节稍有不慎，均极有可能造成危及生命、损害健康的严重后果。如果技术上无法避免禁用物质作为杂质带入化妆品时，则化妆品成品必须符合《化妆品卫生规范》对化妆品的一般要求，即在正常及合理的、可预见的使用条件下，不得对人体健康产生危害。

2. 限用物质

化妆品限用物质，是指这些物质虽允许使用作化妆品原料，但是按规定有一个允许使用的最大浓度，以及允许使用范围和限制使用条件，以及按规定应在标签上标识说明的内容。

这些物质有用于溶剂、香水和香料的苯甲醇；适用于口腔卫生产品的氟化钙、单氟磷酸钙；仅用于育（生）发剂中的斑蝥素；用于去头香波（淋洗型）的奎宁及其盐类；用于去头皮屑香波的硫化硒；仅用于专染睫毛和眉毛的产品的硝酸银；用于染发用氧化剂的无机亚硫酸盐类和亚硫酸氢盐类；用于指甲硬化剂的甲醛等；专业用淋洗类护发产品的过氧化锶；人造指甲系统的过氧苯甲酰、氢醌和氢醌二甲基醚等。

禁用物质不等于不得检出。如果技术上无法避免禁用物质作为杂质带入化妆品时，则在成品中可能检出。每种禁用物质需要具体评价，不可能一概而论。

3. 防腐剂

在化妆品中，防腐剂的作用是保护产品，使之免受微生物污染，延长产品的货架寿命；确保产品的安全性，防止消费者因使用受微生物污染的产品而引起可能的感染。但是，防腐剂使用不当，会导致化妆品过敏性皮炎。

4. 防晒剂

防晒剂是为滤除（散射或反射或吸收）某些紫外线，以保护皮肤免受辐射所带来的某些有害作用而在产品中添加的具有散射或反射或吸收紫外线的物质。能吸收有伤害作用的紫外辐射的有机化合物为紫外线吸收剂，它能吸收紫外辐射，其本身必然具有光化学活性，自然也会表现出光毒性和光敏化作用。在防晒化妆品中，紫外线吸收剂的用量较高，引起致敏作用的概率也较高。

5. 着色剂

着色剂用于美容化妆品，包括口红、胭脂、眼线液、睫毛膏、眼影制品、眉笔、指甲油、粉饼、染发制品等，起到使肌肤、头发和指甲着色的作用，借助色彩的互衬性和协调性，使得形体的轮廓明朗及肤色均匀，显示容颜优点，弥补局部的缺陷。着色剂的使用也关系到化妆品的安全性。许多色素如果长期或过量使用，反而可能对人体健康带来伤害。

化妆品用着色剂可以分四类，第一类为专用于仅和皮肤暂时接触的化妆品（36 种），第二类为专用于不与黏膜接触的化妆品（18 种），第三类为除眼部用化妆品之外的其他化妆品（5 种），第四类适用于各种化妆品（97 种）。

6. 染发剂

染发剂的主要目的是美化头发颜色，包括使白发染成黑色和其他各种丰富多彩的颜色。染发剂按染发的时效性大致分为四类：暂时性、半永久性、永久性和渐进性染发剂。由于染发剂中含有大量不同种类化学物质，其中许多化学成分具有生物学活性，可能引起局部皮肤和全身过敏反应，或可能与某些肿瘤发生有关。

为了加强对染发类化妆品的管理，《染发剂原料名单》已纳入到《化妆品卫生规范》（2007 年版）的限用原料中。

二、禁限用物质的分类与归纳

国家标准中禁用物质分类如下。

（1）神经性毒物 毒物作用于神经系统后，引起功能与形态改变，造成精神活动与行为异常，全身神经系统损害。包括金属与类金属如汞、铅、砷、铊、碲及其化合物；工业毒物如丙二腈；药物如麻醉药氯乙烷、中枢兴奋药洛贝林、中枢抑制药羟嗪、植物神经系统药肾上腺素等；农药如滴滴涕、对硫磷等；天然毒素像天仙子的叶、种子、粉末和草药制剂等；以及一些其他毒物如尼古丁及其盐等。

（2）肺损伤毒物 包括氯化苦、铍及铍化物、氯乙烯等。

（3）肝损伤毒物 包括四氯化碳、黄樟素、双香豆素等。

（4）抗肿瘤药物 包括环磷酰胺及其盐类、氟尿嘧啶等。

（5）激素类 包括孕激素、雌激素、糖皮质激素类。

（6）其他药物 包括抗菌素类、山道年、保泰松、磺胺类药及其盐类。

（7）疫苗、毒素及血清、放射性物质。

《化妆品卫生规范》中所列的有害禁限用物质归类见表 19-1。

三、我国与欧盟化妆品禁限用物质比较

我国与欧盟化妆品禁限用物质比较见表 19-2。

表 19-1 《化妆品卫生规范》中所列的有害禁限用物质归类

高毒性高危害性物质

(1)高毒性物质:高毒性化合物、有毒动植物

(2)对皮肤局部有强烈作用的物质:强刺激物、光毒或光敏物

(3)高危险性生物制剂

(4)有致畸、致突变、致癌性的物质

(5)有其他危害的物质

值得注意的禁用物质

(1)斑蝥素

(2)氮芥及其盐类

药物

(1)抗菌素类

(2)磺胺类药物

(3)苯海拉明及其盐类

(4)米诺地尔

有害金属及无机物

(1)锑及锑化合物	(10)砷及砷化合物
(2)铍及铍化合物	(11)镉和镉的化合物
(3)铬、铬酸及其盐类	(12)钕和钕盐类
(4)磷及金属磷化物	(13)碲及碲化合物
(5)铊和铊的化合物	(14)铅和铅化合物

(6)钡盐类(硫酸钡,硫化钡和作为着色剂的不溶性钡盐、色淀和颜料除外)

(7)汞和汞化合物(化妆品组分中限用防腐剂中的汞化合物除外)

(8)硒及其化合物(二硫化硒除外)

(9)锆和锆的化合物(锆的络合物类以及着色剂的锆色淀,盐和颜料都除外)

生物制品

(1)人的细胞、组织或其产品

(2)疫苗、毒素或血清

(3)过氧化氢酶(catalase)

激素和维生素

(1)带有甾族化合物结构的抗雄激素物质

(2)糖皮质激素类

(3)去甲肾上腺素

(4)雌激素类

(5)孕激素类

(6)具有雄激素效应的物质

(7)维生素 D_2 和 D_3

(8)视黄酸及其盐类

表 19-2 我国与欧盟化妆品禁限用物质比较

项目 \ 区域	欧盟《76/768/EEC》	中国《化妆品卫生规范》(2007 年版)
禁用成分	448 种化学物	1208 种化学物 78 种生物
限用成分	—	73 种限用化学品组分
化妆品着色剂	157 种	156 种
抗菌防腐剂	54 种	56 种
防晒剂	29 种	28 种
允许使用染发剂	无	93 种

第二节　化妆品中禁限用成分的检测现状

一、化妆品中禁限用物质的检测现状

在经济利益的驱使下，部分企业往往片面追求某种原料的使用效果而忽略其毒副作用，在化妆品配方中使用禁用物质或超量使用限用物质，从而对人体健康造成多种急性或慢性的损害。

我国《化妆品卫生规范》中对于化妆品中的多种有害物质相对应的卫生化学标准检验方法只有 27 个，涉及 76 项指标，包括汞、铅、砷、染发剂中对苯二胺、牙膏中的三氯生的测定等，总的方法覆盖率仅为 4.8%。检测方法主要有薄层色谱法（TLC）、气相色谱法、高效液相色谱、反相高效液相色谱、离子色谱、原子吸收光谱法、ICP-AES 法等。

目前，对添加到化妆品中的很多物质还是缺乏系统的成分、毒性、功效检测方法及评价要求，化妆品的卫生质量要求仅仅是现行标准规定的"合格"，不能有效反映化妆品的真实质量。因此，将一些化妆品禁、限用物质作为常规项目检测已迫在眉睫。

二、《化妆品及其原料中禁限用物质检测方法验证技术规范》

为加强对化妆品中禁用物质和限用物质检测方法研究工作的技术指导，规范化妆品中禁用物质和限用物质检测方法研究和验证工作，明确检测方法验证内容和评价标准，有效保证研究制定的检测方法具备先进性和可行性，国家食品药品监督管理局已制定和发布《化妆品及其原料中禁限用物质检测方法验证技术规范》（国食药监许〔2010〕455 号）。

规范中规定了化妆品中禁用物质和限用物质检测方法研究和建立过程中检测方法验证内容、技术要求和评价指标。

三、当前化妆品禁限用成分检测的焦点和热点项目

化妆品禁限用成分检测的焦点、热点检测项目见表 19-3。

表 19-3　化妆品禁限用成分检测的焦点、热点检测项目

序号	名称	对应的化妆品种类	序号	名称	对应的化妆品种类
1	抗生素 如：地塞米松、氯霉素、甲硝唑、沙星类等	美白、祛痘产品等	7	苏丹红	唇膏类
2	性激素 如：甲睾酮、雌二醇、己烯雌酚等	美白、祛痘产品等	8	防腐剂 如：苯甲酸、尼泊金甲（乙、丙、丁）酯等	各种化妆品
			9	游离甲醛	各种化妆品
3	氢醌	美白化妆品	10	甲醇	护肤水、啫喱水等
4	苯酚	美白化妆品			
5	三聚氰胺	含乳成分的保健品、化妆品等	11	二甘醇	牙膏
			12	三氯生	牙膏、化妆品
6	二噁烷	沐浴、洗发类化妆品	13	石棉	香粉、爽身粉

思 考 题

1. 简述我国化妆品中禁用成分的管理。
2. 结合近年来化妆品行业发生的事故，简述化妆品禁限用成分的检测焦点和热点项目。

第二十章　防腐剂的检验

防腐剂是指可以阻止微生物生长的物质。但防腐剂不是杀菌剂，对微生物没有即时杀灭作用，只有在足够的浓度并与微生物细胞直接接触的情况下，才能产生作用。

检测化妆品中防腐剂种类、使用浓度是否符合规范要求，是化妆品卫生监督的一个重要组成部分，也是评价化妆品安全的一种重要手段。

第一节　化妆品中防腐剂的检验概述

一、化妆品中常用的防腐剂和使用概况

化妆品中的防腐剂是在化妆品生产、使用和保存过程中，为了防止细菌污染而加入的一种添加剂。针对不同的化妆品，所使用的防腐剂也是不同的。

应用于化妆品中的防腐剂通常是一些酸类、醇类、酚类、醛类、酯类以及它们的盐类等有机化合物。无机化合物只占极少的一部分，如硼酸、汞化合物和碘酸钠等。如表 20-1 所示。

表 20-1　化妆品限用防腐剂

防腐剂种类	代　表　物
醇类防腐剂	苯甲醇、三氯叔丁醇、2,4-二氯苄醇、苯氧基乙醇、苯乙醇等
甲醛供体和醛类防腐剂	5-溴-5-硝基-1,3-二噁烷、5-溴-5-硝基-1,3-丙二醇、1,3-二羟甲基-5,5-二羟甲基乙丙酰脲、甲醛、咪唑烷基脲等
苯甲酸及其衍生物类防腐剂	苯甲酸、苯甲酸钠、水杨酸、对羟基苯甲酸酯类等
其他有机化合物防腐剂	卡松、脱氢乙酸、山梨酸、氯乙酰胺、乌洛托品、十一酸及其衍生物
无机化合物	硼酸、汞化合物和碘酸钠等

随着生产技术的不断改进和提高，防腐剂的种类也越来越多。据不完全统计，世界各国使用的化妆品防腐剂至少超过 200 种。

除洗护发类外，化妆品中使用最多的防腐剂是对羟基苯甲酸酯类（尼泊金酯），尤其在洗面奶、护肤产品、眼霜中的检出率很高，其中对羟基苯甲酸甲酯的使用频率最高，其次是对羟基苯甲酸丙酯，而且多为混合使用以增加防腐效果。洗护发产品等用后冲洗掉的化妆品中使用最多的防腐剂是卡松。

我国《化妆品卫生规范》(2007 年版) 规定了 56 种限用防腐剂及每种防腐剂的最大允许浓度、使用范围和标签上必须标印的注意事项。

二、防腐剂的定性和定量

1. 化妆品防腐剂的定性和定量分析方法

化妆品防腐剂的定性和定量分析，是评价化妆品防腐剂安全的最快捷手段，对保护消费者安全有重要的作用。由于化妆品防腐剂的种类繁多，理化性质也各有差别，导致检测方法也各不相同。防腐剂的测定方法主要有分光光度法、滴定法、气相色谱法、薄层色谱法、高效液相色谱法、气相色谱-质谱法等。防腐剂定性定量检测方法的比较如表 20-2 所示。

表 20-2 防腐剂定性定量检测的部分方法比较

检测方法	优 点	局 限 性
分光光度法	操作简便、快速、对设备要求低，易于推广	定量不准确。多用于原料分析
薄层色谱法 TLC	简便、快速、对设备要求低，能进行多组分分析，易于推广	定量不准确
气相色谱法 GC	操作简单、快速，分离效果好，抗干扰能力强，检出限低，回收率和精密度较满意	仅适于测定极性弱易挥发的物质，对大多数防腐剂需衍生化后方能测定
高效液相色谱法 HPLC	操作简单，分离效果好，抗干扰能力强，检测限低，回收率和灵敏度较满意。适用范围广	分析成本较高
气相色谱-质谱法 GC-MS	操作简单、快速、准确；可有效排除由于化妆品成分复杂所带来的杂质干扰，提高被测组分灵敏度。更多的化合物信息	仪器昂贵、分析和维护成本高

随着化妆品防腐剂复配使用的频度越来越高，只单一的检测某一种防腐剂已经满足不了各行业的要求，因此能够同时测定多种防腐剂的方法显得尤为重要。

由表中比较可以看出，这些方法都有各自的应用范围和局限性。薄层色谱法是防腐剂分析中广泛应用的一种方法，它简便、快速、对设备要求低，能进行多组分分析，易于推广，但在定量分析中存在较大的局限性；气相色谱法适于测定极性弱易挥发的物质，由于大多数防腐剂需衍生化后方能测定，因此该法受到一定限制；由于大多数防腐剂都具有紫外吸收的特性，使高效液相色谱仪成为防腐剂分析的最有效的工具，应用较为广泛。

一般来说，高效液相色谱法操作简便，分离效果好，回收率高，精密度比较满意。相比之下气相色谱法和气相色谱-质谱法则以简单、快速、准确备受青睐。

我国《化妆品卫生规范》(2007 年版) 对防腐剂采用的检测方法是高效液相色谱法，仅对常用的对羟基苯甲酸酯类等 11 种防腐剂进行测定，还不能满足化妆品防腐剂定性定量检测的需要，需要开发更多的检测方法。

对于 HPLC 法同时测定多种防腐剂的研究，工作主要集中在选用合适的色谱柱和检测器及提高方法的灵敏度方面。从防腐剂的结构和相关资料，可发现大多数防腐剂结构相似，这给测定带来了困难。它们都只有一个或两个苯环，无较强的刚性平面，光谱性质主要在紫外区吸收而大多数无荧光。故现在所用的主要是紫外检测器，限制了灵敏度的提高，需要寻求灵敏度高的检测器。HPLC 用于化妆品中防腐剂检测时大多数采用反相 C_{18} 柱，常用的流动相有甲醇-四氢呋喃-水、甲醇-水、乙腈-水和甲醇-醋酸-水等。

欧盟化妆品化学分析方法工作组（ECWP）研究发现一些防腐剂在水溶性和极性介质中能快速释放甲醛，并且不是以单一种化合物形式存在，如咪唑烷基脲、重氮咪唑烷基脲等 4 种防腐剂就属这种类型。咪唑烷基脲、重氮咪唑烷基脲在我国化妆品中使用也很普遍，常与尼泊金酯复配使用。一个分子的咪唑烷基脲可释放 4 个分子的甲醛，化妆品中咪唑烷基脲释放甲醛量与 pH，温度，储藏期有密切关系。由于它在水溶性介质中很快释放出甲醛，化学结构不稳定，目前的分析技术还不能准确测定化妆品中咪唑烷基脲、重氮咪唑烷基脲含量，欧盟化妆品化学分析方法工作组提议通过测定甲醛量来控制它的添加量。

2. 化妆品中防腐剂的定性、定量测定的操作步骤

化妆品中防腐剂的定性、定量测定的操作步骤大致分为：

(1) 对不同基质的化妆品进行预处理，为了去除杂质，必要时进行离心，预处理主要有甲醇、四氢呋喃和超声抽提法；

(2) 选择合适的色谱操作条件；

(3) 对测试防腐剂做线性实验并测回收率，计算精密度；

（4）样品测定及分析。

三、化妆品中防腐体系的检测方法

目前国际上并未对化妆品防腐体系的评价提出有效而统一的检测方法。但公认的适用广泛的方法为微生物挑战性试验，也称为防腐挑战试验，即人为地在测试的化妆品中加入高浓度的微生物，在适宜条件下培养定期进行检测，测试时间为一个月，看化妆品中的菌落数的多少从而判断其防腐能力。

1. CTFA 推荐的防腐单次挑战试验

目前较为常用的是美国化妆品、盥洗用品和香料香精协会（The Cosmetic，Toiletry and Fragrance Association，CTFA）推荐的比较经典的为期 28d 的防腐单次挑战试验。首先在化妆品防腐挑战性试验检测前，检测一下化妆品中的细菌总数，一般出厂的化妆品中不带菌，这是为了避免由于人为操作所带来的微生物污染。

选择挑战试验所用指示菌时应注意：（1）应用正规单位引进的菌种；（2）如果有需要的可以进行 In-house（CTFA 推荐菌株，即从污染产品中分离到由环境或使用引入的菌株）试验，因为直接从生活中分离的菌种更能准确地反映我们所需测定的指标，更接近实际需要。

化妆品防腐挑战试验不同类型指示菌的选择见表 20-3。

表 20-3　化妆品防腐挑战试验不同类型指示菌的选择

序号	种　类	指示菌株	指示菌选择数量
1	革兰氏阳性菌	金黄色葡萄球菌	至少选一种
		表皮葡萄球菌	
2	发酵革兰氏阴性杆菌	肺炎克雷伯氏菌	至少选二种
		阴沟肠杆菌	
		大肠希埃氏菌	
		日勾维肠杆菌	
		变形菌属	
3	非发酵革兰氏阴性杆菌	绿脓杆菌	至少选一种
		洋葱假单胞菌	
		荧光假单胞菌	
		恶臭假单胞菌	
		黄杆菌属	
		不动杆菌属	
4	酵母	白色假丝酵母	至少选一种
		近平滑假丝酵母	
5	霉菌	黑曲霉	至少选一种
		黄绿青霉	

对待测样品需预做了微生物总数检测后，证明防腐挑战用样品是无菌的，就可进行防腐挑战性试验。具体方法如下。

一般取样量至少为 20g（或 mL），选择适合的破乳剂对样品进行破乳等预处理。

在对接种数量的确定上，一般定为初始的（混合）霉菌和（混合）细菌的接种量分别为 105CFU/g（mL）和 106CFU/g（mL），要求在第 7 天时霉菌降低 90%，细菌降低 99.9%，并且在 28d 内菌数持续下降。

接种后的样品在特定时间分离检测：第 0d（即接种后立刻取样）、1d、3d、7d、14d、21d 和 28d。

之后通过防腐体系的效能评价标准进行评定：若单菌接种的三个平行试验中任何一种微生物数量的平均值在第 7d 时下降到 100FU/g（mL）以下，28d 全部为 0，则视为效果优良；通过挑战试验若第 7d 时下降到 1000CFU/g（mL）以下，则视为勉强通过；若单菌接种的任何一种微生物，任何一个平行样达不到上述标准，也达不到 CTFA 的要求，防腐体系则评定为无效。

2. 重复挑战试验

为了更有效地、全面地模拟化妆品中微生物侵染的效果及防腐体系的效果，可采用更为严格有效的多次重复挑战性试验。因为在实际应用中，化妆品每天都要被使用，所以单次的微生物挑战并不能全面地说明防腐问题，而多次重复的微生物挑战性试验则更为贴切地反映了现实应用情况。

3. 混合接种法

接种方式可以采用单菌接种或混合接种。单菌接种工作量大、费时，但是有助于研究各特定挑战用菌株的单独数据，混合接种工作量相对较小，而且因为自然界的微生物有混生杂居的特点，所以混合接种更符合实际污染情况。美国药典改良的另一种防腐效力试验法是将所有的试验微生物混合接种培养，这种方法更切合实际，因为化妆品易受多种微生物污染，并可揭示化妆品中的优势菌。

四、防腐剂效力的检测方法

在化妆品防腐剂检验实验中，分为对单一防腐剂防腐效果的检测和对加入化妆品的防腐体系的检测。当一种新开发或已应用的单一或复配的防腐剂应用之前，应对其防腐效果进行检测，检验其效果并确定其用量。选定使用防腐剂种类和复配组合后，可进行化妆品中防腐剂体系效果的检测，进一步对整个化妆品体系的防腐效果的评定。化妆品中防腐剂效力的检测方法主要有以下几种。

1. 抑菌圈试验

抑菌圈试验是评判一种防腐剂抑菌作用的最简单的方法。试验细菌或霉菌在适合的培养基上，经培养后能旺盛生长。若培养基平板中央放有经防腐剂处理的滤纸圆片防腐剂向四周渗透，可形成抑菌圈。量出抑菌圈直径的大小，可以判断出防腐剂的效力。纸片法抑菌圈直径≥10mm 为有效。

2. 最低抑菌浓度试验（MIC）

MIC 试验同样可以反映防腐剂的效力，MIC 即测定防腐剂抑制微生物生长的最低浓度。MIC 值越小，表明防腐剂抑菌能力越大。

3. D 值检验法

D 值表示微生物数量每减少一个对数级所需的时间，例如减少活的微生物从 106 到 105 所需的时间。

第二节　化妆品中硫柳汞和苯基汞的检验

汞及其化合物是公认的有毒有害物质，《化妆品卫生规范》(2007 年版) 规定仅眼部化妆品中苯基汞盐和硫柳汞可作为的限用防腐剂（限量 0.007%），其他化妆品中均为禁用原料。

但因其具有在短期内使黑色素减退，令皮肤美白、光泽透明、毛孔变细、斑痘消退等功能，往往被擅自违法应用于化妆品中。

本节介绍薄层色谱法测定化妆品中的硫柳汞和苯基汞。

一、方法原理

样品经浸提处理后，置检液于硅胶板上，经与双硫腙络合后，用己烷-丙酮液展开，根据与标准的 R_f 值比较进行定性。

本法最大特点是能进行多种组分的定性，并且不需要特殊仪器设备，便于推广。本实验采用薄层色谱法对眼部化妆品及卸妆品中防腐剂硫柳汞和苯基汞的定性测定。

二、试剂与仪器

1. 试剂

（1）95％乙醇溶液。

（2）0.004％双硫腙氯仿溶液。

（3）展开液 己烷-丙酮（90＋10）。

（4）硫柳汞标准溶液 称取相当含汞 1.000g 的硫柳汞，溶于 95％乙醇-水（1＋1）溶液，补加 95％乙醇-水（1＋1）至 100mL 刻度。此溶液含汞 10.0mg/mL。取一定量此溶液，用 95％乙醇稀释至含汞 0.35mg/mL 的溶液。

（5）苯基汞盐标准溶液 称取相当含汞 1.000g 的苯基汞盐于 95％乙醇-水（1＋1）溶液中，并稀释至 100mL 刻度，此溶液每毫升含汞 10.0mg。取一定量此溶液用 95％乙醇稀释至每毫升含汞 0.35mg。

2. 仪器

（1）色谱缸。

（2）高效硅胶薄层板 带富集区，Merek13727 或 13728 或等效物。

（3）超声波清洗器。

（4）分析天平。

（5）量筒，滤纸，水浴锅等。

三、检验步骤

1. 样品处理

取 5g 样品分散于 15mL 95％乙醇中，超声匀浆 15min，用中速滤纸过滤，滤液在水浴锅上蒸发至近干，将残渣溶于 1mL 95％乙醇。

2. 分别取 2.0μL 检液和硫柳汞或苯基汞标准溶液点样于硅胶薄层板的富集区，每次 1μL。用一玻璃盖覆盖在硅胶薄层板上，但勿将富集区覆盖。将双硫腙氯仿溶液喷布在富集区上，如检液含有汞化合物，则与双硫腙形成络合物，将薄层板置于装有 20mL 展开液的色谱缸内，盖上缸盖进行色谱展开。展出液前沿移动 6cm 以后取出薄层板，观察橙色斑点的 R_f 值并与标准点进行比较，以判定检样中是否含有硫柳汞或苯基汞，以及其含量是否超过化妆品卫生标准限定最大用量。

注意：

（1）硫柳汞又名乙基汞硫代水杨酸钠，分子式 $CH_3CH_2HgSC_6H_4CO_2Na$，相对分子质量为 404.59，2.017g 硫柳汞相当于汞 1.000g；

（2）苯基汞盐种类很多，最常用的有苯基汞化卤和苯基汞硼酸盐，它们的分子式、相对分子质量以及含汞 1.000g 的质量见表 20-4。

表 20-4　苯基汞盐的分子式和相对分子质量

名称	分子式	相对分子质量	相当含汞 1g 的质量/g
苯基汞化氯	C_6H_5HgCl	313.09	1.561g
苯基汞化溴	C_6H_5HgBr	356.59	1.777g
苯基汞化碘	C_6H_5HgI	404.49	2.017g
苯基汞硼酸盐	$C_6H_5HgOB(OH)_2$	338.4	1.687g

(3) 在本实验条件，硫柳汞的 R_f 值是 0.25，苯基汞是 0.40。

(4) 化妆品卫生标准规定硫柳汞和苯基汞的最大用量以汞计不得超过 0.007%，也即 70μg/g。按样品处理项制备检液，每毫升检样含 5g 样品。标准工作液含 Hg350μg/mL。故如检样中硫柳汞或苯基汞斑点颜色和大小大于标准斑点，即可估计样品中含该防腐剂量超过标准。必要时可进一步定量判定。

第三节　化妆品中甲醛的检验

《化妆品卫生规范》(2007 年版) 规定，甲醛 (HCHO) 作为指甲硬化剂时，含量不能超过 5%。更多时候，甲醛在化妆品当中是作为防腐剂使用的，此时限量为口腔卫生产品 0.1%，其他化妆品 0.2%，喷雾类化妆品中禁止使用。所有含甲醛或可释放甲醛物质的化妆品，当成品中甲醛浓度超过 0.05%时，必须标注含有甲醛。

本节介绍采用柱前衍生化液相色谱-紫外检测法测定化妆品中甲醛（以游离甲醛计）的方法。适用于化妆品中甲醛含量的测定（以游离甲醛计）。

一、方法原理

甲醛测定采用柱前衍生化法，甲醛与 2,4-二硝基苯肼反应生成黄色的 2,4-二硝基苯腙 (见图 20-1)，经高效液相色谱分离，紫外检测器在 355nm 波长下检测，根据保留时间定性，峰面积定量，以标准曲线法计算含量。本方法对甲醛的检出限为 0.01μg，定量下限为 0.052μg。若取 0.2g 样品，本方法对甲醛的检出浓度为 0.0005%，最低定量浓度为 0.0026%。

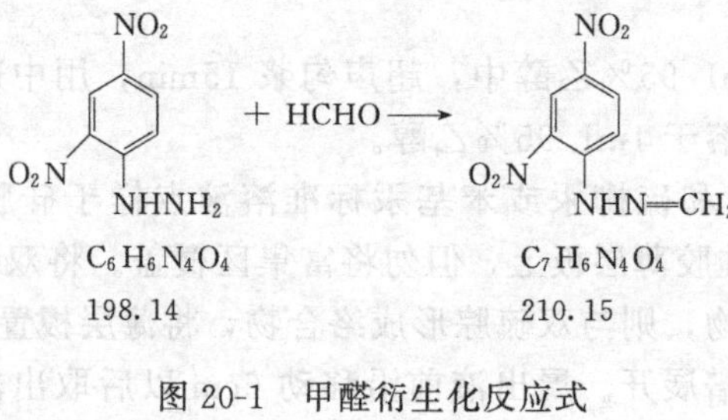
NO2
O2N
NHNH2
+ HCHO
NO2
O2N
NHN=CH2
C6H6N4O4
198.14
C7H6N4O4
210.15

图 20-1　甲醛衍生化反应式

二、试剂与仪器

1. 试剂

除另有规定外，所用试剂均为分析纯，水为去离子水。

(1) 甲醛标准物质（标示量：10.4mg/mL）。

(2) 2,4-二硝基苯肼　纯度≥99.0%。

(3) 氯仿　色谱纯，含量≥99.9%。

（4）盐酸（$\rho_{20}=1.19g/mL$）。

（5）氢氧化钠。

（6）磷酸氢二钠（$Na_2HPO_4 \cdot 12H_2O$）。

（7）磷酸二氢钠（$NaH_2PO_4 \cdot 2H_2O$）。

（8）乙腈 色谱纯。

（9）甲醇 色谱纯。

（10）去离子水。

（11）2,4-二硝基苯肼盐酸溶液 称取 2,4-二硝基苯肼 0.20g，置于锥形瓶中，先加浓盐酸 40mL 使溶解，必要时可超声助溶，再加去离子水 60mL，摇匀，即得。

（12）氢氧化钠溶液 $[\rho(NaOH)=1mol/L]$ 称取 NaOH 10g，加水适量溶解后，转移到 250mL 容量瓶中，用去离子水稀释并定容至刻度，摇匀，即得。

（13）磷酸缓冲溶液（5mol/L） 精密称定 $NaH_2PO_4 \cdot 2H_2O$ 2.28g 和 $Na_2HPO_4 \cdot 12H_2O$ 12.67g，加水适量溶解后，转移到 100mL 容量瓶中，加水稀释至刻度，摇匀，即得。

（14）乙腈水溶液（9+1） 量取乙腈 180mL，置锥形瓶中，加水 20mL，摇匀，即得。

（15）空白化妆品样品 选择不含甲醛的化妆品作为空白样品。

（16）系列浓度甲醛标准溶液 精密量取甲醛标准物质水溶液 1mL 置于 10mL 容量瓶中，加乙腈水溶液稀释至刻度，摇匀，即得质量浓度为 1.04mg/mL 的甲醛储备液，然后按照表 20-5 进行标准溶液的配制。

表 20-5 甲醛系列标准溶液配制

标准溶液	初始浓度/(mg/mL)	量取体积/mL	定容终体积/mL	终浓度/(mg/mL)
储备溶液	10.4	1	10	1.04
标准溶液 1	1.04	2.5	10	0.260
标准溶液 2	1.04	2	10	0.208
标准溶液 3	1.04	1	10	0.104
标准溶液 4	0.104	5	10	0.052
标准溶液 5	0.104	1	10	0.0104
标准溶液 6	0.0104	5	10	0.0052

2. 仪器

（1）高效液相色谱仪 具有紫外检测器。

（2）分析天平 感量 0.001g。

（3）超声波清洗器。

（4）离心机。

（5）具塞刻度管，离心试管，吸量管，量筒，容量瓶等。

三、检验步骤

1. 样品处理

称取化妆品样品 0.20g（精确至 0.001g），置具塞刻度管中，加乙腈水溶液至 2mL，涡旋 2min，使混匀，以 5000r/min 转速离心 5min。取上清液 1.0mL 置 5mL 离心试管中，加水 2mL，涡旋 30s，混匀。准确量取上述样品溶液 1mL 置 10mL 离心试管中，加 2,4-二硝基苯肼盐酸溶液 0.4mL，涡旋 1min，静置 2min。加磷酸缓冲溶液 0.4mL，再加氢氧化钠溶液 2mL，涡旋 10s，然后加入 4mL 氯仿，涡旋 3min，静置 10min。取氯仿层溶液 1.0mL 置离心管中，以 5000r/min 转速离心 10min，取上清液，备用。

2. 色谱条件

色谱柱　　C_{18} 色谱柱 ［250mm×4.6mm（i.d.），5μm］。

流动相　　甲醇-水（60+40）。

流速　　1.0mL/min。

柱温　　25℃。

检测波长　　355nm。

进样体积　　10μL。

运行时间　　25min。

3. 甲醛标准曲线绘制

精密量取 0.0052mg/mL、0.0104mg/mL、0.052mg/mL、0.104mg/mL、0.208mg/mL、0.260mg/mL 系列标准溶液各 1.0mL 置 5mL 离心试管中，加水 2mL，涡旋 30s，混匀。然后取上述溶液 1.0mL 置 10mL 离心试管中，加 2,4-二硝基苯肼盐酸溶液 0.4mL，涡旋 1min，静置 2min。加磷酸缓冲溶液 0.4mL，再加氢氧化钠溶液 2mL，涡旋 10s。然后加入 4mL 氯仿，涡旋 3min，静置 10min。取氯仿层溶液 1.0mL 置离心试管中，以 5000r/min 转速离心 10min，取上清液，备用。

4. 测定

在前述色谱条件下，取标准曲线溶液分别进样，进行液相色谱分析，以系列标准溶液浓度为横坐标，甲醛衍生物 2,4-二硝基苯腙的峰面积为纵坐标，进行线性回归，建立标准曲线，得到回归方程。取前述处理得到的待测溶液进样 10μL，根据测定的甲醛衍生物 2,4-二硝基苯腙的峰面积，代入标准曲线计算甲醛的质量浓度。计算样品中甲醛的含量。

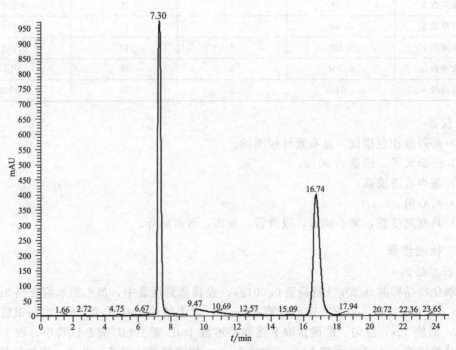

图 20-2　甲醛标准溶液衍生化反应后的高效液相色谱图

［色谱峰：甲醛衍生物（2,4-二硝基苯腙）（T_R=16.7min）］

四、平行实验

按以上步骤操作，对同一样品独立进行测定获得的两次独立测试结果的绝对差值不得超过算术平均值的 10％。

五、计算

$$\omega\,(HCHO) = \frac{\rho V}{m \times 10^3} \times 100\% \tag{20-1}$$

式中　$\omega(HCHO)$——化妆品中甲醛的质量分数；

　　　　m——样品取样量，g；

　　　　ρ——代入标准曲线计算得到的待测样液中甲醛的质量浓度，mg/mL；

　　　　V——样品定容体积，本方法为 2mL。

六、色谱图

甲醛标准溶液衍生化反应后的高效液相色谱图如图 20-2 所示。

第四节　化妆品中三氯卡班的检验

三氯卡班，化学名为三氯均二苯脲，简称 TCC，结构见图 20-3。它是一种高效、广谱抗菌剂。它具备持续、安全、稳定的杀菌特点，与皮肤有极好的相容性，并且对革兰氏阳性菌、革兰氏阴性菌、真菌、酵母菌、病毒都具有高效抑杀作用。与传统的氯系和氧系杀菌剂相比，三氯卡班突出优点是稳定性和配伍性极好，没有难闻的气味，且用量少，药效持久。即使稀释到 3000 万倍的三氯卡班溶液，也可完全抑制某些致病性细菌的生长。

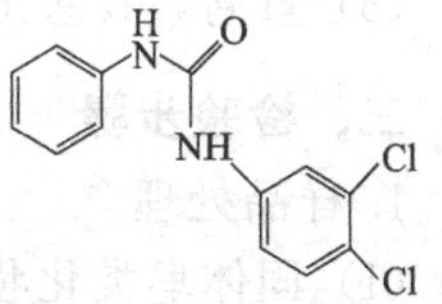

图 20-3　三氯卡班结构

《化妆品卫生规范》规定三氯卡班为限用防腐剂，在化妆品中最大的使用限量为 0.2％。本节介绍采用高效液相色谱法测定化妆品中三氯卡班含量的方法。适用于淋洗类肤用产品（包括固体皂、洗面奶、沐浴露等）中三氯卡班含量的测定。

一、方法提要

样品在经过提取后，经高效液相色谱仪分离，二极管阵列检测器检测，根据保留时间和紫外吸收光谱图定性，峰面积定量，以标准曲线法计算含量。

本方法对三氯卡班的检出限为 $0.0005\mu g$，定量下限为 $0.001\mu g$，检出浓度为 $4.5\mu g/g$，最低定量浓度为 $7.5\mu g/g$。

二、试剂与仪器

1. 试剂

除另有规定外，所用试剂均为分析纯，水为超纯水。

（1）三氯卡班　纯度＞99.0％。

（2）丙酮　色谱纯。

（3）甲醇　色谱纯。

（4）三氯卡班标准储备液（$\rho=0.5g/L$）　精密称取三氯卡班标准品 0.025g（精确到 0.0001g）于 50mL 容量瓶中，加入甲醇溶解并定容至 50mL，即得质量浓度为 0.5mg/mL 的三氯卡班标准储备溶液。

（5）系列浓度三氯卡班标准溶液 按照表20-6操作，分别精密量取一定体积的三氯卡班标准储备溶液和标准溶液于10mL容量瓶中，以甲醇稀释并定容至刻度，得系列浓度三氯卡班的标准溶液。

表20-6 三氯卡班系列标准溶液的配制

标准溶液	初始浓度/(mg/mL)	量取体积/mL	定容体积/mL	终浓度/(μg/mL)
储备液	0.5	2.4	10	120
储备液	0.5	2	10	100
标准溶液	0.1	2	10	20
标准溶液	0.02	2.5	10	5
标准溶液	0.005	2	10	1

2. 仪器

（1）高效液相色谱仪 具有二极管阵列检测器。

（2）分析天平 感量0.0001g。

（3）超声波清洗器。

（4）微型涡旋振荡器。

（5）微孔滤膜 0.45μm。

（6）量筒，具塞比色管，容量瓶等。

三、检验步骤

1. 样品处理

（1）固体皂类化妆品 从中部切开样品，刮取断面样品（碎末状），准确称取0.25g，精确至0.001g，置于25mL具塞比色管中。加入丙酮5mL，涡旋60s，分散均匀，超声（功率：400W）分散15min。再加入甲醇15mL，超声（功率：400W）提取15min。冷却到室温后，用甲醇定容至25mL刻度线，涡旋振荡摇匀，混液过0.45μm滤膜，滤液可根据需要进行稀释，保存于2mL棕色进样瓶中作为待测样液，备用。

（2）乳液和水类化妆品 准确称取试样0.25g，精确至0.001g，置于25mL具塞比色管中。加入甲醇20mL，涡旋60s，分散均匀，超声（功率：400W）提取15min。冷却到室温后，用甲醇定容至25mL刻度线，涡旋振荡摇匀，混液过0.45μm滤膜，滤液可根据需要进行稀释，保存于2mL棕色进样瓶中作为待测样液，备用。

2. 色谱条件

色谱柱 C_{18}柱，250mm×4.6mm (i.d.)，5μm，或等效色谱柱。

流动相 甲醇-水（88+12）。

流速 1.0mL/min。

检测波长 281nm。

柱温 25℃。

进样量 20μL。

3. 测定

在前述色谱条件下，取系列浓度的标准溶液分别进样，进行色谱分析，以系列标准溶液浓度为横坐标，峰面积为纵坐标，进行线性回归，建立标准曲线，得到回归方程。取前述处理得到的待测溶液进样20μL，根据测定成分的峰面积，代入回归方程计算三氯卡班的质量浓度。计算样品中三氯卡班的含量。

4. 平行实验

按以上步骤操作，对同一样品独立进行平行测定获得的两次独立测试结果的绝对差值不得超过算术平均值的 10%。

四、结果计算

$$\omega = \frac{D\rho V}{m \times 10^6} \times 100\% \qquad (20\text{-}2)$$

式中　ω——化妆品中三氯卡班的质量分数；

m——样品取样质量，g；

ρ——从标准曲线上查得的待测样液中三氯卡班的质量浓度，$\mu g/mL$；

V——样品定容体积，mL；

D——稀释倍数（不稀释则为 1）。

五、色谱图

三氯卡班标准溶液的高效液相色谱图如图 20-4 所示。

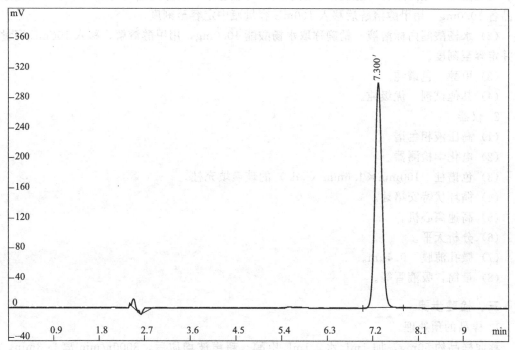

图 20-4　三氯卡班标准溶液（0.020mg/mL）的高效液相色谱图

[色谱峰：三氯卡班（$T_R = 7.3$min）]

第五节　化妆品中对羟基苯甲酸酯类防腐剂的检验

对羟基苯甲酸酯类（其结构如图 20-5 所示），又称尼泊金酯，是化妆品中应用最为广泛的防腐剂。通常为无色细少晶体或白色结晶粉末。《化妆品卫生规范》(2007 年版）规定其限量：单一酯的最大允许使用浓度为 0.4%，混合酯为 0.8%。化妆品中对羟基苯甲酸酯类防腐剂的测定方法有反相高效液相色谱法、高压液相色谱法、毛细管电泳法等。本节重点介绍高压效液相色谱法。

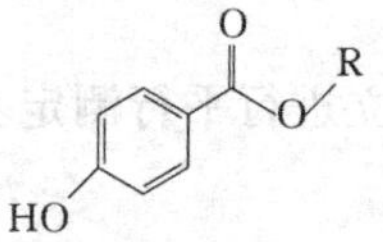

图 20-5　对羟基苯甲酸酯结构

一、方法原理

溶解在甲醇溶液中的对羟基苯甲酸酯电解氧化后，用电化学检测器-高压液相色谱测定。

本方法适用于各类化妆品中的对羟基苯甲酸酯的定性、定量。最低检测限为 50～150pg。

二、试剂与仪器

1. 试剂

（1）对羟基苯甲酸酯混合标准储备溶液　精确称取对羟基苯甲酸甲酯、对羟基苯甲酸乙酯、对羟基苯甲酸丙酯、对羟基苯甲酸丁酯、对羟基苯甲酸异丙酯，对羟基苯甲酸仲丁酯标准品各 10.0mg。用甲醇溶解后移入 100mL 容量瓶中定容至刻度。

（2）水杨酸酯内标溶液　精确称取水杨酸酯 10.0mg，用甲醇溶解，移入 100mL 容量瓶中并定容至刻度。

（3）甲醇　色谱纯。

（4）其他试剂　优级纯。

2. 仪器

（1）高压液相色谱。

（2）电化学检测器。

（3）色谱柱　100mm×4.6mm（i.d.）的玻璃填充柱。

（4）循环伏特安培计。

（5）高速离心机。

（6）分析天平。

（7）微孔滤膜　0.4μm。

（8）量筒，吸液管等。

三、检验步骤

1. 样品的预处理

称取样品约 50mg，加 1mL 水、1mL 甲醇、超声波均质后，3000r/min 离心 3min。取上清液，用 0.4μm 膜滤器过滤，1mL 滤液加适宜浓度的 0.2mL 内标溶液。

2. 色谱条件

色谱柱　chen Cosorb 5-ODS-H（5μm）[100mm×4.6mm（i.d.）]。

流动相　甲醇-0.05ml/L 乙酸及乙酸钠缓冲溶液-吡啶（75＋25＋0.5）混合溶液中含有 20mmol/L 的过氯酸钠。

电化学检测器设定电位：＋1.2V。

3. 测定

（1）吸取对羟基苯甲酸酯混合标准储备液，用甲醇稀释，配制成每毫升含 0.1～100ng 浓度标准系列，分别取 1.0mL，加 0.2mL 适宜浓度的内标溶液。分别取 2μL 注入 HPLC，记录保留时间，测量各种酯及内标物的峰高（或峰面积），求出二者比值。以浓度为横坐标，比值为纵坐标，绘制标准曲线。

（2）吸取样品溶液 2μL，与标准同样操作，以保留时间定性。由标准曲线查出对应的各种酯的含量 A。

四、结果计算

$$w = \frac{AV}{m \times 10^9} \times 100\%\qquad(20\text{-}3)$$

式中　w——样品中对羟基苯甲酸酯的质量分数；

　　　A——从标准曲线查出的样品溶液中对羟基苯甲酸酯的含量，ng/mL；

　　　V——样品溶液稀释的总体积，mL；

　　　m——样品质量，g。

第六节　化妆品中 24 种防腐剂的检验方法高效液相色谱法

本节介绍化妆品中 24 种防腐剂的高效液相色谱检验方法。

一、方法原理

以甲醇为溶剂，超声提取、离心，0.45μm 的滤膜过滤，溶液注入配有二极管阵列检测器（DAD）的液相色谱仪检测，外标法定量。

24 种防腐剂的测定低限如表 20-7 所示。

表 20-7　24 种防腐剂的测定低限（μg/g）

序号	防腐剂	检测低限	序号	防腐剂	检测低限
1	对羟基苯甲酸甲酯	2	13	山梨酸	0.5
2	对羟基苯甲酸乙酯	1	14	苯甲醇	11.5
3	对羟基苯甲酸丙酯	0.75	15	苯甲酸	0.4
4	对羟基苯甲酸异丙酯	0.884	16	苯氧基乙醇	3.102
5	对羟基苯甲酸丁酯	1	17	苯甲酸甲酯	4.48
6	对羟基苯甲酸异丁酯	1	18	苯甲酸乙酯	4.784
7	2-甲基-4-异噻唑啉-3-酮	0.125	19	苯甲酸苯酯	3
8	5-氯-2-甲基-4-异噻唑啉-3-酮	0.5	20	2-苯酚	0.51
9	溴硝丙醇	3.06	21	4-氯-3-甲苯酚	2
10	水杨酸	0.5	22	4-氯-3,5-二甲酚	2.5
11	三氯卡班	0.5	23	2,4-二氯-3,5-二甲酚	3.12
12	三氯生	1.53	24	2-苄基-4-氯酚	2.5

二、试剂与仪器

1. 试剂

除另有规定外，试剂均为分析纯。

（1）甲醇　色谱纯。

（2）防腐剂标准品　对羟基苯甲酸甲酯、对羟基苯甲酸乙酯、对羟基苯甲酸丙酯、对羟基苯甲酸异丙酯、对羟基苯甲酸异丁酯、水杨酸、5-氯-2-甲基-4-异噻唑啉-3-酮、2-甲基-4-异噻唑啉-3-酮、苯甲醇、苯氧基乙醇、三氯卡班、苯甲酸、苯甲酸甲酯、苯甲酸乙酯、苯甲酸苯酯、2-苄基-4-氯酚、2,4-二氯-3,5-二甲酚、山梨酸，纯度均≥99.0%；4-氯-3-甲苯酚、4-氯-3,5-二甲酚、溴硝丙醇、2-苯酚，纯度均≥98.0%；三氯生，纯度≥97.0%。

（3）防腐剂标准储备液

准确称取各防腐剂标准品 0.1g，精确到 0.1mg，于 50mL 烧杯中，加适量甲醇溶解，移入 100mL 容量瓶中，用甲醇稀释至刻度，混匀。分别移取一定体积的上述标准储备液至 100mL 容量瓶中，用甲醇定容至刻度，配成混合标准储备液。

（4）防腐剂标准溶液　用甲醇将上述储备液分别配成一系列浓度的标准溶液，在冰箱冷藏保存，可使用一周。

2. 仪器

（1）液相色谱仪　配有二极管阵列检测器。

（2）微量进样器　10μL。

（3）超声波清洗器。

（4）离心机　大于 5000r/min。

（5）微孔滤膜　0.45μm。

（6）分析天平。

（7）烧杯，容量瓶，具塞锥形瓶，比色管，量筒等。

三、检验步骤

1. 样品处理

称取化妆品试样约 0.2g，精确到 1mg，于 50mL 具塞锥形瓶中，加入约 8mL 甲醇，在超声波清洗器中超声振荡 30min，将溶液移入 10mL 比色管中，用甲醇稀释至刻度，混匀。取部分溶液放入离心试管中，在离心机上于 5000r/min 离心 20min，离心后的上清液经 0.45μm 滤膜过滤，滤液供测定用。

2. 色谱条件

色谱柱　Kromasil C_{18} 柱，250mm×4.6mm（i.d.），5μm，或相当者。

流动相　甲醇-0.025mol/L 磷酸二氢钠溶液（pH＝4.26）：0～10min，甲醇 45%；20min，甲醇 70%；30～37min，甲醇 85%。均为体积分数。

流速：1.0mL/min。

检测波长　程序可变波长：0～3.00min，280nm；3.01～7.65min，230nm；7.66～8.50min，254nm；8.51～12.00min，230nm；12.01～37.00min，280nm。

柱温：25℃。

进样量：10μL。

3. 测定

（1）标准曲线绘制　分别移取 10μL 一系列浓度梯度的标准混合溶液，按色谱条件进行测定，以色谱峰的峰面积为纵坐标，对应的溶液浓度为横坐标作图，绘制标准曲线。

24 种防腐剂的标准液相色谱图见图 20-6。

（2）试样测定　用微量注射器准确吸取 10μL 试样溶液注入液相色谱仪，按色谱条件进行测定，记录色谱峰的保留时间和峰面积，由色谱峰的峰面积可从标准曲线上求出相应的防腐剂浓度。样品溶液中的被测防腐剂的响应值均应在仪器测定的线性范围之内。被测防腐剂含量高的试样可取适量试样溶液用流动相稀释后进行测定。

（3）定性测定　液相色谱仪对样品进行定性测定，如果检出被测防腐剂的色谱峰的保留时间与标准品相一致，并且在扣除背景后的样品色谱图中，该物质的紫外吸收图谱与标准品的紫外吸收图谱相一致，则可确认样品中存在被测防腐剂。

4. 平行试验

按以上步骤，对同一试样进行平行试验测定。

5. 空白试验

除不称取试样外，均按上述步骤进行。

四、结果计算

结果按式(20-4)计算（计算结果应扣除空白值）：

$$w_i = \frac{\rho_i V_i}{m} \tag{20-4}$$

式中　w_i——样品中某一防腐剂的质量分数，mg/kg；

　　　ρ_i——标准曲线查得某一防腐剂的质量浓度，μg/mL；

　　　V_i——样品稀释后的总体积，mL；

　　　m——样品质量，g。

五、色谱图

24 种防腐剂的标准液相色谱图见图 20-6。

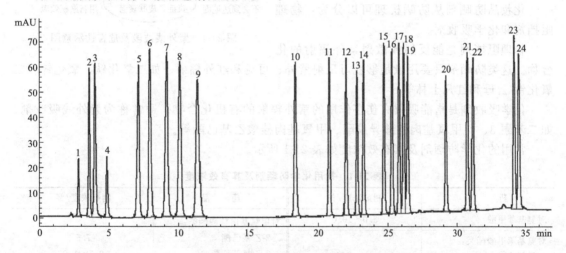

图 20-6　24 种防腐剂的标准液相色谱图

1—2-甲基-4-异噻唑啉-3-酮（2.701min）；2—溴硝丙醇（3.552min）；3—水杨酸（3.964min）；4—5-氯-2-甲基-4-异噻唑啉-3-酮（4.843min）；5—苯甲酸（7.038min）；6—苯甲醇（7.894min）；7—山梨酸（9.108min）；8—苯氧基乙醇（10.064min）；9—对羟基苯甲酸甲酯（11.321min）；10—对羟基苯甲酸乙酯（18.302min）；11—苯甲酸甲酯（20.777min）；12—对羟基苯甲酸异丙酯（21.977min）；13—对羟基苯甲酸丙酯（22.775min）；14—4-氯-3-甲苯酚（23.267min）；15—苯甲酸乙酯（24.732min）；16—2-苯酚（25.321min）；17—对羟基苯甲酸异丁酯（25.844min）；18—对羟基苯甲酸丁酯（26.190min）；19—4-氯-3,5-二甲酚（26.482min）；20—苯甲酸苯酯（29.258min）；21—2,4-二氯-3,5-二甲酚（30.832min）；22—2-苄基-4-氯酚（31.254min）；23—三氯卡班（34.251min）；24—三氯生（34.626min）

思　考　题

1. 化妆品中常用的防腐剂有哪些？

2. 简述化妆品中防腐剂的定性、定量测定的操作步骤。

3. 化妆品中防腐剂效力的检测方法主要有哪些？

4. 简述化妆品中常见防腐剂（硫柳汞、苯基汞、甲醛、三氯卡班、尼泊金酯类）的检验方法和原理。

第二十一章　防晒剂的检验

第一节　化妆品中防晒剂的检验概述

防晒剂是为防晒在化妆品中所添加的能防止有害波长的紫外线直接侵害皮肤的物质。紫外线的波段及危害性如图 21-1 所示。

防晒剂最初仅用于防晒护肤品，现在已广泛应用于保湿日霜、护发产品、须后水、口红及彩妆等产品。

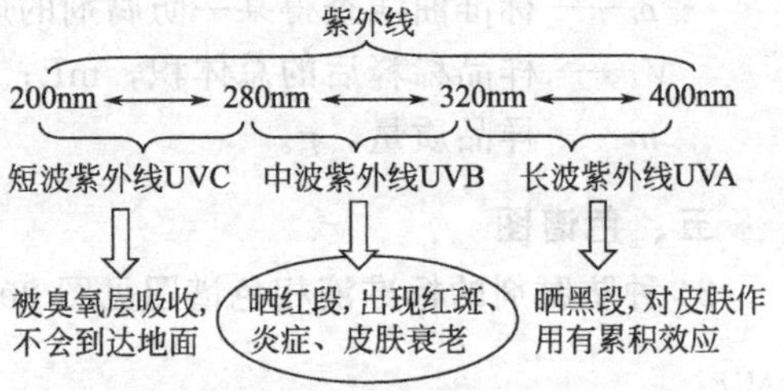

一、防晒剂的分类

化妆品防晒剂从防晒机理可以分为：物理阻挡剂和化学吸收剂。

物理阻挡剂是能反射或散射紫外辐射的化合物。这类防晒剂只要用量足够就可反射紫外、可见和红外辐射。如二氧化钛、氧化锌、二氧化钛-云母和红凡士林等。

图 21-1　紫外线波段及危害性示意图

化学吸收剂是指能吸收有伤害作用的紫外辐射的有机化合物。通常称为紫外线吸收剂。如二苯酮-3、p-甲氧基肉桂酸异戊酯、甲氧基肉桂酸乙基己酯等。

常用的化学防晒剂及其有效浓度如表 21-1 所示。

表 21-1　常用化学防晒剂及其有效浓度

药　　品	制剂浓度/%	药　　品	制剂浓度/%
对氨基苯甲酸	5.0～10.0	对甲氧基肉桂酸酯类：	
对氨基苯甲酸酯类：		2-乙基己酯	7.5
异丙酯	1.5～2.0	2-乙氧基乙酯	0.5～1.0
二甲基辛酯	8.0		
邻氨基苯甲酸甲酯	3.5～5.0	二苯甲酮类：	
		羟甲氧二苯甲酮	3.0～6.0
氨基苯甲酸二甲酯	1.0	二羟甲氧二苯甲酮	3.0
邻氨基苯甲酸邻苄酯	0.5～1.0	羟甲氧甲基二苯甲酮	3.0
		3-苯酰-4-羟-6-甲氧基苯	5.0
水杨酸酯类：		磺酸	
苯酯	7.0		
甲酯	10.0	丙酮类：	
甘油酯	8.0～10.0	二羟丙酮	3～5
苄酯	25.0～30.0	二亚苄丙酮	0.5～2.5
2-乙基己酯	5.0	α-甲基-β-苯酰苯乙烯	0.1
三乙醇胺水杨酸	10.0	糠偶酰二肟	5.0

二、防晒剂的检验

从原料性能来讲，物理阻挡剂的检验指标与粉类原料同于粉质原料。化学吸收剂主要检验指标为外观、相对密度、折射率等，一般用 HPLC 进行定性和定量。

在化妆品禁限用成分检测方面，化学防晒剂的检测根据待测物结构的不同，一般采用原子吸收法、紫外可见分光光度法、高效液相色谱法、气相色谱-质谱联用等方法，其中高效液相色谱法应用最为广泛。目前还没有一种方法能够在同一条件下同时测定国家规定的 28 种紫外吸收剂。

高效液相色谱法的流动相主要为甲醇-四氢呋喃-水-高氯酸、磷酸氢二钠-甲醇、乙腈-甲醇-水、甲醇-水等体系。检测器多使用紫外检测器和二极管阵列检测器。发展方向是高效液相色谱与质谱、化学发光及激光诱导荧光等检测器联用等技术，以提高灵敏度和降低检测限。

第二节　火焰原子吸收法检验化妆品中的氧化锌

氧化锌（ZnO），俗称锌白，是锌的一种氧化物，难溶于水，可溶于酸和强碱。氧化锌是化妆品中常用的化学添加剂，可作白色颜料，也是物理性紫外线吸收剂，粒径为 $0.01\sim0.04\mu m$ 的氧化锌微粒子，其紫外线的吸收率、透明度均比二氧化钛微粒子要好。

本节介绍采用火焰原子吸收法测定化妆品中总锌（以氧化锌计）。适用于霜、露、乳等化妆品中氧化锌的测定。不适于配方中同时含有锌及其他锌化合物的化妆品测定。

一、方法原理

试样经干法灰化消解后，使锌以离子状态存在于样品溶液中，采用火焰原子吸收法进行检测，以标准曲线法定量。

本方法对氧化锌的检出限为 $0.012\mu g/mL$，定量下限为 $0.04\mu g/mL$。

二、试剂与仪器

1. 试剂

（1）去离子水。

（2）BV-Ⅲ级高纯盐酸。

（3）锌单元素溶液标准物质 $1000\mu g/mL$。

（4）5％盐酸溶液　取盐酸 5mL，加去离子水稀释至 100mL。

2. 仪器

（1）火焰原子吸收光谱仪。

（2）高温马弗炉。

（3）分析天平　感量 0.0001g 和 0.00001g。

（4）电炉。

（5）瓷坩埚　50mL。

（6）超纯水仪。

（7）所有玻璃器皿均用 50％硝酸浸泡过夜，再依次用蒸馏水、去离子水冲洗数遍，晾干备用。

（8）容量瓶，移液管等。

三、检验步骤

1. 仪器参数

锌灯检测波长：213.9nm；狭缝：1.0nm；灯电流：2.0mA；背景校正方式：氘灯扣背景；定量方式：积分模式；测量次数：3 次；测量时间：5s；延迟时间：10s；采用空气-乙

炔火焰，乙炔流量：13.03L/min，空气流量：1.89L/min。

2. 样品处理

精密称量化妆品试样 0.1g，置 50mL 瓷坩埚中，在电炉上小火缓缓炽灼至完全炭化，转移至马弗炉中，逐渐升高温度至 800℃后，灰化 2h，取出，放冷至室温。量取 20mL 5%盐酸置坩埚中，小火加热至溶液澄清。用滴管吸取上清液转移至 100mL 容量瓶中。再量取10mL 5%盐酸置坩埚中，小火加热数分钟，用滴管吸取上清液至同一容量瓶中。分别移取10mL 去离子水洗涤坩埚和滴管 3 次，并入容量瓶。放冷至室温，用去离子水稀释至刻度。

精密移取上述样品溶液适量置于 50mL 容量瓶中，去离子水稀释至刻度得待测液（使测试溶液中氧化锌的浓度在 0～1.25μg/mL 范围内）。

3. 空白试样

按上述操作同时制备空白试样（空白试样除了不加氧化锌，其他操作步骤均一致），待测。

4. 系列标准溶液的制备

（1）锌标准溶液（100μg/mL）制备 精密量取 10mL 锌单元素溶液标准物质（1000μg/mL）至 100mL 容量瓶中，用去离子水稀释至刻度，摇匀，得 100μg/mL 锌标准储备液。

（2）系列标准溶液的制备 精密量取 0mL、0.1mL、0.2mL、0.4mL、0.8mL、1.0mL锌标准储备液，分别置于一组 100mL 容量瓶中，去离子水定容至刻度。此标准溶液系列中锌的浓度依次为 0μg/mL、0.1μg/mL、0.2μg/mL、0.4μg/mL、0.8μg/mL、1.0μg/mL，折算为氧化锌的浓度依次为 0μg/mL、0.125μg/mL、0.25μg/mL、0.5μg/mL、1.0μg/mL、1.25μg/mL。

5. 测定

取样品溶液、空白溶液、系列标准溶液，按仪器参数项条件测定。以氧化锌吸收值为纵坐标，氧化锌标准溶液浓度（μg/mL）为横坐标进行线性回归，建立标准曲线，由标准曲线计算出样品测试液中氧化锌的质量浓度（ρ_1，μg/mL）。采用标准曲线法计算试样中氧化锌的含量。

6. 平行试验

按以上步骤，对同一试样进行平行试验测定，平均偏差不超过 10%。

四、计算

$$\omega(ZnO) = \frac{(\rho_1 - \rho_0)VD}{m \times 10^6} \times 100\% \tag{21-1}$$

式中 $\omega(ZnO)$——样品中氧化锌的质量分数；

ρ_1——测试溶液中氧化锌的质量浓度，μg/mL；

ρ_0——空白溶液中氧化锌的质量浓度，μg/mL；

V——样品定容体积，mL；

D——稀释倍数；

m——化妆品取样量，g。

第三节 紫外可见分光光度法检验化妆品中二氧化钛

二氧化钛外观为白色粉末，无毒，不溶于水，白度很高，广泛应用于护肤品以及粉底以及防晒等各系列产品中。常在护肤品中作为白色粉体调色使用，而在防晒产品中，也可以作为物理防晒剂使用，防护波段在 250～340nm 之间，是优秀的物理 UVB 防护剂，也可以防护一部分的 UVA，在物理防晒中，大多和氧化锌一起使用。

本节介绍采用分光光度法检验化妆品中总钛（以二氧化钛计），适用于霜、露、乳等化妆品中二氧化钛（TiO_2）的测定，不适用于配方中同时含有钛及其他钛化合物的化妆品测定。

一、方法原理

试样经干法灰化消解后，加入抗坏血酸维生素 C 溶液掩蔽干扰，在酸性环境下样品溶液中的钛与二安替比林甲烷溶液生成黄色，用紫外-可见分光光度计在 388nm 处检测，以标准曲线法定量。

本方法对二氧化钛的检出限为 $0.068\mu g/mL$，定量下限为 $0.2\mu g/mL$。

二、试剂与仪器

1. 试剂

除另有规定外，所用试剂均为分析纯，水为去离子水。

(1) 抗坏血酸　分析纯。

(2) 硫酸　分析纯。

(3) 盐酸　分析纯。

(4) 二安替比林甲烷对照品　纯度＞97％。

(5) 焦硫酸钾粉末（分析纯）　将焦硫酸钾固体块研成粉末。

(6) 钛单元素溶液标准物质 $100\mu g/mL$。

(7) 10％硫酸溶液　取硫酸 10mL，加水稀释至 100mL，摇匀，即得。

(8) 8％二安替比林甲烷溶液　称取 8g 二安替比林甲烷，加入 10mL 盐酸，加水稀释至 100mL，摇匀，即得。

(9) 10％抗坏血酸溶液　称取 10g 抗坏血酸，加水稀释至 100mL，摇匀，即得。

2. 仪器

(1) 紫外可见分光光度计。

(2) 高温马弗炉。

(3) 分析天平　感量 0.0001g 和 0.00001g 两种。

(4) 电炉。

(5) 瓷坩埚　50mL。

(6) 容量瓶，移液管，量筒等。

三、检验步骤

1. 样品处理

精密称定化妆品试样 0.1g 置 50mL 瓷坩埚中，在电炉上小火缓缓炽灼至完全炭化，转移至马弗炉中，逐渐升高温度至 800℃后，灰化 2h，取出，放冷至室温。小心加入 1.8g 焦硫酸钾粉末，使之尽量均匀完全地覆盖样品。坩埚加盖，置 550℃马弗炉中熔融 5～10min，取出放冷。量取 30mL10％硫酸置坩埚中，小火加热至溶液澄清，并将坩埚盖上的熔融物用坩埚中的上清液小心洗下，并入坩埚。用滴管吸取上清液转移至 100mL 容量瓶中。

加 5mL 浓硫酸，加热至剩 2～3mL 浓硫酸时取下，上清液用吸管吸出，并入容量瓶。再用 10mL10％硫酸分三次洗涤坩埚及盖，每次小火加热数分钟，用滴管吸取上清液至同一容量瓶中。移取 10mL 水洗涤坩埚和滴管，并入容量瓶。放冷至室温，用水稀释至刻度，摇匀，作为待测样品溶液，备用。

精密量取 2.5mL 盐酸于 50mL 容量瓶中，精密移取待测样品溶液适量于同一容量瓶中，精密加入 5mL 10％抗坏血酸溶液，稍加振摇，置于室温下放置 5min。精密加入 5mL 8％二安替比林甲烷溶液，用水稀释至刻度，摇匀，放置 45min，得测试溶液（使测试溶液中二氧化钛的浓度在 0～5μg/mL 范围内）。

2. 空白试样

按上述操作同时制备空白试样（空白试样除了不加二氧化钛，其他操作步骤均一致），待测。

在波长 388nm 处测定吸光度。

3. 二氧化钛标准曲线的绘制

精密量取 5mL 盐酸于 100mL 容量瓶中，精密量取 100μg/mL 钛单元素标准物质 0mL、0.1mL、0.2mL、0.5mL、1.0mL、2.0mL、3.0mL，分别置于 100mL 容量瓶中。精密加入 10mL 10％抗坏血酸溶液，稍加振摇，置于室温下放置 5min。精密加入 10mL 8％二安替比林甲烷溶液，用水稀释至刻度，摇匀。放置 45min。标准工作液系列中钛的浓度依次为 0μg/mL、0.1μg/mL、0.2μg/mL、0.5μg/mL、1.0μg/mL、2.0μg/mL、3.0μg/mL，折算为二氧化钛的浓度依次为 0μg/mL、0.167μg/mL、0.333μg/mL、0.833μg/mL、1.667μg/mL、3.333μg/mL、5.000μg/mL。其中 0 浓度点标液作为平衡仪器的标准空白，不代入标准曲线计算。

4. 测定

分别在波长 388nm 处测定吸光度，以二氧化钛吸收值为纵坐标，二氧化钛标准溶液浓度为横坐标进行线性回归，建立标准曲线。采用标准曲线法计算试样中二氧化钛的含量。

5. 平行实验

按以上步骤，对同一试样进行平行试验测定，平均偏差不超过 10％。

四、结果计算

$$\omega(\mathrm{TiO_2}) = \frac{(\rho_1 - \rho_0)VD}{m \times 10^6} \times 100\% \tag{21-2}$$

式中　$\omega(\mathrm{TiO_2})$——样品中二氧化钛的质量分数；

ρ_1——测试溶液中二氧化钛的质量浓度，μg/mL；

ρ_0——空白溶液中二氧化钛的质量浓度，μg/mL；

V——样品定容体积，mL；

D——稀释倍数；

m——化妆品取样量，g。

第四节　高效液相色谱法检验化妆品中防晒剂二苯酮-2

目前市场上几乎所有的防晒品都含有二苯甲酮类化合物。二苯酮-2 是二苯甲酮的系列衍生物之一，是化妆品中常用防晒成分，属化学性紫外线吸收剂；此外，也是香料定香剂，能赋予香料以甜的气息，用在许多香水和皂用香精中。本节介绍采用高效液相色谱法检验化妆品中防晒剂二苯酮-2。适用于霜、露、乳、液等化妆品中二苯酮-2 的测定。

一、方法原理

样品经过溶剂破乳，超声提取后，离心，上清液用液相色谱法测定，以标准曲线法定量。

本方法对二苯酮-2 的检出限为 $1.5\mu g$，若取 0.1g 样品测定，二苯酮-2 的最低定量浓度为 0.1%。

二、试剂与仪器

1. 试剂

（1）乙腈　色谱纯。

（2）去离子水。

（3）二苯酮-2 对照品　纯度≥97%。

（4）二苯酮-2 标准储备液　准确称取二苯酮-2 标准品 100mg（准确至 0.1mg），置 100mL 量瓶中。用乙腈分别配置成浓度均为 $1000\mu g/mL$ 的标准储备液和 $100\mu g/mL$ 的标准储备液。储备液于室温下储存，可使用一周。

（5）二苯酮-2 标准溶液　用乙腈将上述储备液分别配成二苯酮-2 浓度为 $1\mu g/mL$、$2\mu g/mL$、$4\mu g/mL$、$8\mu g/mL$、$20\mu g/mL$、$100\mu g/mL$、$150\mu g/mL$ 的系列标准溶液，室温保存，可使用一周。

2. 仪器

（1）高效液相色谱仪　具有二元梯度泵，紫外检测器。

（2）分析天平　感量 0.0001g 和 0.00001g 两种。

（3）高速离心机。

（4）超声波清洗仪。

（5）容量瓶　100mL。

三、检验步骤

1. 样品处理

准确称取混匀样品 0.1g，置于 100mL 容量瓶中，加乙腈-水（90＋10）定容，超声处理 30min；冷却至室温，离心（10000 r/min）30min。取上清液作为待测溶液。

2. 测定

（1）色谱参考条件

① 色谱柱　C_{18}，250mm×4.60mm（i.d.），$5\mu m$。

② 检测波长　335nm。

③ 流速　1mL/min。

④ 柱温　30℃。

⑤ 流动相　梯度程序见表 21-2。

表 21-2　流动相的梯度程序

时间/min	乙腈/%	水/%
0.00	40	60
3.00	40	60
13.00	100	0
29.00	100	0
38.00	40	60
48.00	40	60

进样体积　$10\mu L$

（2）定量分析　用标准溶液分别进样，以二苯酮-2 峰面积为纵坐标，以二苯酮-2 浓度（$\mu g/mL$）为横坐标进行线性回归，建立标准曲线。将处理后的试样分别进样，将试样中二苯酮-2峰面积代入标准曲线，测得样品溶液中二苯酮-2浓度（μg/mL），计算试样中二苯酮-2的含量。

（3）平行试验　按以上步骤，对同一试样进行平行试验测定，平均偏差不超过10%。

四、结果计算

$$\omega(\text{二苯酮-2}) = \frac{\rho V}{m \times 10^3} \times 100\% \tag{21-3}$$

式中　ω(二苯酮-2)——样品中二苯酮-2的质量分数；

　　　　ρ——样品的质量浓度，μg/mL；

　　　　V——样品定容体积，mL；

　　　　m——化妆品取样量，mg。

第五节　化妆品中二乙氨基羟苯甲酰基苯甲酸己酯的检验

二乙氨基羟苯甲酰基苯甲酸己酯为限用防晒剂，《化妆品卫生规范》规定化妆品中其最大允许使用浓度为10%。

本节介绍采用液相色谱-紫外法测定化妆品中二乙氨基羟苯甲酰基苯甲酸己酯的方法。适用于膏、霜、乳、液类化妆品中二乙氨基羟苯甲酰基苯甲酸己酯的测定。

一、方法原理

试样采用甲醇超声提取，上清液用液相色谱分离，紫外检测，对化妆品中二乙氨基羟苯甲酰基苯甲酸己酯进行检测，以标准曲线法定量。

本方法二乙氨基羟苯甲酰基苯甲酸己酯的定量下限为0.003μg；取0.1g样品时的定量浓度为300μg/g。

二、试剂与仪器

1. 试剂

（1）甲醇　色谱纯。

（2）去离子水。

（3）二乙氨基羟苯甲酰基苯甲酸己酯对照品　纯度>99.0%。

（4）二乙氨基羟苯甲酰基苯甲酸己酯标准储备液　取二乙氨基羟苯甲酰基苯甲酸己酯对照品约0.010g，精密称定，置10mL容量瓶中，用甲醇溶解并定容至刻度，摇匀，配成质量浓度为1.0g/L的标准储备溶液。

（5）二乙氨基羟苯甲酰基苯甲酸己酯标准溶液　精密量取标准储备溶液0.1mL于100mL容量瓶中，0.1mL、0.2mL于20mL容量瓶中，0.15mL、0.25mL、0.4mL及0.5mL于5mL容量瓶中，用甲醇稀释至刻度，摇匀。此时溶液中二乙氨基羟苯甲酰基苯甲酸己酯浓度分别为1.0μg/mL、5.0μg/mL、10.0μg/mL、30.0μg/mL、50.0μg/mL、80.0μg/mL和100.0μg/mL。

2. 仪器

（1）高效液相色谱仪，配紫外检测器。

（2）微型涡旋混合仪。

（3）超声波清洗器。

（4）高速离心机。

（5）分析天平　感量0.0001g和0.00001g两种。

（6）容量瓶，具塞刻度管，吸量管等。

三、检验步骤

1. 样品处理

准确称取混匀的试样约 0.1g，精确至 0.001g，置于 50mL 具塞刻度管中，加入 20mL 甲醇，涡旋 3min，振摇，超声提取 30min，必要时可高速离心，精密量取上清液 1mL 于 10mL 容量瓶中，用甲醇稀释至刻度，摇匀，过 0.45μm 滤膜，滤液作为待测样液，备用。

2. 测定

（1）色谱参考条件

① 色谱柱　C_{18} 柱，250 mm×4.6mm（i.d.），5μm；

② 流动相　甲醇-水（88+12）；

③ 流速　1.0mL/min；

④ 检测波长　356nm；

⑤ 柱温　30℃；

⑥ 进样量　20μL。

（2）标准曲线绘制及样品测定　取标准溶液分别进样，以峰面积为纵坐标，标准溶液浓度为横坐标进行线性回归，建立标准曲线。取前述处理得到的待测溶液进样，根据测定成分的峰面积，代入标准曲线上得出二乙氨基羟苯甲酰基苯甲酸己酯的质量浓度。计算试样中二乙氨基羟苯甲酰基苯甲酸己酯的含量。

3. 平行试验

按以上步骤，对同一试样进行平行试验测定，平均偏差不超过 10%。

四、结果计算

$$\omega(\text{二乙氨基羟苯甲酰基苯甲酸己酯}) = \frac{D\rho V}{m \times 10^6} \times 100\% \tag{21-4}$$

式中　ω（二乙氨基羟苯甲酰基苯甲酸己酯）——化妆品中二乙氨基羟苯甲酰基苯甲酸己酯的质量分数；

m——样品取样质量，g；

ρ——从标准曲线上查得的待测样液中二乙氨基羟苯甲酰基苯甲酸己酯的质量浓度，μg/mL；

V——样品定容体积，mL；

D——稀释倍数。

思 考 题

1. 防晒剂可分为哪几类？分别列出各类代表性的防晒剂。
2. 简述常见防晒剂的检验方法及原理。
3. 防晒剂主要用于哪些种类的化妆品？

第二十二章 化妆品中激素、抗生素等药用物质的检验

第一节 化妆品中药用物质的检验概述

化妆品存在的安全问题比较突出的仍然是个别生产企业违法使用化妆品禁用物质，如添加激素、抗生素等。化妆品中药用禁限用物质的检验对提高化妆品产品质量，保障人民身体健康具有非常重要的意义。

一、化妆品中的违法加药情况

为突出功效，有不法企业往往在化妆品配方中添加违禁的药用物质，影响化妆品的使用安全。宣称功效的化妆品常见的可能添加违禁物质，其中大部分是激素、抗生素类药物，见表22-1。

表 22-1 化妆品中常见违禁物质

产品类别		易添加违禁物质	管理情况
祛斑、美白类	糖皮质激素	地塞米松、可的松等	禁用物质
		氢醌等酚类物质	禁、限用物质
		果酸类	限用物质
		铅、汞、砷等重金属	禁用物质
去皱、抗敏类		可的松、地塞米松、乙烯雌酚、雌二醇、雌三醇、雌酮	禁用物质
		丙烯酰胺	限用物质
祛痘、除螨、抑制粉刺类	抗生素	氯霉素、盐酸金霉素、盐酸四环素、盐酸多西环素、盐酸美满霉素、二水土霉素、甲硝唑、替硝唑等	禁用物质
	糖皮质激素	泼尼松、可的松、氟尼缩松、醋酸泼尼松、醋酸可的松、布地缩松、双醋二氟松、丙酸氟替卡松、氢化可的松、醋酸氟氢可的松、醋酸地塞米松、地塞米松磷酸钠等	禁用物质
		水杨酸、维生素 A 酸、过氧化苯甲酰（BPO）等	限用物质
	磺胺类化合物	磺胺、磺胺甲噁唑、磺胺二甲嘧啶、磺胺氯哒嗪	禁用物质
去屑类		酮糠唑、米糠唑	禁用物质
美乳类		乙烯雌酚、雌二醇、雌三醇、雌酮等	禁用物质
生发类		米诺地尔	禁用物质
		斑蝥素	限用物质
除臭类		乌洛托品、三氯生	禁用物质

二、激素的定义与分类

1. 定义

激素是生物体内特殊的腺体或组织产生的，直接分泌到体液中，通过体液运送到特定的部位，从而引起特殊激动作用的一群微量的有机化合物。

2. 分类

激素的分类如图 22-1 所示。

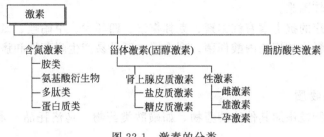

图 22-1　激素的分类

化妆品当中违法添加较多的激素是糖皮质激素类及性激素。

3. 糖皮质激素类药物

糖皮质激素类药物属甾体类化合物，外用糖皮质激素的基本化学结构为氢化可的松结构。即含 17 个碳原子的环戊烷并多氢菲母核、C-10 和 C-13 位上有甲基、C-17 位上有二碳侧链、C-3 位酮基和 C-4～C-5 位双键。在此基础上，进行 C-1～C-2 位脱氢、C-6a 位甲基化、C-9a 位氟化、C-11 位羟基化等修饰后，构成一类应用范围不同、效果强弱不同的糖皮质激素类药物。肾上腺皮质激素的基本结构如图 22-2 所示。

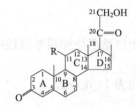

图 22-2　肾上腺皮质激素的基本结构

图 22-3　天然性激素的母核结构

糖皮质激素作为外用治疗皮肤病药物已有 40 多种，主要有抗炎、免疫抑制、抗增生等作用。近年来由于类固醇药物的快速发展，尤其是含氟糖皮质激素的强效作用，使得在化妆品中可能使用的种类大大增加。

4. 性激素

性激素是高等动物性腺的分泌物，具有控制性生理、促进动物发育、维持第二性征（如声音、体形等）的作用。它们的生理作用很强，很少量就能产生极大的影响。

根据结构特点性激素可分为天然的性激素和人工合成的性激素。天然性激素是由动物体性腺分泌合成，具有共同的环戊烷并多氢菲母核（如图 22-3 所示），即甾体结构，又称甾体激素；人工合成的性激素具有天然性激素的活性但没有典型的甾体结构，又称非甾体激素，以人工合成的雌性激素较为普遍存在和应用，如己烯雌酚。

性激素添加到化妆品中具有促进毛发生长、丰乳、美白、除皱和增加皮肤弹性等功效，但长久使用含激素的化妆品有致癌性。国际癌症研究中心（IARC）已证明己烯雌酚能引起细胞癌、子宫内膜癌、乳腺癌和卵巢癌。我国《化妆品卫生规范》(2007 年版) 明确列出雌激素类和孕激素类两类性激素为化妆品中禁用成分，并且指出性激素为育发类、美乳类和健美类等特殊用途化妆品中的卫生化学必检项目。

三、抗生素

抗生素属于处方药，我国《化妆品卫生规范》(2007 年版) 规定此类物质均为禁用成分。

抗生素主要用于杀灭细菌，如果在环境中存在较多的抗生素或者生活中经常接触抗生素，环境中和人体内的细菌对经常或已接触的抗生素可产生耐药性，这将使针对人体内该耐药菌感染的治疗比较困难。

常用于局部治疗的抗生素有红霉素、克林霉素、四环素、甲硝唑、氯霉素等。该类药的主要作用是杀灭毛囊中的痤疮丙酸杆菌。副作用主要是易产生耐药性和瘙痒、红斑、丘疹等皮肤刺激症状。

四、其他药用物质

化妆品中还可能被添加其他违禁药物，如磺胺类药物、乌洛托品、米诺地尔、斑蝥素、补骨脂素等。

第二节　化妆品中糖皮质激素与孕激素的检验

天然和人工合成的糖皮质激素属激素类药物，是化妆品禁用物质。

本节介绍膏状、乳状、水状化妆品中 17 种糖皮质激素和 11 种孕激素含量检测的液相色谱方法和液相色谱-质谱/质谱确证方法。

参照《进出口化妆品中糖皮质激素类与孕激素类检测方法》(SN/T 2533—2010)。

一、液相色谱-质谱/质谱法（仲裁法）

（一）方法原理

化妆品中糖皮质激素、孕激素采用乙腈超声提取，吹干浓缩后经固相萃取柱净化，液相色谱-质谱/质谱检测和确证，外标法定量。

本方法中 17 种糖皮质激素与 11 种孕激素的测定低限均为 $10\mu g/kg$。

（二）试剂与仪器

1. 试剂

除特殊注明外，水为 GB/T 6682 规定的一级水。

(1) 甲醇、乙腈、乙酸铵　均为高效液相色谱级。

(2) 甲醇-水（30＋70）溶液　量取 30mL 甲醇与 70mL 水混合。

(3) 乙酸铵溶液（10mmol/L）　准确称取 0.77g 乙酸铵于 1L 容量瓶中，用水溶解定容至刻度，混匀后备用。

(4) 乙腈-10mmol/L 乙酸铵溶液（70＋30）　量取 70mL 乙腈与 30mL 的乙酸铵溶液（10mmol/L）混合。

(5) 标准品　标准品纯度≥99％。

(6) 标准储备溶液　分别称取糖皮质激素、孕激素类标准品各 0.010g，用甲醇溶解并定容至 100mL，浓度相当于 $100\mu g/mL$，该标准储备液储存于−18℃以下，可稳定 3 个月。

(7) 标准中间溶液　准确移取 1.0 同 L 标准储备溶液，用甲醇定容至 100mL，浓度相当于 $1.0\mu g/mL$，该溶液储存于 0～4℃，可稳定 1 个月。

(8) 标准溶液　根据需要用本标准规定操作方法制得空白样品提取液，将标准中间溶液稀释成适当浓度的标准溶液，该溶液应使用前配制。

(9) 固相萃取柱　Oasis HLB（60mg/3mL）或相当者。使用前依次用 3mL 甲醇、3mL 水预处理，保持柱体湿润。

2. 仪器

(1) 液相色谱-质谱/质谱仪　配电喷雾离子源（ESI）。

（2）分析天平　感量 0.0001g 和 0.01g。

（3）超声波提取仪　40℃。

（4）冰箱　−18℃。

（5）旋涡混匀器。

（6）温控离心机　4000r/min，−10℃。

（7）固相萃取装置。

（8）氮气浓缩仪。

（9）聚丙烯离心试管　20mL，10mL。

（10）微孔滤膜　0.22μm。

（11）量筒，容量瓶等。

（三）检验步骤

1. 样品提取

（1）膏状、乳状样品　准确称取 1g（精确到 0.01g）均匀试样于 20mL 聚丙烯离心试管中，加入乙腈，混匀后 40℃ 超声提取 20min，每隔 5min 取出晃动一次，超声后涡旋混匀 3min，将上清液转移至 10mL 聚丙烯离心试管中，置于 −18℃ 冰箱中冷冻 30min，取出后立即于 −10℃ 以不低于转速 4000r/min 离心 2min，上清液于 50℃ 水浴中氮吹浓缩至干，用 3mL 甲醇-水溶解残渣，待净化。

（2）水状样品　准确称取 1g（精确到 0.01g）均匀试样于 20mL 聚丙烯离心试管中，加入 10mL 乙腈，混匀后 40℃ 超声提取 20min，每隔 5min 取出晃动一次，超声后涡旋混匀 3min，将上清液转移至 10mL 聚丙烯离心试管中，50℃ 水浴中氮吹浓缩至干，用 3mL 甲醇-水溶解残渣，待净化。

2. 净化

将样液转移至已活化过的固相萃取柱中，控制样液流速约 1mL/min，待样液全部流出后，依次用 3mL 水、3mL 甲醇-水淋洗，弃去全部流出液，15mmHg 以下减压抽干 5min，使柱体保持干涸，用 10mL 甲醇洗脱，洗脱液于 50℃ 水浴中氮吹浓缩至干，用 1.0mL 乙腈-乙酸铵混合溶液溶解残渣，经 0.22μm 微孔滤膜过滤，供液相色谱-质谱/质谱测定。

3. 测定

（1）液相色谱参考条件

① 色谱柱　C_{18}，150mm×2.1mm（i.d.），5μm，或相当者。

② 柱温　25℃。

③ 进样量　10μL。

④ 流动相　乙腈-10mmol/L 乙酸铵溶液，梯度洗脱程序见表 22-2。

表 22-2　液相色谱-质谱/质谱法梯度洗脱程序

时间/min	流速/(mL/min)	乙腈/%	10mmol/L 乙酸铵/%
0	0.3	20	80
8	0.3	50	50
15	0.3	50	50
18.5	0.3	60	40
20	0.3	60	40
21	0.3	90	10
25	0.3	90	10

续表

时间/min	流速/(mL/min)	乙腈/%	10mmol/L 乙酸铵/%
25.5	0.3	20	80
31	0.3	20	80

（2）质谱参考条件

① 离子化模式　电喷雾正离子模式（ESI＋）。

② 质谱扫描方式　多反应监测（MRM）。

③ 其他质谱参考条件略，具体参见相关标准。

（3）液相色谱-质谱/质谱测定

① 定量分析　根据样液中糖皮质激素、孕激素浓度大小，选定峰面积相近的标准溶液，标准溶液和样液中糖皮质激素、孕激素响应值均应在仪器的检测线性范围内。对标准溶液和样液等体积参差进样测定，在上述色谱条件下，糖皮质激素、孕激素参考保留时间参见表22-3。标准溶液的多反应监测色谱图略。

表 22-3　糖皮质激素、孕激素参考保留时间

类型	化合物名称	HPLC 法参考保留时间/min	HPLC-MS/MS 法参考保留时间/min
糖皮质激素	曲安西龙	8.9	7.1
	泼尼松龙	13.6	8.7
	氢化可的松	13.9	8.8
	甲泼尼松龙	17.2	9.9
	倍他米松	18.2	10.4
	地塞米松	18.6	10.7
	氟米松	19.0	10.7
	曲安奈德	21.8	11.1
	氟氢松	24.5	11.7
	醋酸氢化可的松	26.2	11.9
	醋酸氟氢可的松	27.2	12.3
	醋酸泼尼松	27.9	12.5
	醋酸可的松	28.4	12.8
	醋酸地塞米松	31.5	13.9
	哈西奈德	37.7	20.4
	17α-羟基醋酸去氧皮质酮	37.9	20.3
	丙酸倍氯米松	41.1	24.3
孕激素	炔诺酮	29.6	13.3
	孕酮	38.8	21.4
	甲烯雌醇醋酸酯	39.5	22.4
	甲炔诺酮	34.9	15.2
	地屈孕酮	36.8	18.1
	醋酸羟孕酮	37.3	19.2
	醋酸甲地孕酮	38.8	21.6

续表

类型	化合物名称	HPLC 法参考保留时间/min	HPLC-MS/MS 法参考保留时间/min
孕激素	米非司酮	38.9	20.3
	醋酸氯地孕酮	39.8	22.7
	醋酸甲羟孕酮	39.5	22.6
	己酸羟孕酮	44.4	27.1

② 定性分析　按照上述仪器条件测定样品和标准溶液，如果样品与标准溶液中待测物质色谱峰相对保留时间在±2.5％范围内；糖皮质激素、孕激素的质谱两个定性离子必须同时出现，样品中目标化合物的两个子离子的相对丰度比与浓度相当的标准溶液相比，其允许误差不超过表 22-4 规定的范围。

表 22-4　相对离子丰度最大容许误差

相对丰度（基峰）/％	相对离子丰度最大容许误差/％
＞50	±20
大于 20 至小于等于 50	±25
大于 10 至小于等于 20	±30
≤10	±50

4. 空白试验

除不加试样外，均按上述操作步骤进行。

（四）结果计算

用数据处理软件中的外标法，或按照式（22-1）计算试样品中糖皮质激素、孕激素类药物含量。

$$w = \frac{A\rho V}{A_s m} \tag{22-1}$$

式中　w——试样中糖皮质激素、孕激素类药物的质量分数，$\mu g/kg$；

　　　A——样液中糖皮质激素、孕激素类药物的色谱峰面积；

　　　ρ——标准工作液中糖皮质激素、孕激素类药物的质量浓度，$\mu g/L$；

　　　V——样液最终定容体积，mL；

　　　A_s——标准工作液中糖皮质激素、孕激素类药物的色谱峰面积；

　　　m——最终样液所代表的试样量，g。

二、液相色谱法

（一）方法原理

化妆品中糖皮质激素、孕激素用乙腈超声提取，吹干浓缩后经固相萃取柱净化，用配有二极管阵列检测器或双波长紫外检测器的液相色谱仪测定，外标法定量。

本方法测定低限为 $100\mu g/kg$。

（二）试剂与仪器

1. 试剂

除特殊注明外，所用试剂均同液相色谱-质谱/质谱法试剂项。

（1）乙腈-水（7+3）　量取 70mL 乙腈与 30mL 水混合。

（2）标准溶液　根据需要用乙腈-水将标准中间溶液稀释成适当浓度的标准溶液，该溶液使用前配制。

2. 仪器

液相色谱仪　配二极管阵列检测器或双波长紫外检测器。

除特殊注明外，其他所用仪器均同液相色谱-质谱/质谱法相关项。

（三）检验步骤

1. 样品提取

同液相色谱-质谱/质谱法相关项。

2. 净化

样品残渣用 1.0mL 乙腈-水溶解，经 0.22μm 滤膜过滤后，供液相色谱测定。其他同液相色谱-质谱/质谱法相关项。

3. 测定

（1）液相色谱参考条件

① 色谱柱　C_{18}，150mm×4.6mm（i.d.），5μm 或相当者。

② 柱温　35℃。

③ 进样量　20μL。

④ 检测波长　240nm 和 290nm。

⑤ 流动相　乙腈-水，梯度洗脱程序见表 22-5。

表 22-5　液相色谱法梯度洗脱程序

时间/min	流速/(mL/min)	乙腈/%	水/%
0	1.0	20	80
5	1.0	20	80
13	1.0	30	70
24	1.0	30	70
25	1.0	40	60
30	1.0	40	60
33	1.0	60	40
40	1.0	60	40
41	1.0	90	10
45	1.0	90	10
46	1.0	20	80
50	1.0	20	80

（2）样品测定　根据样液中糖皮质激素、孕激素浓度大小，选定峰面积相近的标准溶液，标准溶液和样液中糖皮质激素、孕激素响应值均应在仪器的检测线性范围内。对标准溶液和样液等体积参差进样测定，在上述色谱条件下，糖皮质激素、孕激素参考保留时间参见表 22-3。标准溶液的色谱图参见图 22-4。

4. 空白试验

除不加试样外，均按上述操作步骤进行。

（四）结果计算

同液相色谱-质谱/质谱法相关项。

（五）色谱图

糖皮质激素、孕激素标准溶液液相色谱图见图 22-4。

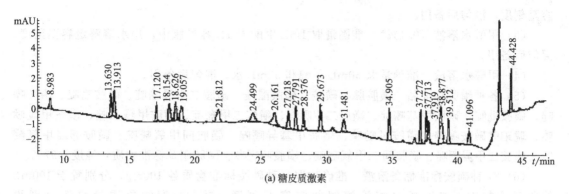

(a) 糖皮质激素

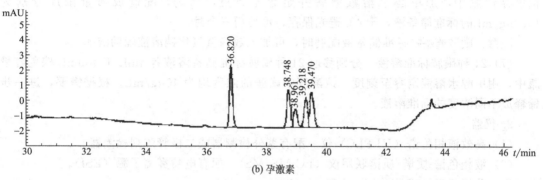

(b) 孕激素

图 22-4　糖皮质激素、孕激素标准溶液（200μg/kg）液相色谱图

第三节　化妆品中 21 种磺胺的检验

磺胺是现代医学中常用的一类抗菌消炎药，其品种繁多，具有抗菌谱广、吸收较迅速的优点。磺胺属化妆品禁用物质。

本节介绍皮肤、毛发、口唇的清洁类、护理类和美容/修饰类化妆品中 21 种磺胺的液相色谱检验方法。

参照《化妆品中 21 种磺胺的测定　高效液相色谱法》（GB/T 24800.6—2009）。

一、方法原理

化妆品试样中磺胺经溶剂提取，离心过滤后，用高效液相色谱法进行测定。根据其保留时间定性，外标法定量，液相色谱-质谱法确证。

本标准的方法检出限：磺胺脒、磺胺、磺胺醋酰、磺胺二甲异嘧啶、磺胺嘧啶、磺胺噻唑、磺胺吡啶、磺胺甲基嘧啶、磺胺二甲噁唑、磺胺二甲嘧啶、磺胺邻二甲氧嘧啶、磺胺喹噁啉、磺胺硝苯检出限为 0.2mg/kg，定量限为 0.5mg/kg；磺胺甲噻二唑、磺胺甲氧哒嗪、磺胺氯哒嗪、磺胺甲基异噁唑、磺胺间甲氧嘧啶、磺胺邻二甲氧嘧啶、磺胺二甲异噁唑检出限为 0.4mg/kg，定量限为 1.2mg/kg。

二、试剂与仪器

1. 试剂

除另有说明外，所用试剂均为分析纯，水为 GB/T 6682 规定的一级水。

（1）甲醇、四氢呋喃　均为色谱纯。

（2）氢氧化钠溶液（0.1mol/L）　准确称取 4g 氢氧化钠于 1L 容量瓶中，用水溶解并定容至刻度，混匀后备用。

(3) 甲酸水溶液（0.1%）   准确量取 1mL 甲酸于 1L 容量瓶中，用水溶解定容至刻度，混匀后备用。

(4) 甲醇水溶液   准确量取 50mL 甲醇和 50mL 水，混匀后备用。

(5) 各种磺胺标准品   磺胺胍、磺胺、磺胺醋酰、磺胺二甲异嘧啶、磺胺嘧啶、磺胺噻唑、磺胺吡啶、磺胺甲基嘧啶、磺胺二甲噁唑、磺胺二甲嘧啶、磺胺甲噻二唑、磺胺甲氧哒嗪、琥珀酰磺胺噻唑、磺胺氯哒嗪、磺胺甲基异噁唑、磺胺间甲氧嘧啶、磺胺邻二甲氧嘧啶、磺胺二甲异噁唑、磺胺间二甲氧嘧啶、磺胺喹噁啉、磺胺硝苯标准物质：纯度≥97%。

(6) 21 种磺胺标准储备溶液   准确称取每种磺胺标准物质各 100mg，分别置于 100mL 棕色容量瓶中，加甲醇水溶液溶解并定容至刻度，摇匀，配制成质量浓度分别为 1000μg/mL 的标准储备液，于 4℃避光保存，可使用三个月。

注意：磺胺喹噁啉标准储备液配制时，可加入数滴氢氧化钠溶液辅助溶解。

(7) 21 种磺胺标准溶液   分别移取 21 种磺胺标准储备溶液各 4mL 于 100mL 棕色容量瓶中，用甲醇水溶液定容至刻度，该溶液中磺胺的浓度均为 40μg/mL。根据需要，进一步稀释成不同浓度的标准溶液。

2. 仪器

(1) 高效液相色谱（HLPLC）仪   配有紫外检测器或二极管阵列检测器。

(2) 液相色谱-质谱/质谱联用仪（LC-MS/MS）   配有电喷雾离子源（ESI）。

(3) 分析天平   感量 0.0001g 和 0.001g。

(4) 超声波清洗器。

(5) 离心机   转速不低于 5000r/min。

(6) 具塞比色管   10mL。

(7) 具塞塑料离心试管   10mL。

(8) 微孔滤膜   0.45μm。

(9) 容量瓶，棕色容量瓶，量筒等。

三、检验步骤

1. 样品处理

(1) 膏霜、水剂、散粉、香波类样品   称取 1g（精确至 0.001g）试样于 10mL 具塞比色管中，加入 5mL 甲醇，再加水至 10mL，超声提取 20min。取部分溶液转移至 10mL 具塞塑料离心试管中，以不低于 5000r/min 离心 15min，上清液经 0.45μm 微孔滤膜过滤（必要时可加适量氯化钠破乳），滤液作为待测样液。

(2) 唇膏类样品   称取 1g（精确至 0.001g）试样于 10mL 具塞比色管中，加入 2mL 四氢呋喃，超声提取 10min，再加水至 10mL，超声提取 10min。取部分溶液转移至 10mL 具塞塑料离心试管中，以不低于 5000r/min 离心 15min，上清液经过 0.45μm 微孔滤膜过滤，滤液作为待测样液。

2. 测定

(1) 色谱参考条件

① 色谱柱   Symmetry C$_{18}$，250mm×4.6mm（i.d.），5μm 或相当者。

② 流动相   见表 22-6。

③ 流速   1.0mL/min。

④ 柱温   32℃。

⑤ 波长　268nm。

⑥ 进样量　20μL。

表 22-6　流动相

步骤	时间/min	甲酸溶液(0.1%)/%	甲醇/%
0	0.00	92	8
1	7.00	84	16
2	13.00	78	22
3	18.00	75	25
4	27.00	75	25
5	29.00	45	55
6	40.00	5	95
7	42.00	92	8

（2）标准曲线的绘制

用甲醇水溶液将 21 种磺胺混合标准储备液逐级稀释得到的浓度为 0.1μg/mL、0.5μg/mL、1μg/mL、5μg/mL、10μg/mL、20μg/mL 的混合标准工作液，按测定条件项浓度由低到高进样测定，以峰面积-浓度作图，得到标准曲线回归方程。

21 种磺胺标准品色谱图见 22-5。

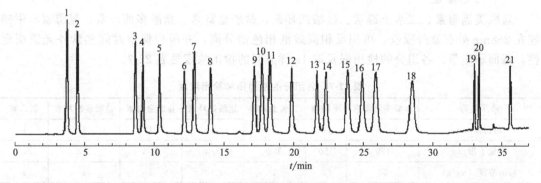

图 22-5　21 种磺胺标准品色谱图

1—磺胺脒；2—磺胺；3—磺胺醋酰；4—磺胺二甲异嘧啶；5—磺胺嘧啶；6—磺胺噻唑；7—磺胺吡啶；8—磺胺甲基嘧啶；9—磺胺二甲嘧唑；10—磺胺二甲嘧啶；11—磺胺甲噻二唑；12—磺胺甲氧哒嗪；13—琥珀酰磺胺噻唑；14—磺胺氯哒嗪；15—磺胺甲基异噁唑；16—磺胺间甲氧嘧啶；17—磺胺邻二甲氧嘧啶；18—磺胺二甲异噁唑；19—磺胺间二甲氧嘧啶；20—磺胺喹噁啉；21—磺胺硝苯

（3）样品测定

按测定条件项对待测样液进行测定，用外标法定量。待测样液中磺胺的响应值应在标准曲线的线性范围内，超过线性范围则应稀释后再进行分析。必要时，阳性样品需用液相色谱-质谱进行确认试验（略）。

3. 空白试验

除不称取样品外，均按上述测定条件和步骤进行。

四、结果计算

结果按式(22-2)计算，计算结果保留两位小数（计算结果应扣除空白值）：

$$w_i = \frac{1000\rho_i V}{m} \tag{22-2}$$

式中 w_i——样品中被测磺胺的质量分数，mg/kg；

ρ_i——从标准曲线上查出的样液中被测磺胺的质量浓度，$\mu g/mL$；

V——试样定容体积，L；

m——试样的质量，g。

五、色谱图

图 22-5 为 21 种磺胺标准品色谱图。

六、允许差

在重复性条件下获得的两次独立测定结果的绝对差值不应超过算术平均值的 10%。

第四节 化妆品中抗生素、甲硝唑的检验

本节介绍测定祛痘除螨类化妆品中盐酸美满霉素、二水土霉素、盐酸四环素、盐酸金霉素、盐酸多西环素、氯霉素 6 种抗生素和甲硝唑的高效液相色谱法。适用于祛痘除螨类化妆品中盐酸美满霉素、二水土霉素、盐酸四环素、盐酸金霉素、盐酸多西环素、氯霉素和甲硝唑含量的测定。

参照《化妆品卫生规范》（2007 年版）。

一、方法原理

盐酸美满霉素、二水土霉素、盐酸四环素、盐酸金霉素、盐酸多西环素、氯霉素和甲硝唑在 268nm 处有紫外吸收，可用反相高效液相色谱分离，并根据保留时间和紫外光谱图定性，峰面积定量。各组分的检出限及取 1g 样品时的检出浓度见表 22-7。

表 22-7 各组分的检出限和检出浓度

物质名称	盐酸美满霉素	甲硝唑	二水土霉素	盐酸四环素	盐酸金霉素	盐酸多西环素	氯霉素
检出限/ng	50	50	1	1	1	1	1
定量下限/ng	150	150	3.3	3.3	3.3	3.3	3.3
检出浓度/$(\mu g/g)$	50	50	1	1	1	1	1
最低定量浓度/$(\mu g/g)$	150	150	3.3	3.3	3.3	3.3	3.3

二、试剂与仪器

1. 试剂

（1）甲醇、乙腈 均为色谱纯。

（2）草酸 分析纯。

（3）盐酸（0.1mol/L） 取优级纯浓盐酸（$\rho_{20}=1.19g/mL$）8.3mL 加水至 1L。

（4）混合标准储备溶液 分别准确称取盐酸美满霉素、二水土霉素、盐酸四环素、盐酸金霉素、盐酸多西环素、氯霉素、甲硝唑各 0.1000g，用少许甲醇及盐酸溶解，移入 100mL 容量瓶中，甲醇定容至刻度，摇匀，配成各组分质量浓度为 1.00g/L 的混合标准溶液。

2. 仪器

（1）高效液相色谱仪 具二极管阵列检测器，色谱工作站。

（2）微量进样器或自动进样装置。

（3）超声波清洗器。

（4）分析天平。

（5）微孔滤膜 0.45μm。

（6）容量瓶，量筒等。

三、检验步骤

1. 样品预处理

准确称取样品约 1g 于 10mL 具塞比色管中，加入甲醇-盐酸（1+1）的混合溶液至刻度，振摇，超声提取 20～30min。经 0.45μm 滤膜过滤，滤液作为待测溶液备用。

2. 测定

（1）色谱参考条件

① 色谱柱 C_{18} 柱，250mm×4.6mm（i.d.），5μm。

② 检测器 二极管阵列检测器，检测波长 268nm。

③ 流动相 0.01mol/L 草酸溶液（磷酸调节水溶液的 pH 至 2.0）-甲醇-乙腈（67+11+2）（HPLC 分析前，经 0.45μm 滤膜过滤及真空脱气）。

④ 流量 0.8mL/min。

⑤ 柱温 室温。

（2）标准曲线的绘制 准确移取不同体积的混合标准溶液于 10mL 具塞比色管中，用流动相稀释至刻度，摇匀。经 0.45μm 滤膜过滤备用。在设定色谱条件下，分别取 10μL 进行分析。根据标准系列质量浓度和峰面积绘制标准曲线。

（3）样品测定 在设定的色谱条件下进 10μL 样品溶液进行分析，若样品含量过高，应用流动相稀释后测定。根据峰面积，从标准曲线上查得相应成分的质量分数。

四、结果计算

$$\omega(抗生素或甲硝唑)=\frac{\rho V}{m} \tag{22-3}$$

式中　ω（抗生素或甲硝唑）——化妆品中抗生素或甲硝唑的质量分数，μg/g；

　　　　ρ——测试溶液中抗生素或甲硝唑的质量浓度，mg/L；

　　　　V——样品定容体积，mL；

　　　　m——样品取样量，g。

五、色谱图

抗生素及甲硝唑的色谱图见图 22-6。

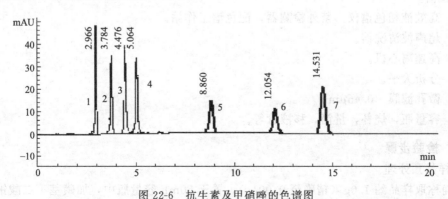

图 22-6　抗生素及甲硝唑的色谱图

1—盐酸美满霉素；2—甲硝唑；3—二水土霉素；4—盐酸四环素；5—盐酸金霉素；

6—盐酸多西环素；7—氯霉素

第五节　化妆品米诺地尔的检验方法

米诺地尔中文名称为"敏乐定"或"长压定"，是一种降压药。在临床应用中，具有促使毛发增生的效用，外用治疗脱发症。其副作用包括刺激皮肤，可能引致皮肤红疹、痕痒等。米诺地尔为化妆品禁用组分。

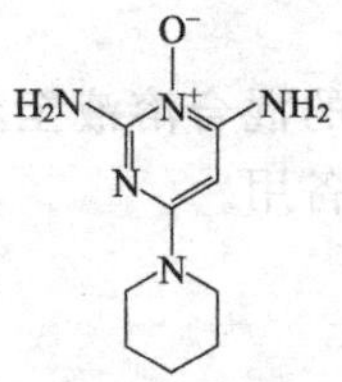

米诺地尔化学名称为 6-(哌嗪基)-2,4-嘧啶二胺-3-氧化物，化学式 $C_9H_{15}N_5O$，结构见图 22-7 所示。

图 22-7　米诺地尔结构式

本节介绍测定化妆品中米诺地尔的高效液相色谱法。适用于醇-水、水溶液型发用化妆品中米诺地尔含量的测定。

参照国家食品药品监督管理局颁布的《化妆品中米诺地尔检测方法(暂行)》(国食药监许［2010］340 号)。

一、方法原理

米诺地尔在 280nm 处有紫外吸收，可用反相高效液相色谱（HPLC）分离，并根据保留时间定性，峰面积定量。

当样品取样量为 1g 时，本方法米诺地尔的最低检出限为 $10\mu g/g$。

二、试剂与仪器

1. 试剂

(1) 甲醇　色谱纯。

(2) 冰醋酸　分析纯。

(3) 磺基丁二酸钠二辛酯　分析纯。

(4) 高氯酸　分析纯。

(5) 磺基丁二酸钠二辛酯溶液［$\rho=3.0g/L$］　称取磺基丁二酸钠二辛酯 3.0g，加甲醇-水-冰醋酸（730＋270＋10）混合溶液约 950mL 溶解，用高氯酸调节至 pH3.0，用甲醇-水-冰醋酸（730＋9270＋10）混合溶液稀释至 1L，摇匀。

(6) 米诺地尔标准储备溶液［$\rho=0.25g/L$］　准确称取米诺地尔对照品 0.025g（精确至 0.0001g），置于 100mL 容量瓶中，加磺基丁二酸钠二辛酯溶液适量溶解并定容，摇匀。

2. 仪器

(1) 高效液相色谱仪　紫外检测器，配色谱工作站。

(2) 超声波清洗器。

(3) 高速离心机。

(4) 分析天平。

(5) 微孔滤膜　$0.45\mu m$。

(6) 容量瓶，烧杯，量筒，移液管等。

三、检验步骤

1. 样品预处理

准确称取样品约 1.0g（精确至 0.001g），置于 50mL 容量瓶中，加磺基丁二酸钠二辛酯溶液约 40mL，常温超声提取 15min，用磺基丁二酸钠二辛酯溶液定容，摇匀。必要时可离心，取上清液经 $0.45\mu m$ 滤膜过滤，续滤液作为待测溶液备用。

2. 测定

（1）色谱参考条件

① 色谱柱　C_{18}柱，250mm×4.6mm（i.d.），5μm。

② 流动相　磺基丁二酸钠二辛酯溶液。

③ 流速　1.0mL/min。

④ 检测波长　280nm。

⑤ 柱温　室温。

（2）标准曲线的绘制　分别移取米诺地尔标准储备溶液0.20mL、1.00mL、5.00mL、10.00mL、20.00mL置于50mL量瓶中，用磺基丁二酸钠二辛酯溶液定容，摇匀。配成含米诺地尔分别为1μg/mL、5μg/mL、25μg/mL、50μg/mL、100μg/mL的标准溶液。在设定的色谱条件下，分别精密量取10μL注入高效液相色谱仪，记录色谱图，并绘制峰面积-米诺地尔质量浓度（μg/mL）标准曲线，线性相关系数不小于0.999。

（3）样品测定　在设定的色谱条件下，精密量取10μL待测溶液注入高效液相色谱仪分析。若样品中米诺地尔含量超过100μg/mL，应用磺基丁二酸钠二辛酯溶液适当稀释后测定，记录色谱图。根据峰面积，以标准曲线计算待测溶液中米诺地尔的质量分数。按以上步骤取两份样品进行平行试验，并计算相对平均偏差（≤10%）。

四、结果计算

$$\omega(\text{米诺地尔})=\frac{\rho V}{m} \tag{22-4}$$

式中　ω(米诺地尔)——样品中米诺地尔的质量分数，μg/g；

　　　　ρ——从标准曲线上查得的待测溶液中米诺地尔的质量浓度，μg/mL；

　　　　V——样品定容体积，mL；

　　　　m——样品取样量，g。

五、色谱图

米诺地尔标准溶液色谱图见图22-8。

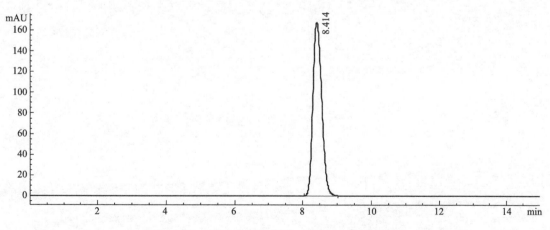

图 22-8　米诺地尔标准溶液（25μg/mL）色谱图

六、阳性结果的确认

测定过程中，如果有阳性结果，应采用液相色谱-质谱法进一步确证（略）。

思　考　题

1. 化妆品中常见的违禁物质有哪些？
2. 激素主要违禁加入到哪些种类的化妆品中？
3. 在化妆品中违禁添加激素会引起哪些问题？
4. 哪些化妆品可能违禁添加抗生素？化妆品中违禁添加抗生素会引起什么问题？
5. 检验化妆品中的激素的方法有哪些？简述其原理。
6. 检验化妆品中磺胺类抗菌药物的方法是什么？简述其原理。
7. 检验化妆品中甲硝唑及常见抗生素的方法是什么？简述其原理。
8. 在化妆品中违禁添加米诺地尔的目的是什么？有什么副作用？
9. 检验化妆品中米诺地尔的方法是什么？简述其原理。

第二十三章　其他禁限用物质的检验

第一节　化妆品中曲酸的检验

曲酸，化学名称为 5-羟基-2-羟甲基-1,4-吡喃酮（其结构式见图 23-1），是目前美白祛斑类化妆品中的一种特效成分，可抑制人体内酪氨酸酶活性，从而控制皮肤的色素沉淀，在化妆品中一般添加量为 0.5%～2.0%，在《化妆品卫生规范》中属限用物质。曲酸本身化学性质不稳定，过量使用会使皮肤产生白斑并伴有刺激感。因此实际应用中多与其他同样具有美白祛斑效果的维生素 C、熊果苷等物质组成复方配剂使用。

本节介绍高效液相色谱法测定化妆品中的曲酸。

参照《SN/T 1499—2004 化妆品中曲酸的检测方法　液相色谱法》、《GB/T 23534—2009 曲酸》。

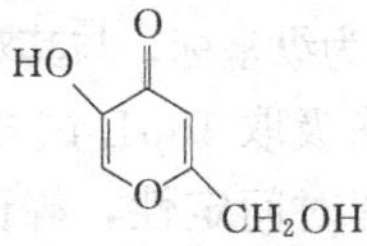

图 23-1　曲酸化学结构式

一、方法原理

化妆品中的曲酸用水提取，过滤后，采用反相高效液相色谱技术进行分离、测定。根据其保留时间定性，标准曲线法定量。

本方法对曲酸的测定限为 0.0005%。

二、试剂与仪器

1. 试剂

除非另有说明，所用试剂均为分析纯，水为二次去离子水。

（1）甲醇　色谱纯。

（2）磷酸二氢钾　0.02mol/L。

（3）曲酸　纯度≥99%。

（4）曲酸标准储备液（200mg/L）　称取 0.02g 曲酸，精确到 0.1mg，于 50mL 烧杯中，加适量水溶解，溶液定量移入 100mL 容量瓶中，用水稀释至刻度，混匀。

2. 仪器

（1）液相色谱仪　配有紫外检测器。

（2）微量进样器　10μL。

（3）超声波清洗器。

（4）离心机　12000r/min。

（5）微孔滤膜　0.45μm。

（6）移液管，容量瓶，量筒，具塞锥形瓶。

（7）分析天平。

三、检验步骤

1. 试样的处理

称取化妆品试样约 0.5g，精确到 1mg，于 50mL 具塞锥形瓶中，加入 20mL 水，在超声波清洗器中超声振荡 20min，将溶液移入 50mL 容量瓶中，用水稀释至刻度，混匀。取部分溶液放入离心试管中，在离心机上于 12000r/min 离心 10min，离心后的上清液经 0.45μm 滤膜过滤，滤液待测定用。

2. 测定

（1）色谱条件

① 色谱柱　ODS C$_{18}$柱，250mm×4.6mm（i. d.），5μm 或相当者。

② 流动相　甲醇-0.02mol/L 磷酸二氢钾（18＋82）。

③ 流速　1.0mL/min。

④ 检测波长　273nm。

⑤ 柱温　室温。

⑥ 进样量　10μL。

（2）标准曲线绘制　准确移取曲酸标准储备液 0.20mL、0.50mL、1.00mL、2.00mL、3.00mL、4.00mL、5.00mL 到一系列 10mL 容量瓶中，用水稀释至刻度，摇匀。取 10μL 溶液注入液相色谱仪进行测定，以色谱峰的峰面积为纵坐标，与其对应的浓度为横坐标作图，绘制标准曲线。

（3）样品测定　用微量进样器准确吸取 10μL 试样溶液注入液相色谱仪进行测定，记录色谱峰的保留时间和峰面积。以其保留时间定性，峰面积定量。曲酸含量高的试样可取适当试样溶液用水稀释后进行测定。

四、结果计算

结果按式(23-1)计算，表示到小数点后两位：

$$w = \frac{\rho V}{1000m} \times 100\% \tag{23-1}$$

式中　w——化妆品中曲酸的质量分数；

　　　ρ——从标准曲线上查出的试样溶液中曲酸的质量浓度，mg/L；

　　　V——试样溶液定容体积，L；

　　　m——试样的质量的数值，g。

第二节　化妆品中 α-羟基酸的检验

α-羟基酸是指在 α 位有羟基的羧酸，是一组弱的吸湿性有机酸。因其最初是从苹果、柠檬、甘蔗等水果和植物中提取的，也称果酸。α-羟基酸是一类小分子物质，可迅速被吸收，具有较好的保湿作用。其浓度高时可引起角质脱落和角质溶解，对皮肤干燥、细微皱纹、斑点有显著的改善作用，可使皮肤变得光滑、柔软、富有弹性，因此备受化妆品厂商的青睐，现在已广泛用于化妆品中。

但 α-羟基酸的浓度越高，酸度越大，对皮肤的刺激性也越大。因此，《化妆品卫生规范》明确规定，化妆品中 α-羟基酸的使用总量不得超过 6%，同时使用状态下产品的 pH 不得小于 3.50（淋洗类发用产品除外）。如用于非防晒类护肤化妆品，且含≥3%的 α-羟基酸时或在标签上宣称含有 α-羟基酸时，应注明"与防晒化妆品同时使用"。

在洗、护发及护肤类化妆品原料中经常使用的含有 α-羟基酸的物质有酒石酸、乙醇酸、苹果酸、乳酸、柠檬酸等。目前主要采用高效液相色谱法、气相色谱法和离子色谱法等方法检测。本节仅介绍高液相色谱法。

参照《化妆品卫生规范》(2007 年版)。

一、方法原理

以水提取化妆品中乙醇酸等 5 种 α-羟基酸组分，用高效液相色谱仪进行分析，以保留时间定性，峰面积定量。本方法中各种 α-羟基酸的检出限、定量下限及取 1g 样品时的检出浓度和最低定量浓度见表 23-1。

表 23-1　各种 α-羟基酸的检出限、定量下限和检出浓度、最低定量浓度

α-羟基酸组分	酒石酸	乙醇酸	苹果酸	乳酸	柠檬酸
检出限/μg	0.1	0.35	0.2	0.4	0.25
定量下限/μg	0.33	1.17	0.67	1.33	0.83
检出浓度/($\mu g/g$)	200	700	400	800	500
最低定量浓度/($\mu g/g$)	660	2340	13400	2660	1660

二、试剂与仪器

1. 试剂

(1) 磷酸二氢铵。

(2) 磷酸，优级纯。

(3) α-羟基酸标准溶液　称取各种 α-羟基酸标准品适量，溶解后转移至 100mL 容量瓶中，定容。配成如表 23-2 所示浓度的标准储备溶液，再用标准储备溶液配成混合标准系列。

表 23-2　各种 α-羟基酸的储备溶液浓度及标准系列浓度

α-羟基酸组分	酒石酸	乙醇酸	苹果酸	乳酸	柠檬酸
储备溶液浓度/(g/L)	5.0	8.0	20.0	40.0	20.0
标准系列浓度/(mg/L)	100	160	400	800	400
	250	400	1000	2000	1000
	500	800	2000	4000	2000

2. 仪器

(1) 高效液相色谱仪　具二极管阵列检测器。

(2) 超声波清洗器。

(3) 水浴锅。

(4) 高速离心机。

(5) pH 计。

(6) 分析天平。

(7) 微孔滤膜　0.45μm。

(8) 具塞比色管，量筒，移液管等。

三、检验步骤

1. 样品预处理

准确称取样品约 1g 于 10mL 具塞比色管中，水浴去除挥发性有机溶剂，加水至 10mL，超声提取 20min，取适量样品在 10000r/min 下高速离心 15min，取上清液过 0.45μm 的滤膜后作为待测溶液。

2. 测定

(1) 色谱参考条件

① 色谱柱　C$_8$ 柱，250mm×4.6mm（i.d.），10μm。

② 流动相　0.1mol/L 的磷酸二氢铵溶液，用磷酸调 pH 值为 2.45。

③ 流速　0.8mL/min。

④ 柱温　室温。

⑤ 检测器　二极管阵列检测器，检测波长为 214nm。

(2) 标准曲线的绘制　取乙醇酸等 6 种 α-羟基酸组分的混合标准系列溶液 5μL 注入高效液相色谱仪，记录各色谱峰面积，绘制各 α-羟基酸组分峰面积-浓度标准曲线。

(3) 样品测定　取待测溶液 5μL 注入高效液相色谱仪，根据峰的保留时间和紫外光谱图定性。记录色谱峰面积，并从标准曲线上查得对应的 α-羟基酸组分的浓度。

四、结果计算

$$\omega(\alpha\text{-羟基酸}) = \frac{\rho V}{m} \tag{23-2}$$

式中　$\omega(\alpha\text{-羟基酸})$——样品中 α-羟基酸组分的质量分数，μg/g；

ρ——从曲线上查出测试溶液中 α-羟基酸的质量浓度，mg/L；

V——样品定容体积，mL；

m——样品取样量，g。

五、色谱图

α-羟基酸色谱图如图 23-2 所示。

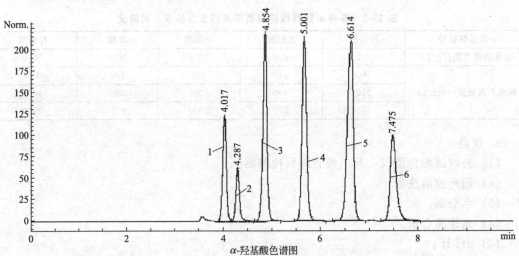

图 23-2　α-羟基酸标准液相色谱图

1—酒石酸；2—乙醇酸；3—苹果酸；4—乳酸；5—柠檬酸；6—苹果酸

第三节　去屑香波中吡罗克酮乙醇胺盐、甘宝素、酮康唑、水杨酸的检验

目前，市场上的去屑香波主要是添加了吡罗克酮乙醇胺盐、甘宝素、酮康唑、水杨酸和吡啶硫酮锌（ZPT）等几种止痒去屑剂。本节介绍高效液相色谱法同时测定去头屑香波中水

杨酸、酮康唑、氯咪巴唑（商品名：甘宝素）和吡罗克酮乙醇胺盐等去屑剂或防腐剂的方法。但不适用于 ZPT 的测定，ZPT 的测定见第四节。

一、方法原理

去头屑洗发类化妆品中水杨酸等去屑剂经乙腈-甲醇（95＋5）混合溶剂提取后，用高效液相色谱仪分离测定，以保留时间和紫外吸收光谱图定性，峰面积定量。

本方法中各组分的检出限、定量下限及取 0.5g 样品时的检出浓度和最低定量浓度见表23-3。

表 23-3 各组分的检出限、定量下限和检出浓度、最低定量浓度

去屑剂组分	水杨酸	酮康唑	甘宝素	吡罗克酮乙醇胺盐
检出限/ng	1.0	1.5	2.0	4.5
定量下限/ng	3.3	5.0	6.7	15.0
检出浓度/(μg/g)	20.0	30.0	40.0	90.0
最低定量浓度/(μg/g)	66.7	100	133	300

二、试剂与仪器

1. 试剂

（1）甲醇、乙腈 均为色谱纯。

（2）磷酸 优级纯。

（3）磷酸二氢钾。

（4）乙二胺四乙酸二钠。

（5）去屑剂标准溶液 称取适量的各去屑剂标准品，加 85mL 左右的乙腈-甲醇（95＋5）溶液，超声。待溶解完全后转移至 100mL 容量瓶中，用乙腈-甲醇（95＋5）定容。配成如表 23-4 所示的浓度的标准储备溶液，再用乙腈-甲醇（95＋5）稀释标准储备溶液配成混合标准系列。

表 23-4 各去屑剂的储备溶液浓度及标准系列浓度

去屑剂组分	水杨酸	酮康唑	甘宝素	吡罗克酮乙醇胺盐
储备溶液浓度/(mg/L)	500	500	1000	1000
	50	50	100	100
	100	100	200	200
标准系列浓度/(mg/L)	200	200	400	400
	400	400	800	800
	500	500	1000	1000

2. 仪器

（1）高效液相色谱仪 具二极管阵列检测器。

（2）超声波清洗器。

（3）pH 计。

（4）分析天平。

（5）微孔滤膜 0.45μm。

（6）具塞比色管等。

三、检验步骤

1. 样品预处理

准确称取香波样品约 0.5g 于 50mL 具塞比色管中，加入乙腈＋甲醇＝95＋5 至刻度，振摇，超声提取 40min，必要时可离心。经 0.45μm 滤膜过滤，滤液作为待测溶液。

2. 测定

（1）色谱参考条件

① 色谱柱　C_{18} 柱，150mm×4.6mm（i.d.），5μm。

② 流动相　乙腈-甲醇-0.01mol/L 磷酸二氢钾水溶液［添加乙二胺四乙酸二钠盐至最终浓度为 0.5mmol/L，并用磷酸调节水溶液的 pH 至 4.0（50＋10＋40）］。

③ 流速　1.0mL/min。

④ 柱温　室温。

⑤ 检测器　二极管阵列检测器，检测波长为 230nm。对于有干扰的样品，测定水杨酸和吡罗克酮乙醇胺盐时建议检测波长调整为 300nm。

（2）标准曲线的绘制　取去屑剂标准系列 5μL 注入高效液相色谱仪，绘制各去屑剂峰面积—浓度的标准曲线。

（3）样品测定　取样品溶液 5μL 注入高效液相色谱仪，根据峰的保留时间和紫外光谱图定性。记录色谱峰面积，从标准曲线获得对应的去屑剂浓度。

四、结果计算

$$\omega(去屑剂)=\frac{\rho V}{m} \tag{23-3}$$

式中　ω(去屑剂)——样品中去屑剂的质量分数，μg/g；

　　　　ρ——测试溶液中去屑剂的质量浓度，mg/L；

　　　　V——样品定容体积，mL；

　　　　m——样品取样量，g。

五、色谱图

去屑剂标准色谱图见图 23-3。

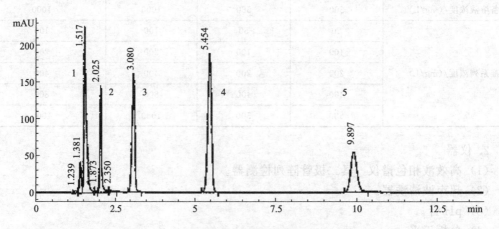

图 23-3　去屑剂标准色谱图（检测波长 230nm）

1—水杨酸（1.517）；2—ZPT；3—酮康唑（3.080）；4—甘宝素（5.454）；5—吡罗克酮乙醇胺盐（9.897）

第四节 洗发香波和护发素中的吡啶硫酮锌的检验

吡啶硫酮锌（简称 ZPT），是 2-吡啶硫醇-1-氧的锌络合物，为黄灰白色粉末，无异味，稍易溶于二甲基亚砜，难溶于氯仿，几乎不溶于水及甲醇。ZPT 的结构式如图 23-4 所示。ZPT 作为去头屑剂广泛用于洗发、护发化妆品中。《化妆品卫生规范》（2007 版）中规定 ZPT 的最大允许使用浓度为 1.5%。

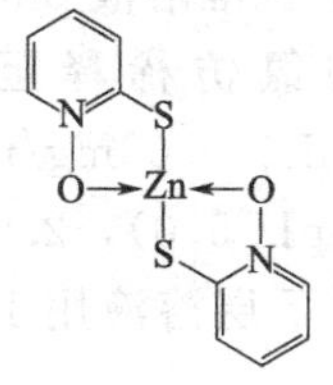

图 23-4 ZPT 结构式

一、方法原理

本法采用柱前衍生的 HPLC。吡啶硫酮锌与 Cu^{2+} 作用生成吡啶硫酮铜络合物，再经 HPLC 分离，紫外检测器检测。根据标准品的保留时间定性，峰面积定量。

二、试剂与仪器

1. 试剂

（1）吡啶硫酮锌标准溶液 精确称取 0.1000g 吡啶硫酮锌标准品，用水饱和的氯仿定容至 100mL。此液含 ZPT 1.0mg/mL。

（2）吡啶硫醇-1-氧 分析纯。

（3）五水硫酸铜 分析纯。

（4）柠檬酸 优级纯。

（5）磷酸氢二钠 优级纯。

（6）乙二胺四乙酸二钠（EDTA） 优级纯。

（7）氯仿 分析纯。

（8）甲醇 优级纯。

（9）缓冲溶液（pH5.0） 0.1mol/L 柠檬酸-0.2mol/L 磷酸氢二钠混合（97＋103）。

2. 仪器

（1）高效液相色谱仪 带色谱工作站。

（2）超声波清洗器。

（3）高速离心机。

（4）分析天平。

（5）容量瓶，量筒，移液管等。

三、检验步骤

1. 样品预处理

精确称取含 10mg ZPT 的样品于 100mL 容量瓶中，用氯仿饱和的缓冲溶液（pH5.0）稀释至刻度。充分振荡几分钟后，置于超声器上超声几分钟，取此溶液 10.0mL 加入 10.0mL 水饱和氯仿、2.0mL 1mol/L 硫酸铜溶液，充分振荡 5min 后，1500r/min 离心 5min。取下层溶液为 HPLC 待测试液备用。

2. 测定

（1）色谱参考条件

① 色谱柱 Nucleosil $5C_{18}$，150mm×4.6mm（i.d.），5μm。

② 检测器 紫外检测器，检测波长 320nm。

③ 流动相 甲醇-水（3+2）。

④ 流动相流速 1.0mL/min。

⑤ 柱温 25℃。

（2）标准曲线的绘制 分别取 ZPT 标准溶液 0mL、0.2mL、0.4mL、0.6mL、0.8mL、1.0mL 于离心试管中，用水饱和的氯仿稀释至 10.0mL，得浓度分别为 0mg/mL、0.02mg/mL、0.04mg/mL、0.06mg/mL、0.08mg/mL、0.10mg/mL 的标准系列。各管分别加入 10.0mL 氯仿饱和的缓冲溶液（pH 5.0），2.0mL 1mol/L 硫酸铜溶液。混合物按样品处理方法振荡、离心、分离。取样品下层溶液用 HPLC 进行分析。记录其保留时间、峰面积。浓度与峰面积作图可得标准曲线。

（3）样品测定 取制备的样液注入高效液相色谱仪。根据标准品的保留时间定性。记录其峰面积，并从标准曲线上查出对应的 ZPT 浓度。

四、结果计算

按式（23-4）计算 ZPT 含量 w。

$$w=\frac{\rho\times100\text{mL}}{m\times10^3}\times100\%\qquad(23\text{-}4)$$

式中 w——样品中 ZPT 的质量分数；

m——样品质量，g；

ρ——从标准曲线上查出的 ZPT 质量浓度，mg/mL。

注意：

（1）为消除金属离子的干扰，在进行色谱分析前，色谱系统可用 0.1％ EDTA 以 0.5mL/min 流速预冲洗，其后用水冲洗干净。

（2）用氯仿饱和的缓冲溶液（pH5.0）稀释样品，若导致固态物质析出，可改用氯仿饱和的水稀释样品。

（3）ZPT 不溶于洗发液或其他化妆品中，但能在这些化妆品中均匀分散；ZPT 不溶解于水，而溶于 1mol/L 的 HCl 或 NH_3-NH_4Cl 缓冲溶液（pH 11.0）。在 1mol/L 的 HCl 中 ZPT 不稳定。溶解后立即降解 10％；24h 后，降解 25％；室温下置于避光器中保存 4d，降解 93％。ZPT 能稳定存在于 NH_3-NH_4Cl（pH11.0）中，然而，在此溶液中加入硫酸铜溶液，产生深蓝色盐络合物。由于此盐络合物的存在，降低了有机相对 ZPT 的铜络合物的萃取效率。因此本法采用 pH＝5.0 的缓冲溶液或水稀释样品，超声处理水样品液，均匀性良好，5 次测定标准偏差为 1.4％。

第五节 化妆品中对苯二胺、邻苯二胺和间苯二胺的检验

染发剂是一种改变头发颜色的特殊用途的化妆品，其中以染料中间体苯二胺作为主要原料，使用最多的染发剂有邻苯二胺（染成金黄色）、间苯二胺（染成紫色）、对苯二胺（染成棕黑色）。根据不同的染色需要，染发剂中苯二胺异构体的含量也各不相同。

我国《化妆品卫生规范》（2007 年版）规定对苯二胺为化妆品限用物质，邻苯二胺和间苯二胺为禁用物质。对苯二胺在化妆品中的最大允许含量为 6％。

本节介绍液相色谱法和气相色谱法测定化妆品中苯二胺的方法。参照《化妆品中对苯二胺、邻苯二胺和间苯二胺的测定》(GB/T 24800.12—2009)。

一、液相色谱法

(一)　方法原理

试样经甲醇超声提取后,经滤膜过滤,采用高效液相色谱分离,二极管阵列检测器检测,外标法定量。

(二)　试剂与仪器

1. 试剂

除另外说明外,所有试剂均为分析纯,水为一级水。

(1) 标准物质　对苯二胺、邻苯二胺、间苯二胺,纯度均不小于99%。

(2) 甲醇、乙腈　均为色谱纯。

(3) 亚硫酸钠溶液　质量分数为2%。

(4) 三乙醇胺。

(5) 磷酸。

(6) 三乙醇胺磷酸缓冲溶液　准确移取10.0mL三乙醇胺溶解于1000mL水中,用磷酸调pH7.7,经0.45μm滤膜过滤。

(7) 对苯二胺、邻苯二胺、间苯二胺混合标准溶液储备液　分别准确称取对苯二胺、邻苯二胺、间苯二胺各0.25g(精确至0.1mg)于100mL的容量瓶中,用甲醇溶解并定容至刻度。此溶液1mL相当于2.50mg对苯二胺、邻苯二胺、间苯二胺,该溶液4℃可避光保存3天。

(8) 对苯二胺、邻苯二胺、间苯二胺混合标准系列使用溶液　准确吸取混合标准储备液0.50mL、1.00mL、2.00mL、3.00mL、4.00mL、5.00mL于6个25mL容量瓶中,用甲醇稀释至刻度。配制成浓度为50mg/L、100mg/L、200mg/L、300mg/L、400mg/L、500mg/L的混合标准系列使用溶液,并另配制试剂空白,溶液现配现用。

2. 仪器

(1) 高效液相色谱仪　具二极管阵列检测器。

(2) 分析天平　感量0.0001g和0.01g两种。

(3) pH计　测量精度±0.02pH。

(4) 具塞比色管　50mL。

(5) 容量瓶　25mL,100mL。

(6) 漩涡振荡器。

(7) 超声振荡器。

(8) 微孔滤膜　0.45μm。

(9) 具色比色管、量筒等。

(三)　检验步骤

1. 样品处理

称取2.00g(精确至0.01g)样品于50mL具塞比色管,加入1mL2%亚硫酸钠溶液,25mL甲醇,漩涡振荡30s,再加入15mL甲醇,混匀,超声提取15min。置于100mL容量瓶中,用甲醇定容至刻度。充分混匀后,静置,上清液经0.45μm滤膜过滤,滤液作为待测样液。

2. 测定

(1) 色谱参考条件

① 色谱柱　反相 C_{18} 柱，250mm×4.6mm（i. d.），5μm，或相当者。
② 流动相　三乙醇胺磷酸缓冲溶液-乙腈（97＋3）。
③ 流速　1.0mL/min。
④ 柱温　30℃。
⑤ 检测器　二极管阵列检测器。
⑥ 检测波长　280nm。
⑦ 进样量　5μL。

注意：流动相比例、流速等色谱条件随仪器而异，应通过试验选择最佳操作条件，使苯二胺类化合物与化妆品中其他组分峰完全分离。

（2）样品测定　按前述色谱条件，取混合标准系列使用溶液和待测样液 5μL 进样。得到标准曲线和试样溶液的峰面积，从标准曲线上查得试样溶液中的对苯二胺、邻苯二胺、间苯二胺的浓度。

（四）结果计算

试样中对苯二胺、邻苯二胺和间苯二胺的质量分数 w_1 按式（23-5）计算：

$$w_1 = \frac{\rho_1 V_1}{m_1 \times 10^6} \times 100\% \tag{23-5}$$

式中　w_1——试样中对苯二胺或邻苯二胺或间苯二胺的质量分数；

　　　ρ_1——试样溶液中对苯二胺或邻苯二胺或间苯二胺的质量浓度，mg/L；

　　　V_1——试样溶液的体积，mL；

　　　m_1——试样质量，g。

计算结果保留两位有效数字。

注意：对于混合使用的试样，取含有苯二胺染料的试样进行检测，计算结果按实际使用时的比例进行折算。

在重复条件下获得的两次独立测定结果的绝对差值不应超过算术平均值的 10%。

二、气相色谱法

（一）方法原理

试样经甲醇超声提取后，经滤膜过滤，采用毛细管气相色谱柱分离，氢火焰离子化检测器检测，外标法定量。

（二）试剂与仪器

1. 试剂

（1）标准物质　对苯二胺、邻苯二胺、间苯二胺，纯度均不小于 99%。

（2）甲醇、乙腈　均为色谱纯。

（3）亚硫酸钠溶液　质量分数为 2%。

（4）对苯二胺、邻苯二胺、间苯二胺混合标准溶液储备液　分别准确称取对苯二胺、邻苯二胺、间苯二胺各 0.25g（精确至 0.1mg）于 100mL 的容量瓶中，用甲醇溶解并定容至刻度。此溶液 1mL 相当于 2.50mg 对苯二胺、邻苯二胺、间苯二胺，该溶液 4℃可避光保存 3d。

2. 仪器

（1）气相色谱仪　具氢火焰离子化检测器。

（2）分析天平　感量 0.0001g 和 0.01g 两种。

（3）容量瓶　25mL、100mL。

（4）漩涡振荡器。

（5）超声振荡器。

（6）微孔滤膜　0.45μm。

（三）检验步骤

1. 样品处理

同液相色谱法。

2. 测定

（1）气相色谱参考条件

① 色谱柱　HP-5，60m×0.25mm（i.d.），1.0μm，或相当者。

② 柱温　100℃保持1min，以10℃/min的速率升温至200℃，再以18℃/min的速率升温至280℃保持15min。

③ 汽化室温度　220℃。

④ 分流比　1∶5。

⑤ 检测器温度　300℃。

⑥ 载气　氮气。

⑦ 流速　1.0mL/min。

⑧ 氢气　40mL/min。

⑨ 空气　400mL/min。

注意：

（1）载气、空气、氢气流速及程序升温条件等随仪器而异，应通过试验选择最佳操作条件，使苯二胺类化合物与化妆品中其他组分峰完全分离。

（2）样品测定　按上述色谱条件，取混合标准系列使用溶液和待测样液1μL进样。得到标准曲线和试样溶液的峰面积。从标准曲线上查得试样溶液中的对苯二胺、邻苯二胺和间苯二胺的浓度。

（四）结果计算

试样中对苯二胺、邻苯二胺和间苯二胺的质量分数 w_2 按式（23-6）进行计算：

$$w_2 = \frac{\rho_2 V_2}{m_2 \times 10^6} \times 100\% \tag{23-6}$$

式中　w_2——试样中对苯二胺或邻苯二胺或间苯二胺的质量分数；

　　　ρ_2——试样溶液中对苯二胺、邻苯二胺和间苯二胺的质量浓度，mg/L；

　　　V_2——试样溶液的体积，mL；

　　　m_2——试样质量，g。

在重复条件下获得的两次独立测定结果的绝对差值不应超过算术平均值的10%。

第六节　化妆品中巯基乙酸及其盐类的检验

巯基乙酸（HSCH$_2$COOH）相对分子质量92.12，是无色液体，伴有特异臭味，可与水以任何比例混合。巯基乙酸在碱性条件下有较强的还原作用，因其使用量不同，可使毛发从柔软到断裂。基于这一特点，其在烫发类、脱毛类化妆品中被广泛采用。由于它有较强的还原作用，所以使用时要控制其含量，以免使烫发剂变成脱毛剂，造成毛发脱落的严重后果，在化妆品中巯基乙酸及其盐类视为限用物质。

《化妆品卫生规范》（2007年版）规定其最大允许浓度如下：2%（巯基乙酸计，pH7～

9.5）用于用后冲洗掉的护发产品；5％（pH7～12.7）用于脱毛剂；8％（pH7～9.5）用于一般的直发和卷发产品；11％（pH 7～9.5）用于专业使用的直发和卷发产品。

本节介绍测定化妆品中巯基乙酸的离子色谱法和化学滴定法。适用于脱毛类、烫发类和其他发用类化妆品中巯基乙酸及其盐类和酯类的测定。

参照《化妆品卫生规范》（2007 年版）。

一、离子色谱法（第一法）

（一）方法原理

以水溶解提取化妆品中的巯基乙酸，经离子交换柱将巯基乙酸根与无机离子分开，电导检测器测定即时的电导值，以保留时间定性，峰面积定量。

本法巯基乙酸的检出限 5.8ng，定量下限 20ng。按本法取样 0.5g，则检出浓度为 46μg/g，最低定量浓度为 0.15mg/g。

（二）试剂与仪器

1. 试剂

（1）乙酸、甲醇   均为优级纯。

（2）三氯甲烷   分析纯。

（3）硫酸 $[\varphi(H_2SO_4)=10\%]$ 取硫酸（$\rho_{20}=1.84$g/mL）10mL，缓慢加入到 90mL 水中，混匀。

（4）盐酸 $[\varphi(HCl)=10\%]$ 取盐酸（$\rho_{20}=1.19$g/mL）10mL，加入 90mL 水中，混匀。

（5）淀粉溶液（10g/L）   称取可溶性淀粉 1g 用水 5mL 调成溶液后加入沸水 95mL，煮沸，并加水杨酸 0.1g 或氯化锌 0.4g 防腐。

（6）氢氧化钠溶液（500g/L），称取圆颗粒状的优级纯氢氧化钠 50g，溶于水中，加水到 100mL。再吸取一定量此溶液用经超声脱气的水稀释到淋洗液浓度。

（7）重铬酸钾标准溶液 $[c(1/6K_2Cr_2O_7)=0.1000$mol/L]   准确称取已于（120±2）℃电烘箱中干燥至恒重的重铬酸钾基准物质 4.9031g，溶于水转移至 1000mL 容量瓶中，定容到刻度，摇匀。

（8）硫代硫酸钠标准溶液（0.1mol/L）   称取硫代硫酸钠（$Na_2S_2O_3 \cdot 5H_2O$）26g（或无水硫代硫酸钠 16g）溶于 1000mL 新煮沸放冷的水中，加入氢氧化钠 0.4g 或无水碳酸钠 0.2g，摇匀，储存于棕色试剂瓶内，放置两周后过滤，用重铬酸钾标准溶液标定其准确浓度。

（9）碘标准溶液（0.05mol/L）   称取碘 13.0g 和碘化钾 35g，加水 100mL，溶解后加入盐酸 3 滴，用水稀释至 1000mL，过滤后转入棕色试剂瓶中，用硫代硫酸钠溶液标定其准确浓度。

（10）巯基乙酸标准溶液（1000mg/L）   称取巯基乙酸标准品 0.5g，用水稀释转移至 500mL 容量瓶中，加入甲醛 1mL，加水定容得标准储备溶液，临用时采用碘量法标定标准储备溶液，并稀释成标准使用溶液，含量分别为 0.50mg/L、1.00mg/L、2.00mg/L、5.00mg/L、10.0mg/L、20.0mg/L、50.0mg/L、80.0mg/L。

2. 仪器

（1）离子色谱仪。

（2）旋涡振荡器。

（3）超声波清洗器。

（4）高速离心机。

（5）分析天平。

（6）微孔滤膜　0.25μm。

（7）具塞比色管，容量瓶，量筒，棕色试剂瓶等。

（三）检验步骤

1. 样品预处理

准确称取样品 0.5g 于 100mL 具塞比色管中，加水至刻度，膏状样品用旋涡振荡器振摇均匀，超声波清洗器提取 20min，加入三氯甲烷 2mL，轻轻振荡，静置。浑浊样品，取适量样品在 14000r/min 转速下高速离心 15min，取上清液过 0.25μm 滤膜后作待测样液。

2. 测定

（1）色谱参考条件

① 色谱柱　AS11-HC，250mm×4mm（i. d.）；AG11-HC，50mm×4mm（i. d.）；柱填料为强碱性离子交换树脂，烷醇季铵作功能基。

② 抑制器　ASRS-ULTRA。

③ 淋洗液　25mmol/LNaOH-1%甲醇混合液。

④ 淋洗液流速　0.85mL/min。

⑤ 抑制模式　外接水 1.0mL/min，自动抑制电流 50mA。

⑥ 氮气流速（压力）　5psi。

⑦ 柱温　室温。

⑧ 进样量　25μL。

⑨ 检测器　抑制型电导检测器。

（2）标准曲线的绘制　分别取 0.5～1mL 巯基乙酸标准系列溶液注入离子色谱仪的进样管中，进样后，色谱 工作站记录、计算色谱峰的保留时间和峰面积，绘制巯基乙酸峰面积-浓度的标准曲线。

（3）样品测定　吸取 0.5～1mL 制备样品注入离子色谱仪的进样管中，进样后，色谱工作站记录、计算色谱峰的保留时间和峰面积，根据标准曲线得到巯基乙酸的浓度。

（四）结果计算

按式(23-7)计算巯基乙酸的浓度（以巯基乙酸计）：

$$\omega(\text{巯基乙酸}) = \frac{\rho V}{m} \tag{23-7}$$

式中　$\omega(\text{巯基乙酸})$——样品中巯基乙酸的质量分数，μg/g；

　　　　　ρ——测试溶液中巯基乙酸的质量浓度，mg/L；

　　　　　V——样品定容体积，mL；

　　　　　m——样品取样量，g。

（五）色谱图

混合标准溶液的离子色谱图见图 23-5。

二、化学滴定法（第二法）

在化妆品分析中巯基乙酸及其盐类的检测普遍采用滴定方法，此法对仪器设备要求不高，简单快速，方法精度虽不如离子色谱法，但尚能满足化妆品分析要求。

（一）方法原理

以有机溶剂提取化妆品中巯基乙酸及其盐类，用碘标准溶液滴定定量。其反应方程式如下：

$$2HSCH_2COOH + I_2 \longrightarrow HOOCH_2C-S-S-CH_2COOH + 2HI$$

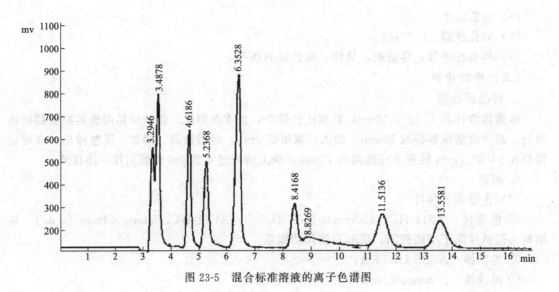

图 23-5　混合标准溶液的离子色谱图

本方法巯基乙酸的检出限为 0.46mg。取 2g 样品时，最低检出浓度为 0.023％（质量分数）。适用于测定烫发类、脱毛类巯基乙酸及其盐类的测定。

（二）试剂与仪器

1. 试剂

同第一法。

2. 仪器

（1）酸式滴定管。

（2）电磁搅拌器　搅棒外层不要包裹塑料套。

（3）分析天平。

（4）锥形瓶等。

（三）检验步骤

1. 样品预处理

准确称取 2g 样品于锥形瓶中，加 $\varphi(HCl)=10\%$ 盐酸 20mL 及水 50mL，缓慢加热至沸腾，冷却后加三氯甲烷 5mL，用电磁搅拌器搅拌 5min 后作为待测液备用。对于有机物干扰少的烫发类产品，可以加酸及水后直接测定。

2. 样品测定

加入 10g/L 的淀粉溶液 2mL 作指示剂，以碘标准溶液滴定，至溶液突变或呈现蓝色在 1min 内不消失即为终点。

（四）结果计算

按式（23-8）计算巯基乙酸及其盐类浓度：

$$\omega(巯基乙酸)=\frac{92.1cV\times2}{m\times10^3}\times100\%\qquad(23-8)$$

式中　w——巯基乙酸质量分数；

　　　c——碘标准溶液的浓度，mol/L；

　　　V——滴定中碘标准溶液的用量，mL；

　　　m——取样质量，g；

　　92.1——巯基乙酸的摩尔质量，g/mol；

2——碘与巯基乙酸反应的分子系数。

（五）干扰

巯基丙酸、半胱氨酸等含自由巯基的化合物对化学滴定法有干扰。

第七节 化妆品中邻苯二甲酸酯类化合物的检验

邻苯二甲酸酯，又称酞酸酯，缩写PAE，是邻苯二甲酸形成酯的统称。当被用作塑料增塑剂时，一般指的是邻苯二甲酸与4~15个碳的醇形成的酯。其中邻苯二甲酸二辛酯是最重要的品种。

化妆品（如指甲油、头发喷雾剂、香皂和洗发液等）在配方中有广泛使用，其中指甲油的邻苯二甲酸酯含量最高，很多化妆品的芳香成分也含有该物质。酞酸酯类物质会增加女性患乳腺癌的概率，还会危害到她们未来生育的男婴的生殖系统。

本节介绍测定香水、发胶、指甲油等化妆品中10种邻苯二甲酸酯类（酞酸酯类）化合物的高效液相色谱测定方法。适用于香水、发胶、指甲油等化妆品中10种邻苯二甲酸酯类化合物的含量测定。

10种邻苯二甲酸酯类化合物包括邻苯二甲酸二甲酯（DMP）、邻苯二甲酸二乙酯（DEP）、邻苯二甲酸二正丙酯（DPP）、邻苯二甲酸二正丁酯（DBP）、邻苯二甲酸二正戊酯（DAP）、邻苯二甲酸二正己酯（DHP）、邻苯二甲酸丁基苄酯（BBP）、邻苯二甲酸二环己酯（DCHP）、邻苯二甲酸二正辛酯（DOP）和邻苯二甲酸二异辛酯（DEHP）。

参照《化妆品卫生规范》（2007年版）。

一、方法原理

邻苯二甲酸酯类化合物在280nm处有特征紫外吸收，可用反相高效液相色谱（HPLC）分离，并根据保留时间和紫外光谱图定性，峰面积定量。

本方法中各种邻苯二甲酸酯类化合物的检出限及取1g样品时的检出浓度见表23-5。

表 23-5　各种邻苯二甲酸酯类化合物的检出限和检出浓度

物 质 名 称	DMP	DEP	DPP	BBP	DBP	DAP	DCHP	DHP	DEHP	DOP
检出限/ng	0.5	0.5	3	3	3	40	40	40	5	5
定量下限/ng	2	2	10	10	10	135	135	135	20	20
检出浓度/(μg/g)	1	1	5	5	5	70	70	70	10	10
最低定量浓度/(μg/g)	4	4	20	20	20	270	270	270	40	40

二、试剂与仪器

1. 试剂

（1）甲醇　色谱纯。

（2）混合标准储备溶液（$\rho=1000mg/L$）　分别称取10种邻苯二甲酸酯类化合物标准品0.05g（精确到0.1mg），用甲醇溶解，移入50mL容量瓶中，定容，摇匀，配成质量浓度为1000mg/L的混合标准溶液。

2. 仪器

（1）高效液相色谱仪　具有二极管阵列检测器，配色谱工作站。

（2）微量进样器或自动进样装置。

（3）超声波清洗器。

(4) 高速离心机。

(5) 分析天平。

(6) 微孔滤膜　0.45μm。

(7) 具塞刻度管，移液管等。

三、检验步骤

1. 样品预处理

称取样品约 1g（精确至 1mg）于 10mL 具塞刻度管中，加入甲醇至刻度，振摇，超声提取 20min，必要时可高速离心。经 0.45μm 滤膜过滤，滤液作为待测样液备用。

2. 测定

(1) 色谱参考条件

① 色谱柱　C_{18} 柱，250mm×4.6mm（i.d.），5μm。

② 流动相　A 相：甲醇；B 相：水；梯度洗脱，洗脱程序见表 23-6。

③ 流速　1.0mL/min。

④ 检测器　二极管阵列检测器，检测波长为 280nm。

⑤ 柱温　25℃或室温（无温控装置时适用）。

表 23-6　流动相甲醇和水梯度洗脱程序（体积比）

时间/min	0	12	15	22	23	25
甲醇-水	75＋25	75＋25	100＋0	100＋0	75＋25	75＋25

(2) 标准曲线的绘制　移取邻苯二甲酸酯类化合物标准储备溶液 0mL、1.00mL、2.00mL、4.00mL、6.00mL、8.00mL 于 10mL 具塞刻度管中，用甲醇稀释至刻度，摇匀。此时溶液中各组分浓度分别为 0mg/L、100mg/L、200mg/L、400mg/L、600mg/L 和 800mg/L。在设定色谱条件下，分别取 5μL 进行 HPLC 分析。根据标准系列质量浓度和峰面积，绘制标准曲线。

(3) 样品测定　在设定色谱条件下，进 5μL 待测样液进行高效液相色谱分析。若样品中待测组分含量过高，应用甲醇稀释后测定。色谱图检出的物质，经与该物质的标准紫外光谱图比较确证后，根据峰面积，从标准曲线上查得相应组分的质量浓度。

3. 空白试验

除不称取样品外，按以上步骤进行。

4. 平行试验

按以上步骤，做两份样品的平行测定。

四、结果计算

$$\omega(\text{邻苯二甲酸酯}) = \frac{\rho V}{m}$$ (23-9)

式中　ω(邻苯二甲酸酯)——化妆品中邻苯二甲酸酯的质量分数，μg/g；

ρ——从标准曲线上查得的待测样液中邻苯二甲酸酯的质量浓度，mg/L；

V——样品定容体积，mL；

m——样品用量，g。

五、色谱图

10 种邻苯二甲酸酯类化合物混合标准溶液色谱图如图 23-6 所示。

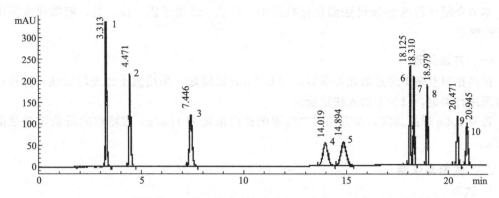

图 23-6　10 种邻苯二甲酸酯类化合物混合标准溶液（800mg/L）色谱图

1—DMP（3.313min）；2—DEP（4.471min）；3—DPP（7.446min）；4—BBP（14.019min）；

5—DBP（14.894min）；6—DAP（18.125min）；7—DCHP（18.310min）；

8—DHP（18.979min）；9—DEHP（20.471min）；10—DOP（20.945min）

六、阳性结果的确认

测定过程中如果有阳性结果，可采用气相色谱-质谱法、液相色谱-质谱法等进一步确证。

气相色谱参考条件如下。

色谱柱：HP-5MS 或类似石英毛细管柱 [30m×0.25mm（i.d.），0.25μm]；进样口温度：250℃；色谱与质谱接口温度：280℃；柱温：程序升温，初始温度 60℃（1min），以 20℃/min 上升至 220℃（1min），再以 5℃/min 上升至 280℃（4min）；载气：高纯氦气，流速 1.0mL/min；进样方式：不分流进样，进样量：1.0μL。

质谱参考条件如下。

电离方式：电子轰击（EI）源；电离能量：70eV；溶剂延迟：5min；扫描方式：选择离子扫描（SIM）。

七、精密度

在重复性条件下获得的两次独立测试结果的绝对差值不大于这两次测定值的算术平均值的 10%。

第八节　化妆品中二噁烷的检验

二噁烷又称 1,4-二氧杂环己烷（其结构见图 23-7）。无色液体，稍有香味，与水和许多有机溶剂混溶。对皮肤、眼部和呼吸系统有刺激性，并且可能对肝、肾和神经系统造成损害，急性中毒时可能导致死亡。属化妆品禁用物质。牙膏、洗发精、除臭剂、漱剂、化妆品等个人护理用品中常因表面活性剂脂肪醇聚氧乙烯醚硫酸盐（AES）的使用而带入残留。日常消费品中（食品和药品除外），1,4-二氧杂环己烷的理想限值是 30ppm，含量不超过 100ppm 时，在毒理学上是可以接受的。

图 23-7　二噁烷结构

本节介绍气相色谱-质谱法测定化妆品中二噁烷。适用于霜、露、乳、液类化妆品中二噁烷的测定。

一、方法原理

试样在顶空瓶中经过加热提取后，用 GC-MS 法测定，采用离子比进行定性，以选择离子检测进行测定，以标准加入法定量。

若取 2.0g 样品测定，本方法对二噁烷的检出浓度为 1μg/g，二噁烷的最低定量浓度为 3μg/g。

二、试剂与仪器

1. 试剂

除另有规定外，所用试剂均为分析纯，水为去离子水。

(1) 二噁烷对照品　纯度＞99%。

(2) 二噁烷标准储备液　准确称取适量的二噁烷对照品（准确至 0.0001g）。用水配制成浓度为 1000μg/mL 的标准储备液。储备液储存在 4℃冰箱中，可使用 2 个月。

(3) 二噁烷标准溶液　用水将上述（3.2）储备液分别配成二噁烷浓度为 0μg/mL、4μg/mL、10μg/mL、20μg/mL，50μg/mL、100μg/mL 系列标准溶液，在 4℃保存，可使用一周。

2. 仪器

(1) 气相色谱仪　配有质谱检测器（MSD）。

(2) 顶空进样器。

(3) 顶空瓶　20mL。

(4) 分析天平　感量 0.0001g 及 0.00001g 两种。

(5) 超声波清洗仪。

(6) 量筒等。

三、检验步骤

1. 样品处理

准确称取混匀样品 2.0g，精确至 0.001g，置于顶空进样瓶中，加入 1g 氯化钠固体，加入 7mL 蒸馏水，精密加入二噁烷标准溶液（3.3）1mL，密封后超声，轻轻摇匀，作为试样。置于顶空进样器中，待测。

2. 测定

(1) 顶空进样器条件

① 温度　汽化室温度：70℃；定量管温度：150℃；传输线温度：200℃。

② 振荡情况　振荡。

③ 时间　汽液平衡时间：40min；进样时间：1min。

(2) 气相色谱-质谱（GC/MSD）参考条件

① 色谱柱　HP-5 毛细管柱，30m×0.25mm（i. d.），0.25μm，或相当者。

② 色谱柱温度　30℃（5min）$\xrightarrow{50℃/min}$100℃（2min），可根据实验室情况适当调整升温程序。

③ 进样口温度　210℃。

④ 色谱-质谱接口温度　280℃。

⑤ 载气　氦气，纯度≥99.999%，1.0mL/min。

⑥ 电离方式　EI。

⑦ 电离能量　70eV。

⑧ 测定方式　选择离子检测方式（SIM）。

⑨ 进样方式　分流进样，分流比 10∶1。

⑩ 进样量　1.0mL。

⑪ 选择离子检测（m/z）见表 23-7。

（3）定性分析　用气相色谱-质谱仪进行样品定性测定，进行样品测定时，如果检出的色谱峰的保留时间与标准品相一致，并且在扣除背景后的样品质谱图中，所选择的离子均出现，而且所选择的离子相对丰度比与标准样品的离子相对丰度比相一致（见表 23-7），则可以判断样品中存在二噁烷。

表 23-7　离子相对丰度比

检测离子(m/z)	离子相对丰度比/%	允许相对偏差/%
88	100	
58	应用对照品测定离子相对丰度比	±20
43	应用对照品测定离子相对丰度比	±25

（4）定量分析　用加标准溶液的试样分别进样，以二噁烷峰面积为纵坐标，二噁烷标准加入量为横坐标进行线性回归，建立标准曲线，计算试样中二噁烷的含量。

3. 平行实验

按以上步骤，对同一试样进行平行试验测定，平均偏差不超过 20%。

4. 空白试样

除不加试样外，均按上述测定步骤进行。

四、结果计算

1. 确定标准加入单点法中用于计算的标准参考量

选择加标为 $0\mu g/mL$ 的试样作为样品取样量（m），根据样品（m）的峰面积（A_i），选择加入二噁烷对照品后二噁烷的峰面积（A_s）与 $2A_i$ 相当的加标样品（m_i）作为计算用标准（m_s），应用标准加入单点法对样品进行计算。

2. 计算二噁烷的质量分数

$$\omega(二噁烷)=\left[\frac{m_s}{(A_s/A_i)-(m_i/m)}\right]/m \tag{23-10}$$

式中　$\omega(二噁烷)$——样品中二噁烷的质量分数，mg/kg；

$\qquad m_s$——加入二噁烷标准品的质量，μg；

$\qquad A_i$——样品中二噁烷的峰面积；

$\qquad A_s$——加入二噁烷标准品后样品中二噁烷的峰面积；

$\qquad m$——样品取样质量，g；

$\qquad m_i$——加入二噁烷标准品的样品取样质量，g。

第九节　化妆品中挥发性有机溶剂的检验

本节介绍测定化妆品中 15 种挥发性有机溶剂的顶空-气相色谱法。本方法适用于检测发胶、啫喱水、摩丝、爽肤水、祛痘水、精华露、洗发水、沐浴露及祛斑精华霜等多种不同基质的化妆品中挥发性有机溶剂。

15 种挥发性有机溶剂为二氯甲烷、1,1-二氯乙烷、1,2-二氯乙烯、三氯甲烷、1,2-二氯乙烷、苯、三氯乙烯、甲苯、四氯乙烯、乙苯、间二甲苯、对二甲苯、苯乙烯、邻二甲苯和异丙苯。

一、方法原理

样品用水稀释，经顶空处理达到汽-液平衡后进样，用具有氢火焰离子化检测器的气相色谱仪进行分析，以保留时间定性，峰面积外标法定量。

本方法中各种挥发性有机溶剂的检出限、定量下限及取 1g 样品时的检出浓度、最低定量浓度见表 23-8。

表 23-8　15 种挥发性有机溶剂的检出限、定量下限、检出浓度和最低定量浓度

物质名称	检出限/ng	定量下限/ng	检出浓度/(μg/g)	最低定量浓度/(μg/g)
二氯甲烷	58	200	0.58	2.0
1,1-二氯乙烷	43	150	0.43	1.5
1,2-二氯乙烯	32	110	0.32	1.1
三氯甲烷	40	140	0.40	1.4
1,2-二氯乙烷	61	200	0.61	2.0
苯	10	35	0.10	3.5
三氯乙烯	31	110	0.31	1.1
甲苯	11	40	0.11	0.4
四氯乙烯	68	270	0.68	2.7
乙苯	9	30	0.09	0.3
间二甲苯、对二甲苯	12	40	0.12	0.4
苯乙烯	20	70	0.20	0.7
邻二甲苯	15	50	0.15	0.5
异丙苯	10	35	0.10	0.35

二、试剂与仪器

1. 试剂

（1）甲醇　色谱纯。

（2）氯化钠　分析纯，550℃烘 2～3h。

（3）15 种挥发性有机溶剂标准溶液　分别称取 15 种挥发性有机溶剂标准品各 10mg（精确至 0.1mg），分别置于已加少量甲醇的 10mL 容量瓶中，待溶解完全后用甲醇定容。配成如表 23-9 所示浓度的标准储备溶液单标，再取各标准储备溶液单标适量，用水稀释配成混合标准使用溶液和标准系列。

2. 仪器

（1）气相色谱仪，具氢火焰离子化检测器，分流/不分流进样口，配色谱工作站。

（2）自动顶空装置，或超级恒温水浴锅（控温精度±0.5℃）和气密针。

（3）顶空瓶　20mL。

（4）分析天平。

（5）容量瓶，具塞刻度管等。

表 23-9 15 种挥发性有机溶剂的标准储备溶液浓度及标准系列浓度

物质名称	储备溶液浓度/(mg/L)	使用溶液浓度/(mg/L)	标准系列浓度/(mg/L)				
二氯甲烷		100	0.1	0.3	0.5	0.7	1.0
1,1-二氯乙烷		100	0.1	0.3	0.5	0.7	1.0
1,2-二氯乙烯		100	0.1	0.3	0.5	0.7	1.0
三氯甲烷		100	0.1	0.3	0.5	0.7	1.0
1,2-二氯乙烷		100	0.1	0.3	0.5	0.7	1.0
苯		20	0.02	0.06	0.1	0.14	0.2
三氯乙烯	1000	100	0.1	0.3	0.5	0.7	1.0
甲苯		20	0.02	0.06	0.1	0.14	0.2
四氯乙烯		100	0.1	0.3	0.5	0.7	1.0
乙苯		20	0.02	0.06	0.1	0.14	0.2
间二甲苯、对二甲苯		20	0.02	0.06	0.1	0.14	0.2
苯乙烯		20	0.02	0.06	0.1	0.14	0.2
邻二甲苯		20	0.02	0.06	0.1	0.14	0.2
异丙苯		20	0.02	0.06	0.1	0.14	0.2

三、检验步骤

1. 样品预处理

称取样品约 1.0g（精确至 1mg）于 100mL 具塞刻度管中，加入水至刻度，混匀，此溶液作为待测样液备用。

2. 测定

(1) 色谱参考条件

① 色谱柱 DB-1，30m×0.32mm（i.d.），0.25μm。

② 流速 氮气流速：45.0mL/min；氢气流速：40.0mL/min；空气流速：450mL/min。分流比：1:10。

③ 柱流量 1.0mL/min。

④ 检测器 氢火焰离子化检测器。

⑤ 温度 进样口温度，180℃；检测器温度，200℃；柱温，35℃（保持 5min），以 5℃/min 升至 120℃，再以 30℃/min 升至 220℃，然后保持 5min。

⑥ 顶空条件 水浴温度：60℃；平衡时间：30min；进样体积：60μL。

(2) 标准曲线的绘制 在设定色谱条件下，分别准确吸取挥发性有机溶剂标准系列溶液 10.0mL 于已加 1.0g 氯化钠的顶空瓶内，立即盖上瓶盖轻轻摇匀，置于 60℃水浴平衡 30min。取气液平衡后的液上气体 60μL 注入气相色谱仪进行分析。根据标准系列质量浓度和峰面积，绘制标准曲线。

(3) 样品测定 在设定色谱条件下，取待测样液 10.0mL 于已加 1.0g 氯化钠的顶空瓶内，立即盖上瓶盖轻轻摇匀，置于 60℃水浴中平衡 30min。用气密针取待测样品溶液气液平衡后的液上气体 60μL 注入气相色谱仪，进行分析。色谱图检出的物质，经与该物质的标准质谱图比较确证后，根据峰面积，从标准曲线上查得相应组分的质量浓度。

3. 空白试验

除不称取样品外，按以上步骤进行。

4. 平行试验

按以上步骤，做两份样品的平行测定。

四、结果计算

$$\omega(挥发性有机溶剂) = \frac{\rho V}{m} \tag{23-11}$$

式中　ω(挥发性有机溶剂)——样品中挥发性有机溶剂的质量分数，$\mu g/g$；

ρ——从标准曲线上查得的测试溶液中挥发性有机溶剂的质量浓度，mg/L；

V——样品定容体积，mL；

m——样品取样质量，g。

五、色谱图

15 种挥发性有机溶剂标准色谱图见图 23-8。

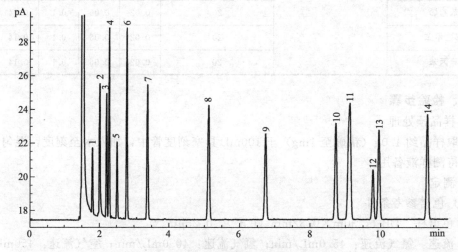

图 23-8　15 种挥发性有机溶剂标准色谱图

1—二氯甲烷（1.801min）；2—1,1-二氯乙烷（2.008min）；3—1,2-二氯乙烯（2.197min）；4—三氯甲烷（2.289min）；5—1,2-二氯乙烷（2.516min）；6—苯（2.790min）；7—三氯乙烯（3.380min）；8—甲苯（5.120min）；9—四氯乙烯（6.734min）；10—乙苯（8.726min）；11—间二甲苯、对二甲苯（9.117min）；12—苯乙烯（9.776min）；13—邻二甲苯（9.946min）；14—异丙苯（11.313min）

六、阳性结果的确认

对于测定过程中有阳性结果的样品，建议用气相色谱-质谱法确认。气相色谱-质谱参考条件为：

① 色谱柱：DB-1，30m×0.32mm（i.d.），0.25μm。

② 柱温：初始温度 35℃，保持 5min，然后以 5℃/min 的速度升至 120℃，再以 30℃/min 的速度升至 220℃，保持 5min。

③ 进样口温度 180℃，离子源温度 230℃，接口温度 230℃，分流比：10∶1。

④ 柱流量　1.5mL/min，恒流模式，选择离子检测。

七、精密度

在重复性条件下获得的两次独立测试结果的绝对差值不大于这两次测定值的算术平均值的 10%。

第十节　化妆品中钕等 15 种稀土元素检验方法

稀土元素在自然界广泛存在，主要存在于土壤、岩石、水、空气、饮食中，在化妆品中可能由于某些植物性、矿物性原料而残留，或由于水、空气、设备等而微量混入，为技术上难以避免的，具有一定的普遍存在性。微量稀土元素一般不会对人体造成损害。

本节介绍化妆品中钕（Nd）、镧（La）、铈（Ce）、镨（Pr）、镝（Dy）、铒（Er）、铕（Eu）、钆（Gd）、钬（Ho）、镥（Lu）、钐（Sm）、铽（Tb）、铥（Tm）、钇（Y）、镱（Yb）15 种稀土元素含量的电感耦合等离子体质谱法测定。

一、方法原理

样品微波消解处理成溶液后，经气动雾化器以气胶的形式进入氩气为基质的高温射频等离子体中，经过蒸发、解离、原子化、电离等过程，转化为带正电荷的正离子，经离子采集系统进入质谱仪，质谱仪根据质荷比进行分离，质谱积分面积与进入质谱仪中的离子数成正比。即被测元素浓度与各元素产生的信号强度 CPS 成正比，与标准系列比较定量。

若取 0.5g 样品，本方法 15 种稀土元素定量下限和最低定量浓度见表 23-10。

表 23-10　15 种稀土元素的定量下限和最低定量浓度

元素	La	Ce	Pr	Nd	Sm	Eu	Gd	Tb	Dy	Ho	Er	Tm	Yb	Lu	Y
定量下限/$(\mu g/L)$	0.05	0.05	0.04	0.09	0.07	0.03	0.13	0.14	0.05	0.07	0.07	0.04	0.07	0.08	0.10
最低定量浓度/$(\mu g/kg)$	2.5	2.5	2.0	4.5	3.5	1.5	6.5	7.0	2.5	3.5	3.5	2.0	3.5	4.0	5.0

二、试剂与仪器

1. 试剂

（1）超纯水　18.2MΩ·cm。

（2）硝酸-水（5+95）　量取优级纯硝酸（$\rho_{20}=1.42g/mL$）5mL，加入 95mL 超纯水中。

（3）过氧化氢　$w(H_2O_2)=30\%$。

（4）混合标准储备液　La、Ce、Pr、Nd、Dy、Er、Eu、Gd、Ho、Lu、Sm、Tb、Tm、Y、Yb（$\rho=10.0mg/L$）。

（5）混合标准使用液　准确移取混合标准储备液（$\rho=10.0mg/L$）10mL，用 5% 硝酸定容至 100mL，摇匀，配成质量浓度为 1000$\mu g/L$ 的混合标准使用液。

（6）内标溶液　Re[$\rho=10.0mg/L$]、Rh[$\rho=10.0mg/L$]。

（7）内标使用液　用硝酸（5+95）配成浓度为 1mg/L 的（Re+Rh）混合内标使用溶液。

（8）质谱调谐液　Li、Y、Ce、Tl、Co，浓度为 10$\mu g/L$。

2. 仪器

（1）电感耦合等离子体质谱（ICP-MS），微机工作站。

（2）微波消解仪，高压微波消解罐。

（3）聚四氟乙烯微波内罐。

（4）水浴锅（或敞开式电加热恒温炉）。

（5）分析天平。

（6）量筒，移液管等。

三、检验步骤

1. 样品预处理

准确称取样品约 0.5g（粉状样品可称取 0.3g 左右），置于清洗好的聚四氟乙烯微波内罐中。含乙醇等挥发性原料的样品如香水、摩丝、沐浴液、染发剂、精华素、刮胡水、面膜等，则先放入温度可调的 100℃水浴锅或电加热恒温炉上挥发（不得蒸干）。油脂类和膏粉类等干性物质，如唇膏、睫毛膏、眉笔、胭脂、唇线笔、粉饼、眼影、爽身粉、痱子粉等，取样后先加水 0.5～1.0mL，润湿。上述有些样品必要时加硝酸预消化。

加入浓硝酸 6mL，30%过氧化氢 2mL，在最佳条件下进行微波消解。冷却至室温，将消解好的含样品的微波内罐放入温度可调的 100℃水浴锅或电加热恒温炉加热数分钟（不得蒸干），驱除样品中多余的氮氧化物，以免干扰测定。用超纯水定容至 25mL 容量瓶中，于聚乙烯管中保存，待测。对于某些粉质化妆品消解后存在一些沉淀物或悬浊物，定容后过滤，待测。微波消解参考条件如下：

$$室温 \xrightarrow{5min} 120℃ \xrightarrow{8min} 170℃ \xrightarrow{15min} 降至室温$$

注意：各实验室根据不同型号微波消解仪器的特点优化消解条件后再进行操作。

2. 测定

（1）仪器参考条件　用调协液调整仪器各项指标，使仪器灵敏度、氧化物、双电荷、分辨率等指标达到要求。

仪器参考条件。

① 射频功率　1300W。

② 载气流速　1.14L/min。

③ 采样深度　6.8mm。

④ 雾化器　Barbinton。

⑤ 雾化室温度　2℃。

⑥ 采样锥与截取锥类型　镍锥。

⑦ 冷却水流速　1.70L/min。

根据仪器型号的不同，应选择适合自己仪器的最佳测定条件。

（2）标准曲线的绘制　分别准确移取混合标准使用液 0.00mL、0.05mL、0.10mL、0.50mL、1.00mL、2.00mL 于 100mL 容量瓶中，加硝酸-水（5＋95）溶液至刻度，摇匀。此时溶液中稀土元素浓度分别为 0.00ng/mL、0.50ng/mL、1.00ng/mL、5.00ng/mL、10.0ng/mL、20.0ng/mL。

（3）样品测定　在仪器最佳条件下，引入在线内标溶液，标准和样品同时进行 ICP-MS 分析。每一样品定量需三次积分，取平均值。以标准曲线质量浓度为横坐标，计数值（CPS）为纵坐标，绘制标准曲线，由工作站直接计算出待测溶液的浓度。

对每一元素，应测定可能影响数据的每一同位素（见表 23-11），以减少干扰造成的分析误差。

3. 空白试验

除不称取样品外，按以上步骤进行。

4. 平行试验

按以上步骤，做两份样品的平行测定。

表 23-11　每一元素应同时测定的同位素

元素	质量数	元素	质量数	元素	质量数
La	<u>139</u>	Eu	151　<u>153</u>	Er	<u>166</u>　167
Ce	<u>140</u>	Gd	155　<u>157</u>	Tm	<u>169</u>
Pr	<u>141</u>	Tb	<u>159</u>	Yb	171　<u>172</u>　173
Nd	143　145　<u>146</u>	Dy	161　<u>163</u>	Lu	<u>175</u>
Sm	<u>147</u>　149	Ho	<u>165</u>	Y	<u>89</u>

注：下划线元素为方法推荐的用于定量的同位素质量数。

四、结果计算

$$\omega(稀土元素) = \frac{(\rho_1 - \rho_0)V}{m \times 10^3} \tag{23-12}$$

式中　ω(稀土元素)——样品中稀土元素的质量分数，$\mu g/g$；

$\quad\quad\quad \rho_1$——测试液中稀土元素的质量浓度，ng/mL；

$\quad\quad\quad \rho_0$——空白溶液中稀土元素的质量浓度，ng/mL；

$\quad\quad\quad V$——样品消化液总体积，mL；

$\quad\quad\quad m$——样品质量，g。

第十一节　化妆品及其原料中石棉的检验

石棉，又称"石绵"，是天然的纤维状的硅酸盐类矿物质的总称。依其矿物成分和化学组成不同，可分为蛇纹石石棉（温石棉）和角闪石石棉两类。世界上所用的石棉 95％左右为温石棉。石棉最大危害来自于其细小纤维被吸入人体后，附着并沉积在肺部，造成肺部疾病，已被国际癌症研究中心肯定为致癌物。

化妆品配方中通常不会添加石棉，但会因使用粉质原料滑石粉而带入。滑石粉和石棉都是硅酸镁类矿物，经常为伴生矿，导致滑石粉中含石棉物质。

具体参照国家食品药品监督管理总局发布的《粉状化妆品及其原料中石棉测定方法》。本节仅简单介绍测定原理和检测程序。

一、方法原理

每种矿物（石棉）都具有其特定的 X 射线衍射数据和图谱，据此来判断试样中是否含有某种石棉矿物。

每种矿物（石棉）都有其特定矿物光性参数和结晶形态特征，通过偏光显微镜测定可以验证或判断试样是否含有某种石棉。

二、检验程序

化妆品及其原料中石棉的测定采用 X 射线衍射测定与偏光显微镜观察相结合的方法进行。首先，用 0.3％含量的温石棉和（或）透闪石标准样品对 X 射线衍射仪进行校核，确认所用仪器满足测定精度，同时确定仪器的最佳测定参数。然后，在最佳测定参数条件下，对样品进行测定。如果 X 射线衍射法测定结果为阴性时，判断样品不含石棉。当 X 射线衍射法测定结果呈"阳性"时，则需进一步采用偏光显微镜对其进行验证观察，最终确认其是否含有石棉。检测程序见图 23-9、图 23-10 所示。

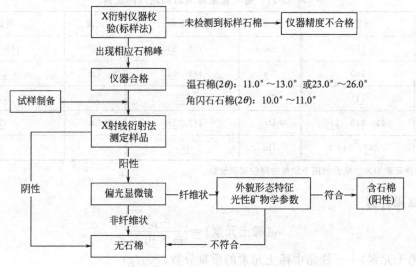

图 23-9 化妆品及其原料中石棉测定程序示意图

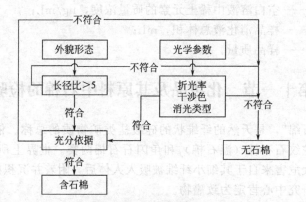

图 23-10 偏光显微镜石棉测定结果判别方法

思 考 题

1. 简述化妆品中添加曲酸的目的及副作用和限量范围。
2. 简述检验化妆品中曲酸的方法和原理。
3. 简述化妆品中添加 α-羟基酸的目的及副作用和限量范围。
4. 简述检验化妆品中 α-羟基酸的方法和原理。
5. 简述检验去屑香波中常见去屑剂的方法和原理。
6. 化妆品中的苯二胺哪些属于禁用？哪些属于限用？限用范围为多少？
7. 检验化妆品中的苯二胺的方法有哪些？简述其原理。
8. 简述化妆品中邻苯二甲酸酯类化合物检验的方法和原理。
9. 巯基乙酸及其盐类在化妆品中的限量范围是多少？
10. 简述化妆品中巯基乙酸的检验方法和原理。

第七篇　化妆品产品质量跟踪及政府监管

第二十四章　化妆品企业产品质量跟踪及政府监管

第一节　化妆品企业产品质量跟踪与追溯

加入 WTO 后，我国化妆品行业面临着更多的机遇与挑战。为促进化妆品质量的提高，增加竞争力，避开技术贸易壁垒，符合欧盟安全跟踪与追溯的要求，更好地为出口服务，需要进一步加强产品质量安全的跟踪与追溯体系。

一、产品质量追溯

在企业的质量管理中，质量追溯是至关重要的环节。产品质量的可追溯性是指通过所记录的标识去追溯一个产品或活动的历史、应用情况或所处位置的能力。它能为企业落实质量责任制提供可靠的依据，还能分析出产品质量的潜在缺陷，以便对造成缺陷的不稳定技术因素、人为因素或管理因素加以调控，不断提高产品质量。

为了实现产品质量的可追溯性，在化妆品产品设计、生产、包装和运输等过程中必须做好标识。由于化妆品产品企业涉及的产品种类丰富，工艺、材料复杂。通常的做法是通过产品编码，用工艺卡、检验单等（书面的或电子的）记录产品及各过程信息。追溯管理的要求见表 24-1。

表 24-1　追溯管理要求

追溯要求	批号确定	生产过程的每批半成品和成品应有批号加以识别。半成品和成品的批号不一定要相同,但必须建立对应关系易于识别、追溯
	批号管理	
	原料批号记录管理	企业应做好原料采购记录,采购记录应包括供货商名称、原料批号、产地、品种、数量、质量等情况
	生产过程批号标识管理	企业应做好生产过程中半成品的标识管理
	出厂批号记录管理	企业应做好生产记录,详细记录原料批生产流向和每个出厂批的原料组成。同时做好产品出厂销售记录,详细记录出厂化妆品的名称、批号、数量、生产日期、发货时间、产品去向、收货人等
	追溯记录保存	用于追溯管理的记录应保存 3 年以上,以备检索
	批号标识管理	企业应在其产品的外包装和销售包装上标识生产批号或生产日期
	样品留存管理	
	应建立留样管理制度	
	每批成品均应有留样,样品应保持内包装完好,存放于留样库(或区)里,有明显标识	
	成品留样数量应满足重复检验的需要。样品留存期限不能短于保质期	
	原料和包装材料的留样根据企业或相关的规定执行	

续表

追溯实施	产品出现不合格时,企业应通过产品批号从成品到原料每一环节逐一进行追溯,通过追溯,分析不合格原因,并采取有效整改措施
	经追溯和原因分析,确认是原料原因,应追溯该原料批制成的其他产品批号,并通过检验确定其他产品是否合格,作出处理意见

图 24-1 为化妆品的质量跟踪及监管。

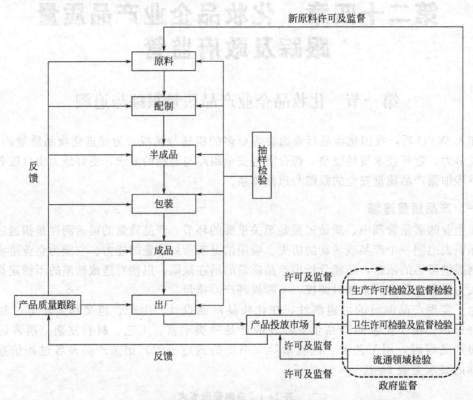

图 24-1　化妆品的质量跟踪及监管

　　产品质量跟踪制度一方面可以确保有质量安全隐患的产品退出市场,实行产品召回;另一方面可以事先预测危害的原因与风险的程度,从而通过管理将风险控制到最低水平;而且能够给消费者及相关机构提供信息,及时增加信息透明度。

二、产品召回制度

　　化妆品产品召回是指化妆品经营者发现所经营化妆品存在安全隐患,可能对人体健康和生命安全造成损害时,应立即停止销售,通知生产企业、相关经营者和消费者停止销售或者使用,以登报公告、张贴告示等方式召回已售出产品,记录召回情况,并及时向化妆品监督管理部门报告。

　　纵观以往的不合格化妆品事件,有不少消费者的健康、生命安全不同程度地受到了损害,一些企业也为此付出了不小的代价。建立不合格化妆品召回制度,主要是为了规范市场经营行为、竞争秩序,避免缺陷产品充斥市场,危害消费者,危害社会。我国化妆品管理相关部门目前正开始着手制定化妆品召回制度的具体操作程序。有关部门加强市场监管固然重要,但对缺陷产品进行召回,体现了企业的责任心和公德心,是企业应该主动承担的商品缺陷责任。有关产品召回的程序、条件、实施及召回产品的处理见表 24-2。

表 24-2　产品召回的程序、条件、实施及召回产品的处理

产品召回	建立产品召回程序		企业应建立产品召回程序,以保证出厂化妆品在出现严重质量安全卫生问题或可能危害消费者身体健康时能及时召回,并按规定和要求进行妥善处理
	启动召回程序的条件		化妆品生产企业有下列情况之一的,应立即启动产品召回程序,及时召回相关产品: 出口化妆品被进口国或地区官方检查发现安全卫生项目不合格的; 产品已出口但存在安全卫生质量隐患的; 因发生突发事件,主管部门要求召回的
	产品召回的实施	召回演练	为确保产品召回的顺利实施,企业每年应定期进行召回演练,并有演练记录
		召回准备	企业应成立召回小组,召回小组一般由管理者、技术人员、仓储人员、营销人员、财务人员、法律人员等组成
			管理层应提供资源,制定、完善召回程序并测试程序中每一环节的可行性
			召回小组成员应熟悉同化妆品有关的法律法规、执法机构的办事程序、清楚企业的安全与质量管理程序
		召回步骤	首先应由召回小组进行分析或风险评估,分析危害程度和范围,调查研究以确认危害因素
			当确定危害因素存在时,企业应及时做好召回安排,明确小组成员任务,按照产品召回程序实施召回
	召回产品的处理		企业应对召回的产品进行有效隔离和标识,并加以分析、验证。若是原料质量问题造成,应根据追溯管理要求,追溯到原料供应企业,并对问题原料制成的其他产品进行鉴定,需要时应对相应产品实施召回,同时应向问题原料的供应企业和有关管理部门通报

三、不合格品的处理

企业应妥善处理不合格品,应做到以下几点。

(1) 建立并执行对不合格品的控制程序,包括不合格品的标识、记录、评价、处置等。对不合格品产生的原因进行分析,并及时采取纠正措施。

(2) 不合格的原料、半成品和成品应由经授权人员进行调查并决定销毁、返工或改为他用。

(3) 安全卫生项目不合格的,不准返工整理,不准出口。非安全卫生项目不合格的,可以返工整理。

(4) 半成品和成品返工的方法应予以规定和批准。

(5) 企业应对半成品和成品返工的过程进行控制,返工后应再次进行检验,合格后方可出口。

四、质量统计分析与改进

质量改进活动就是指识别和实施更改,以确保产品质量能持续满足顾客要求。公司应定期分析成品检验、留样考察数据及顾客反馈意见(包括顾客报怨及市场调查),识别改进需求,针对需求制定改进计划并采取改进措施,以实现对产品质量的改进,以能持续满足顾客的要求。

以某公司投诉统计分析及退货统计分析为例,分别见图 24-2 和图 24-3。

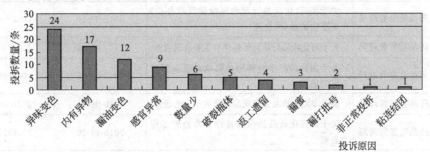

图 24-2　客户部接投诉统计

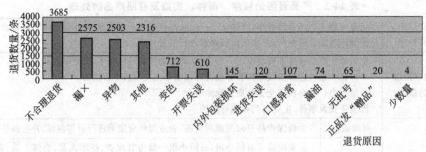

图 24-3　退货统计

第二节　药监系统行政许可及监督管理

我国对化妆品实行卫生许可制度。化妆品的卫生许可和卫生监督归属国家食品药品监督管理局。

一、卫生许可法律法规依据

国产化妆品生产企业必须通过生产卫生条件审核，获得卫生许可证。另外，国产特殊用途化妆品、进口特殊用途化妆品、化妆品新原料还需要通过申请获得化妆品行政许可批件（备案凭证）后方可生产、销售或使用。国产和进口普通化妆品则只需要备案即可销售。

化妆品卫生许可的法律法规依据见表 24-3。

表 24-3　卫生许可相关法律法规依据

序号	制定的政府部门	法规名称	颁布日期	实施日期	
1	卫生部	健康相关产品卫生行政许可程序	2006-05-18	2006-06-01	
2	卫生部	健康相关产品生产企业卫生条件审核规范	2006-05-18	2006-06-01	
3	卫生部	卫生部化妆品卫生行政许可申报受理规定	2006-05-18	2006-06-01	
4	卫生部	化妆品卫生行政许可检验规定	2007-07-01	2007-07-01	
5	食品药品监督管理局	化妆品行政许可申报受理规定	2009-12-25	2010-04-01	
6	食品药品监督管理局	关于进一步明确化妆品行政许可申报受理有关事项的通知	2010-09-30	2010-09-30	
7	食品药品监督管理局	《化妆品技术审评要点》及《化妆品技术审评指南》	2010-09-28	2010-09-28	卫生行政许可
8	食品药品监督管理局	化妆品行政许可检验管理办法	2010-02-11	2010-02-11	
9	食品药品监督管理局	化妆品行政许可检验规范	2010-02-11	2010-02-11	
10	食品药品监督管理局	关于实施《化妆品行政许可检验管理办法》有关事项的通知(急件)	2010-03-08	2010-04-01	
11	食品药品监督管理局	关于对化妆品行政许可抽样有关要求的通知	2010-04-12	2010-04-12	
12	食品药品监督管理局	关于加强国产非特殊用途化妆品备案管理工作的通知	2009-04-03	2009-04-03	
13	食品药品监督管理局	关于印发化妆品命名规定和命名指南的通知	2010-02-05	2010-02-05	
14	食品药品监督管理局	关于加强化妆品标识和宣称日常监管工作的通知	2010-11-26	2010-11-26	
15	食品药品监督管理局	化妆品产品技术要求规范	2010-11-26	2011-04-01	

续表

序号	制订的政府部门	法规名称	颁布日期	实施日期	
16	卫生部	健康相关产品国家卫生监督抽检规定	2005-12-27	2005-12-27	卫生监督管理
17	卫生部	健康相关产品检验机构认定与管理规范	2000-01-11	2000-01-11	
18	食品药品监督管理局	关于印发化妆品行政许可检验机构资格认定管理办法的通知	2010-02-11	2010-02-11	
19	食品药品监督管理局	食品药品监督管理系统保健食品化妆品检验机构装备基本标准(2011～2015年)	2010-10-11	2010-10-11	
20	食品药品监督管理局	关于加快推进保健食品化妆品检验检测体系建设的指导意见	2010-10-18	2010-10-18	
21	食品药品监督管理局	关于加强化妆品生产经营日常监管的通知	2010-08-10	2010-08-10	
22	食品药品监督管理局	关于印发化妆品生产经营日常监督现场检查工作指南的通知	2010-08-10	2010-08-10	
23	食品药品监督管理局	关于开展保健食品、化妆品生产企业违法添加等专项检查的通知	2010-06-07	2010-06-07	
24	食品药品监督管理局	化妆品中禁用物质和限用物质检测方法验证技术规范	2010-11-29	2010-11-29	

二、化妆品行政许可检验

化妆品行政许可检验(以下称许可检验)是指依据《中华人民共和国行政许可法》、《化妆品卫生监督条例》及有关法规和规章,在国家食品药品监督管理局实施化妆品行政许可前,化妆品行政许可检验机构(以下称许可检验机构)根据化妆品生产企业提出的许可检验申请所进行的化妆品卫生安全性或人体安全性检验。

许可检验机构应当依法取得许可检验机构认定资格(以下称认定资格),并根据国家有关法律法规和标准规范的要求,开展许可检验工作,提供准确的化妆品行政许可检验报告(以下称检验报告)。许可检验机构和检验人对出具的检验报告负责,并承担相应的法律责任。受理程序示意图如图24-4所示。

具体参见国家食品药品监督管理局颁发的《化妆品行政许可检验管理办法》及相关规定。

三、化妆品生产经营日常监管

参照国家食品药品监督管理局《化妆品生产企业日常监督现场检查工作指南》、《化妆品经营企业日常监督现场检查工作指南》及相关规定,化妆品生产经营日常监管主要包括以下程序和内容。

1. 现场检查流程

现场检查流程如图24-5所示。

2. 对化妆品生产企业监督检查的主要内容和重点

(1)检查内容　化妆品生产企业的持证情况、生产条件、人员管理、生产过程、产品检验、原料管理、仓储管理以及产品备案情况等。

(2)检查重点

① 化妆品原料　重点检查化妆品生产企业原料的采购、验收、储存、使用等是否符合有关要求,所使用的原料是否有相应的检验报告或品质保证证明材料。

② 生产全过程　重点检查生产的化妆品是否在行政许可的生产项目范围内,是否按照

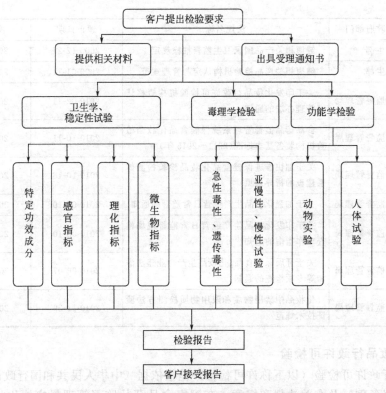

图 24-4　行政许可检验机构受理程序示意图

图 24-5　现场检查流程

批准或备案的配方、工艺组织生产，生产过程是否符合相关要求，批生产记录是否完整有效，原料、半成品和成品是否进行卫生质量监控，是否使用禁用组分、未经批准的新原料或者超量使用限用物质。

③ 化妆品标签标识　重点检查化妆品标签标识的内容是否符合相关要求，是否有套用批准文号或备案号以及虚假、夸大宣传等行为。

3. 对化妆品经营单位监督检查的主要内容和重点

对化妆品经营单位的监督检查以市、县（区）局为主，自治区食品药品监督管理局将定期不定期安排抽查。

（1）检查内容　化妆品经营单位销售化妆品的进货渠道、标签标识、产品合格标记、仓储条件等。

（2）检查重点

① 国产化妆品是否由取得《化妆品生产企业卫生许可证》的企业生产。

② 经营企业是否建立进货查验制度、索证索票制度以及进货台账制度，从事批发业务的经营企业是否建立购销台账制度等。

③ 国产特殊用途化妆品、进口化妆品的批准文号或备案号是否真实、有效。

④ 产品标签标识是否符合相关规定。

⑤ 化妆品是否在使用有效期内。

⑥ 化妆品的储存条件是否与标签所标示的条件相一致。

四、化妆品卫生许可及监督检验机构

1. 卫生部化妆品卫生行政许可检验机构

（1）化妆品卫生安全检验机构分别是：中国疾病预防控制中心环境与健康相关产品安全所、广东省疾病预防控制中心、上海市疾病预防控制中心、北京市疾病预防控制中心、辽宁省疾病预防控制中心、江苏省疾病预防控制中心、浙江省疾病预防控制中心、四川省疾病预防控制中心和湖北省疾病预防控制中心，承担《化妆品卫生行政许可检验规定》规定的全部微生物、卫生化学和毒理学检验项目。

（2）化妆品人体安全性和功效检验机构分别是：中国人民解放军空军总医院、上海市皮肤病性病医院、中山大学附属第三医院、四川大学华西医院和中国医科大学附属第一医院，承担《化妆品卫生行政许可检验规定》规定的人体安全性和防晒功效检测项目（人体法）。

（3）中国疾病预防控制中心环境与健康相关产品安全所、广东省疾病预防控制中心、上海市疾病预防控制中心和上海市皮肤病性病医院还可开展仪器法测定化妆品抗长波紫外线（UVA）能力的检测。

2. 国家食品药品监督管理局

国家食品药品监督管理局接管化妆品卫生许可及监管职能之后，于 2010 年 2 月发布了《化妆品行政许可检验机构资格认定管理办法》，已开始进行化妆品行政许可检验机构的认证。

【工作实例】　　**2008 年某自治区化妆品重点监督检查工作方案**

依据《化妆品卫生监督条例》，根据《卫生部办公厅关于印发 2008 年国家公共卫生重点监督检查计划的通知》要求，结合我区 2007 年化妆品专项整治工作实际情况，制定本方案。

一、工作目标

加大对化妆品生产企业的专项监督检查，通过专项监督检查，严肃查处不符合卫生要求的化妆品生产企业，规范化妆品生产企业生产行为，提高化妆品生产企业的卫生安全责任意识，促进化妆品生产企业保证化妆品卫生质量和标签标识符合法规、规范要求。进一步规范宾馆饭店采购和使用符合卫生管理要求的化妆品，防止不合格化妆品对消费者健康造成损害。

二、检查重点内容

（一）化妆品生产企业。按照《化妆品卫生监督条例》、《化妆品卫生监督条例实施细则》和《化妆品生产企业卫生规范》的规定，对化妆品生产企业卫生状况包括车间布局、生产卫生要求、产品卫生质量检验、原材料及成品储存、标签标识等方面开展监督检查。

（二）对宾馆饭店客用化妆品的专项监督检查。按照《化妆品卫生监督条例》、《化妆品卫生监督条例实施细则》和《化妆品卫生规范》的规定，对辖区内宾馆饭店客用化妆品的标签、标识、说明书进行专项监督检查

三、工作要求

（一）自治区卫生厅卫生监督所负责对我区全部化妆品生产企业进行专项监督检查，并将专项监督检查于 2008 年 9 月 15 日前按附表 1、2 的要求汇总数据信息，上报工作总结。

（二）各地州市卫生行政部门于 5～9 月组织开展对辖区内宾馆饭店客用化妆品的专项监督检查，检查的宾馆饭店数量不少于当地宾馆饭店总数的 20%，各地、州、市卫生行政部门于 2008 年 9 月 15 日前按附

表3的要求汇总数据信息,并上报工作总结。

(三)各地州市卫生行政部门要加强对本地典型案件和重大案件的查处指导工作,要强化新闻宣传意识,积极通报查处的典型案例并于每月10日前向卫生厅法监处上报本地区上个月发现或查处的1个典型案例,重大或影响广泛的案件要按有关规定尽早报送。

附表:1 2008年化妆品生产企业监督检查汇总表

2 2008年化妆品生产企业实验室检测能力监督检查汇总表

3 2008年宾馆饭店客用化妆品监督检查汇总表

附表1 2008年化妆品生产企业监督检查汇总表

生产企业名称	产品种类及品种数量	生产企业卫生许可证号	检查项目							对检查不合格的生产企业处理情况
			每条生产车间作业线的制作、灌装、包装间总面积是否≥100m²	使用的原料是否符合《化妆品卫生规范》要求	原料出入库记录是否齐全(要求企业提供库存所有原料清单)	使用的原料是否有相应的检验报告或品质保证证明材料	产品生产记录是否完整	每批产品出厂前是否进行卫生质量检验	是否建立化妆品不良反应监测报告制度	

单位负责人: 审核人: 填表人: 联系电话: 填报日期:2008年 月 日

注:本次卫生质量检验仅指微生物检验项目。

附表2 2008年化妆品生产企业实验室检测能力监督检查汇总表

生产企业名称	是否具有自检能力(如否,请在备注栏内填写委托检验单位名称)	是否对原料进行卫生质量控制	是否对半成品进行卫生质量控制	企业实验室检测项目内容(可以检测的项目——明列,对于出厂前检测项目标注清楚)	对检查实验室不合格的生产企业处理情况	备注

单位负责人: 审核人: 填表人: 联系电话: 填报日期:2008年 月 日

附表 3　2008 年宾馆饭店客用化妆品监督检查汇总表

序号	产品名称	规格	有效期标识	卫生许可证号批准文号或备案号	生产企业	被采样单位	是否合格	标签不合格内容	备注

单位负责人：　　　审核人：　　　填表人：　　　联系电话：　　　填报日期：2008 年　　月　　日

2009 年北京市化妆品抽检内容、检测指标、检验方法和判定标准见表 24-4。

表 24-4　2009 年北京市化妆品抽检内容、检测指标、检验方法和判定标准

检 测 项 目			检测方法
	重金属	铅、汞、砷	化妆品卫生规范方法
	pH		化妆品卫生规范方法
	甲醇		化妆品卫生规范方法
化学	防晒剂	①(1,3,5)三嗪-2,4-双{[4-(2-乙基-己氧基)-2-羟基]-苯基}-6-(4-甲氧基苯基)；②1-(4-叔丁基苯基)-3-(4-甲氧基苯基)丙烷-1,3-二酮；③2,4,6-三-苯胺基-(对-羰基-2′-乙基己酯-1′-氧)-1,3,5-三嗪；④2,2-亚甲基-双-6-(2H-苯并三唑-2-基)4-(四甲基-丁基)-1,1,3,3-苯酚；⑤2-羟基-4-甲氧基二苯(甲)酮-5-磺酸；⑥3-(4′-甲苯基亚甲基)-d-1-樟脑；⑦4-二甲基氨基苯甲酸-2-乙基己酯；⑧4-甲氧基肉桂酸-2-乙基己酯；⑨水杨酸-2-乙基己酯；⑩2-苯基苯并咪唑-5-磺酸；⑪4-氨基苯甲酸；⑫4-甲氧基肉桂酸异戊酯；⑬2-氰基-3,3-二苯基丙烯酸-2-乙基己酯；⑭胡莫柳酯；⑮羟苯甲酮	化妆品卫生规范方法
	激素	雌三醇、雌酮、己烯雌酚、雌二醇、睾丸酮、甲基睾丸酮、黄体酮	化妆品卫生规范方法
	美白剂	苯酚、氢醌	化妆品卫生规范方法
	染发剂	对苯二胺、对氨基酚、盐酸间氨基酚、邻苯二胺、间苯二酚、对苯二酚、2,5-二氨基甲苯、4-甲胺苯酚	化妆品卫生规范方法
	α-羟基酸	酒石酸、乙醇酸、苹果酸、乳酸、柠檬酸	化妆品卫生规范方法
	抗生素、甲硝唑	盐酸四环素、氯霉素、甲硝唑	化妆品卫生规范方法
	微生物	菌落总数、粪大肠菌群、铜绿假单胞菌、金黄色葡萄球菌、霉菌和酵母菌	化妆品卫生规范方法

第三节　质检系统生产许可及监督管理

我国对化妆品实行生产许可证管理制度。国家质检总局下属的全国工业产品生产许可证办公室组织省、市质量技术监督部门负责全国工业产品生产许可证统一管理工作，获证企业必须在化妆品的包装或说明书上标明生产许可证标记和编号。

企业取得生产许可证，仅说明该企业具备生产合格化妆品产品的条件。为保证产品质量，获证企业仍需接受质检部门的质量监督抽查；同时，鼓励企业自愿参加各种质量管理认证、评优。

一、化妆品生产许可相关法律法规依据

化妆品生产许可相关法律法规依据见表 24-5。

表 24-5　化妆品生产许可相关法律法规依据

序号	发布单位	法规名称	发布日期	实施日期
1	全国工业产品生产许可证办公室	化妆品生产许可证实施细则	1994-08-24	1994-08-24
2	全国工业产品生产许可证办公室	化妆品产品生产许可证换(发)证实施细则	2001-08-16	2001-08-16
3	国务院全国工业产品生产许可证办公室	中华人民共和国工业产品许可证管理条例	2005-07-09	2005-09-01
4	国家质检总局	中华人民共和国工业产品许可证管理条例实施办法	2005-09-15	2005-11-01
5	国家质检总局	化妆品生产许可实施通则(征求意见中)		
6	国家质检总局	化妆品生产许可证审查细则(征求意见中)		

二、生产许可检验工作流程

《化妆品产品生产许可证换（发）证实施细则》对于化妆品企业获得化妆品生产许可证的程序做出了严格规定，以保证行政审批工作的规范性和严肃性。各省市质检局工业产品生产许可证办公室受理企业生产许可证申请，受理后报国家质检总局统一组织审查发证。整个工作流程包括：申报、现场审核、产品质量检验、审定与发证和申诉五个部分。

三、产品质量检验

产品质量检验指的是在生产许可审批过程中，由《化妆品产品生产许可证换（发）证实施细则》中所认定的检测机构按规定的程序对产品进行的质量合格判定。产品合格与否是企业能否获取化妆品生产许可证的依据之一。为保证检验结果的公正性，产品抽样与检测分别由不同的机构和人员承担。

四、产品监督检查

根据国家有关规定，获证后的监督抽查，可以由省、市许可证办公室负责组织对当地化妆品产品生产企业和化妆品产品进行检查，也可以由全国许可证办公室负责组织对全国若干地区的化妆品产品生产企业和化妆品产品进行抽查。

根据监督检查的时间和周期可以分为定期检查和不定期抽查。根据组织监督检查者的需要，检验企业的质量体系时，可以按《化妆品产品生产许可证换（发）证实施细则》的规定，逐项作全面检查，也可以只对其若干项目进行抽查。

监督检查化妆品产品质量时，一般可以不做全项目检查，只要检查出厂检验项目即可。但是，对于用户反映意见大、产品质量问题比较严重或对出厂项目进行检测发现问题的，应做全项目检查。

监督检查中，产品质量或质量体系不合格，则判断企业监督检查不合格。对于不合格企业，或虽未检查，但是经过调查核实证明其产品质量确实存在严重问题的企业，省、市许可证办公室或发证部门应予通报批评，限期企业整改，责成企业拟制并上报整改措施计划，整

改后再对其重新检查。

【工作实例】　　**2005 年某省洗涤用品质量定期监督检查检验细则**

一、产品名称

1. 手洗餐具用洗涤剂

2. 洗衣粉

3. 洗衣皂

4. 复合洗衣皂

5. 香皂

6. 浴液

7. 牙膏

8. 食品工具、设备用洗涤剂

二、抽样方法

在生产企业抽样时，应抽取企业成品库存内的产品（即经企业检验合格待销的成品），所抽样品须为同一规格，同一批次的产品，抽样基数不得少于 100 瓶（袋、块、支），随机抽取 6 瓶（袋、块、支）产品作为样品。在流通领域抽样时，抽样数量同上，抽样基数不作要求。若产品包装均为大包装，样品数量可适当降低，但必须保证检验和备样需要。

三、抽样数量

（一）抽样数量：6 瓶（袋、块、支）

（二）检验用样品数：4 瓶（袋、块、支）

（三）备用样品数：2 瓶（袋、块、支）

四、检验依据

GB 9985—2000	手洗餐具用洗涤剂
GB/T 13171—2004	洗衣粉
QB/T 2486—2000	洗衣皂
QB/T 2487—2000	复合洗衣皂
QB/T 2485—2000	香皂
QB 1994—1994	浴液
GB 8372—2001	牙膏
GB 14930.1—1994	食品工具、设备用洗涤剂
GB/T 6368—1993	表面活性剂、水溶液 pH 的测定
GB 5009.11—2003	食品中总砷及无机砷的测定
GB 5009.60—2003	食品包装用聚乙烯、聚苯乙烯、聚丙烯成型品卫生标准分析方法
GB 4789.2—2003	食品卫生微生物学检验　菌落总数测定
GB 4789.3—2003	食品卫生微生物学检验　大肠菌群测定
GB/T 13173.2—2000	洗涤物中总活性物含量的测定
QB/T 2623.1—2003	肥皂中游离苛性碱含量的测定
QB/T 2623.2—2003	肥皂中总游离碱含量的测定
QB/T 2623.3—2003	肥皂中总碱量和总脂肪物含量的测定
QB/T 2623.4—2003	肥皂中水分和挥发物含量的测定
QB/T 2623.5—2003	肥皂中乙醇不溶物含量的测定
QB/T 2623.6—2003	肥皂中氯化物含量的测定
GB/T 7918.3—1987	化妆品微生物标准检验方法　粪大肠菌群
GB/T 7918.4—1987	化妆品微生物标准检验方法　绿脓杆菌
GB/T 7918.5—1987	化妆品微生物标准检验方法　金黄色葡萄球菌

五、检验项目

表 1～表 8 为日用洗涤品的检验项目。

表 1　手洗餐具用洗涤剂

序号	检验项目	使用仪器	依据标准条款
1	外观	—	
2	气味	—	GB 9985—2000　3.2
3	稳定性	低温箱、培养箱	
4	总活性物含量	电热鼓风干燥箱、滴定管	QB 1994—1994　5.3.1
5	pH	酸度计	GB/T 6368—1993
6	去污力	秒表、量筒	GB 9985—2000 附录 B
7	甲醇	气相色谱	GB 9985—2000 附录 D
8	砷含量	原子荧光光度计	GB 5009.11—2003
9	重金属含量	常用实验室仪器	GB 9985—2000 附录 G
10	菌落总数	培养箱、菌落计数器	GB 4789.2—2003
11	大肠菌群	培养箱	GB 4789.3—2003

表 2　洗衣粉

序号	检验项目	使用仪器	依据标准条款
1	外观		GB/T 13171—2004　5.1
2	总活性物含量	电热鼓风干燥箱、电热恒温水浴 分析天平	GB/T 13173.2—2000
3	总五氧化二磷(P_2O_5)含量	电热鼓风干燥箱、分光光度计	GB/T 13171—2004 附录 A
4	游离碱	酸度计	GB/T 13171—2004 附录 B
5	pH	酸度计	GB/T 6368—1993

表 3　洗衣皂

序号	检验项目	使用仪器	依据标准条款
1	感官		QB/T 2486—2000　5.1
2	干皂含量	电热恒温水浴、索氏抽提器、电热鼓风干燥箱	QB/T 2485—2000 附录 A QB/T 2623.3—2003
3	氯化物含量	水浴、滴定管	QB/T 2623.6—2003
4	游离苛性碱含量	回流冷凝器、滴定管	QB/T 2623.1—2003
5	乙醇不溶物	恒温水浴、电热鼓风干燥剂	QB/T 2623.5—2003

表 4　复合洗衣皂

序号	检验项目	使用仪器	依据标准条款
1	感官		QB/T 2487—2000　4.1
2	总有效物	电热鼓风干燥箱、沸水浴、滴定管	QB/T 2487—2000　4.2
3	抗硬水度	电热恒温水浴、滴定管	QB/T 2487—2000　4.3
4	游离苛性碱	回流冷凝器、滴定管	QB/T 2623.1—2003
5	水分及挥发物	电热鼓风干燥箱	QB/T 2623.4—2003

表 5 香皂

序号	检 验 项 目	使 用 仪 器	依据标准条例
1	感官		QB/T 2485—2000 4.2
2	干皂含量	电热恒温水浴、索氏抽提器、电热鼓风干燥箱	QB/T 2485—2000 附录 A QB/T 2623.3—2003
3	干皂或总有效物含量	电热恒温水浴、电热鼓风干燥箱、滴定管	QB/T 2485—2000 附录 A QB/T 2623.3—2003 QB/T 2487—2000 中 4.2
4	水分及挥发物	电热鼓风干燥箱	QB/T 2623.4—2003
5	总游离碱、乙醇不溶物、氯化物之和含量	回流冷凝器、恒温水浴、电热鼓风干燥箱	QB/T 2623.2—2003 QB/T 2623.5—2003 QB/T 2623.6—2003
6	游离苛性碱	回流冷凝器、滴定管	QB/T 2623.1—2003
7	总游离碱	滴定管	QB/T 2623.2—2003
8	氯化物	水浴、滴定管	QB/T 2623.6—2003

表 6 浴液

序号	检 验 项 目	使 用 仪 器	依据标准条例
1	外观		QB 1994—1994 5.1
2	总活性物含量	电热鼓风干燥箱、滴定管	QB 1994—1994 5.3
3	pH	酸度计	QB 1994—1994 5.4
4	耐热稳定性	培养箱	QB 1994—1994 5.5
5	耐寒稳定性	低温箱	QB 1994—1994 5.6
6	甲醇	气相色谱	GB 9985—2000 5.7
7	砷含量	原子荧光光度计	GB 5009.11—2003
8	重金属	常用实验室仪器	GB 9985—2000 附录 G

表 7 牙膏

序号	检 验 项 目	使 用 仪 器	依据标准条款
1	膏体		GB 8372—2001 5.1
2	pH	酸度计	GB 8372—2001 5.6
3	稳定性	培养箱	GB 8372—2001 5.7
4	细菌总数	培养箱、菌落计数器	GB 4789.2—2003
5	粪大肠菌群	培养箱	GB/T 7918.3—1987
6	绿脓杆菌	培养箱	GB/T 7918.4—1987
7	金黄色葡萄球菌	培养箱	GB/T 7918.5—1987
8	砷含量	原子荧光光度计	GB 5009.11—2003
9	重金属含量	常用实验室仪器	GB 8372—2001 附录 A

表8　食品工具、设备用洗涤剂

序号	检验项目	使用仪器	依据标准条款
1	砷	原子荧光光度计	GB 5009.11—2003
2	重金属	常用实验室仪器	GB 5009.60—2003
3	细菌总数	培养箱、菌落计数器	GB 4789.2—2003
4	大肠菌群	培养箱	GB 4789.3—2003

六、综合判定原则

（一）合格：所检项目全部符合标准规定的产品。

（二）一般不合格：所检项目中外观、感官、气味、稳定性不符合标准规定的产品。

（三）严重不合格：所检项目中除外观、感官、气味、稳定性外，其余指标不符合标准规定的产品，判为严重不合格。

七、抽样中应注意的问题

抽样人员必须在抽样单上填写产品明示的标准。若企业执行企业标准（除强制标准产品外，如洗手液、丝毛剂、除垢剂、洁厕剂、衣领净等洗涤用品），则需企业提供企业标准，否则按本细则判定。但卫生指标均按本细则判定。

八、细则解释

细则涉及的技术问题由××省产品质量监督检验中心负责解释。

五、化妆品生产许可审查机构和检验机构名录

化妆品生产许可审查机构和检验机构名录见表24-6。

表24-6　化妆品生产许可审查机构和检验机构名录

机构	序号	名称
审查机构		化妆品审查机构设在中国香料香精化妆品工业协会
检验机构	1	国家轻工业化妆品洗涤用品质量监督监测北京站
	2	天津市产品质量监督监测技术研究院
	3	国家轻工业化妆品质量监督监测天津站
	4	国家香料香精化妆品质量监督检验中心（上海市洗涤剂化妆品产品质量监督检验站）
	5	上海市质量监督检验技术研究院
	6	重庆市产品质量监督检验所
	7	河北省产品质量监督检验院
	8	辽宁省产品质量监督检验院
	9	国家轻工业香料化妆品洗涤用品质量监督监测沈阳站
	10	大连市产品质量监督检验所
	11	吉林省产品质量监督检验院
	12	黑龙江省日化产品质量监督检验站

机构	序号	名　称
检验机构	13	国家化妆品质量监督检验中心（江苏南京）
	14	国家轻工业香料化妆品洗涤用品质量监督监测南京站
	15	浙江省轻工产品质量检验中心
	16	杭州市质量技术监督检测院
	17	安徽省产品质量监督检验所
	18	福建省产品质量监督检验中心所
	19	江西省产品质量监督检测院
	20	山东省产品质量监督检验研究院
	21	河南省产品质量监督检验所
	22	湖北省日用化工产品质量监督检验站
	23	广州市产品质量监督检验所
	24	国家轻工业香料化妆品洗涤用品质量监督监测广州站
	25	深圳市计量质量检测研究院
	26	海南省产品质量监督检验所
	27	四川省产品质量监督检验检测院
	28	云南省产品质量监督检验中心
	29	陕西省产品质量监督检验所
	30	陕西省化妆品质量监督检验站
	31	北京市产品质量监督检验所
	32	湖南省产商品质量监督检验所
	33	新疆维吾尔自治区产品质量监督检验研究院

六、牙膏生产许可审查机构和检验机构名录

牙膏生产许可审查机构和检验机构名录见表 24-7。

表 24-7　牙膏生产许可审查机构和检验机构名录

机构	序号	名称
审查机构	1	中国口腔清洁护理用品工业协会
	2	国家化妆品质量监督检验中心
检验机构	1	江苏省产品质量监督检验中心所
	2	国家轻工业牙膏蜡制品质量监督检测中心
	3	广州市产品质量监督检验所
	4	江西省产品质量监督检测院
	5	广西壮族自治区柳州市产品质量监督检验所

第四节　进出口化妆品检验检疫

进出口化妆品的检验检疫由国家质检总局属下的出入境检验检疫局负责。《SN/T 2286—2009进出口化妆品检验检疫规程》，规定了进出口化妆品（含原料、半成品、成品）的报检、抽样、检验检疫、合格评定、不合格品处置及复验。

一、企业需提供的报检资料

1. 进口

企业按《出入境检验检测报检规定》等有关要求提供入境货物报检单、贸易合同/信用证、贸易发票、装箱单、提（运）单等单证及以下文件：

（1）进口化妆品卫生许可批件或备案证书、输出国或地区官方或授权机构出具的自由销售证明；

（2）销售包装化妆品的中文标签样张及外文标签的翻译件。列入免税范围的，可免除中文标签样张和外文标签的翻译件；

（3）进口《进境动植物检疫许可审批名录》内化妆品原料的企业应当按照规定办理检疫审批手续，提供《中华人民共和国进境动植物检疫许可证》或输出国或地区官方检疫证书；

（4）非销售用的展品，需提供主办（主管）单位出具的参展证明；

（5）测试用样品，属于企业自行测试使用的，须提供企业出具的检测用的书面声明；属于第三方检测机构使用的，须提供由检测机构出具的检测用证明；

（6）非销售用个人携带、邮寄化妆品，应提供不作为商业用途的书面保证；

（7）检验检疫机构要求的其他单证。

2. 出口

企业按《出入境检验检疫报检规定》等有关要求提供出境货物报检单、贸易合同/信用证、贸易发票、装箱单等单证及以下文件：

（1）生产企业的工商营业执照、化妆品生产许可证（生产许可证主管部门规定可免予生产许可的出口化妆品生产企业除外）、化妆品生产企业卫生许可证、产品原料清单及配比；

（2）特殊用途化妆品，应提供国家认可的化妆品安全性评价机构和功效评价机构出具的安全性评价报告和功效评价报告；

（3）销售包装化妆品的外文标签样张和中文翻译件；

（4）检验检疫机构要求的其他单证。

二、国家出入境检验检疫部门的抽样和检验检疫

1. 抽样要求

（1）抽样环境应清洁、干燥，样品、抽样用具、样品容器等都不得受到环境污染；

（2）抽样器具和样品容器应清洁、干燥、无异味，样品容器应密封性良好；

（3）微生物检验的样品应在无菌环境下采用无菌技术采样；

（4）微生物、理化和感官检验的样品同时抽取时，应先抽取微生物检验样品，再抽取其他样品；

（5）在抽样过程中，应防止样品原有品质的改变，避免再次污染；

（6）所抽取的样品按规定进行标记；

（7）抽样过程做好相关记录。

2. 抽样方案

（1）抽样原则　按随机抽取原则，从检验批中抽取规定件数的样品，抽取的样品应满足检验、复检和备查用。

（2）化妆品的分类　将化妆品分成肤用化妆品、发用化妆品、美容化妆品、口腔用化妆品、特殊功能化妆品和香水 6 类。

（3）成品抽样方案

① 一般情况的抽样　对每一检验批的产品进行分类，依据以下规则抽取样品：

A. 肤用化妆品、发用化妆品、美容化妆品、口腔化妆品、特殊功能化妆品。各类别化妆品按品种抽样，每个品种至少抽取最小包装产品数为 $3N$，其中 N 按表 24-8 抽样方案一确定。

表 24-8　抽样方案一

报检件数/件	N/件	报检件数/件	N/件
＜500	2	3001～10000	6
501～3000	3	＞10001	7

B. 香水类化妆品。每个品种至少抽取最小包装产品数为 $2N$，其中 N 按表 24-9 抽样方案二确定。

表 24-9　抽样方案二

报检件数/件	N/件	报检件数/件	N/件
＜500	1	5001～10000	3
151～5000	2	＞10001	4

② 特殊情况的抽样　对进出口品种多、价值高、数量少、单个包装净含量少的特殊情况，按类别抽样，每类至少抽取 1 个品种，品种的确定按照以下顺序。所确定的抽样品种按①规定抽样，在满足检验和留样需要的前提下，可酌情减少或增加取样份数。

特殊情况是指：第一次进出口的品种；过去曾经出现质量问题的品种；进出口量较大的品种；有过进出口记录但未抽样检验过的品种。

（4）半成品、原料抽样方案　半成品、原料的抽样按表 24-10 所列标准进行。

表 24-10　半成品、原料抽样标准

标　准　号	标　　准	标　准　号	标　　准
GB/T 6678—2003	《化工产品采样总则》	GB/T 6680—2003	《液体化工产品采样通则》
GB/T 6679—2003	《固体化工产品采样通则》		

（5）样品应按相关标准保存。

3. 检验检疫

检验检疫部门根据相关法规标准对化妆品（成品、半成品、原料）进行现场监督检验、感官检验、理化检验、卫生化学检验、微生物检验以及安全性检验，并进行检疫；做出合格或不合格判定。

思 考 题

1. 化妆品企业对不合格品应如何处理？
2. 简述我国化妆品企业生产经营的日常监督。
3. 进出口化妆品需如何检验检疫？

附　　录

附录一　化妆品术语

1　范围

本标准（GB/T 2009—××××，征求意见稿）规定了化妆品一般术语、毒理学试验方法术语、卫生化学检验方法术语、微生物检验方法术语、人体安全性和功效性评价术语、原料术语和缩写等。

本标准适用于化妆品标准的编写和出版，也适用于涉及化妆品生产、评价和卫生管理书刊和技术文件的编写和出版及有关书刊和技术文件的编写和出版。

2　规范性引用文件

下列文件中的条款通过本标准的引用而成为本标准的条款。凡是注日期的引用文件，其随后所有的修改单（不包括勘误的内容）或修订版均不适用于本标准，然而，鼓励根据本标准达成协议的各方研究是否可使用这些文件的最新版本。凡是不注日期的引用文件，其最新版本适用于本标准。（暂无）

3　一般术语

3.1　化妆品（cosmetic）

以涂擦、喷洒或其他类似方法，散布于人体表面任何部位（皮肤、毛发、指甲、口唇等），以达到清洁、消除不良气味、护肤、美容和修饰的日用化学工业产品。

3.2　特殊用途化妆品（special cosmetics）

特殊用途化妆品是指用于育发、染发、烫发、脱毛、美乳、健美、除臭、祛斑、防晒的化妆品。

3.3　育发化妆品（hair growing cosmetics）

有助于毛发生长、减少脱发和断发的化妆品。

3.4　染发化妆品（hair dye cosmetics）

具有改变头发颜色作用的化妆品。

3.5　烫发化妆品（hair perming cosmetics）

具有改变头发弯曲度，并维持相对稳定作用的化妆品。

3.6　脱毛化妆品（depilating cosmetics）

具有减少、消除体毛作用的化妆品。

3.7　美乳化妆品（bust beauty cosmetics）

有助于乳房健美的化妆品。

3.8　健美化妆品（slimming cosmetics）

有助于使体型健美的化妆品。

3.9　除臭化妆品（deodorant cosmetics）

用于消除腋臭等体臭的化妆品。

3.10　祛斑化妆品（spot-removing cosmetics）

用于减轻皮肤表皮色素沉着的化妆品。

3.11　防晒化妆品（cosmetic sunscreens）

具有吸收紫外线作用，减轻因日晒引起皮肤损伤的化妆品。

3.12　美白化妆品（whitening cosmetics）

通过遮盖、修饰等方式使皮肤整体色调变浅的化妆品。

3.13　淋洗类化妆品（rinse-off cosmetics）

使用后需清洗的化妆品。

3.14　功效化妆品（cosmetic product）

具有一定功效的化妆品，如除臭化妆品、祛斑化妆品、脱毛化妆品、育发化妆品等。

3.15 驻留类化妆品（leave-on cosmetics）

使用后不需清洗的化妆品。

3.16 保湿化妆品（moisturizing cosmetics）

具有保持皮肤水分作用的化妆品。

3.17 抗皱化妆品（anti-wrinkle cosmetics）

有助于延缓皮肤皱纹产生的化妆品。

3.18 抗粉刺化妆品（anti-acne cosmetics）

有助于抑制或减少粉刺的化妆品。

3.19 标签（label）

粘贴、印刷在销售包装及置于销售包装内的说明性材料。

3.20 标识（cosmetic labeling）

用以表示化妆品名称、品质、功效、使用方法、生产和销售者信息等有关文字、符号、数字、图案以及其他说明的总称。

3.21 销售包装（package）

以销售为主要目的，与内装物一起达到消费者手中的包装。

3.22 化妆品原料（cosmetic raw material）

化妆品生产过程中所使用的基质和辅助原料。

3.23 配方（recipe）

生产化妆品所必需的文件，包括成分，质量配比和用法、使用目的说明。

3.24 安全性（safety）

化妆品的使用不存在可预见的危害或仅存在没有实际意义的可被忽视的危害的危险性。

3.25 化妆品安全性评价（safety evaluation for cosmetics）

通过一定的程序和方法对化妆品及其原料进行评估，防止化妆品对人体产生近期和远期危害。

3.26 成分（ingredient）

在化妆品生产中被用来作为一个组成部分的单一或混合化学物质。

3.27 化妆品相对密度（cosmetic relative density）

化妆品在 20℃时的质量与同体积的纯水在 4℃时的质量之比称为化妆品的相对密度，以 d_4^{20} 来表示。

3.28 化妆品感官检验（organoleptic examination）

通过眼、鼻、耳的辨别力对化妆品进行质量检验。

3.29 化妆品良好生产规范（cosmetic good manufacturing practice）

一种特别注重在生产实施过程中对化妆品卫生安全管理的制度。GMP 要求化妆品生产企业应具备良好的生产设备，合理的生产过程，完善的质量管理和严格的检测系统，确保最终产品的质量符合法规要求。

3.30 生产区（production area）

需要对人员及物料的进出进行控制的、满足生产工艺对场地、卫生、质量要求的生产操作区域。

3.31 洁净车间（区）（clean area）

3.32 验证（validation）

证明任何程序、生产过程、设备、物料、活动或系统确实能达到预期结果的有文件证明的一系列活动。

3.33 生产工艺规程（manufacturing process procedure）

控制生产过程的一个或一套文件，它规定生产一定数量成品所需的原料和包装材料的数量，以及工艺、加工说明、注意事项等。

3.34 标准操作规程（standard operation procedure）

经批准用以指导操作的通用性文件或管理办法。

3.35 物料平衡（materials balance）

产品或物料的理论产量或理论用量与实际产量或用量之间的比较，并适当考虑可允许的正常偏差。

3.36 关键控制点（critical control point）

为保证工序处于受控状态，在一定的时间和一定的条件下，对产品制造过程中需重点控制的质量特性、关键部位或薄弱环节。

3.37　化妆品基质原料（cosmetic ground substance material）

构成化妆品剂型的主体原料，主导化妆品的性质和功用。

3.38　化妆品辅助原料（cosmetic auxiliary material）

根据需要，对空气中尘粒（包括微生物）、温度、湿度等进行控制的密闭车间（区域）。其建筑结构、装备及其使用均具有减少该区域内污染源的介入、产生和滞留的功能。

在化妆品中含量较少（$10^{-6} \sim 10^{-2}$），可赋予化妆品特定的香气或色调及保证产品的卫生安全的一类物质。主要包括香精、着色剂、防腐剂、抗氧化剂等。

3.39　化妆品中禁用物质（substances which must not form part of the composition of cosmetic products）

化妆品中禁用物质是指不能作为化妆品生产原料即组分添加到化妆品中的物质。

3.40　化妆品中限用物质（restricted substances in cosmetics）

化妆品中限用物质是指在特定的使用条件下可以作为化妆品生产原料即组分添加到化妆品中的物质。

4　毒理学试验方法术语

4.1　毒性（toxicity）

引起机体有害作用的固有能力。

4.2　剂量（dose）

给予受试物的量。剂量可以表示为质量（mg 或 g）、单位动物体重给予的受试物的质量（如 mg/kg 体重）、单位表面积给予受试的质量（如 mg/cm² 皮肤）、或常规饮食中的浓度（mg/kg）等。

4.3　半数致死量（medium lethal dose，LD50）

引起一组受试实验动物半数死亡的剂量。它是一个经过统计处理计算得到的数值，常用以表示急性毒性的大小。

4.4　未观察到有害作用水平（no observed adverse effect level，NOAEL）

在规定的暴露条件下，一种外源化学物不引起机体可检测到的有害改变的最高剂量或浓度。

4.5　最低可观察到有害作用水平（lowest observed adverse effect level，LOAEL）

在规定的暴露条件下，一种外源化学物引起机体发生某种有害改变的最低剂量水平。

4.6　阈值（threshold）

一种物质使机体开始发生效应的剂量或浓度。

4.7　剂量-反应关系（dose-response relationship）

随着外源化学物的剂量增加，对机体的毒效应的程度增加。

4.8　剂量-效应关系（dose-effect relationship）

随着外源化学物的剂量增加，出现某种效应的个体在群体中所占比例增加。

4.9　动物体内试验（animal in vivo test）

利用整体动物，在可严格控制接触条件下测定多种类型的毒作用的试验。

4.10　体外试验（in vitro test）

利用游离器官、培养的细胞或细胞器、生物模拟系统进行毒理学研究的试验。多用于外源化学物对机体急性毒性作用的初步筛选、作用机制和代谢转化过程的研究。

4.11　急性经口毒性（acute oral toxicity）

一次或在 24h 内多次经口给予实验动物受试物后，动物在短期内出现的健康损害效应。

4.12　急性皮肤毒性（acute dermal toxicity）

经皮一次涂敷受试物后，动物在短期内出现的健康损害效应。

4.13　急性吸入毒性（acute respiration/inhalation toxicity）

指一次或短时间内多次经呼吸道摄入外源化学物而引起的一系列全身性毒性反应。

4.14　皮肤刺激性（dermal irritation）

皮肤涂敷受试物后局部产生的可逆性炎性变化。

4.15 皮肤腐蚀性 (dermal corrosion)

皮肤涂敷受试物后局部引起的不可逆性组织损伤。

4.16 眼刺激性 (eye irritation)

眼球表面接触受试物后所产生的可逆性炎性变化。

4.17 眼腐蚀性 (eye corrosion)

眼球表面接触受试物后引起的不可逆性组织损伤。

4.18 皮肤变态反应 (skin sensitization)

皮肤对一种物质产生的免疫源性皮肤反应。在人类这种反应可能以瘙痒、红斑、丘疹、水疱，融合水疱为特征。动物的反应不同，可能只见到皮肤红斑和水肿。

4.19 诱导接触 (induction exposure)

机体通过接触受试物而诱导出过敏状态的实验性暴露。

4.20 激发接触 (challenge exposure)

机体接受诱导暴露后，再次接触受试物的实验性暴露，以确定皮肤是否会出现过敏反应。

4.21 光毒性 (phototoxicity)

皮肤一次接触化学物质后，继而暴露于紫外线照射下所引起的一种皮肤毒性反应，或者全身应用化学物质后，暴露于紫外线照射下发生的类似反应。

4.22 光毒反应 (phototoxic reaction)

光感物质吸收适当波长光线的能量后，通过一系列光化学反应直接造成的皮肤损伤。

4.23 光毒性试验 (phototoxicity test)

评价产品是否具有光毒性的试验方法。

4.24 突变 (mutation)

生物体遗传物质发生变化，导致可遗传的表型变异。

4.25 致突变性 (mutagenicity)

化学物质或其他环境因素引起遗传物质发生突变的能力。

4.26 基因突变 (gene mutation)

组成染色体的一个或几个基因发生变化，又称点突变。

4.27 鼠伤寒沙门菌/回复突变试验 (salmonella typhimurium/reverse mutation assay)

利用一组鼠伤寒沙门组氨酸缺陷型实验菌株测定引起沙门氏菌碱基置换或移码突变的化学物质所诱发的组氨酸缺陷型 (his−)→原养型 (his＋) 回复突变的实验方法。

4.28 染色体畸变 (chromosome aberration)

某一个或几个染色体的结构或染色体的数目发生的改变。

4.29 微核 (micronucleus)

在细胞分裂后期，染色单体或染色体的无着丝点断片，或因纺锤体受损而丢失的整个染色体，仍然遗留在细胞质中。末期之后单独形成的、被包含在子细胞的胞质内的、一个或几个规则的次核。

4.30 亚慢性毒性 (subchronic toxicity)

实验动物一定时期内连续重复染毒外源化学物所引起的毒性效应。

4.31 慢性毒性 (chronic toxicity)

实验动物长期染毒外源化学物所引起的毒性效应。

4.32 致癌性 (chemical carcinogenesis)

引起正常细胞发生恶性转化并发展成肿瘤的性质。

4.33 致畸性 (teratogenicity)

能够影响胚胎器官的发育，导致其形态和机能的缺陷，以致出现胎儿畸形的性质。

4.34 风险评估 (risk assessment)

对人体危害暴露而产生的已知或潜在的对健康有害作用的科学评价，也称危险性评估。

4.35 全身暴露量 (systemic exposure dose，SED)

被皮肤吸收，进入血液，到达靶器官的预计量。

4.36 安全系数 (margin of safety, MoS)

从合适的试验得到的实验性 NOAEL 除以可能的全身暴露量，即

$$MoS = \frac{NOAEL(mg/kg)}{SED(mg/kg)}$$

4.37 动物替代试验 (animal alternative test)

对测试化学品对人体健康影响的正式方法指南做了任何改动而形成的方法。作为动物试验方法的替代，这些方法研究的是较为简单的生物系统。

4.38 皮肤面积剂量 (dermal area dose)

施用在单位皮肤面积上的化学物质的量。

4.39 皮肤面积暴露 (dermal area exposure)

在一定时间段内，单位皮肤面积上接触的化学物质的量。

4.40 经皮吸收 (percutaneous absorption)

化学物质从皮肤最外层移动到全身。

5 卫生化学检验方法术语

5.1 定量下限 (lower limit of quantitation, LLOQ)

能够准确定量测定被测物质的最低质量或质量浓度，称为该方法的定量下限。

5.2 检出量 (limit of identification)

按某特定分析方法操作时，方法检出限所对应被测物质的量。

5.3 最低定量浓度 (minimum constant mass concentration)

按某特定分析方法操作时，定量下限所对应的被测物质的量的浓度。

5.4 物质的量浓度 (amount of substance concentration)

物质 B 的量 n_B 与相应混合物的体积 V 之比，$c_B = n_B/V$，单位为 mol/m^3，常用单位：mol/L。

5.5 物质 B 的质量浓度 (mass concentration)

物质 B 的总质量 m 与相应混合物的体积 V 之比，$\rho_B = m_B/V$，单位为 kg/m^3，常用单位：g/L。

5.6 物质 B 的质量分数 w_B

物质 B 的质量与混合物的质量之比，$w_B = m_B/m$，无量纲单位，用纯数字表示，或表示为某一个数乘上 10^{-2}、10^{-3}、10^{-6}、10^{-9} 等的形式，如 $w_B = 1.00 \times 10^{-6}$，也可用％（质量百分数）或 mg/kg，$\mu g/g$ 等表示。

5.7 物质 B 的体积分数 ϕ_B

物质 B 的体积与混合物的体积之比，$\phi_B = V_B/V$，无量纲单位，用纯数字表示，或表示为某一个数乘上 10^{-2}、10^{-3}、10^{-6}、10^{-9} 等的形式，如 $\phi_B = 1.00 \times 10^{-2}$，也可用％（体积百分数）表示。

5.8 体积比浓度 (volume concentration)

两种液体分别以 V_1 与 V_2 体积相混。凡未注明溶剂名称时，均指纯水。两种及两种以上特定液体与水相混合时，则应注明水。例如：A(1+2)，A-B-水-C＝(250＋450＋300＋0.2)。

5.9 标准溶液 (standard solution)

由用于制备该溶液的物质而准确知道某种元素、离子、化合物或基团浓度的溶液。

5.10 标准比对溶液 (standard matching solution)

已知或已确定有关特性（如色度、浊度）的并用于评定试验溶液各该特征的溶液。

5.11 精密度 (precision)

在规定条件下，相互独立的测试结果之间的一致程度。

5.12 准确度 (accuracy)

测试结果与被测量真值或约定真值间的一致程度。

5.13 重复性条件 (repeatability condition)

5.14 重复性 (repeatability)

在重复性条件下 (5.13)，相互独立的测试结果之间的一致程度 [iso 5725-1]。

5.15 重复性限 (repeatability limit)

在同一实验室，由同一操作者使用相同设备，按相同的测试方法，并在短时间内从同一被测对象取得

相互独立测试结果的条件。

一个数值，在重复性条件下，两次测试结果的绝对差值不超过此书的概率为95%。

5.16 再现性条件（reproducibility condition）

在不同的实验室，由不同的操作者使用不同的设备，按相同的测试方法，从同一被测对象取得测试结果的条件。

5.17 再现性（reproducibility）

在再现性条件下，测试结果之间的一致程度。

5.18 再现性限（reproducibility limit）

一个数值，在再现性条件下，两次测试结果的绝对差值不超过此数的概率为95%。

5.19 不确定度（uncertainty）

表征被测定的真值处在某个数值范围的一个估计。

6 微生物检验方法术语

6.1 菌落总数（aerobic bacterial count）

化妆品检样经过处理，在一定条件下培养后（如培养基成分、培养温度、培养时间、pH、需氧性质等），1g（1mL）检样中所含菌落的总数。所得结果只包括一群本方法规定的条件下生长的嗜中温的需氧性菌落总数。测定菌落总数便于判明样品被细菌污染的程度，是对样品进行卫生学总评价的综合依据。

6.2 粪大肠菌群（fecal coliforms）

一群需氧及兼性厌氧革兰氏阴性无芽孢杆菌，在（44.5±0.5）℃培养24～48h能发酵乳糖产酸并产气。该菌直接来自粪便，是重要的卫生指示菌。

6.3 铜绿假单胞菌（pseudomonas aeruginosa）

属于假单胞菌属，为革兰氏阴性杆菌，氧化酶阳性，能产生绿脓菌素。此外还能液化明胶，还原硝酸盐为亚硝酸盐，在（42±1）℃条件下能生长。该菌对人有致病力，可使伤处化脓，引起败血症等。

6.4 金黄色葡萄球菌（staphylococcus aureus）

革兰氏阳性球菌，呈葡萄状排列，无芽孢，无荚膜，能分解甘露醇，血浆凝固酶阳性。该菌是葡萄球菌中对人类致病力最强的一种，能引起人体局部化脓性病灶，严重时可导致败血症。

6.5 霉菌和酵母菌数测定（determination of molds and yeast count）

化妆品检样在一定条件下培养后，1g或1mL化妆品中所污染的活的霉菌和酵母菌数量，借以判明化妆品被霉菌和酵母菌污染程度及其一般卫生状况。

6.6 条件致病菌（conditioned pathogen）

寄居在人体一定部位，在正常情况下不致病，当机体平衡状态被破坏时引起疾病的细菌。

7 人体安全性和功效评价术语

7.1 短波紫外线 UVC

波长为200～290nm的紫外线。

7.2 中波紫外线 UVB

波长为290～320nm的紫外线。

7.3 长波紫外线 UVA

波长为320～400nm的紫外线。

7.4 防晒指数（sun protection factor，SPF）

引起被防晒化妆品防护的皮肤产生红斑所需的 MED 与未被防护的皮肤产生红斑所需的 MED 之比，为该防晒化妆品的 SPF。可如下表示：

$$SPF = \frac{使用防晒化妆品防护皮肤的 MED}{未防护皮肤的 MED}$$

7.5 人体试用试验（human using test）

以化妆品作为受试物，选择合格的志愿者作为试验对象，根据化妆品的类型和性质，让受试者按照产品说明书介绍方法实际使用受试品，以评价受试物对人体的安全性和功效性的试验。

7.6 人体斑贴试验（human patch test）

以化妆品作为受试物，选择合格的志愿者作为受试对象，根据不同的检测目的，用不同的试验方法，让受试者在实际情况下使用的方法试用，以评价在真实使用条件下的安全性。

7.7　封闭性斑贴试验（occlusive patch test）

通过特殊的斑试器将测试物质密封在皮肤上，24h 或 48h 后观察其结果的测试方法。常用于对化妆品产品的安全性评价。

7.8　反复开放涂抹试验（repeat open application test）

直接将测试物质涂抹在皮肤上，连续涂抹 1～2 周后观察结果的方法。

7.9　人体重复性损伤性斑贴试验（human repeat insult patch test）

采用封闭性斑贴试验方法，重复进行斑贴试验（诱导阶段），然后间隔一定时间再次用原测试物进行斑贴（激发阶段），以检测受试物过敏性的方法。

7.10　光斑贴试验（photo-patch test）

通过在皮肤表面直接敷贴，并同时接受一定剂量适当波长紫外线照射的方法，检测光毒性与光变应性皮炎的光敏剂以及机体对某些光敏剂的光毒性或光变应性反应的一种皮肤试验。

7.11　最小红斑量（minimal erythema dose，MED）

引起皮肤红斑，其范围达到照射点边缘所需要的紫外线照射最低剂量（J/m^2）或最短时间（s）。

7.12　最小持续黑化量（minimal persistent pigment darkening，MPPD）

用长波紫外线照射皮肤，在皮肤上产生最小的可见黑化所需的最小紫外线剂量值。

7.13　长波紫外线防护因子（protection factor of UVA，PFA）

用来评价化妆品防护长波紫外线（UVA）效果的定量指标。计算公式是：（使用防晒剂时的最小持续黑化量值）/（未使用防晒剂时的最小持续黑化量值）。

7.14　晒黑（tanning）

日光或紫外线照射后引起的皮肤黑化作用。

7.15　即时性黑化（instant pigmentation darkening，IPD）

皮肤经紫外线照射后立即发生或照射过程中即可发生的一种色素沉着。

7.16　持续性黑化（persistant pigmentation darkening，PPD）

随着紫外线照射剂量的增加，可持续数小时至数天不消退的一种色素沉着。持续性黑化可与延迟性红斑反应重叠发生，一般表现为暂时性灰黑色或深棕色。

7.17　延迟性黑化（delayed darkening）

皮肤经紫外线照射数天后，色素可持续数天至数月不等。延迟性黑化常伴发于皮肤经紫外辐射后出现的延迟性红斑，并涉及炎症后色素沉着的机制。

7.18　穿透物（penetrant）

需要评价经皮吸收的分子。

7.19　经皮通量（percutaneous flux）

在单位时间内，单位皮肤面积中通过的物质的量。

7.20　全身暴露量（systemic exposure）

经过皮肤接触后吸收的化学物质（和代谢物以及分解的产品）的总量。

7.21　皮肤总剂量（total dermal dose）

皮肤面积剂量与接触面积的乘积。

7.22　皮肤总接触（total dermal exposure）

皮肤面积剂量与特定时间内接触的剂量的乘积。

7.23　皮肤生物利用度（dermal bioavailability）

在存活的表皮和/或真皮层以及循环体液中发现的局部使用产品的总量。

7.24　皮肤吸附（dermal adsorption）

出现或附着在角质层的局部使用产品的量。

7.25　皮肤吸收（dermal absorption）

存留在固有皮肤（除角化层）中的局部使用的产品的量，加上在受体体液中探查到的穿透皮肤的局部使用产品的量。

7.26 皮肤光老化（photoaging）

长期的日光照射导致皮肤衰老或加速衰老的现象。

7.27 化妆品皮肤病（skin diseases induced by cosmetics）

使用化妆品后引起的皮肤及其附属器的生理状态异常改变。

7.28 化妆品接触性荨麻疹（cosmetic contact urticaria）

接触化妆品后数分钟至1h内在接触及邻近部位、并通常在几小时内消退的免疫介导或非免疫介导的皮肤红斑或风团改变。

7.29 化妆品唇炎（cosmetic chilitis）

唇红部位接触化妆品后产生的刺激性、变应性、光毒性、或光变应性唇部炎症。

7.30 化妆品色素异常性皮肤病（cosmetic skin discoloration）

接触化妆品后，接触部位和/或其邻近部位发生的色素异常改变；或在化妆品接触性皮炎、化妆品光接触性皮炎的炎症消退后局部遗留的皮肤色素沉着或色素减退、脱失性改变。

7.31 化妆品甲病（cosmetic nail disease）

应用化妆品引起的甲剥离、甲软化、甲变脆、甲变色及甲周炎等病变。

7.32 化妆品光毒性皮炎（cosmetic phototoxic contact dermatitis）

皮肤接触化妆品后，由一定强度的光能直接作用于化妆品中光敏物质所引起的接触部位急性炎症。

7.33 化妆品光变应性接触性皮炎（cosmetic photo allergic contact dermatitis）

皮肤接触化妆品后，再经过一定强度的光能照射所引起的接触部位或超出接触部位的免疫反应。

7.34 化妆品痤疮（cosmetic acne）

皮肤连续接触化妆品一段时间后，在接触部位发生于毛囊皮脂腺的痤疮样损害。

7.35 化妆品毛发病（cosmetic hair disease）

接触化妆品后出现的毛发枯干、脱色、变脆、断裂、分叉、变形、毳毛增粗及数量改变等病变（不包括以脱毛为目的的特殊用途化妆品）。

7.36 化妆品接触性皮炎（cosmetic contact dermatitis）

接触化妆品后，在接触部位和/或临近部位发生的刺激性或变应性皮炎。

7.37 化妆品刺激性接触性皮炎（cosmetic irritant contact dermatitis）

皮肤接触化妆品后，通过非免疫性机制引起的接触部位皮肤炎症反应。

7.38 化妆品变应性接触型皮炎（cosmetic allergic contact dermatitis）

皮肤接触化妆品后，通过免疫机制引起的接触部位或超出接触部位皮肤炎症反应。

7.39 化妆品不良反应（cosmetic adverse reaction）

使用化妆品后产生的与使用目的不相符的、并给使用者带来不适或痛苦的反应称为化妆品不良反应。

8 原料术语

8.1 磨砂剂（abrasives）

通常具有不规则外形的、用来去除身体表面不要的组织或外来物质（如：表皮细胞、胼胝等）的固体。

8.2 吸收剂（absorbents）

通常具有极大的表面积、能吸收或吸附已溶解的或已高度分散的微小颗粒的固体。可作为制备透明液体的助剂。例如用来吸附头发上的油脂的固体香波中的大米淀粉。

8.3 消泡剂（antifoaming agents）

消泡剂是能够降低终产品在摇动时出现泡沫的化学物质。

8.4 抗静电剂（antistatic agents）

抗静电剂是通过降低获取电荷的能力来改变化妆品原料或人体表面（皮肤、头发等）的电学性质的物质。

8.5 抗结块剂（anticaking agents）

能防止松散的粉状固体凝聚成团、块的物质。常用的抗结块剂有疏水性的脂类特别是固体的脂类和填充剂。

8.6 色淀（lake）

色素的不溶性盐，通过吸附和沉淀水溶性染色剂到不溶的无机底物上而成的色素。

8.7　黏合剂（binders）

黏合剂能使固体粉末黏和在一起的物质。

8.8　缓冲溶剂（buffering agents）

缓冲剂是能控制和稳定水相 pH 的原料。

8.9　填充剂（bulking agents）

填充剂是化学惰性物质，可用来稀释其他固体原料，如着色剂；填充剂也用来增加化妆品的体积。

8.10　络合剂（chelating agents）

络合剂能够与金属离子形成络合物以消除金属离子对终产品的稳定性或外观的不良影响。它可以除去与很多种原料不匹配的钙离子、镁离子，也能除去能加速终产品氧化变质的铁、铜离子。

8.11　着色剂（colorants）

着色剂是能赋予化妆品本身以色彩的原料。

8.12　腐蚀抑制剂（corrosion inhibitors）

腐蚀抑制剂能防止金属包装容器的腐蚀，它通常能减缓容器内容物对其金属包装容器的侵蚀。

8.13　收敛剂（astringents）

能增加皮肤的紧张度的一类物质，常常用于化妆水和须后水。

8.14　变性剂（denaturants）

加入乙醇中并使其变为不适宜饮用的原料的物质。

8.15　乳液稳定剂（emulsion stabilizers）

有助于形成稳定乳液的物质。

8.16　成膜剂（film formers）

干燥后能在皮肤、头发或指甲上形成薄膜的原料。

8.17　乳浊剂（opacifying agents）

使产品本身更不透明或当施用于皮肤上时能起遮盖作用的原料。

8.18　氧化剂（oxitdizing agents）

氧化剂是在与还原剂反应过程中能获取电子的化学物质。

8.19　还原剂（reducing agents）

还原剂是与氧化剂反应时能丢失电子的化学物质。

8.20　酸度调节剂（pH adjusters）

酸度调节剂是能调节、控制化妆品终产品酸度的化学物质，如：酸、碱、缓冲剂。

8.21　成塑剂（plasticizers）

成膜过程中加入的能使合成的聚合物变得柔软的物质。

8.22　防腐剂（preservatives）

防腐剂是可以防止或延缓微生物生长从而保护产品的原料。

8.23　推进剂（propellants）

推进剂是能使存在于加压密封容器中的产品释放出来的化学原料。

8.24　润滑剂（skin-conditioning agents-emollient）

润滑剂能有助于使皮肤保持柔软、光滑的外表。当润滑剂被保留在皮肤表面或角质层上时，具有滑润、减少干裂，增加皮肤美观等作用。

8.25　保湿剂（skin-conditioning agents-humectant）

保湿剂是专用于增加皮肤表层水分含量的具有吸湿功能的原料。

8.26　皮肤调理剂（skin-conditioning agents）

可以修饰皮肤和保持皮肤柔软的原料。

8.27　封闭剂（skin-conditioning agents-occlusive）

封闭剂是减缓皮肤水分蒸发的原料。

8.28　助滑剂（slip modifiers）

与其他原料不产生化学反应而增加其他原料的流动性的原料。

8.29　表面性质改性剂（surface modifiers）

增强化妆品中其他原料的亲水性或疏水性的原料。

8.30　乳化剂（surfactants-emulsifying agents）

乳化剂能降低液滴的表面张力、在已经乳化的微粒表面形成复杂的膜、并在乳化的颗粒之间建立相互排斥的屏障，以阻止它们的合并或联合的物质。

8.31　稳泡剂（surfactants-foam boosters）

通过增加液体表面的黏度来增加表面活性剂-洗涤剂产生泡沫的能力，或者使其产生的泡沫稳定的原料。

8.32　水溶助剂（surfactants-hydrotropes）

能增加其他表面活性剂在水中溶解性的原料。

8.33　增溶剂（surfactants-solubilizing agents）

增溶剂是帮助原本不溶解的溶质在介质中解离、溶解的物质。

8.34　悬浮剂（surfactants-suspending agents）

用来使不能溶解的固体物在液相中均匀分布形成悬浮液的物质。

8.35　紫外线吸收剂（ultraviolet light absorbers）

是为了避免化妆品受紫外线的照射而受损，加入到化妆品用来保护产品的原料。

8.36　黏度降低剂（viscosity decreasing agents）

在不减少活性物质浓度的前提下，黏度降低剂可以增加产品的流动性。无机盐、有机盐、溶剂、和少数几个特定物质具有减少产品黏度的特性。它们的有效性决定于它们的浓度并且对每种产品具有高度的特异性。

8.37　黏度增加剂（viscosity increasing agents）

可使水溶液体系变稠，被广泛地用于香波和各种乳液以增加它们的黏度的原料。

8.38　抗氧化剂（antioxidants）

抑制氧化反应的化妆品制剂。

8.39　油性原料（oil material）

用于化妆品中的油溶性原料，具有抑制皮肤水分蒸发，提高化妆品使用者的感觉等作用。如油脂、蜡类、烃类、高级脂肪酸、酯类等。

8.40　抗粉刺剂（antiacne agents）

用于减少粉刺数目和减轻粉刺程度的一种化妆品原料。

8.41　去头屑剂（anti dandruff agents）

去头屑剂是去头屑的化妆品原料。

8.42　抑汗剂（antiperspirant agents）

抑汗剂是抑汗产品中所使用的、能减少使用部位的汗腺分泌的一种活性原料。

8.43　除臭剂（deodorant agents）

除臭剂是用来减少或去除身体表面的异味和防止形成不良气味的原料。

8.44　角质剥脱剂（exfoliants）

去皮剂是能促使或加速去除皮肤表面死皮细胞的原料。

8.45　脱毛剂（depilating agents）

脱毛剂通过破坏毛发的机械强度从而能够轻轻地从皮肤上抹去毛发。

8.46　人工指甲成型剂（artificial nail builders）

人工指甲成型剂是能使指甲加长、加宽或能制造指甲的原料。

8.47　祛斑剂（depigmenting agent）

减少黑素合成或预防色素沉着而使皮肤变白的原料。

8.48　芳香剂（fragrance）

仅用来为化妆品传递气味的一种或几种天然或合成的物质。

8.49　清洁剂（surfactants-cleansing agents）

通过润湿皮肤表面，乳化或溶解体表的油脂，使体表的灰土悬浮于其中以达到清洁作用的物质。

8.50　胼胝/肉赘去除剂（corn/callus/wart removers）

胼胝/肉赘去除剂是去除使用部位胼胝/肉赘产品的活性原料。

8.51　发用着色剂（hair colorants）

能使头发着色的原料。根据着色后颜色延续时间的长短可以分为永久性、半永久性、暂时性和渐进性等四类发用着色剂。

8.52　暂时性染发剂（temporary hair dyes）

通常由水溶性酸性染料和水溶性色素组成。由于颗粒较大不能通过毛发表面进入发干，只附着在发干表面，形成着色覆盖层。染剂与头发的相互作用不强，易被香波一次洗去。

8.53　半永久性染发剂（semi-permanent hair dyes）

有效成分为小分子合成染料（即直接染料），多含有硝苯胺类衍生物，可渗透到毛干角质层及更深的髓质层，但膨胀率不够，不与头发自然色素结合，对发质损伤较小，可保持发色数周，不宜用水脱洗。

8.54　永久性氧化型染发剂（permanent oxidizing hair dyes）

染料前体经氧化生成染料终产物后对毛发进行染色。有效成分为胺类或酚类化合物，染发后基本不退色，效果最好，是染发剂市场中的主要产品。

8.55　渐进式染发剂（progressive hair dyes）

以醋酸铅或硝酸银作为染料主要活性成分，通过与毛发角质蛋白中的巯基发生作用及其对发干表层的氧化作用使毛发颜色逐渐加深。

8.56　发用调理剂（hair conditioning agents）

发用调理剂是可以使头发产生特殊的效果的物质，这些效果包括：使头发好看和感觉好、增加头发容量、使头发柔顺、便于梳理、增加头发光泽、或改进受损发质等。能改变头发静电性能的抗静电剂也用作头发调理剂。

8.57　发用定型剂（hair fixatives）

发用定型剂是能使头发保持发型的原料。

8.58　卷发/直发剂（hair-waving/straightening agents）

卷发/直发剂是能使头发纤维长久改变其形状的化学物质。

8.59　化学脱毛剂（chemical depilatory）

具有软化、膨胀体毛作用，以减轻体毛去除难度的化学产品。

8.60　物理脱毛剂（physical depilatory）

亦称"拔毛蜡"，使用蜡状黏性物质拔除体毛的物理拔毛方法。

8.61　化学性防晒剂（chemical sunscreen）

8.62　物理性防晒剂（physical sun block）

以热能或其他无害能量形式释放已吸收的紫外线能量，以达到防晒目的的化学产品。主要通过自身散射或折射作用，防止紫外线晒伤皮肤的防晒剂，多以无机粉质为原料。

9　缩写

9.1　CIR，Cosmetic Ingredient Review

美国化妆品原料审查委员会。

9.2　SCCP，Scientific Committee on Consumer Products

欧盟消费品科学委员会。

9.3　NTP，National Toxicity Program

美国国家毒理学计划，始创于 1978 年，任务是协调毒理学研究与实验活动，为相关管理机构以及公众提供化学潜在毒性的有关资料，并加强毒理学领域科学研究。

9.4　CFA，Consumer Federation of America

美国消费者联盟。

9.5　CTFA，Cosmetic Toiletry and Fragrance Association

美国化妆品、洗涤用品和香料协会。

9.6 IARC，International Agency on Research of Cancer

国际癌症研究所。

9.7 ICCVAM，Interagency Coordinating Committee on the Validation of Alternative Methods

美国替代方法有效性验证协调合作委员会。

9.8 ECVAM，European Center for the Validation of Alternative Methods

欧洲替代方法有效性验证中心。

9.9 GLP，Good Laboratory Practice

优良实验室规范。GLP是针对药品、食品添加剂、农药、化妆品及其他医用物品的毒性评价制定的管理法规。根据国际惯例，GLP专指毒理学安全性评价实验室的管理。

9.10 CIE标准颜色测量系统。CIE，Standard Colorimetric System

国际照明学会（CIE）制定的一种国际通用的颜色测量系统，也可以用于皮肤颜色的测量。

9.11 CAS号 Chemical Abstracts Service

美国化学文摘服务部对特定的化学物给的代号，一般情况下一种物质只有一个固定不变的CAS号，但某些存在一种原料有一个以上CAS号，或几个原料共用一个CAS号的情况。

9.12 EINECS登记号 European Inventory of Existing Chemical Substances

《欧盟存在的化学物质名录》对化学物质的登记号码，一般来说一个化学物质只有一个EINECS号，并且是不变的。

9.13 ELINCS

欧洲登记化学物质清单。

9.14 OECD，Organization for Economic Cooperation and Development

经济合作与发展组织。

9.15 HHE，Health Hazard Evaluation

健康危害评价。

9.16 PEL，Permissible Exposure Limit

允许暴露限量。

9.17 REL，Recommended Exposure Limit

推荐暴露限值。

9.18 STEL，Short-Term Exposure Limit

短期暴露限值。

9.19 Color Index

染料索引号，际染料学术组织用于对各种色素统一命名和编序的索引号。

9.20 Non-FDA

非食品药品监督管理局

9.21 ATF，Bureau of Alcohol，Tobacco，Firearms，and Explosives

美国烟草酒精枪支和炸药管理局

9.22 CPSC，Consumer Product Safety Commission

消费品安全委员会

9.23 FTC，Federal Trade Commission

联邦贸易委员会

9.24 USP，United States Pharmacopoeia

美国药典

9.25 ECETOC，European Chemical Industry Ecotoxicology and Toxicology Centre

欧洲化学工业生态毒理学和毒理学中心

9.26 INC，international nomenclature committee，inc

国际命名委员会

9.27　COLIPA，the European cosmetic，toiletry and fragrance association

欧共体化妆品、洗涤用品和香精学会

9.28　INCI，international nomenclature of cosmetic ingredient

国际化妆品原料命名法

9.29　NMF，natural moisturizing factor

天然保湿因子

9.30　TEWL，trasepidermal water loss

经表皮失水率

9.31　CFR，Code of Federal Regulations

联邦规章法典

9.32　OTC，Over-The-Counter drug

非处方药品

附录二　现行的化妆品标准目录

标准编号	标准名称	发布部门	实施日期	状态
DB37/T 677—2007	化妆品良好生产规范		2007-10-01	现行
GB/T 11081—2005	白油紫外吸光度测定法	国家质检总局	2005-11-01	现行
GB/T 13531.1—2008	化妆品通用检验方法 pH 的测定	国家质检总局	2009-06-01	现行
GB/T 13531.3—1995	化妆品通用检验方法 浊度的测定	国家技术监督局	1996-01-02	现行
GB/T 13531.4—1995	化妆品通用检验方法 相对密度的测定	国家技术监督局	1996-01-02	现行
QB/T 2789—2006	化妆品通用试验方法 色泽三刺激值和色差 $\Delta E*$ 测定	国家技术监督局	2006-10-11	现行
QB/T 2470—2000	化妆品通用试验方法滴定分析(容量分析)用标准溶液的制备	国家技术监督局	2000-08-01	现行
GB/T 18670—2002	化妆品分类	国家质检总局	2002-09-01	现行
GB/T 22728—2008	化妆品中丁基羟基茴香醚(BHA)和二丁基羟基甲苯(BHT)的测定 高效液相色谱法	国家质检总局	2009-08-01	现行
GB 23350—2009	限制商品过度包装要求食品和化妆品	国家质检总局	2010-04-01	现行
GB/T 24404—2009	化妆品中需氧嗜温性细菌的检测和计数法	国家质检总局	2009-12-01	现行
GB/T 24800.1—2009	化妆品中九种四环素类抗生素的测定 高效液相色谱法	国家质检总局	2010-05-01	现行
GB/T 24800.2—2009	化妆品中四十一种糖皮质激素的测定 液相色谱/串联质谱法和薄层层析法	国家质检总局	2010-05-01	现行
GB/T 24800.3—2009	化妆品中螺内酯、过氧苯甲酰和维甲酸的测定 高效液相色谱法	国家质检总局	2010-05-01	现行
GB/T 24800.4—2009	化妆品中氯噻酮和吩噻嗪的测定 高效液相色谱法	国家质检总局	2010-05-01	现行
GB/T 24800.5—2009	化妆品中呋喃妥因和呋喃唑酮的测定 高效液相色谱法	国家质检总局	2010-05-01	现行
GB/T 24800.6—2009	化妆品中二十一种磺胺的测定 高效液相色谱法	国家质检总局	2010-05-01	现行
GB/T 24800.7—2009	化妆品中马钱子碱和士的宁的测定 高效液相色谱法	国家质检总局	2010-05-01	现行

续表

标准编号	标准名称	发布部门	实施日期	状态
GB/T 24800.8—2009	化妆品中甲氨嘌呤的测定 高效液相色谱法	国家质检总局	2010-05-01	现行
GB/T 24800.9—2009	化妆品中柠檬醛、肉桂醇、茴香醇、肉桂醛和香豆素的测定 气相色谱法	国家质检总局	2010-05-01	现行
GB/T 24800.10—2009	化妆品中十九种香料的测定 气相色谱-质谱法	国家质检总局	2010-05-01	现行
GB/T 24800.11—2009	化妆品中防腐剂苯甲醇的测定 气相色谱法	国家质检总局	2010-05-01	现行
GB/T 24800.12—2009	化妆品中对苯二胺、邻苯二胺和间苯二胺的测定	国家质检总局	2010-05-01	现行
GB/T 24800.13—2009	化妆品中亚硝酸盐的测定 离子色谱法	国家质检总局	2010-05-01	现行
GB 5296.3—2008	消费品使用说明 化妆品通用标签	国家质检总局	2009-10-01	现行
GB 7916—1987	化妆品卫生标准	卫生部	1987-10-01	现行
GB 7917.1—1987	化妆品卫生化学标准检验方法 汞	卫生部	1987-10-01	现行
GB 7917.2—1987	化妆品卫生化学标准检验方法 砷	卫生部	1987-10-01	现行
GB 7917.3—1987	化妆品卫生化学标准检验方法 铅	卫生部	1987-10-01	现行
GB 7917.4—1987	化妆品卫生化学标准检验方法 甲醇	卫生部	1987-10-01	现行
GB 7918.1—1987	化妆品微生物标准检验方法 总则	卫生部	1987-10-01	现行
GB 7918.2—1987	化妆品微生物标准检验方法 细菌总数测定	卫生部	1987-10-01	现行
GB 7918.3—1987	化妆品微生物标准检验方法 粪大肠菌群	卫生部	1987-07-01	现行
GB 7918.4—1987	化妆品微生物标准检验方法 绿脓杆菌	卫生部	1987-07-01	现行
GB 7918.5—1987	化妆品微生物标准检验方法 金黄色葡萄球菌	卫生部	1987-10-01	现行
GB 7919—1987	化妆品安全性评价程序和方法	卫生部	1987-10-01	现行
GB 17149.1—1997	化妆品皮肤病诊断标准及处理原则 总则	国家技术监督局、卫生部	1998-01-02	现行
GB 17149.2—1997	化妆品接触性皮炎诊断标准及处理原则	国家技术监督局、卫生部	1998-01-02	现行
GB 17149.3—1997	化妆品痤疮诊断标准及处理原则	卫生部	1998-01-02	现行
GB 17149.4—1997	化妆品毛发损害诊断标准及处理原则	国家技术监督局、卫生部	1998-01-02	现行
GB 17149.5—1997	化妆品甲损害 诊断标准及处理原则	国家技术监督局、卫生部	1998-01-02	现行
GB 17149.6—1997	化妆品光感性皮炎诊断标准及处理原则	国家技术监督局、卫生部	1998-01-02	现行
GB 17149.7—1997	化妆品皮肤色素异常诊断标准及处理原则	国家技术监督局、卫生部	1998-01-02	现行
JJF 1244—2010	食品和化妆品包装计量检验规则	国家质检总局	2010-04-01	现行
QB/T 1684—2006	化妆品检验规则	国家发展和改革委员会	2007-08-01	现行
QB/T 1685—2006	化妆品产品包装外观要求	国家发展和改革委员会	2007-08-01	现行
QB/T 1864—1993	电位溶出法测定化妆品中铅	轻工业部	1994-07-01	现行
QB/T 2333—1997	防晒化妆品中紫外线吸收剂定量测定高效液相色谱法	中国轻工业总会	1998-08-01	现行
QB/T 2334—1997	化妆品中紫外线吸收剂定性测定紫外分光光度计法	中国轻工总会	1998-08-01	现行
QB/T 2407—1998	化妆品中 D-泛醇含量的测定	国家轻工业局	1999-06-01	现行
QB/T 2408—1998	化妆品中维生素 E 含量的测定	国家轻工业局	1999-06-01	现行
QB/T 2409—1998	化妆品中氨基酸含量的测定	国家轻工业局	1999-06-01	现行
QB/T 2488—2006	化妆品用芦荟汁、粉	国家发展和改革委员会	2007-08-01	现行

标准编号	标准名称	发布部门	实施日期	状态
QB/T 4078—2010	发用产品中吡硫翁锌（ZPT）的测定　自动滴定仪法	国家发展和改革委员会	2011-03-01	现行
SB/T 10181—1993	化妆品商品储藏技术	国家质检总局	1994-06-01	现行
SN/T 1032—2002	进出口化妆品中紫外线吸收剂的测定 液相色谱法	国家质检总局	2002-06-01	现行
SN/T 1475—2004	化妆品中熊果苷的检测方法 液相色谱法	国家质检总局	2005-04-01	现行
SN/T 1478—2004	化妆品中二氧化钛含量的检测方法 ICP-AES法	国家质检总局	2005-04-01	现行
SN/T 1495—2004	化妆品中酞酸酯的检测方法 气相色谱法	国家质检总局	2005-04-01	现行
SN/T 1496—2004	化妆品中生育酚及 α-生育酚乙酸酯的检测方法 高效液相色谱法	国家质检总局	2005-04-01	现行
SN/T 1498—2004	化妆品中抗坏血酸磷酸酯镁的检测方法 液相色谱法	国家质检总局	2005-04-01	现行
SN/T 1499—2004	化妆品中曲酸的检测方法 液相色谱法	国家质检总局	2005-04-01	现行
SN/T 1500—2004	化妆品中甘草酸二钾的检测方法 液相色谱法	国家质检总局	2005-04-01	现行
SN/T 1780—2006	进出口化妆品中氯丁醇的测定 气相色谱法	国家质检总局	2006-11-15	现行
SN/T 1781—2006	进出口化妆品中咖啡因的测定 液相色谱法	国家质检总局	2006-11-15	现行
SN/T 1782—2006	进出口化妆品中尿囊素的测定 液相色谱法	国家质检总局	2006-11-15	现行
SN/T 1783—2006	进出口化妆品中黄樟素和 6-甲基香豆素的测定 气相色谱法	国家质检总局	2006-11-15	现行
SN/T 1784—2006	进出口化妆品中二噁烷残留量的测定 气相色谱串联质谱法	国家质检总局	2006-11-15	现行
SN/T 1785—2006	进出口化妆品中没食子酸丙酯的测定 液相色谱法	国家质检总局	2006-11-15	现行
SN/T 1786—2006	进出口化妆品中三氯生和三氯卡班的测定 液相色谱法	国家质检总局	2006-11-15	现行
SN/T 1949—2007	进出口食品、化妆品检验规程 编写基本规则	国家质检总局	2008-03-01	现行
SN/T 2051—2008	食品、化妆品和饲料中牛羊猪源性成分检测方法 实时 PCR 法	国家质检总局	2008-11-01	现行
SN/T 2098—2008	食品和化妆品中的菌落计数检测方法 螺旋平板法	国家质检总局	2009-02-01	现行
SN/T 2103—2008	进出口化妆品中 8-甲氧基补骨脂素和 5 甲氧基补骨脂素的测定 液相色谱法	国家质检总局	2009-02-01	现行
SN/T 2104—2008	进出口化妆品中双香豆素和环香豆素的 测定液相色谱法	国家质检总局	2009-02-01	现行
SN/T 2105—2008	化妆品中柠檬黄和橘黄等水溶性色素的测定方法	国家质检总局	2009-02-01	现行
SN/T 2106—2008	进出口化妆品中甲基异噻唑酮及其氯代物的测定 液相色谱法	国家质检总局	2009-02-01	现行
SN/T 2107—2008	进出口化妆品中一乙醇胺—乙醇胺、三乙醇胺的测定方法	国家质检总局	2009-02-01	现行
SN/T 2108—2008	进出口化妆品中巴比妥类的测定方法	国家质检总局	2009-02-01	现行

续表

标准编号	标准名称	发布部门	实施日期	状态
SN/T 2109—2008	进出口化妆品中奎宁及其盐的测定方法	国家质检总局	2009-02-01	现行
SN/T 2111—2008	化妆品中 8-基喹啉及其硫酸盐的测定方法	国家质检总局	2008-11-01	现行
SN/T 2192—2008	进出口化妆品实验室化学分析制样规范	国家质检总局	2009-06-01	现行
SN/T 2206.1—2008	化妆品微生物检验方法 第 1 部分:沙门氏菌	国家质检总局	2009-06-01	现行
SN/T 2206.2—2009	化妆品微生物检验方法 第 2 部分:需氧芽孢杆菌和蜡样芽孢杆菌	国家质检总局	2009-09-01	现行
SN/T 2206.3—2009	化妆品微生物检验方法 第 3 部分:肺炎克雷伯氏菌	国家质检总局	2009-09-01	现行
SN/T 2206.4—2009	化妆品微生物检验方法 第 4 部分:链球菌	国家质检总局	2009-09-01	现行
SN/T 2206.5—2009	化妆品微生物检验方法 第 5 部分:肠球菌	国家质检总局	2009-09-01	现行
SN/T 2206.6—2010	化妆品微生物检验方法 第 6 部分:破伤风梭菌	国家质检总局	2010-07-16	现行
SN/T 2206.7—2010	化妆品微生物检测方法 第 7 部分:蛋白免疫印迹法检测疯牛病病原	国家质检总局	2010-09-16	现行
SN/T 2285—2009	化妆品体外替代试验实验室规范	国家质检总局	2009-09-01	现行
SN/T 2286—2009	进出口化妆品检验检疫规程	国家质检总局	2009-09-01	现行
SN/T 2287—2009	进出口化妆品 HACCP 应用指南	国家质检总局	2009-09-01	现行
SN/T 2288—2009	进出口化妆品中铍、镉、铊、铬、砷、碲、钕、铅的检测方法 电感耦合等离子体质谱法	国家质检总局	2009-09-01	现行
SN/T 2289—2009	进出口化妆品中氯霉素、甲砜霉素、氟甲砜霉素的测定 液相色谱-质谱/质谱法	国家质检总局	2009-09-01	现行
SN/T 2290—2009	进出口化妆品中乙酰水杨酸的检测方法	国家质检总局	2009-09-01	现行
SN/T 2291—2009	进出口化妆品中氢溴酸右美沙芬的测定 液相色谱法	国家质检总局	2009-09-01	现行
SN/T 2292—2009	化妆品级滑石中铅、镉的检测方法 石墨炉原子吸收光谱法	国家质检总局	2009-09-01	现行
SN/T 2328—2009	化妆品急性毒性的角质细胞试验	国家质检总局	2010-01-16	现行
SN/T 2329—2009	化妆品眼刺激性/腐蚀性的鸡胚绒毛尿囊膜试验	国家质检总局	2010-01-16	现行
SN/T 2330—2009	化妆品胚胎和发育毒性的小鼠胚胎干细胞试验	国家质检总局	2010-01-16	现行
SN/T 2359—2009	进出口化妆品良好生产规范	国家质检总局	2010-03-16	现行
SN/T 2393—2009	进出口洗涤用品和化妆品中全氟辛烷磺酸的测定 液相色谱-质谱/质谱法	国家质检总局	2010-03-16	现行
SN/T 2533—2010	进出口化妆品中糖皮质激素类与孕激素类检测方法	国家质检总局	2010-09-16	现行
GB/T 21842—2008	牙膏中二甘醇的测定	国家质量监督检验检疫局	2008-12-01	现行
GB 22114—2008	牙膏用保湿剂 甘油和聚乙二醇	国家质量监督检验检疫局	2009-06-01	现行
GB 22115—2008	牙膏用原料规范	国家质量监督检验检疫局	2009-06-01	现行
GB/T 22730—2008	牙膏中三氯甲烷的测定 气相色谱法	国家质量监督检验检疫局	2009-08-01	现行
GB/T 23957—2009	牙膏工业用轻质碳酸钙	中国石油和化学工业联合会	2010-02-01	现行
GB 24567—2009	牙膏工业用单氟磷酸钠	国家质量监督检验检疫局	2010-06-01	现行
GB 24568—2009	牙膏工业用磷酸氢钙	国家质量监督检验检疫局	2010-06-01	现行

标准编号	标准名称	发布部门	实施日期	状态
GB 8372—2008	牙膏	国家质量监督检验检疫局	2009-02-01	现行
HG/T 2763—1996	牙膏工业用单氟磷酸钠	国家经济贸易委员会	1997-01-01	现行
HG 3257—2001	牙膏工业用磷酸氢钙	国家经济贸易委员会	2002-07-01	现行
QB/T 2317—2007	牙膏用天然碳酸钙	国家发展和改革委员会	2008-06-01	现行
QB/T 2318—2007	牙膏用羧甲基纤维素钠	国家发展和改革委员会	2008-06-01	现行
QB/T 2335—2007	牙膏用山梨糖醇液	国家发展和改革委员会	2008-06-01	现行
QB/T 2346—2007	牙膏用二氧化硅	国家发展和改革委员会	2008-06-01	现行
QB/T 2477—2007	牙膏用二水磷酸氢钙	国家发展和改革委员会	2008-06-01	现行
QB/T 2900—2007	牙膏用十二烷基硫酸钠	国家发展和改革委员会	2008-06-01	现行
QB/T 2901—2007	牙膏用铝塑复合软管	国家发展和改革委员会	2008-06-01	现行
QB 2966—2008	功效型牙膏	国家发展和改革委员会	2008-09-01	现行
QB/T 2968—2008	牙膏中氯化锶含量的测定方法	国家发展和改革委员会	2008-09-01	现行
QB/T 2969—2008	牙膏中三氯生含量的测定方法	国家发展和改革委员会	2008-09-01	现行

注：化妆品产品标准见第十五章第一节。

附录三　化妆品组分中限用防腐剂

（按 INCI 名称英文字母顺序排列）

序号	物质名称			化妆品中最大允许使用浓度	使用范围和限制条件	标签上必须标印的使用条件和注意事项
	中文名称	英文名称	INCI 名称			
1	2-溴-2-硝基丙烷-1,3-二醇	Bronopol(INN)	2-Bromo-2-nitro-propane-1,3-di ol	0.1%	避免形成亚硝胺	
2	5-溴-5-硝基-1,3-二噁烷	5-Bromo-5-nitro-1,3-dioxane	5-Bromo-5-nitro-1,3-dioxane	0.1%	仅用于淋洗类产品;避免形成亚硝胺	
3	7-乙基双二环噁唑啉	5-Ethyl-3,7-dioxa-1-azabicyclo[3.3.0]octane	7-Ethylbicyclooxazolidine	0.3%	禁用于口腔卫生产品和接触黏膜的产品	
4	烷基（C_{12}-C_{22}）三甲基铵溴化物或氯化物[①]	Alkyl（C_{12}-C_{22}）trimethyl ammonium, bromide and chloride	Alkyl（C_{12}-C_{22}）trimonium bromide and chloride	0.1%		
5	苯扎氯铵,苯扎溴铵,苯扎糖精铵[②]	Benzalkonium chloride,bromide and saccharinate	Benzalkonium chloride,bromide and saccharinate	0.1%（以苯扎氯铵计）		避免接触眼睛
6	苄索氯铵	Benzethonium chloride	Benzethonium chloride	0.1%	(a)淋洗类产品 (b)口腔卫生用品之外的驻留类产品	
7	苯甲酸及其盐类和酯类[①]	Benzoic acid, its salts and esters	Benzoic acid, its salts and esters	0.5%（以酸计）		

序号	物质名称			化妆品中最大允许使用浓度	使用范围和限制条件	标签上必须标印的使用条件和注意事项
	中文名称	英文名称	INCI名称			
8	苯甲醇①	Benzyl alcohol	Benzyl alcohol	1.0%		
9	甲醛苄醇半缩醛	Benzylhemiformal	Benzylhemiformal	0.15%	仅用于淋洗类产品	
10	溴氯芬	6,6-Dibromo-4,4-dichloro-2,2'-methylene-diphenol	Bromochlorophene	0.1%		
11	氯己定及其二葡萄糖酸盐,二醋酸盐和二盐酸盐	Chlorhexidine(INN) and its digluconate, diacetate and dihydrochloride	Chlorhexidine and its digluconate, diacetate and dihydrochloride	0.3%(以氯己定表示)		
12	氯乙酰胺	2-Chloroacetamide	Chloroacetamide	0.3%		含氯乙酰胺
13	三氯叔丁醇	Chlorobutanol(INN)	Chlorobutanol	0.5%	禁用于喷雾产品	含三氯叔丁醇
14	苄氯酚	2-Benzyl-4-chlorophenol	Chlorophene	0.2%		
15	氯二甲酚	4-Chloro-3,5-xylenol	Chloroxylenol	0.5%		
16	氯苯甘醚	3-(p-chlorophenoxy)-propane-1,2-diol	Chlorphenesin	0.3%		
17	氯咪巴唑	1-(4-chlorophenoxy)-1-(imidazol-1-yl)-3,3-dimethyl-butan-2-one	Climbazole	0.5%		
18	脱氢乙酸及其盐类	3-Acetyl-6-methylpyran-2,4(3H)-dione and its salts	Dehydroacetic acid and its salt	0.6%(以酸计)	禁用于喷雾产品	
19	双(羟甲基)咪唑烷基脲	N-(Hydroxymethyl)-N-(dihydroxymethyl-1,3-dioxo-2,5-imidazolinid yl-4)-N'-(hydroxymethyl)urea	Diazolidinyl urea	0.5%		
20	二溴己脒及其盐类,包括二溴己脒羟乙磺酸盐	3,3'-Dibromo-4,4'-hexamethylene dioxydibenzamidine and its salts (including isethionate)	Dibromohexamidine and its salts, including dibromohexamidine isethionate	0.1%		
21	二氯苯甲醇	2,4-Dichlorobenzyl alcohol	Dichlorobenzyl alcohol	0.15%		

序号	物质名称			化妆品中最大允许使用浓度	使用范围和限制条件	标签上必须标印的使用条件和注意事项
	中文名称	英文名称	INCI 名称			
22	二甲基噁唑烷	4,4-Dimethyl-1,3-oxazolidine	Dimethyl oxazolidine	0.1%	终产品的 pH 不得低于 6	
23	DMDM 乙内酰脲	1,3-Bis(hydroxymethyl)-5,5-dimethylimidazolidine-2,4-dione	DMDM hydantoin	0.6%		
24	甲醛和多聚甲醛①	Formaldehyde and araformaldehyde	Formaldehyde and paraformaldehyde	0.2%（口腔卫生产品除外）0.1%（口腔卫生产品）（以游离甲醛计）	禁用于喷雾产品	
25	甲酸及其钠盐	Formic acid and its sodium salt	Formic acid and its sodium salt	0.5%（以酸计）		
26	戊二醛	Glutaraldehyde(Pentane-1,5-dial)	Glutaral	0.1%	禁用于喷雾产品	含戊二醛（当成品中戊二醛浓度超过 0.05% 时）
27	己脒定及其盐,包括己脒定二个羟乙基磺酸盐和己脒定对羟基苯甲酸盐	1,6-Di(4-amidinophenoxy)-n-hexane and its salts (including isethionate and p-hydroxybenzoate)	Hexamidine and its salts, including hexamidine diisethionate and hexamidine paraben	0.1%		
28	海克替啶	Hexetidine(INN)	Hexetidine	0.1%		
29	咪唑烷基脲	3,3'-Bis(1-hydroxymethyl-2,5-dio xoimidazolidin-4-yl)-1,1'-methyle nediurea	Imidazolidinyl urea	0.6%		
30	无机亚硫酸盐类和亚硫酸氢盐类①	Inorganic sulfites and bisucfites	Inorganic sulfites and bisucfites	0.2%（以游离 SO_2 计）		
31	碘丙炔醇丁基氨甲酸酯	3-Iodo-2-propynylbutylcarbamate	Iodopropynyl butylcarbamate	0.05%	不能用于口腔卫生和唇部产品	用后存留在皮肤上的产品,当其浓度超过 0.02% 时,需注明如下警示语:含碘
32	乌洛托品	Hexamethylenetetramine(INN)	Methenamine	0.15%		
33	甲基二溴戊二腈	1,2-Dibromo-2,4-dicyanobutane	Methyldibromo glutaronitrile	0.1%	仅用于淋洗类产品	
34	甲基异噻唑啉酮	2-Methylisothiazol-3(2H)-one	Methylisothiazolinone	0.01%		
35	甲基氯异噻唑啉酮和甲基异噻唑啉酮与氯化镁及硝酸镁的混合物	Mixture of 5-chloro-2-methylisothiazol-3(2H)-one and 2-methylisothiazol-3(2H)-one with magnesium chloride and magnesium nitrate	Mixture of methylchloroisothiazolinone and methylisothiazolinone with magnesium chloride and magnesium nitrate	0.0015%（甲基氯异噻唑啉酮和甲基异噻唑啉酮含量比为 3∶1 的混合物）		

序号	物　质　名　称			化妆品中最大允许使用浓度	使用范围和限制条件	标签上必须标印的使用条件和注意事项
	中文名称	英文名称	INCI 名称			
36	o-伞花烃-5-醇	4-Isopropyl-m-cresol	o-Cymen-5-ol	0.1%		
37	o-苯基苯酚	Biphenyl-2-ol and its salts	o-Phenylphenol	0.2%（以苯酚计）		
38	4-羟基苯甲酸及其盐类和酯类	4-Hydroxybenzoic acid and its salts and esters	4-Hydroxybenzoic acid and its salts and esters	单一酯：0.4%（以酸计）混合酯：0.8%（以酸计）		
39	p-氯-m-甲酚	p-Chloro-m-cresol	p-Chloro-m-cresol	0.2%	禁用于接触黏膜的产品	
40	苯氧乙醇	2-Phenoxyethanol	Phenoxyethanol	1.0%		
41	苯氧异丙醇①	1-Phenoxypropan-2-ol	Phenoxyisopropanol	1.0%	仅用于淋洗类产品	
42	吡罗克酮和吡罗克酮乙醇胺盐	1-Hydroxy-4-methyl-6（2，4，4-trimethylpentyl）2-pyridon and its mono-ethanolamine salt	1-Hydroxy-4-Methyl-6(2,4,4-trimethylpentyl)2-pyridon	(a)1.0% (b)0.5%	(a)淋洗类产品 (b)其他产品	
43	聚氨丙基双胍	Poly（1-hexamethylenebiguanide）hydrochloride	Polyaminopropyl biguanide	0.3%		
44	丙酸及其盐类	Propionic acid and its salts	Propionic acid and its salts	2%（以酸计）		
45	聚季铵盐-15	Methenamine 3-chloroallylochloride（INNM）	Quaternium-15	0.2%		
46	水杨酸及其盐类①	Salicylic acid and its salts	Salicylic acid and its salts	0.5%（以酸计）	除香波外，不得用于三岁以下儿童使用的产品中	三岁以下儿童勿用②
47	苯汞的盐类，包括硼酸苯汞	Phenylmercuric salts (including borate)	Salts of phenylmercury, including borate	0.007%（以Hg计），如果同本规范中其他汞化合物混合，Hg的最大浓度仍为0.007%	仅用于眼部化妆品和眼部卸妆品	含苯汞化合物
48	沉积在二氧化钛上的氯化银	Silver chloride deposited on titanium dioxide	Silver chloride deposited on titanium dioxide	0.004%（以AgCl计）	沉积在 TiO₂上的20%（质量分数）AgCl，禁用于三岁以下儿童使用的产品、口腔卫生产品以及眼周和唇部产品	

序号	物　质　名　称			化妆品中最大允许使用浓度	使用范围和限制条件	标签上必须标印的使用条件和注意事项
	中文名称	英文名称	INCI 名称			
49	羟甲基甘氨酸钠	Sodium hydroxy-ymethylamino acetate	Sodium hydroxy-methylglycinate	0.5%		
50	碘酸钠	Sodium iodate	Sodium iodate	0.1%	仅用于淋洗类产品	
51	山梨酸及其盐类	Sorbic acid(hexa-2,4-dienoic acid) and its salts	Sorbic acid and its salts	0.6%(以酸计)		
52	硫柳汞	Thiomersal(INN)	Thimerosal	0.007%（以 Hg 计），如果同本规范中其他汞化合物混合，Hg 的最大浓度仍为 0.007%	仅用于眼部化妆品和眼部卸妆品	含硫柳汞
53	三氯卡班①	Triclocarban(INN)	Triclocarban	0.2%	纯度标准：3,3′,4,4′-四氯偶氮苯少于 1mg/kg；3,3′,4,4′-四氯氧化偶氮苯少于 1mg/kg	
54	三氯生	Triclosan(INN)	Triclosan	0.3%		
55	十一烯酸及其盐类	Undec-10-enoic acid and its salts	Undecylenic acid and its salts	0.2%(以酸计)		
56	吡硫翁锌①	Pyrithione zinc(INN)	Zinc pyrithione	0.5%	可用于淋洗类产品，禁用于口腔卫生产品	

① 这些防腐剂作为限用物质时，具体要求见《化妆品卫生规范（2007 年版）》限用物质表 3。
② 仅仅当产品有可能为三岁以下儿童使用，并与皮肤长时间接触时，需做如此标注。
注：1. 表中所列防腐剂均为加入化妆品中以抑制微生物在该化妆品中生长为目的的物质。
2. 化妆品产品中其他具有抗微生物作用的物质，如许多精油和某些醇类，不包括在本表之列。
3. 表中"盐类"系指某防腐剂与阳离子钠、钾、钙、镁、铵和醇铵所成的盐类；或指某防腐剂与阴离子所成的氯化物、溴化物、硫酸盐和醋酸盐等盐类。表中"酯类"系指甲基、乙基、丙基、异丙基、丁基、异丁基和苯基酯。
4. 所有含甲醛或本表中所列含可释放甲醛物质的化妆品，当成品中甲醛浓度超过 0.05%（以游离甲醛计）时，都必须在产品标签上标印"含甲醛"。

附录四　化妆品组分中限用防晒剂

（按 INCI 名称英文字母顺序排列）

序号	物　质　名　称			化妆品中最大允许使用浓度	其他限制和要求	标签上必须标印的使用条件和注意事项
	中文名称	英文名称	INCI 名称			
1	3-亚苄基樟脑	3-Benzylidene camphor	3-Benzylidene camphor	2%		
2	4-甲基亚苄基樟脑	3-(4′-Methylbenzylidene)-dl camphor	4-Methylbenzylidene camphor	4%		
3	二苯酮-3	Oxybenzone(INN)	Benzophenone-3	10%		含二苯酮-3①

序号	物质名称			化妆品中最大允许使用浓度	其他限制和要求	标签上必须标印的使用条件和注意事项
	中文名称	英文名称	INCI 名称			
4	二苯酮-4 二苯酮-5	2-Hydroxy-4-methoxybenzophenone-5-sulfonic acid and its sodium salt	Benzophenone-4 Benzophenone-5	5%（以酸计）		
5	亚苄基樟脑磺酸及其盐类	Alpha-(2-oxoborn-3-ylidene)-toluene-4-sulphonic acid and its salts	Benzylidene camphor sulfonic acid and its salts	6%（以酸计）		
6	双-乙基己氧苯酚甲氧苯基三嗪	2,2'-(6-(4-Methoxyphenyl)-1,3,5-triazine-2,4-diyl) bis (5-((2-ethylhexyl)oxy)phenol)	Bis-ethylhexyloxyphenol methoxyphenyl triazine	10%		
7	丁基甲氧基二苯甲酰基甲烷	1-(4-*Tert*-butylphenyl)-3-(4-methoxyphenyl)	Butyl methoxydibenzoylmethane	5%		
8	樟脑苯扎铵甲基硫酸盐	N, N, N-trimethyl-4-(2-oxoborn-3-ylidenemethyl) anilinium methyl sulphate	Camphor benzalkonium methosulfate	6%		
9	二乙氨基羟苯甲酰基苯甲酸己酯	Benzoic acid, 2-(4-(diethylamino)-2-hydyoxybenzoyl)-, hexyl ester	Diethylamino hydyoxybenzoyl hexyl benzoate	10%		
10	二乙基己基丁酰胺基三嗪酮	Benzoic acid, 4, 4 '-((6-((((((1, 1-dimethylethyl) amino) carbonyl) phenyl) amino) 1, 3, 5-triazine-2, 4-diyl) diimino) bis-, bis-(2-ethylhexyl)ester	Diethylhexyl butamido triazone	10%		
11	苯并咪唑四磺酸酯二钠	Disodium salt of 2,2'-bis-(1, 4-phenylene) 1*H*-benzimidazole-4,6-disulphonic acid	Disodium phenyl dibenzimidazole tetrasulfonate	10%（以酸计）		
12	甲酚曲唑三硅氧烷	Phenol, 2-(2*H*-benzotriazol-2-yl)-4-methyl-6-(2-methyl-3-(1,3,3,3-tetramethyl-1-(trimethylsily l)oxy)-disiloxanyl) propyl	Drometrizole trisiloxane	15%		
13	二甲基 PABA 乙基己酯	4-Dimethyl amino benzoate of ethyl-2-hexyl	Ethylhexyl dimethyl PABA	8%		
14	甲氧基肉桂酸乙基己酯	2-Ethylhexyl 4-methoxycinnamate	Ethylhexyl methoxycinnamate	10%		
15	水杨酸乙基己酯	2-Ethylhexyl salicylate	Ethylhexyl salicylate	5%		
16	乙基己基三嗪酮	2,4,6-Trianilino-(*p*-carbo-2'-ethylhexyl-l'-oxy)-1, 3, 5-triazine	Ethylhexyl triazone	5%		
17	胡莫柳酯	Homosalate(INN)	Homosalate	10%		
18	*p*-甲氧基肉桂酸异戊酯	Isopentyl-4-methoxycinnamate	Isoamyl *p*-methoxycinnamate	10%		

续表

序号	物质名称			化妆品中最大允许使用浓度	其他限制和要求	标签上必须标印的使用条件和注意事项
	中文名称	英文名称	INCI 名称			
19	亚甲基双-苯并三唑基四甲基丁基酚	2, 2′-Methylene-bis-6-(2H-benzotriazol-2-yl)-4-(1,1,3,3-tetramethyl-butyl)phenol	Methylene bis-benzotriazolyl tetramethylbutylphenol	10%		
20	奥克立林	2-Cyano-3,3-diphenyl acrylic acid,2-ethylhexyl ester	Octocrylene	10%(以酸计)		
21	对氨基苯甲酸	4-Aminobenzoic acid	PABA	5%		
22	PEG-25 对氨基苯甲酸	Ethoxylated ethyl-4-aminobenzoate	PEG-25 PABA	10%		
23	苯基苯并咪唑磺酸及其钾、钠和三乙醇胺盐	2-Phenylbenzimidazole-5-sulphonic acid and its potassium, sodium, and triethanolamine salts	Phenylbenzimidazole sulfonic acid and its potassium,	8%(以酸计)		
24	聚丙烯酰胺甲基亚苄基樟脑	Polymer of N-{(2 and 4)-[(2-oxoborn-3-ylidene)methyl]benzyl} acrylamide	Polyacrylamidomethyl benzylidene camphor	6%		
25	聚硅氧烷-15	Dimethicodiethylbenzalmalonate	Polysilicone-15	10%		
26	对苯二亚甲基二樟脑磺酸	3,3′-(1,4-Phenylenedimethylene) bis (7,7-dimethyl-2-oxobicyclo-[2.2.1]hept-1-yl-methanesulfonic acid)and its salts	Terephthalylidene dicamphor sulfonic acid and its salts	10%(以酸计)		
27	二氧化钛②	Titantum dioxide	Titantum dioxide	25%		
28	氧化锌②	Zinc oxide	Zinc oxide	25%		

① 如果浓度为 0.5% 或更低，并且使用目的仅为了防护产品的话，则不要求标签上标印此项内容。

② 这些防晒剂作为着色剂时，具体要求见《化妆品卫生规范（2007 年版）》着色剂表。

注：在本规范中，防晒剂是为滤除某些紫外线，以保护皮肤免受辐射所带来的某些有害作用而在防晒化妆品中加入的物质。这些防晒剂可在本规范规定的限量和使用条件下加入到其他化妆品产品中。仅仅为了保护产品免受紫外线损害而加入到化妆品中的其他防晒剂未被包括在此清单中，但其使用量经安全性评估证明是安全的。

附录五　化妆品组分中暂时允许使用的染发剂

（按 INCI 名称英文字母顺序排列）

序号	物质名称		化妆品中最大允许使用浓度	其他限制和要求	标签上必须标印的使用条件和注意事项
	中文名称	INCI 名称			
1	1,3-双-(2,4-二氨基苯氧基)丙烷 HCl	1,3-Bis-(2,4-diaminophenoxy) propane HCl	2.0（以游离基计）	当与氧化乳混合使用时，最大使用浓度应 1.0%	
2	1,3-双-(2,4-二氨基苯氧基)丙烷	1,3-Bis-(2,4-diaminophenoxy)propane	2.0	当与氧化乳混合使用时，最大使用浓度应 1.0%	

续表

序号	物质名称		化妆品中最大允许使用浓度	其他限制和要求	标签上必须标印的使用条件和注意事项
	中文名称	INCI 名称			
3	1,5-萘二酚(CI76625)	1,5-Naphthalenediol	1.0	当与氧化乳混合使用时，最大使用浓度应为 0.5%	
4	1-羟乙基-4,5-二氨基吡唑硫酸盐	1-Hydroxyethyl-4,5-diaminopyrazole sulfate	2.25	当与氧化乳混合使用时，最大使用浓度应为 1.125%	
5	1-萘酚(CI76605)	1-Naphthol	2.0	当与氧化乳混合使用时，最大使用浓度应为 1.0%	含 1-萘酚
6	2,4-二氨基苯酚①	2,4-Diaminophenol	10.0		含二氨基苯酚类
7	2,4-二氨基苯酚 HCl①	2,4-Diaminophenol HCl	10.0（以游离基计）		含二氨基苯酚类
8	2,4-二氨基苯氧基乙醇 HCl	2,4-Diaminophenoxyethanol HCl	4.0（以游离基计）	当与氧化乳混合使用时，最大使用浓度应为 2.0%	
9	2,4-二氨基苯氧基乙醇硫酸盐	2,4-Diaminophenoxyethanol sulfate	4.0（以游离基计）	当与氧化乳混合使用时，最大使用浓度应为 2.0%	
10	2,6-二氨基吡啶	2,6-Diaminopyridine	0.004	当与氧化乳混合使用时，最大使用浓度应为 0.002%	
11	2,6-二氨基吡啶硫酸盐	2,6-Diaminopyridine sulfate	0.004（以游离基计）	当与氧化乳混合使用时，最大使用浓度应为 0.002%	
12	2,6-二羟乙基氨甲苯	2,6-Dihydroxyethylaminotoluene	2.0	当与氧化乳混合使用时，最大使用浓度应为 1.0%	
13	2,6-二甲氧基-3,5-吡啶二胺 HCl	2,6-Dimethoxy-3,5-pyridinediamine HCl	0.5	当与氧化乳混合使用时，最大使用浓度应为 0.25%	
14	2,7-萘二酚(CI76645)	2,7-Naphthalenediol	1.0	当与氧化乳混合使用时，使最大用浓度应为 0.5%	
15	2-氨基-3-羟基吡啶	2-Amino-3-hydroxypyridine	0.6	当与氧化乳混合使用时，最大使用浓度应为 0.3%	
16	2-氨基-4-羟乙氨基茴香醚	2-Amino-4-hydroxyethylaminoanisole	3.0	当与氧化乳混合使用时，最大使用浓度应为 1.5%	
17	2-氨基-4-羟乙氨基茴香醚硫酸盐	2-Amino-4-hydroxyethylaminoanisole sulfate	3.0（以游离基计）	当与氧化乳混合使用时，最大使用浓度应为 1.5%	
18	2-氨基-6-氯-4-硝基苯酚	2-Amino-6-chloro-4-nitrophenol	2.0	当与氧化乳混合使用时，最大使用浓度应为 1.0%	
19	2-氨基-6-氯-4-硝基苯酚 HCl	2-Amino-6-chloro-4-nitrophenol HCl	2.0（以游离基计）	当与氧化乳混合使用时，最大使用浓度应为 1.0%	
20	2-氯-p-苯二胺	2-Chloro-p-phenylenediamine	0.1	当与氧化乳混合使用时，最大使用浓度应为 0.05%	
21	2-氯-p-苯二胺硫酸盐	2-Chloro-p-phenylenediamine sulfate	1.0	当与氧化乳混合使用时，最大使用浓度应为 0.5%	
22	2-羟乙基苦氨酸	2-Hydroxyethyl picramic acid	(a)3.0 (b)2.0②	当与氧化乳混合使用时，最大使用浓度应为 1.5%	
23	2-甲基-5-羟乙氨基苯酚	2-Methyl-5-hydroxyethylaminophenol	2.0	当与氧化乳混合使用时，最大使用浓度应为 1.0%	

续表

序号	物　质　名　称		化妆品中最大允许使用浓度	其他限制和要求	标签上必须标印的使用条件和注意事项
	中文名称	INCI 名称			
24	2-甲基雷琐辛	2-Methylresorcinol	2.0	当与氧化乳混合使用时，最大使用浓度应为 1.0%	含 2-甲基雷琐辛
25	2-硝基-p-苯二胺	2-Nitro-p-phenylenediamine	0.3	当与氧化乳混合使用时，最大使用浓度应为 0.15%	
26	2-硝基-p-苯二胺 2HCl	2-Nitro-p-phenylenediamine dihydrochloride	0.3（以游离基计）	当与氧化乳混合使用时，最大使用浓度应为 0.15%	
27	2-硝基-p-苯二胺硫酸盐	2-Nitro-p-phenylenediamine sulfate	0.3（以游离基计）	当与氧化乳混合使用时，最大使用浓度应为 0.15%	
28	3-硝基-p-羟乙氨基酚	3-Nitro-p-hydroxyethylamino-phenol	6.0	当与氧化乳混合使用时，最大使用浓度应为 3.0%	
29	4,4′-二氨基二苯胺[①]	4,4′-Diaminodiphenylamine	6.0		含苯二胺类
30	4,4′-二氨基二苯胺硫酸盐[①]	4,4′-Diaminodiphenylamine sulfate	6.0（以游离基计）		含苯二胺类
31	4-氨基-2-羟基甲苯	4-Amino-2-hydroxytoluene	3.0	当与氧化乳混合使用时，最大使用浓度应为 1.5%	
32	4-氨基-3-硝基苯酚	4-Amino-3-nitrophenol	3.0	当与氧化乳混合使用时，最大使用浓度应为 1.5%	
33	4-氨基-m-甲酚	4-Amino-m-cresol	3.0	当与氧化乳混合使用时，最大使用浓度应为 1.5%	
34	4-氯雷琐辛	4-Chlororesorcinol	1.0	当与氧化乳混合使用时，最大使用浓度应为 0.5%	
35	4-羟丙氨基-3-硝基苯酚	4-Hydroxypropylamino-3-ni-trophenol	(a)5.2 (b)2.6[②]	当与氧化乳混合使用时，最大使用浓度应为 2.6%	
36	4-硝基-o-苯二胺	4-Nitro-o-phenylenediamine	1.0	当与氧化乳混合使用时，最大使用浓度应为 0.5%	
37	4-硝基-o-苯二胺硫酸盐	4-Nitro-o-phenylenediamine sulfate	1.0（以游离基计）	当与氧化乳混合使用时，最大使用浓度应为 0.5%	
38	5-氨基-4-氯-o-甲酚	5-Amino-4-chloro-o-cresol	2.0	当与氧化乳混合使用时，最大使用浓度应为 1.0%	
39	5-氨基-6-氯-o-甲酚	5-Amino-6-chloro-o-cresol	2.0	当与氧化乳混合使用时，最大使用浓度应为 1.0%	
40	6-氨基-m-甲酚	6-Amino-m-cresol	2.4	当与氧化乳混合使用时，最大使用浓度应为 1.2%	
41	6-氨基-o-甲酚	6-Amino-o-cresol	3.0	当与氧化乳混合使用时，最大使用浓度应为 1.5%	
42	6-羟基吲哚	6-Hydroxyindole	1.0	当与氧化乳混合使用时，最大使用浓度应为 0.5%	
43	6-甲氧基-2-甲氨基-3-氨基吡啶	6-Methoxy-2-methylamino-3-aminopyri dine HCl	2.0	当与氧化乳混合使用时，最大使用浓度应为 1.0%	

序号	物 质 名 称		化妆品中最大允许使用浓度	其他限制和要求	标签上必须标印的使用条件和注意事项
	中文名称	INCI 名称			
44	酸性橙 3 号(CI10385)	Acid Orange 3	0.2		
45	酸性紫 43 号(CI60730)	Acid Violet 43	1.0	所用染料纯度不得＜80％,其杂质含量必须符合以下要求：挥发性成分(135℃)及氯化物和硫酸盐(以钠盐计)小于18％,水不溶物不得小于0.4％,1-羟基-9,10-蒽二酮(1-hydroxy-9,10-anthracenedione)小于0.2％,p-甲苯胺(p-toluidine)小于0.1％,p-甲苯胺磺酸钠(p-toluidine sulfonic acids, sodium salts)小于0.2％,其他染料(subsidiary colors)小于1％,铅小于20mg/kg,砷小于3mg/kg,汞小于1mg/kg	
46	碱性蓝 26 号(CI44045)	Basic Blue 26	0.5	当与氧化乳混合使用时,最大使用浓度应为0.25％	
47	碱性橙 31 号	Basic orange 31	0.2	当与氧化乳混合使用时,最大使用浓度应为0.1％	
48	碱性红 51 号	Basic red 51	0.2	当与氧化乳混合使用时,最大使用浓度应为0.1％	
49	碱性红 76 号(CI12245)	Basic red 76	2.0		
50	碱性紫 14 号(CI42510)	Basic Violet 14	0.3	当与氧化乳混合使用时,最大使用浓度应为0.15％	
51	碱性黄 87 号	Basic yellow 87	0.2	当与氧化乳混合使用时,最大使用浓度应为0.1％	
52	分散黑 9 号	Disperse Black 9	0.4		
53	分散紫 1 号	Disperse Violet 1	1.0	当与氧化乳混合使用时,最大使用浓度应为0.5％	
54	分散紫 4 号(CI61105)	Disperse violet 4	0.08	当与氧化乳混合使用时,最大使用浓度应为0.04％	
55	HC 橙 1 号	HC Orange No. 1	3.0		
56	HC 红 1 号	HC Red No. 1	0.5		
57	HC 红 3 号	HC Red No. 3	0.5	原料中游离二乙醇胺含量≤0.5％,并不得与亚硝基化物质配伍	
58	HC 黄 2 号	HC Yellow No. 2	3.0	当与氧化乳混合使用时,最大使用浓度应为1.5％	
59	HC 黄 4 号	HC Yellow No. 4	3.0		

序号	物质名称		化妆品中最大允许使用浓度	其他限制和要求	标签上必须标印的使用条件和注意事项
	中文名称	INCI 名称			
60	HC 黄 6 号	HC Yellow No. 6	(a)2.0 (b)1.0②	当与氧化乳混合使用时，最大使用浓度应为 1.0%	
61	氢醌③	Hydroquinone	0.3		含氢醌
62	羟苯并吗啉	Hydroxybenzomorpholine	2.0	当与氧化乳混合使用时，最大使用浓度应为 1.0%	
63	羟乙基-2-硝基-p-甲苯胺	Hydroxyethyl-2-nitro-p-toluidine	(a)2.0 (b)1.0②	当与氧化乳混合使用时，最大使用浓度应为 1.0%	
64	羟乙基-3,4-亚甲二氧基苯胺 HCl	Hydroxyethyl-3,4-methyl-enedioxyaniline HCl	3.0	当与氧化乳混合使用时，最大使用浓度应为 1.5%	
65	羟乙基-p-苯二胺硫酸盐	Hydroxyethyl-p-phenylenedi-amine sulfate	3.0	当与氧化乳混合使用时，最大使用浓度应为 1.5%	
66	羟丙基双（N-羟乙基-p-苯二胺）HCl	Hydroxypropyl bis（N-hydroxyethyl-p-phenylenedi-amine）HCl	3.0	当与氧化乳混合使用时，最大使用浓度应为 1.5%	
67	m-氨基苯酚	m-Aminophenol	2.0	当与氧化乳混合使用时，最大使用浓度应为 1.0%	
68	m-氨基苯酚 HCl	m-Aminophenol HCl	2.0 （以游离基计）	当与氧化乳混合使用时，最大使用浓度应为 1.0%	
69	m-氨基苯酚硫酸盐	m-Aminophenol sulfate	2.0 （以游离基计）	当与氧化乳混合使用时，最大使用浓度应为 1.0%	
70	N,N-双（2-羟乙基）-p-苯二胺硫酸盐①	N,N-bis(2-hydroxyethyl)-p-phenylenedi amine sulfate	6.0 （以游离基计）		含苯二胺类
71	N,N-二乙基-p-苯二胺硫酸盐①	N,N-diethyl-p-phenylene-diamine sulfate	6.0 （以游离基计）		含苯二胺类
72	N,N-二乙基甲苯-2,5-二胺 HCl①	N,N-diethyltoluene-2,5-di-amine HCl	10.0 （以游离基计）		含苯二胺类
73	N,N-二甲基-p-苯二胺①	N,N-dimethyl-p-phenylene diamine	6.0		含苯二胺类
74	N,N-二甲基-p-苯二胺硫酸盐①	N,N-dimethyl-p-phenylene-diamine sulfate	6.0 （以游离基计）		含苯二胺类

序号	物　质　名　称		化妆品中最大允许使用浓度	其他限制和要求	标签上必须标印的使用条件和注意事项
	中文名称	INCI 名称			
75	N-苯基-p-苯二胺 (CI76085)①	N-phenyl-p-phenylenediamine	6.0		含苯二胺类
76	N-苯基-p-苯二胺 HCl (CI76086)	N-phenyl-p-phenylenediamine HCl	6.0 (以游离基计)		含苯二胺类
77	N-苯基-p-苯二胺硫酸盐①	N-phenyl-p-phenylenediamine sulfate	6.0 (以游离基计)		含苯二胺类
78	o-氨基苯酚	o-Aminophenol	2.0	当与氧化乳混合使用时,最大使用浓度应为 1.0%	
79	o-氨基苯酚硫酸盐	o-Aminophenol sulfate	2.0 (以游离基计)	当与氧化乳混合使用时,最大使用浓度应为 1.0%	
80	p-氨基苯酚	p-Aminophenol	1.0	当与氧化乳混合使用时,最大使用浓度应为 0.5%	
81	p-氨基苯酚硫酸盐	p-Aminophenol sulfate	1.0 (以游离基计)	当与氧化乳混合使用时,最大使用浓度应为 0.5%	
82	苯基甲基吡唑啉酮	Phenyl methyl pyrazolone	0.5	当与氧化乳混合使用时,最大使用浓度应为 0.25%	
83	p-甲基氨基苯酚	p-Methylaminophenol	3.0	当与氧化乳混合使用时,最大使用浓度应为 1.5%	
84	p-甲基氨基苯酚硫酸盐	p-Methylaminophenol sulfate	3.0 (以游离基计)	当与氧化乳混合使用时,最大使用浓度应为 1.5%	
85	p-苯二胺①	p-Phenylenediamine	6.0		含苯二胺类
86	p-苯二胺 HCl①	p-Phenylenediamine HCl	6.0 (以游离基计)		含苯二胺类
87	p-苯二胺硫酸盐①	p-Phenylenediamine sulfate	6.0 (以游离基计)		含苯二胺类
88	间苯二酚③	Resorcinol	5.0		含间苯二酚
89	苦氨酸钠	Sodium picramate	0.1	当与氧化乳混合使用时,最大使用浓度应为 0.05%	
90	四氨基嘧啶硫酸盐	Tetraaminopyrimidine sulfate	5.0	当与氧化乳混合使用时,最大使用浓度应为 2.5%	
91	甲苯-2,5-二胺①	Toluene-2,5-diamine	10.0		含苯二胺类

序号	物 质 名 称		化妆品中最大允许使用浓度	其他限制和要求	标签上必须标印的使用条件和注意事项
	中文名称	INCI名称			
92	甲苯-2,5-二胺硫酸盐①	Toluene-2, 5-diamine sulfate	10.0（以游离基计）		含苯二胺类
93	甲苯-3,4-二胺①	Toluene-3,4-diamine	10.0		含苯二胺类

①　这些物质可单独或合并使用，其中每种成分在化妆品产品中的浓度与表中规定的最高限量浓度之比的总和不得大于1。

②　作为半永久性染发剂原料时的最大使用浓度。

③　这些物质可单独或合并使用，其中每种成分在化妆品产品中的浓度与表中规定的最高限量浓度之比的总和不得大于2。

注：在产品标签上均需标注以下警示语：对某些个体可能引起过敏反应，应按说明书预先进行皮肤测试；不可用于染眉毛和眼睫毛，如果不慎入眼，应立即冲洗；专业使用时，应戴合适手套。

参 考 文 献

[1] 魏少敏. 中国化妆品法规的现状与动态 [J]. 日用化学品科学, 2009, 32 (9): 39-41.

[2] 国家食品药品监督管理局食品许可司. 我国化妆品年销售额超过千亿 [N]. 中国医药报, 2010-01-18.

[3] 卢剑. 国内化妆品行业质量监管模式建立研究的初探 [J]. 香料香精化妆品, 2008, (6).

[4] 张倩. 069 化妆品不良反应监测与研究进展 [J]. 国外医学 (卫生学分册), 2007, 34 (5).

[5] 徐甫. 化妆品的安全管理 [J]. 上海预防医学, 2010, 22 (3).

[6] 郑星泉, 周淑玉, 周世伟. 化妆品卫生检验手册 [M]. 北京: 化学工业出版社, 2003.

[7] 赵开径. 液相色谱-质谱联用技术在中药和化妆品分析中的应用 [D]. 北京: 北京化工大学, 2010.

[8] Salvador A, Chisvert A. Analysis of cosmetic products [M]. Elsevier Science Ltd, 2007.

[9] 张静姝. 测定化妆品有效成分及中草药活性组分的 FI-CE 方法研究 [D]. 兰州: 兰州大学, 2008.

[10] 夏金旺. 浅谈化妆品的监督管理 [J]. 北京日化, 2010, (2): 6-8.

[11] 童俐俐, 冯兰宾. 化妆品工艺学 [M]. 北京: 中国轻工业出版社, 1999.

[12] 朱昱燕, 陈兴红, 赵重甲等. 化妆品防腐剂的研究现状及今后发展趋势探讨 [J]. 2006 年中国化妆品学术研讨会论文集, 2006.

[13] 刘奋. 化妆品用防腐剂检测方法及使用现状研究 [D], 2006.

[14] 王友升. 化妆品用防腐剂的研究现状及发展趋势 [J]. 日用化学品科学, 2007, 30 (12).

[15] 他德洪. 化妆品生产企业的质量控制 [J]. 日用化学品科学, 2002, 25 (4): 37-39.

[16] 张霞. 我国化妆品卫生化学检验方法的进展 [J]. 环境与健康杂志, 2002, 19 (3): 282-284.

[17] 吴大南, 柳玉红, 王萍等. 化妆品标准物质定值过程中的质量控制 [J]. 中国卫生检验杂志, 2005, 15 (5): 594-595.

[18] 蔡晶. 化妆品质量检验 [M]. 北京: 中国计量出版社, 2010.

[19] 钱晶晶. 影响化妆品行业的重要法规 [J]. 日用化学品科学, 2010, 33 (3).

[20] 刘思广, 赵江. 化妆品包装检测项目与检验方法 [J]. 中国包装, 2009, 29 (3).

[21] 赵江. 化妆品包装检测项目与检验方法 [J]. 中国化妆品, 2009, (18): 36-39.

[22] 孙洪涛, 董建军, 阚红玲等. 化妆品生产的质量控制 [J]. 食品与药品, 2005, 7 (04A): 63-64.

[23] 王朝晖. 我国化妆品质量检验面临的现状与对策 [J]. 日用化学品科学, 2009, 32 (6).

[24] 唐冬雁, 刘本才. 化妆品配方设计与制备工艺 [M]. 北京: 化学工业出版社, 2003.

[25] 陈少东. 日用化学品检测技术 [M]. 北京: 化学工业出版社, 2009.

[26] 李江华, 路丽琴, 张洪. 化妆品和洗涤剂检验技术 [M]. 北京: 化学工业出版社, 2007.

[27] 赵惠恋. 化妆品与合成洗涤剂检验技术 [M]. 北京: 化学工业出版社, 2005.

[28] 中国轻工业标准汇编—化妆品卷 [M]. 北京: 中国标准出版社, 2008.

[29] 屈小英, 谢音, 陈一先. 化妆品与洗涤产品的分析检测 [M]. 北京: 科学技术文献出版社, 2009.

[30] 董银卯. 化妆品配方工艺手册 [M]. 北京: 化学工业出版社, 2005.

[31] 裘炳毅. 化妆品化学与工艺技术大全 [M]. 北京: 中国轻工业出版社, 1997.

[32] 阎世翔. 化妆品科学 [M]. 北京: 科学技术文献出版社, 1995.

[33] 刘华钢. 中药化妆品学 [M]. 北京: 中国中医药出版社, 2006.

[34] 徐宝财, 郑福平. 日用化学品与原材料分析 [M]. 北京: 化学工业出版社, 2002.

[35] 颜红侠. 日用化学品制造原理与技术 [M]. 北京: 化学工业出版社, 2004.

[36] 甘卉芳, 栗建林, 卢庆生. 化妆品、洗涤用品、消毒剂和服饰中有害物质及防护 [M]. 北京: 化学工业出版社, 2004.

[37] 高瑞英. 化妆品管理与法规 [M]. 北京: 化学工业出版社, 2008.

[38] Draelos Z. Handbook of Cosmetic Science and Technology [J]. Archives of Dermatology, 2002, 138 (9): 1262.

[39] Barel A, Paye M, Maibach H *et al*. Handbook of cosmetic science and technology [M]. Marcel Dekker Nueva York, 2001.

[40] Toedt J, Koza D, Van Cleef-Toedt K. Chemical composition of everyday products [M]. Greenwood Publishing Group, 2005.

[41] Pollak P. Fine chemicals: the industry and the business [M]. Wiley-Blackwell, 2007.

[42] 封绍奎, 赵小忠, 蔡瑞康. 化妆品的危害性与防治 [M]. 北京: 中国协和医科大学出版社, 2003.

[43] Gottschalck T, McEwen G. International cosmetic ingredient dictionary and handbook [M]. Cosmetic, Toiletry,

and Fragrance Association，2005.

[44] Bergfeld W，Belsito D，Marks J. Safety of ingredients used in cosmetics [J]. Journal of the American Academy of Dermatology，2005，52 (1)：125-132.

[45] 龚盛昭. 精细化学品检验技术 [M]. 北京：科学出版社，2006.

[46] The Council Directive 76/768/EEC of 27 July 1976 on the approximation of the laws of the member states relating to cosmetic products.

[47] Cosmetic Ingredient Review Compendium 2004，CIR Washington DC.

[48] Code of Federal Regulations 21CFR.